地质与岩土工程分布式光纤监测技术

施 斌 张 丹 朱鸿鹄 著

科学出版社

北京

内 容 简 介

　　分布式光纤感测技术为地质灾害预测预警与岩土工程安全监测提供了一个新的监测理念和技术手段。本专著是作者团队二十年来在地质与岩土工程分布式光纤监测技术方面研究成果的总结，全书包括十章。在介绍了地质与岩土工程监测特点和分布式光纤感测技术的工作原理与技术优势的基础上，系统地展现了研究团队在分布式光纤感测技术性能、光纤传感器与传感光缆、地质与岩土工程多场光纤监测技术、分布式光纤监测系统、光纤大变形监测技术与现场布设、土工模型试验光纤测试技术、岩土工程和地质灾害光纤监测技术等八个方面的研究成果。书中还附有符号表、参考文献、名词术语和索引等。

　　全书多为原创性成果，理论联系实际，内容十分丰富，应用面广泛，实用性很强，是开展地质与岩土工程分布式光纤监测的重要专业文献，也可作为高等学校地质工程、岩土工程、土木工程、光学电子工程等学科的本科生和研究生的教材或参考书。

图书在版编目（CIP）数据

地质与岩土工程分布式光纤监测技术 / 施斌，张丹，朱鸿鹄著. —北京：科学出版社，2019.5

ISBN 978-7-03-060598-6

Ⅰ.①地… Ⅱ.①施… ②张… ③朱… Ⅲ.①光纤传感器－应用－地质灾害－灾害防治②光纤传感器－应用－岩土工程－灾害防治 Ⅳ.①P694

中国版本图书馆 CIP 数据核字（2019）第 034166 号

责任编辑：周　丹 / 责任校对：杨聪敏
责任印制：赵　博 / 封面设计：许　瑞

科　学　出　版　社　出版
北京东黄城根北街 16 号
邮政编码：100717
http://www.sciencep.com

涿州市般润文化传播有限公司印刷
科学出版社发行　各地新华书店经销
*
2019 年 5 月第 一 版　　开本：787×1092　1/16
2025 年 3 月第三次印刷　　印张：22 1/4
字数：550 000

定价：298.00 元
（如有印装质量问题，我社负责调换）

作 者 简 介

施斌，博士，1961 年 10 月生于江苏省启东市，籍贯江苏省海门市。1979 年 9 月考入南京大学地质系水文地质工程地质专业学习，1986 年 6 月硕士研究生毕业后留校工作，历任助教、讲师、副教授、教授等教职，期间于 1991 年 9 月~1995 年 6 月在职攻读博士学位；先后在俄罗斯矿业设计院、日本地质调查所、美国麻省大学、日本茨城大学、美国北卡罗来纳大学作为访问学者工作和学习。现为南京大学特聘教授，博士生导师。

施斌现任南京大学（苏州）高新技术研究院院长，南京大学地质工程与信息技术系主任；是国家杰出青年科学基金获得者，江苏省"333 高层次人才培养工程"中青年科学技术带头人，江苏省高校优秀科技创新团队带头人，南京市具有突出贡献的中青年专家，苏州市姑苏创新创业领军人才，苏州工业园区科技领军人才；兼任国际环境岩土工程学会（ISEG）副主席（2000~2008），国际智能基础设施结构健康监测学会（ISHMII）理事，中国地质学会工程地质专业委员会副主任等。

施斌长期从事岩土工程与地质灾害的监测与评价研究，是国家重点基础研究发展计划（973 计划）、国家科技支撑计划、国家重大仪器专项、国家自然科学重点基金等数十个科研项目的负责人；他创造性地建立了岩土工程与地质灾害分布式光纤监测理论与技术体系，在地质与岩土工程多场光纤监测原理、感测技术与装备、灾变机理与防治方面取得了系统的创新性成果；出版专著和教材 8 部；发表论文 500 余篇，其中 SCI 论文 110 余篇，EI 论文 210 余篇；论文他引 9800 多次，其中 SCI 他引 1500 多次；获国家授权发明专利 30 余项；主编和参编国家规范和行业规程 5 部；创立地质与岩土工程光电传感监测国际论坛；以第一完成人成果获第 47 届"日内瓦国际发明展"金奖、2018 年国家科技进步奖一等奖、2017 年教育部技术发明奖一等奖、2016 年中国专利优秀奖、2012 年中国产学研合作创新成果奖、2008 年教育部科技进步奖一等奖、2004 年国际环境岩土工程学会（ISEG）杰出贡献奖及其他省部级奖励共 10 余项。

　　张丹，博士，1976 年 4 月生，山东威海人。2004 年 6 月获得南京大学工学博士学位并留校任教，现为南京大学副教授，南京大学光电传感工程监测中心副主任，在国家留学基金委的资助下赴英国剑桥大学做访问学者，先后在欧盟玛丽居里等项目的资助下赴比利时根特大学和瑞士洛桑联邦理工学院（EPFL）开展学术研究，曾任英国杜伦大学高级研究员。主持国家自然科学基金项目 3 项，省部级项目等 7 项，作为科研骨干参与国家"973 计划"、国家科技支撑计划、国家重大科研仪器研制项目等 10 余项。研究领域涉及分布式光纤传感技术、地质灾害监测与评价、特殊土的工程性质以及能源地下结构等。已出版教材 1 部；发表学术论文 80 余篇，其中 SCI 收录 20 篇、EI 收录 36 篇；获授权专利 17 项，其中授权发明专利 15 项；主编中国工程建设协会标准 1 部，参编行业标准 1 部。作为第二完成人获得 2018 年国家科学技术进步奖一等奖、2017 年教育部技术发明奖一等奖、2008 年教育部科学技术进步奖一等奖和 2012 年中国产学研合作创新成果奖各 1 项。现为能源地下结构与工程专业委员会委员、国际工程地质与环境协会（IAEG）会员、中国岩石力学与工程学会会员、南京土木建筑学会理事等。

　　朱鸿鹄，博士，1979 年 7 月生，江苏苏州人。2009 年于香港理工大学获得工学博士学位，现为南京大学教授、博士生导师、南京大学"登峰人才支持计划"入选者，苏州市基础工程分布式传感监测技术重点实验室副主任，主要从事地质工程、岩土力学领域的科研工作。主持国家自然科学基金优秀青年科学基金项目、国家重点研发计划等国家级课题 4 项、省部级课题 2 项，参与国家重点基础研究发展计划（973 计划）、国家科技支撑计划、国家自然科学基金重点项目等 10 余项课题。已出版英文专著 1 部、发

表学术论文 100 余篇，其中 SCI 收录 51 篇、EI 收录 32 篇，获授权专利 9 项、软件著作权 3 项。近年来围绕地质灾害光纤监测、岩土变形预测及边坡加筋机理等开展了系统的研究工作，相关成果成功应用于汶川震区泥石流预警、京昆高速攀田段边坡治理、三峡库区滑坡监测、上海及深圳地铁隧道监控等重大项目。先后获得国家科技进步奖一等奖、中国产学研合作创新成果奖、中国地质学会青年地质科技奖和工程地质专委会"谷德振青年科技奖"等。曾赴英国剑桥大学、美国加州大学洛杉矶分校（UCLA）做访问学者，现为国际工程地质与环境协会（IAEG）、国际土力学与岩土工程学会（ISSMGE）及国际智能基础设施结构健康监测学会（ISHMII）会员，中国土木工程学会工程风险与保险研究分会理事。

序

最近，施斌教授等撰写的《地质与岩土工程分布式光纤监测技术》专著即将付梓，他邀请我为之写一个序，我欣然接受，原因有三：一是施斌教授与我是同行，在工作上经常有联系，是多年的老朋友，老朋友出书理应祝贺；二是施斌教授团队近二十年来在地质与岩土工程分布式光纤监测技术研究及其成果转化方面，独树一帜，成果斐然，近期还获得了国家科学技术进步奖一等奖，可喜可贺；三是在我承担的柠条塔煤矿、双鸭山煤矿和渭武高速木寨岭特长隧道的实时在线监测项目中，均用到了施斌教授团队研发的光纤监测技术，对这一技术也比较了解。因此，我没有任何理由推托，恭敬不如从命了。

翻开这部 50 多万字的宏篇大作，可圈可点的地方很多，总结起来有以下几点：

1. 新颖性

光纤感测技术是从光纤通讯技术中衍生出来的，经历了四十多年的研发，从最初的光纤光栅点式传感技术到目前的准分布和全分布式光纤感测技术，发展十分迅速，显示出其旺盛的生命力。然而，以往的光纤传感技术主要应用于土木和机电工程等的人工结构监测，很难应用于岩土体和地质灾害的监测，原因是岩土体是自然历史的产物，规模大、距离长、结构复杂、随机不确定性强、多场作用强烈，纤细易断的玻璃光纤很难安装在岩土体中。然而，施斌教授团队经过二十年的攻关，较好地解决了这一关键技术瓶颈。在专著的第一章到第三章中，重点介绍了施斌教授团队通过提高测量精度，将光纤传感技术变成了光纤感测技术；通过换能和功能化封装等技术，将传感光纤研制成了传感光缆，强健而敏感，犹如人身上的感知"神经"，将其植入到岩土体中，就能感知大地，以达到防灾减灾的目的。这一新颖的构想，在他们的努力下，正在变成了现实。

2. 原创性

专著中除了一些光纤感测技术的基本知识和原理外，基本上是施斌教授团队多年来的原创性成果。从第四章到第七章，重点介绍了光纤传感器和传感光缆的研发，地质工程多场光纤监测技术，地质与岩土工程分布式光纤监测系统，以及光纤大变形传感器（缆）封装与现场布设等；第八章到第十章，重点介绍了分布式光纤监测技术在土工模型试验、岩土工程和地质灾害三个方面的应用成果，揭示了多种地质灾害新机理，提出了理论新判据，丰富了地质与岩土工程灾害预警和防治理论体系。这些原创性成果开辟了地质与岩土工程监测新的技术领域。

3. 成果转化成效显著

在专著的前言中，施斌教授介绍了这一成果三个阶段的形成过程。从前十年的基础研究，到后六年的产业化，再到后四年的技术产品快速应用和推广，完全符合一个高科技成果的转化规律，实现了大学、地方和团队共赢的良好局面。这一成果的成功转化过程启示我们，科研成果应该顶天立地、落地开花，这对于实现我国创新性社会意义重大，将论文写在祖国和世界的大地上，应该成为每一位科技工作者奋斗的目标。

该专著内容十分丰富，理论联系实际，应用面广泛，实用性很强，书中还附有符号表、名词术语、主要参考文献和索引等，是一本难得的光纤应用专业书。我衷心地祝愿这一专著的出版，将对地质与岩土工程监测技术的进步能起到变革性的推动作用，也祝愿施斌教授团队早日实现感知大地的梦想！

2019 年 2 月 18 日

前　言

　　我国是一个地质灾害与岩土工程问题十分严重的国家。特别是近四十年来，随着基础工程建设的高速发展，人类工程活动对地质环境的扰动前所未有，并大大加剧了各类灾害的发生，直接影响到人民的生命和财产安全。据不完全统计，我国每年因各类自然和工程灾害造成的经济损失高达 2000 亿元人民币。因此，防治地质灾害、解决岩土工程问题是我们国家的重大需求。

　　由于地质灾害、岩土工程等具有规模大、多场作用、影响因素复杂、隐蔽性强、跨越区域多、环境恶劣、实时性监测要求高、监测周期长等特点，目前点式、电测类监测技术和手段还难以满足防灾减灾需求，并给灾害的预警预报和防治带来了巨大的挑战。

　　分布式光纤感测技术是从 20 世纪 80 年代伴随着光导纤维及光纤通信技术的发展而迅速发展起来的，是一类以光为载体、光纤为媒介、感知和传输外界信号（被测量）的新型感测技术。它可以对沿光纤几何路径分布的外部物理参量进行连续的测量，同时获取被测物理参量的空间分布和随时间的变化信息。因此，分布式光纤感测技术具有传统点式、电测类监测技术无法比拟的优势。

　　1998 年，施斌教授从美国访学归来，恰逢发生长江特大洪灾，在对长江堤防考察的途中，面对堤防管涌监测难题，了解到了基于布里渊散射光的时域分布式光纤感测技术，它能够长距离、分布式监测被测物的形变和温度等物理指标。从那时起，施斌教授带领团队进行了长达二十年的科技研究和成果转化工作，在十余个关键理论和技术问题上取得了突破，实现了"基础研究—核心技术—硬件设备—系统集成—成果转化—工程应用"的全过程创新，创造性地建立了岩土工程与地质灾害分布式光纤监测理论与技术体系，在地质与岩土工程灾害机理和理论判据方面取得了新的突破，并形成了新的技术产业链，开创了地质与岩土工程监测新的技术领域。"地质工程分布式光纤监测关键技术及其应用"研究成果获得了 2018 年度国家科学技术进步奖一等奖。

　　该成果的形成可分为三个阶段：1998 年至 2008 年是成果的基础研究阶段，开展了理论和室内外试验研究，解决地质与岩土工程光纤监测中的关键理论和技术问题；2009 年至 2015 年是成果的产业化阶段，研究成果在苏州工业园区转化，形成了技术产品体系，并推向了市场；2016 年至今是成果的快速应用和推广阶段，技术产品不断被社会了解和接受，事业得到快速发展，实现了大学、地方和团队共赢的良好局面。

　　目前有 80 余种产品推向了国内外市场，并在长三角和京津冀地面沉降区、南水北调、三峡库区、青藏铁路、港珠澳大桥、北京故宫、锦屏电站、延长油田、城建隧道、工程基桩等 300 余个项目中得到应用，相关技术产品已出口到英国、美国、意大利、智利、马来西亚等国，节省部分工程监测费用 70%～80%，产生了显著的社会和经济效益。施斌教授于2005 年创立了地质与岩土工程光电传感监测国际论坛，现已成功举办了六届，引领了地质与岩土工程分布式光纤监测技术的发展。

在该成果形成的过程中，先后得到了下列科研项目的资助：南京大学"985"学科建设项目"分布式光纤传感工程监测技术"；国家杰出青年科学基金项目"工程地质学"（40225006）；教育部重点项目"大型工程布里渊散射光时域光纤网监测技术研究"（01086）；建设部2002年科学技术计划项目子课题"南京市玄武湖隧道远程分布式光纤应变监测"；江苏高校优秀科技创新团队"沿海城市地质灾害防治与分布式传感网监测技术"［苏教科（2013）10号］；国家973计划课题"重大工程灾变滑坡演化多场信息表征与状态判识"（2011CB710605）；国家科技支撑计划课题"地质灾害光纤传感监测技术研发与示范"（2012BAK10B05）；国家自然科学基金重点项目"基于分布式感测的多场作用下土体结构系统变形响应和灾变机理研究"（41230636）；国家重大科研仪器研制项目"地质体多场多参量分布式光纤感测系统研制"（41427801）等，特此说明！

本专著是施斌教授团队在地质与岩土工程分布式光纤监测技术方面上述成果的系统总结，全书包括十章。第一章绪论，主要介绍了地质与岩土工程多场监测的特点和要求、分布式光纤感测技术优势及其应用现状；第二章分布式光纤感测技术，介绍了光纤感测技术的工作原理、技术分类，常用的分布式光纤感测技术特点等；第三章分布式光纤感测技术性能研究，主要介绍了光纤光栅，瑞利、拉曼和布里渊三种散射光的光纤感测性能，感测性能提高的方法，应变测量的温度补偿技术等；第四章光纤传感器与感测光缆，介绍了准分布式FBG传感器的种类、特点、标定和耦合感测特性，全分布式传感光缆的护套效应、标定方法和疲劳性能等，详细介绍了全分布式传感光缆的耦合感测性能；第五章地质与岩土工程多场分布式光纤监测技术，详细介绍了应变场、应力场、变形场、温度场、水分场、渗流场和化学场的光纤监测技术，包括监测原理、监测方案、解调技术及传感光缆（器）和应用案例等；第六章分布式光纤监测系统，介绍了分布式光纤监测系统的设计原则、基本结构与内容、数据采集与传输、数据处理及异常分析、三维可视化、监测分析模型与预警预报等；第七章光纤大变形监测技术与现场布设，主要介绍了大变形FBG传感器和传感光缆的封装、传感光缆（器）现场布设及应用案例等；第八章土工模型试验光纤测试技术，介绍了土工模型试验的测试要求、光纤感测技术的选择、特种传感器与传感光缆研发和安装要点等，重点介绍了抽-灌水条件下土工模型试验、覆岩变形物理模型试验和土工离心机模型试验的光纤测试方法；第九章岩土工程光纤监测技术研究，主要介绍了桩基、隧道、基坑等光纤监测方案和应用实例；第十章地质灾害光纤监测技术研究，主要介绍了钻孔全断面光纤监测技术，地面沉降、地裂缝、边坡等的光纤监测方案和应用实例等。书中还附有符号表、参考文献、名词术语和索引等。

虽然，本专著的署名作者只有施斌、张丹、朱鸿鹄三人，但必须指出的是：本专著中的许多研究成果凝聚了施斌教授在这二十年中所指导的光纤监测方向的各届博士后、博士生和硕士生的辛勤付出，他们是：王宝军、丁勇、王光亚、陈斌、徐洪钟、高俊启、崔何亮、王士军、胡建平、索文斌、张巍、刘杰、朱友群、隋海波、魏广庆、陈峰军、马骥、朴春德、胡盛、李科、李海涛、宋震、高磊、刘春、张勇、甘宇宽、卢毅、段朝峰、杨豪、赵洪岩、席均、顾凯、孙义杰、周春慧、王静、张昊宸、童恒金、费冰、张弛、朱昆、韦玉超、严珺凡、程刚、宋占璞、方海东、时以亮、揭奇、汪义龙、张其琪、尹建华、王可、王雪帆、张振、曾绍洪、苗鹏勇、贾立翔、汪其超、孟志浩、王兴、吴静红、张磊、缪长健、王涛、段超喆、曹鼎峰、梅世嘉、马佳玉、张岩、海那尔·别克吐尔逊、张诚成、孙梦雅、张磊、郑兴、刘苏平、张长宇、龚雪强、冯晨曦、李佳程、王相超、孙鑫、焦浩然、杨鹏、韩贺鸣、张婉玲、陈嘉傲、张松、张晓明、段新春、郝瑞等，他们在不同时期参与了本成果的研究和应用推广工作，并为相关成果的形成做出了贡献，在此镌名致谢。其中，要特别感谢魏广庆博士，毅然辞去事业单位的稳定工作，与施斌教授一起在苏州共同创立了南智传感产学研平台，并任苏州南智传感科技有限公司总经理，他为本专著中有关技术的研发和产品介绍作出了重要贡献！

　　在二十年的研发历程中，还得到了国内外许多专家和同行的关心和支持。时任日本茨城大学教授、现任职于中国东南大学的吴智深教授，在布里渊散射光光纤解调设备引进和在南京大学光纤监测实验室初创时期给予了研发团队重要指导和帮助；加拿大皇家科学院院士、渥太华大学物理系 X.Y. Bao 教授在分布式光纤感测技术的监测方法和感测性能改善方面给予了技术指导；英国皇家工程院院士、剑桥大学 Kenichi Soga 教授在分布式光纤感测技术应用于土木工程结构监测方面进行了交流和合作；国际智能基础设施结构健康监测学会（ISHMII）前主席、美国伊利诺伊大学芝加哥分校 F. Ansari 教授和 ISHMII 前主席、德国联邦材料与测试研究所（BAM）的 W.R. Habel 博士在桥梁与岩土工程分布式光纤监测技术方面进行了合作；韩国金乌国立工科大学 K.T. Chang 教授在岩土工程分布式光纤监测技术方面给予了技术指导；意大利那不勒斯第二大学 Zeni 教授在滑坡光纤监测技术方面进行了合作；中国科学院院士、中国水利水电科学研究院陈祖煜教授在分布式光纤感测技术应用于高填方边坡和输水管道监测方面给予了重要指导并开展了项目合作；中国科学院院士、山东科技大学宋振骐教授和中国科学院院士、中国矿业大学（北京）何满潮教授在分布式光纤感测技术应用于矿山开采安全监测方面给予了重要指导并开展了项目合作；香港理工大学殷建华教授在 FBG 光纤监测方面进行了交流和合作。在此，谨向以上专家致以衷心的感谢！

　　在该成果的技术推广过程中，许多合作单位给予了大力支持和帮助，主要有：苏州南智传感科技有限公司，中国电子科技集团公司第四十一研究所，中国能源建设集团山西省电力勘测设计院有限公司，广东省水利电力勘测设计研究院，北京城建勘测设计研究院有限责任公司，中国电建集团华东勘测设计研究院有限公司，上海港湾工程质量检测有限公司，中国地质调查局地质环境监测院、南京地质调查中心、天津地质调查中心、西安地质调查中心、水文地质环境地质调查中心，江苏省地质调查研究院，安徽省地质环境监测总站，中国地质大学（武汉），中国矿业大学，中铁隧道局集团有限公司，中兵勘察设计研究院有限公司等数十家单位，在此一并致谢。

　　特别感谢南京大学、国家自然科学基金委、科技部、教育部、江苏省政府、苏州市政府、苏州工业园区等，为本成果的取得在政策、人才、资金和条件上给予的大力支持，在此，向上述有关部门表示衷心的感谢！

　　本专著由施斌、张丹、朱鸿鹄撰写，全书由施斌统稿，张丹协助组稿与出版工作。各章具体分工如下：施斌撰写了前言、第一章、第二章、第五章、第八章和第十章（钻孔全断面光纤监测技术部分）；张丹撰写了第三章、第七章、第十章（其他部分）和符号表；

朱鸿鹄撰写了第四章、第六章、第九章和名词术语。在本专著撰写和出版过程中，张诚成、郑博宁在符号表、图件清绘、参考文献整理和相关章节文字校对等方面做了大量工作；魏广庆、顾凯、曹鼎峰、孙梦雅、刘苏平、张磊、郑兴等在相关章节的图文校对方面做出了贡献；周丹女士在编辑过程中付出了辛勤的劳动；怀意君女士对部分图件进行了清绘；南京大学地球科学与工程学院在出版经费和工作条件上给予了大力的支持，在此一并致谢！

　　由于该成果的形成跨度达二十年之久，因此，还有许多给予支持和帮助的人和单位没有提及，在此深表歉意，并向所有相关人员和单位表示衷心的感谢！

　　该研究成果涉及地质和岩土工程监测的多个应用方面，相关成果十分丰富，但由于篇幅有限，本专著反映的仅是一个总体性成果，并没有对某一类地质与岩土工程的光纤监测技术进行详尽的介绍，未来将有专册分类呈现。由于成稿时间有限，书中难免存在谬误和遗漏，恳请读者来函指正，不胜感谢，并在以后的修订版中予以改正。

施　斌

2019 年 1 月于南京大学

符 号 表

A —— 截面积

A_a —— 热源与渗流间换热面积

A_s —— 热源与岩土颗粒间热传导面积

B —— 浮力

b —— 宽度

C —— 弹簧旋绕比；周长

C_ε —— 频移-应变系数

C_ε^B —— 布里渊频移-应变系数

C_T —— 频移-温度系数

C_T^B —— 布里渊频移-温度系数

C_T^{RI} —— 拉曼强度-温度系数

c —— 真空中光速

c_p —— 定压比热

c_v —— 定容比热

D —— 直径

D_a —— 锚固直径

d_a —— 锚固间隔

d_m —— 测点间隔

d_s —— 空间采样间隔

d_ε —— 应变传递深度

E —— 弹性模量

E_g —— 纤芯弹性模量

F —— 轴力

F_e —— 弹性段轴力

F_r —— 残余段轴力

F_s —— 软化段轴力

F_T —— 弹-塑性区转折点处轴力

f_m —— 调制频率

f_s —— 正弦调制频率

f^* —— 缆-土界面表观摩擦系数

f_p^* —— 缆-土界面峰值表观摩擦系数

f_r^* —— 缆-土界面残余表观摩擦系数

G —— 剪切模量；缆-土界面剪切刚度

G_1 —— 弹性段缆-土界面剪切刚度

G_2 —— 软化段缆-土界面剪切刚度

G_c —— 涂覆层剪切模量

G_j —— 护套剪切模量

G^* —— 缆-土界面剪切系数

g —— 散射光频谱

g_0 —— 频谱峰值功率

g_B —— 布里渊频谱

g_m —— 实测散射光频谱

h —— 普朗克常数；剪切层土体厚度

h_a —— 渗流换热系数

I —— 光强度；加热电流；惯性矩

I_{as} —— 反斯托克斯光强度

I_B —— 布里渊谱积分强度

I_p —— 塑性指数

I_R —— 瑞利谱积分强度

I_s —— 斯托克斯光强度

K —— 玻尔兹曼常数；边坡安全系数

k —— 与光纤端面反射率等有关的影响系数；缆-土界面抗剪强度比

L_p —— 塑性段长度

L_r —— 残余段长度

L_s —— 软化段长度

M —— 弯矩

n —— 折射率

n_{eff} —— 纤芯有效折射率

n' —— 光纤折射率温度系数

P —— 光功率；拉拔力

P_{BS} —— 背向散射光功率

P_e	有效光弹系数		γ_j	护套剪应变
p	荷载		γ_w	水容重
Q	热量；剪力		ΔH	沉降量；压缩量
q_a	单个锚固点承载力		$\Delta \nu_B$	布里渊增益带宽
q_s	桩侧摩阻力		δ	事件点空间定位精度
R	加热电阻		δ_z	空间分辨率
R_{LP}	Landau-Placzek 比率		ε	（轴向）应变
r	光纤变形长度系数；半径		ε_a	由拉压造成的应变
r_c	涂覆层半径		ε_g	纤芯应变
r_g	纤芯半径		ε_h	水平向应变
r_j	护套半径		ε_m	基质应变；由弯曲产生的应变
S	盐度		$\overline{\varepsilon}_{h\max}$	边坡水平向特征应变
T	温度		ζ	光纤热光系数
T_f	虚温度		ζ_{c-s}	光缆-土体耦合变形系数
T_t	温度特征值		η	应变转化率
T_θ	热源影响范围的温度		θ	土的体积含水率
t	时间		θ_0	土的界限体积含水率
u	位移		κ	应变转化系数
u_0	光纤头部位移		Λ	FBG 栅距
u_e	弹性段位移		λ	光波波长
u_{eff}	有效位移		λ_B	FBG 中心波长
u_{peff}	部分有效位移		λ_s	岩土颗粒导热系数
u_r	残余段位移		μ	泊松比
u_s	软化段位移		ν	光的频率
V_a	声波波速		ν_{as}	反斯托克斯光频率
v	光在光纤中的传播速度		ν_B	布里渊频率漂移量
v_g	光在光纤中传播的群速度		ν_R	拉曼频率漂移量
v_s	渗流速率		ν_s	斯托克斯光频率
w	轴向位移；挠度		ρ	密度；曲率半径
y	距中性面距离		σ	应力；标准差
α	光纤热膨胀系数；应变传递系数		σ_g	纤芯应力
α_0	弹簧初始螺旋角		σ_h	地层围压
α_z	光传播衰减系数；光纤增益系数		σ_y	屈服强度
β_T	熔化等温压缩率		τ	入射光脉冲宽度；剪应力
γ	剪应变；容重		τ_B	布里渊谱和光脉冲谱卷积所得谱宽
γ_c	涂覆层剪应变		τ_c	涂覆层剪应力
γ_g	纤芯剪应变		τ_e	弹性段缆-土界面剪应力

τ_{g} —— 纤芯剪应力　　　　　　　　　　τ_{r} —— 残余段缆-土界面剪应力

τ_{max} —— 缆-土界面峰值抗剪强度　　　　τ_{res} —— 缆-土界面残余抗剪强度

τ_{max}^{0} —— 无锚固点缆-土界面峰值抗剪强度　　τ_{s} —— 软化段缆-土界面剪应力

目　　录

第一章 绪 论

1.1 地质与岩土工程监测

我国是世界上地质灾害最严重、受威胁人口最多的国家之一，地质条件复杂，构造活动频繁，崩塌、滑坡、泥石流、地面塌陷、地面沉降、地裂缝等灾害隐患多、分布广，且隐蔽性、突发性和破坏性强，防范难度大。特别是近年来受极端天气、地震、工程建设等因素影响，地质灾害多发频发，给人民群众生命财产造成严重损失。根据国土资源部公布的 2016 年全国地质灾害数据，全国共发生地灾 9710 起，造成 370 人死亡、35 人失踪，直接经济损失 31.7 亿元。地质灾害发生数量、造成的死亡失踪人数和直接经济损失比 2015 年分别增加 18.1%、41.1% 和 27.4%。据国土资源部发布的 2017 年地质灾害通报，全国共发生地质灾害 7521 起，共造成 329 人死亡、25 人失踪、169 人受伤，直接经济损失 35.9 亿元。2017 年全国共成功预报地质灾害 1642 起，有效应急避险 55 356 人，避免直接经济损失 14.5 亿元。2017 年地质灾害发生数量、造成的死亡失踪人数均有所减少，与 2016 年相比分别减少 22.5% 和 12.6%，造成的直接经济损失增加 13.2%。

在这些地质灾害中，因人类工程活动引起的地质灾害不断增多。此外，极端气候如厄尔尼诺后效应、突发性强对流天气、台风等的频繁发生也是重要诱因。因此，人类如何在对大地的索取和利用与地质灾害防治和地质环境保护之间找到平衡，实现社会的可持续发展，是人类长期需要解决的课题，更是地质工程研究者的中心课题。

在大规模的基础工程建设中，各类岩土工程问题大量出现，如基坑塌陷、隧道变形渗漏、地下连续墙垮塌、地基和路基不均匀沉降等，给人民群众生命和财产造成重大损失，增加了建设成本，延长了工程周期，因此，解决好各类岩土工程问题，是岩土工程工作者的中心课题。

本专著中所述的地质工程是指与地质灾害防治和地质环境保护相关的各类工程，而岩土工程是指在基础工程建设过程中所有与岩土体有关的改性、加固和防治的相关工程。因此，二者都与地质体有关，共同的目标就是防治各类地质灾害、解决各类岩土工程问题，而地质与岩土工程监测就是采用各种监测技术手段，对地质灾害和岩土工程问题的发生、发展过程进行观测与分析，从而为防灾减灾提供科学依据。地质工程监测侧重于地质灾害及其防治工程的安全评价、预测和预警，监测的对象主要是自然地质体和各类地质灾害的防治工程结构体；岩土工程监测侧重于与基础工程建设有关的岩土工程问题发生、发展的过程监测，监测的对象不仅仅有自然地质体，更多的是工程岩土体以及为提高岩土工程安全的各种加固结构。一般来讲，工程岩土体的大小和规模比自然地质体要小得多，工程岩土体的监测对象主要涉及受工程影响的那部分地质体，而地质灾害的监测常常涉及一个区域和地区。因此本专著中提到的地质体既包括自然地质体，也包括工程岩土体；自然地质体主要针对地质灾害而言，而工程岩土体主要针对岩土工程问题而言。

为防治和减轻各类地质灾害和岩土工程问题，目前采取的解决途径主要有两条：一条途径就是灾害风险控制，即通过对地质灾害和岩土工程目标区的工程地质条件分析、分区和风险评价，采取各种地质灾害防治和岩土工程措施，防患于未然，预防各类地质灾害和岩土工程问题的发生；另一条是临灾预警预报，即通过各种监测手段，对一些具体的地质灾害如滑坡和泥石流等和岩土工程问题如基坑稳定性问题等进行临灾预警，疏散人群，转移财产，采取相应工程措施以减少损失。显然，在上述两条途径中，监测始终是实现防灾减灾的前提。

然而，目前地质与岩土工程的监测技术尽管在不断发展和革新中，但依然远远不能满足防灾减灾的要求。这一方面说明了在监测技术水平方面还需要不断提高，另一方面也与地质体的特点密切相关。

1.2　地质体的特点与监测要求

与土木工程中的人造结构系统如钢筋混凝土结构、钢结构和合成材料结构不同，地质体是自然历史的产物，是一个固、气、液多相体系。岩体坚硬、构造不规则；土体松软，不仅具有多孔和低强度等特征，而且它们还在不断地受到自然和人类工程活动的作用和影响。从地质与岩土工程监测的角度，地质体具有如下特点，并对监测技术提出了更高的要求。

1）结构构造复杂，空间变异性大

地质体是经过了漫长的地质历史演化而来，期间不知经过了多少次的地质运动和沧海桑田的环境变迁，因此，地质体具有十分复杂的结构和构造，在空间上呈现出各向异性和不规则性，空间变异性大，不确定性高，且它们控制着地质体的变形和稳定。地质体的这一特性，要求相应的监测技术必须具备分布式、大规模覆盖的功能，只有这样才能全面地监测到地质体的整体变化。

2）规模广，距离长，深度大

当人们在大地上进行各类工程活动时，为了确保工程的安全，保护地质环境，就要对构筑物的地基及其周围的地质条件和环境进行评价和演化过程分析。显然，与各类工程有关的地质体规模、范围和深度都要比其承载的构筑物大得多。如体积达到几千万方的大型边坡体；长度可达几十公里，甚至几百公里的江河堤防；范围可达上百万平方公里的冻土区；一些矿山开采的影响深度可以达到数千米。因此，要掌握如此大的地质体的变化规律，必须要有长距离、覆盖性比较好的监测系统才能获得地质体各种场参量的大数据信息，在此基础上才能分析和掌握地质灾害和岩土工程问题的成因，以及岩土体与工程结构间的相互作用机理。

3）穿透性弱，隐蔽性强

上天难、入地更难。这是因为地质体是具有特殊结构与构造的自然物质体，探测地球无法像向太空中发射飞船那样容易。如果不借助探测手段，人们无法从地表掌握地下和岩土工程内部地质体的状态变化。但坚硬的岩石很难钻孔，松散层中很难获取原状试样，而深部地质体更难接触到，只有通过一些地球物理的方法间接地获取相关地下深部信息。地质体的这种不易穿透性和隐蔽性阻碍了人们对地质体变化状态的信息获取，妨碍了人们对于地质灾害和岩土工程问题形成机理和发展规律的认识。

4）多场作用，影响因素复杂

地球上发生的各种地质现象和地质灾害，均与地球的内动力、外动力或两者结合的地质作用有关。人类居住在地球表面，因此地球表层数十米、甚至几千米深的地质体的内部状态和运动规律，直接影响到人类社会的安全。由于地壳表层处在岩石圈、水圈、大气圈和生物圈多层圈作用的结合部位，它必然受到应力场、温度场、水分场、化学场等多场的耦合作用，因此，影响表层地质体状态和变化的因素十分复杂。要掌握各种地质现象以及各类岩土工程问题的形成机理，减轻各类地质和工程灾害，必须要弄清这些影响因素间的相关信息。

5）形态不规则，地质环境多样

人造的土木工程结构规则平整，而自然地质体和工程岩土体的形态一般是不规则的，高低起伏，形成了千姿百态的地貌。形态的不规则性对于监测元件的安装、数据处理和机理分析都会造成很大障碍。地质环境也是复杂多变，高山峡谷，高温寒冷，浅表深部等，对于地质体监测系统的安装和保护，以及系统的可靠性与耐久性带来极大挑战。

1.3 常规监测技术及其不足

要准确、快速、大范围获得地质体及其岩土工程结构的多场多参量数据及其随时间的变化规律并非易事，有赖于监测系统的先进性，有赖于先进理论和方法的指导。根据当前地质与岩土工程的观测与监测手段特点，相关的监测技术体系可分为三大类：

第一类技术为遥感遥测技术。它们依托卫星、飞船、航天飞机、飞机以及近空间飞行器等空间平台，利用可见光、红外、高光谱和微波等多种探测手段，获取地表温度、植被、地貌、污染等的分布变化信息。这类技术包括全球导航卫星系统（GNSS）技术、甚长基线干涉测量（VLBI）技术、雷达干涉测量（InSAR）技术、机载激光雷达测量（LiDAR）技术、卫星遥感和卫星重力测量等。这类技术十分适用于观测大地表面宏观的区域信息变化，但目前还无法穿透地表获得一定深度的地下信息，也还没有做到实时的精确观测。此外，观测精度受环境因素影响很大，很难做到全天候的观测。在这类技术中，GPS 等定位技术，在地表形变和地壳运动观测中得到了很好的应用，但还不能对地质体内部的形变进行测量，在观测精度上还需要提高。

第二类技术为地球物理方法。地球物理方法是一种地球勘探方法，包括重力勘探、磁法勘探、电法勘探、地震勘探、地温法勘探、核法勘探等，相关的技术设备覆盖面很广，包括地震仪器、电法仪器、磁法仪器和重力仪器等。通过测量地球的物理场（如重力场、电场、磁场等）及其在时间和空间上的变化规律，探测地球内部的物质成分、结构构造及其变化。然而，由于地球表层影响因素复杂，动态变化快，灾变的时效性强且成因隐蔽，而现有的地球物理方法多为静态探测，地质体中界面分辨率不够精细，探测结果常出现多解性，因而一般仅适用于地球深部大尺度和浅部地层的事件探测。

第三类技术为传感监测技术。传感监测技术是现代信息技术的重要组成部分，也是地质与岩土工程监测中不可缺少的关键技术。在传感监测技术中，传感器的研发和应用又是最为重要的一环。信息技术包括计算机技术、通信技术和传感器技术。目前计算机技术和通信技术发展极快且相当成熟，但传感器技术方兴未艾，随着社会对自动化和人工智能的需求不断增大，传感器技术已成为国际上许多国家重点攻克的关键技术之一（高国富等，2005）。由于传感监测技术是直接在地质体与岩土工程结构中植入传感器来实现监测的，因此，它既可以获得地表的信息，也可以监测到地下一定深度的地质与岩土工程相关的多场多参量信息，可以说，传感监测技术是地质与岩土工程监测最为直接和实用的技术手段。

目前传统的地质与岩土工程传感监测技术主要以基于振弦式和电阻式的点式监测技术为主。图 1.1 是目前常用的接触式岩土体变形监测技术。这些监测技术多为点式测量，常出现漏检和盲区问题，无法实现长距离、大面积和深部的岩土体监测；岩土体恶劣的环境，如高温、低温、高压、高湿度等，常使这些监测元件和探头成活率低、易生锈腐蚀、耐久性差；基于电感原理的感测元件易受电磁场干扰，存在着长期零漂，影响监测精度和稳定性。这些监测技术的不足无法满足地质灾害与岩土工程问题的监测与预测预警的要求，严重地阻碍了人们对地质灾害和岩土工程问题孕育、发生和发展规律的认识，因此十分需要通过不断创新，研发先进的地质与岩土工程监测技术，以满足地质灾害和岩土工程的理论研究和技术应用需求。

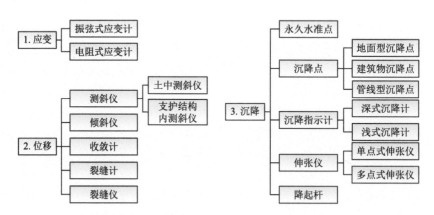

图 1.1　常用的接触式岩土体变形监测技术

为了克服地质与岩土工程监测技术的瓶颈，近三十年来许多国家制定相关计划，投入大量人力和物力，研发各类新技术和新方法，期望能对各类地质灾害和岩土工程中的科学和技术问题提供强有力的监测手段，在地质灾害和岩土工程监测技术方面抢占制高点，而光纤感测技术就是这样的一种接触式监测手段，是近三十年来各国竞相研发的高端传感监测技术。

1.4 分布式光纤感测技术

光纤传感技术是 20 世纪 80 年代伴随着光导纤维及光纤通信技术的发展而迅速发展起来的一种以光为载体，光纤为媒介，感知和传输外界信号（被测量）的新型传感技术。随着光纤传感技术的发展，光纤传感技术已不仅仅用于事件的定性监测，而是越来越多地用于被测对象在时空上的多参量定量精确测量和监测。因此，在本专著中为了更加准确表述，作者将光纤传感技术改称为光纤感测技术，以区别于一般的只用于事件监测的光纤传感技术。

在光纤感测技术中，分布式光纤感测技术因其独特的优势，十分适合于地质体和大型工程结构体的长距离、大范围和长周期等的监测，因而该类技术一经问世，就得到土木工程界的广泛重视和应用，成为基础工程分布式监测的重要手段。

所谓分布式监测，是指利用相关的感测技术获得被测参量在空间和时间上的连续分布信息，而实现的重要手段就是分布式光纤感测技术（简称 DFOS）。在 DFOS 中，光纤既是传感介质，又是传输通道。DFOS 利用光纤几何上的一维特性，把被测参量作为光纤长度位置的函数，感测被测参量沿光纤经过位置的连续分布信息。将传感光纤按照一定拓扑结构布置成一维、二维或三维网络，就像在"死"的地质体与工程结构体中植上了能感知的神经网络，感测其相关参量在长度、平面和立体上的变化规律，克服传统点式监测方式漏检的弊端，提高了监测的成功率和效率。DFOS 在大型或超大型工程的整体应变和温度等的参量监测方面更具优势，如长距离隧道的不均匀沉降监测、大面积的地裂缝分布和变形监测、油气管线泄漏监测、大坝和堤防渗漏监测及边坡稳定性分布式监测等。

图 1.2 是分布式光纤大地感知系统概念图。从图中可以看出：传感光纤像人身上的感知神经，植入到大地上的地质体与各类基础工程中，能够感测到各种场作用下的被测对象的多参量的变化信息，形成一个大地感知系统，为地质灾害防治与岩土工程问题的解决提供了一种新的监测理念和技术手段。

图 1.2 分布式光纤大地感知系统概念图（图中黄色亮点线条为传感光纤）

目前，DFOS 主要有：波长调制型的准分布光纤感测技术、散射型分布式光纤感测技术、偏振型分布式光纤感测技术、相位型分布式光纤感测技术、微弯型分布式光纤感测技术、荧光型分布式光纤感测技术等。其中基于光纤布拉格光栅（简称光纤光栅或 FBG）的准分布光纤感测技术与基于布里渊、拉曼和瑞利散射光的全分布式光纤感测技术，近二十余年来发展迅猛，并在国防军事、航天航空、土木工程、电力、能源、环保、医疗等众多领域得到了广泛的应用，这是因为 DFOS 具有如下优点：

1）分布式测量

可以实现准分布和全分布测量。一根光纤可以连续准确测出沿线任一点上的应变、温度、振动和损伤等十余种多参量信息。如果将传感光纤布设成网状，就可以得到被测对象的二维和三维分布情况。

2）长距离监测

可以实现数米到上万公里的长距离连续测量和监控，满足地质灾害与各类大型基础工程设施监控的需要。

3）监测物理量多

光纤感测技术获得的基本物理量主要有应变、温度、振动和长度等，据此，可以通过传感光纤封装技术和转换原理，还可以测量压强、应力、水分、湿度、水位、流速、流量、电流、电压、液位、气体成分、多相流剖面等物理量，应用面十分广泛。

4）抗腐蚀性强，耐久性好

作为传感介质的光纤或光纤器件，其材料主要成分为二氧化硅，是本质安全的。它具有防雷击、防水防潮、耐高温、耐腐蚀等特点，有很好的耐久性。因此，它也适合于环境比较恶劣场所如强辐射、高腐蚀、易燃易爆等的监测。在岩土工程中，常常会遇到强污染水土环境，传感光纤的抗腐蚀性可大大提高传感器的使用寿命。

5）抗干扰性能强

光纤是绝缘材料，避免了电磁干扰；兼之电磁干扰噪声的频率与光频相比很低，对光波无干扰。此外，光波易于屏蔽，外界光频性质的干扰也很难进入光纤。

6）轻细柔韧

传感光纤体积小，重量轻，几何形状可塑，匹配性和适应性强，几乎不影响被测对象的自身性质。因此，它十分适用于一些重要构筑物和名胜古迹的监测。

7）监测精度高

光纤感测技术由多种光纤感测技术组成，是一个技术体系。不同的光纤感测技术具有不同的监测性能。因此，根据不同的监测对象和要求，可选择合适的光纤感测技术。对于一些监测精度要求高的被测对象,可采用如光纤光栅的感测技术,其监测精度要明显优于同类的常规机电类传感器,有的甚至高出几个数量级。

8)大容量传输

由于光纤可以传输大容量信息,因此光纤可作为母线,采集和传输各种传感器的信息,代替笨重的多芯电缆。

此外,光纤感测技术还具有频带宽、高速传输、可集成等优点,能解决许多机电传感器无法解决的技术难点问题。

1.5 土木工程光纤监测现状

由于 DFOS 具有一些常规机电式传感技术无可比拟的优势,其特点又很适合土木工程结构分布式、长距离和大规模的监测要求,因此,自从光纤传感技术一出现,就有学者开始将它们不断地应用于土木工程的结构健康监测。

1990 年,美国布朗大学的 Mendez 等最早提出了将 FBG 传感器用于钢筋混凝土结构的检测(Mendez et al.,1990)。之后,欧美等西方发达国家的研究机构相继投入了大量人力和物力研究光纤传感器在土木结构中的应用,其中以美国佛蒙特大学的研究成果最为突出,该校由 Fuhr 与 Huston 领导的研究小组,自 20 世纪 90 年代初就在光纤传感器的智能化钢筋混凝土结构健康诊断及振动监测方面,进行了一系列的实用性探索(Fuhr and Huston,1998;Fuhr et al.,1992,1999;Huston et al.,1994);此外,德国结构维护及现代化研究所(IEMB)的 Habel 与 Hillemeier(1995)用裸露光纤测量钢架桥路面裂缝的产生,测得横向大梁裂缝 0.01mm 的发展过程;Griffith(1995)用光纤压力传感器及应力传感器监测桥的整体性;多伦多大学 Merzbacher 等(1996)和 Grattan 与 Sun(2000)将 FBG 首次埋在 Calgary 一座大桥的碳纤维复合材料中及钢梁上,监测新材料的性能;瑞士联邦工学院 Inaudi 等(1998,1999,2001)利用光纤二次迈克尔逊干涉传感原理开发的 SOFO 系统在新旧桥梁、混凝土结构、古建筑物、地基基础、隧道、大坝等土木工程结构监测中取得了很好的应用效果;加拿大 Roctest 公司开发的基于 F-P 干涉原理的数据采集与处理仪以及适用于多种场合的光纤传感器,在实际工程中的应用效果也得到了认可(Choquet et al.,1999);Wu 等(2000,2002)将 BOTDR 应用于混凝土的裂缝检测和结构健康监测。

国内在土木工程结构健康光纤监测方面,并不比国外落后。重庆大学智能结构研究中心于 1992 年率先开始了光纤传感技术在结构工程中的研究。黄尚廉院士领导的课题组对光纤传感器在土木工程结构监测领域的应用进行了深入研究,取得了显著成果(陈伟民等,1995;赵廷超与黄尚廉,1997),举世瞩目的长江三峡工程也应用了光纤的实时监控技术;姜德生院士等(1998)开展了 FBG 制作的理论基础研究,2003 年 FBG 在土木工程结构健康监测中开始应用,研发了多种形式的光纤布拉格光栅传感器和解调器以及相应的监测系统,在海口世纪大桥、巴东长江大桥等桥梁上安装了相应的光纤布拉格光栅长期安全监测系统,对桥梁的结构应变、温度、索力进行了监测(姜德生等,2003a,2003b;姜德生与何伟,2002;姜德生与方炜炜,2003;梁磊等,2003);赵占朝等(1995)采用 OTDR

技术对混凝土结构裂缝进行检测和监测；卢哲安等（2001）研究了温度和应变的交叉敏感、光纤保护材料的选取等问题；曾祥楷等（2001）在集成式布拉格光纤光栅和非本征 Fabry-Perot 干涉腔（EFPI）复合传感器的结构和原理方面进行了研究，实现了用一个传感器同时测量温度、静态应变和振幅的功能；哈尔滨工业大学（周智与欧进萍，2001，2002；田石柱等，2001）将基于白光干涉的光纤 F-P 应变/位移传感器用于土木工程健康监测，研究了传感器的安装工艺、温度补偿技术等。

综上所述，国内外光纤感测技术在土木工程监测中的应用已十分广泛，采用的光纤感测技术主要是准分布的 FBG 技术，少量成果还采用了光纤迈克尔逊干涉传感技术和白光干涉的光纤 F-P 应变/位移传感技术；对于全分布式光纤感测技术，主要采用了 OTDR 和 BOTDR 两种技术，且相关应用成果不多。

1.6 地质与岩土工程光纤监测现状

光纤感测技术在土木工程结构健康监测中的成功应用，为其在地质灾害和岩土工程中的应用提供了很好的技术基础。由于光纤感测技术十分适合地质与岩土工程的大范围和长距离的分布式监测，因此，相关的光纤监测技术研发也成为国际上一些发达国家如日本、瑞士、加拿大、美国、韩国、意大利、法国、英国等的研究热点和重大科研课题。特别是日本，由于国土面积小，又处在地质构造活动带，地震频繁发生，地形、地貌和地质条件十分复杂，在这样不良的地质条件下，确保包括各类地质与岩土工程在内的基础设施安全施工和营运显得尤为重要。因此，日本在地质与岩土工程光纤监测技术及其自动化、智能化、网络化方面，投入了大量的人力和财力进行研发，取得了一批重要成果。瑞士、加拿大、韩国、意大利、美国、英国、法国、德国等，在环境地质与岩土工程领域中，也开展了相关研究，取得了一些进展。在这方面，早期的研究多集中在将 FBG 传感器植入 FRP 锚杆、锚索，并应用于隧道或巷道围岩的变形监测（Schmidt-Hattenberger and Borm，1998；Frank et al.，1999；Schroeck et al.，2000；Kalamkarov et al.，2000；Nellen et al.，2000；Willsch et al.，2002）；日本京都大学 Sato 等（1999）基于 FBG 技术开发了土体动态应变传感器；Chang 等（2000）研制了 FBG 土压力计，并将其应用于路面性能评价；Kihara 等（2002）采用布里渊光时域反射测量技术（简称 BOTDR）对河流堤坝的变形进行了监测，实现了溃坝的提前预警；日本 NTT 公司开发了基于 BOTDR 分布式光纤感测技术的公路灾害监测系统，重点对公路边坡滑坡和雪崩等灾害，以及桥梁和隧道的健康状态进行监测和预警（Komatsu et al.，2002）；Yoshida 等（2002）将 FBG 技术应用于钻孔测斜仪，实现了长达 4 个月的工程边坡变形监测；Lee 等（2004）首次将 FBG 传感技术应用于桩基检测；Kato 与 Kohashi（2006）研发了公路边坡光纤传感监测系统，对光纤传感器的布设方法和监测结果进行了介绍；Kashiwai 等（2008）开发了一种基于 FBG 技术的钻孔多点变形监测系统，并在日本的 Horonobe 地下核废物处置实验室得到成功应用；Iten 与 Puzrin（2009）采用 BOTDA 技术，将分布式传感光纤埋于通过滑坡山体的公路路基中，通过监测路基的变形来定位滑坡边界；Khan 等（2008）基于 ROTDR，针对坝体设计了一套自动渗漏监测系统；Nöther 等（2008）发展了 BOFDA 监测系统，用于监测河堤土体的变形；Habel 等（2014）

开发了基于 FBG 技术的 GeoStab 传感器，精确捕捉到了边坡的滑面位置；英国皇家工程院院士 Soga 将 BOTDR 技术应用于桩基检测与地铁隧道监测，取得了一批重要的成果（Klar et al.，2006；Cheung et al.，2010；Mohamad et al.，2010，2011，2012，2014）；意大利坎帕尼亚大学的研究者将 BOTDA 技术用于室内滑坡模型试验，揭示了降雨入渗下火山碎屑土边坡的失稳机理（Olivares et al.，2009；Picarelli et al.，2015；Damiano et al.，2017）。

我国在地质灾害与岩土工程光纤监测与测试方面，基于 ROTDR 的 DTS 技术、OTDR 技术以及准分布式的 FBG 技术应用比较早。在 DTS 方面，蔡顺德等（2002）采用该技术测量三峡大坝混凝土温度场，后应用于红水河乐滩水电站和百色水利枢纽等大型水电工程（蔡德所等，2005，2006）；肖衡林等采用 DTS 监测坝体渗流，建立了光纤温度和渗流流速等变量之间的关系，提出了基于 DTS 的岩土体导热系数的测定方法（肖衡林等，2004，2008，2009）。在 OTDR 方面，姜德生团队于 1998 年研制出基于 OTDR 的锚索应力计；万华琳等（2001）采用 OTDR 对隔河岩电厂内的高陡边坡深部变形进行了光纤传感监测；柴敬（2003）将 OTDR 技术应用于煤矿覆岩变形监测；朱正伟等基于光微弯损耗原理研发了 OTDR 滑坡位移传感器（Zhu et al.，2011b，2014），并成功应用于室内边坡模型试验（Zhu et al.，2017b）。在 FBG 方面，姜德生等（2003a）研制出 FBG 锚索应力计；吴永红（2003）、夏元友等（2005）分别研发了基于 FBG 的坝体、软基渗压传感器；柴敬等（2005）采用光纤布拉格光栅传感技术进行锚杆支护质量监测。随着 FBG 传感技术不断发展，在煤矿、隧道、基坑以及室内岩土模型试验中也得到了广泛的应用（蒋奇等，2006；赵星光与邱海涛，2007；柴敬等，2008；黄广龙等，2008；李焕强等，2008；魏广庆等，2009a，2009b；朱维申等，2010）；台湾交通大学黄安斌教授团队基于 FBG 传感技术，相继研发出旁压仪、孔隙水压力计、位移计、轴力计等各类适合边坡监测的光纤传感器，并成功应用于野外滑坡监测中（Ho et al.，2006，2008；Huang et al.，2016）；香港理工大学殷建华教授团队围绕 FBG 传感技术研制了传感棒、测斜仪、位移计等，并成功应用于 GFRP 土钉拉拔试验、大坝模型试验、四川魏家沟泥石流以及香港鹿径道边坡监测等（朱鸿鹄等，2008；裴华富等，2010；殷建华，2011；Zhu et al.，2010，2011a，2012；Pei et al.，2011，2012；Xu and Yin，2016）。

在 BOTDR 方面，施斌等于 2002 年将 BOTDR 技术引入中国地质灾害与岩土工程的监测领域，并成立了南京大学光电传感工程监测中心，取得了一系列重要成果，产生了数十个国家发明专利，形成了岩土体多场多参量的光纤测试与监测理论与技术体系，并在国内外数百个地质与岩土工程监测项目中得到应用，取得了良好的社会和经济效益（Shi et al.，2003a，2003b；施斌等，2004a，2004b，2005）。2005 年开始，在国家自然科学基金的资助下，施斌创立了地质与岩土工程光电传感监测国际论坛，每 2～3 年在南京大学召开一次，目前已成功召开了六届，人数和规模越来越大，已产生了较大的国际影响，成为该领域中一个重要的国际交流平台（朱鸿鹄与施斌，2013，2015；朱鸿鹄等，2019）。近年来，国内一些科研单位也相继开展了 BOTDR 的应用研究，如中国地质调查局水文地质工程地质技术方法研究所韩子夜与薛星桥（2005）开展了基于 BOTDR 的边坡土体变形分布式光纤感测研究；中国地质科学院岩溶地质研究所蒋小珍等（2006）应用 BOTDR 光纤感测技术对岩溶塌陷进行了监测试验研究；浙江大学李焕强等（2008）将 BOTDR 技术应用于室内边坡模型监测；史彦新等（2008）采用 BOTDR 和 FBG 技术，对滑坡体进行了完整的变形监测；刘永莉等（2012）采用 BOTDR 技术对某高速公路边坡的抗滑桩进行了长期监测。另外，国内一批高等院校和科研单位都相继开展了地质与岩土工程光纤监测技术的相关研究，如解放军理工大学、西安科技大学、长安大学、同济大学、中国矿业大学、中国地质大学（武汉）、中国地质调查局南京地质调查中心、江苏省地质调查研究院、陕西省地质调查院、上海市地质调查研究院、中国地质调查局天津地质调查中心等建立了相关的实验室或开展了相关研究。

从上述研究进展可以看到，在地质灾害与岩土工程监测领域，光纤感测技术已得到了较广的应用。早期，采用的光纤感测技术主要是准分布的 FBG 技术和全分布的 OTDR 技术，国内外的工程应用技术水平基本相当；近三十年来，随着全分布式光纤感测技术如 ROTDR、BOTDR、BOTDA、BOFDA 等的发展，地质灾害与岩土工程的全分布式监测技术也得到了快速发展，而且国内的应用技术水平明显要高于国际水平，这与我国基础工程的快速发展以及对监测技术的迫切需求密切相关，相关的成果主要集中在基于 ROTDR 的温度和渗流的监测、基于布里渊散射光时域和频域技术的地质与岩土工程多场多参量的分布式监测。

1.7　本专著的主要内容

诚如本章 1.2 节所述，地质体的监测特点和要求决定了地质灾害与岩土工程监测不同于一般的土木工程的结构监测，技术难度更大、更复杂，它必须解决好三个方面的技术瓶颈，见图 1.3。一是要有坚韧而敏感的"神经"，即要有既能抗压、抗折、耐久性好，又要对外部被测参量敏感的传感光缆；二是要有精准而智能的"大脑"，即要有长距离、高精度的分布式光纤解调设备；三是要有强健而高效的"身体"，即要有能够监测地质与岩土工程多场多参量变化的分布式光纤监测系统。三者缺一不可，同时还必须具备行之有效的光纤监测安装技术和工艺。

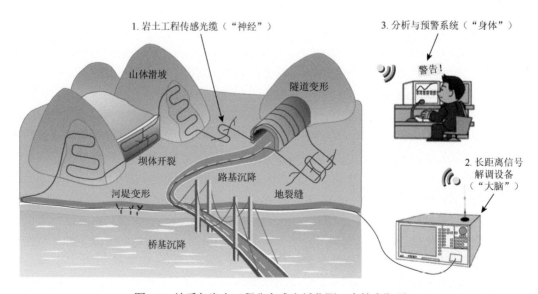

图 1.3　地质与岩土工程分布式光纤监测三大技术瓶颈

　　本专著比较全面地介绍了作者团队二十年来在地质与岩土工程分布式光纤监测技术及其应用方面的理论、技术与实践成果，从分布式光纤感测技术到感测技术性能；从光纤传感器和传感光缆到地质工程多场光纤监测技术；从分布式光纤监测系统到大变形监测技术与现场布设；从土工模型试验光纤测试技术到岩土工程与地质灾害光纤监测技术，涵盖了地质与岩土工程分布式光纤监测技术及其应用的各个方面。

　　作者期待，随着本专著的出版，地质与岩土工程分布式光纤监测理论与技术体系的建立，将大大推动光纤感测技术在地质灾害监测预警和各类岩土工程安全监测方面的应用，地质与岩土工程监测技术从点式走向分布式，从电测时代走向光感时代。

第二章　分布式光纤感测技术

2.1　光纤与光缆

光纤是光导纤维的简称，是光纤感测技术中的"感知神经"。在本专著中，光纤也是裸纤和光缆的泛称。仅由纤芯和包层组成的光纤称为裸光纤或简称裸纤。如图 2.1 所示。纤芯的直径一般为 5～75μm。纤芯的材料主体为二氧化硅，其中掺杂极微量的其他材料，如二氧化锗、五氧化二磷等，以提高纤芯的化学折射率。包层为紧贴纤芯的材料层，其直径一般为 100～400μm，最常见的包层直径为 125μm；其光学折射率稍小于纤芯材料的折射率，材料一般也是二氧化硅，其中微量掺杂物一般为三氧化二硼或四氧化二硅，以降低包层的光学折射率。纤芯完成光信号的传输，而包层则用来将光封闭在纤芯内，保护纤芯，并增强光纤的机械强度。当光的入射角大于临界角时，纤芯内传播的光将在纤芯和包层的界面上发生全反射，从而光线被限制在纤芯内，向前传播。裸纤的直径虽然很小，但具有较高的单轴抗拉强度，如表 2.1 所示。

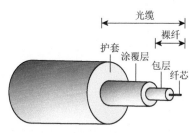

图 2.1　裸纤和光缆结构示意图

表 2.1　无裂痕裸纤的主要物理力学指标

直径/μm	比重	抗拉强度/（kg/mm²）	杨氏模量/（kg/mm²）	伸长率/%	热膨胀系数	熔点/℃
125	2.2	500	7200	2～8	5×10^{-7}	1730

根据光纤能传输的模式数目，可将其分为单模光纤和多模光纤。单模光纤指在给定的工作波长上只能传输一种模式，即只能传输主模态的光纤，其纤芯直径很小，一般为 2～12μm。由于只能传输一种模式，单模光纤可以完全避免模式色散，使得传输频带很宽，传输容量很大，因此，这种光纤适用于长距离的光纤通讯和传感；多模光纤是指在给定的工作波长上能以多个模式同时传输的光纤，其纤芯直径很大，一般在 50～500μm。多模光纤能承载成百上千种的模式，导致光脉冲变宽，产生模态色散，使得多模光纤的带宽变窄，降低了其传输容量，因此，适用于较小容量的通讯和较短距离的传感。

除了以上介绍的单模光纤与多模光纤外，还有一些按不同性能分类的光纤。如按照材料分类有石英系光纤、多组分玻璃光纤、全塑光纤塑料、包层石英芯光纤和氟化物光纤等；按折射率分布分类，有阶跃型和渐变型二种光纤。此外还有许多具有不同特性和功能的特种光纤，如保偏光纤、稀土掺杂光纤、双包层光纤以及光子晶体光纤等，它们在光纤通讯和光纤传感领域中起到重要作用，也是提高光纤感测性能的重要切入点。

由于裸纤较脆，并且易受外界光线的干扰，因此，在包层外面还需增加一层或多层的涂覆层，在涂覆层外面再加各种护套，用于隔离杂光，提高光纤强度，保护光纤。这种多层结构的光纤，称为光缆，其结构如图 2.1 所示。光缆不仅限于单独一根光缆组成，还可以由多种多根的光缆组成的各种复合光缆。图 2.2 和图 2.3 分别为单根光缆和复合光缆结构示意图。

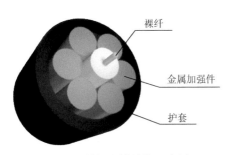

图 2.2　单根光缆结构示意图

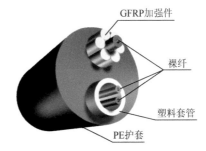

图 2.3　复合光缆结构示意图

　　裸纤在分布式光纤监测工程中几乎不能直接应用，而加了涂覆层以后，裸纤的强度得到很大的提高，同时涂覆层的增敏和退敏作用，使得裸纤作为传感介质有了更广的实际工程意义。但是，由于地质与岩土工程本身的特点和恶劣环境，加了涂覆层的光纤仍然难以满足一般的地质与岩土工程结构的监测要求，因此，必须在光纤的涂覆层外面再加各种护套，以提高传感光纤的强度、耐磨性、抗折断性和耐久性等。

　　涂覆层的材料一般为硅酮或丙烯酸盐，一般用于隔离杂光和保护光纤，还能使光纤的机械变形量对某种外来作用更敏感（增敏作用），或对外来作用变得不敏感（退敏作用），以获得待测参量对光纤的最佳作用。

　　护套的材料一般为尼龙或其他有机材料，如 PVC、PBT、PP、PETP、PBTP、聚丙烯等，还有一些无机和铠装金属材料，用于增加光纤的机械强度，保护光纤。

2.2　光纤感测技术的工作原理

　　光纤感测技术是光纤传感与测量技术的总称。无论哪一种光纤感测技术，其基本工作原理见图 2.4。在传感光纤受到应力、应变、温度、电场、磁场和化学场等外界因素作用时，光纤中传输的光波容易受到这些外在场或量的调制，因而光波的表征参量如强度、相位、频率、偏振态等会发生相应改变，通过检测这些参量的变化，建立其与被测参量间的关系，就可以达到对外界被测参量的"传"、"感"与"测"。

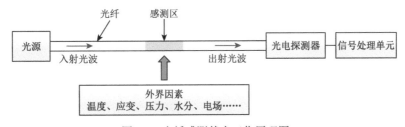

图 2.4　光纤感测基本工作原理图

光纤感测技术的工作原理简述如下：由光源发出光波，通过置于光路中的传感元件，将待测外界信息如温度、压力、应变、电场等叠加到载波光波上；承载信息的调制光波通过光纤传输到探测单元，由信号探测系统探测，并经信号处理后检测出随待测外界信息变化的感知信号，从而实现感测功能（张旭苹，2013）。

根据光纤感测技术的工作原理，光纤感测系统主要包括光源、传输光纤、传感元件、光电探测器和信号处理单元等。

光源就是信号源，用以产生光的载波信号。因此，它如人的心脏，其功能直接决定了光纤感测技术的测试指标。光纤传感器常用的光源是光纤激光器和半导体激光器等，其主要技术参数包括激光线宽、中心波长、最大输出功率、相位和噪声等。光源的输出波长和输出模式等必须与传感光纤相匹配。

传输光纤起到信号传输的作用，其种类见 2.1 节所述。

传感元件是感知外界信息的器件，相当于调制器。传感元件可以是光纤本身，这种光纤传感器称为功能型光纤传感器，具有"传"和"感"两种功能；光纤不仅起到传光的作用，同时也是感测元件。如果感测元件为非光纤类的敏感元件，而光纤仅作为光的传输介质，这种光纤传感器称为非功能型或传光型光纤传感器。

光电探测器的主要功能是把探测光信号转换成电信号，将电信号"解调"出来，获得感测信息。常用的光探测器有光敏二极管、光敏三极管和光电倍增管等。

信号处理单元用以还原外界信息，与光电探测器一起构成解调器。

2.3 光纤感测技术的分类

光纤感测技术种类繁多，性能各有不同，感测的参量也不尽相同，因此，如何合理选用光纤感测技术，需要对光纤感测技术体系深入了解，并进行分类。目前分类的方法很多，如根据光的调制原理，可分为强度调制型、相位调制型、频率调制型、波长调制型和偏振态调制型等；根据光纤的作用，可分为功能型和非功能型两种感测技术；根据测量对象，可分为应变类、压力类、温度类、水分类、渗流类、图像类、化学类等数十种光纤传感器；根据传感机制，可分为光纤光栅传感器、干涉型光纤传感器、偏振态调制型光纤传感器、光纤瑞利传感器、光纤拉曼传感器和光纤布里渊传感器等。由于本专著侧重于地质与岩土工程分布式光纤感测技术的应用，因此，从工程监测的角度，按监测方式将光纤感测技术分为三类，即点式、准分布式和全分布式光纤感测技术，见图 2.5。

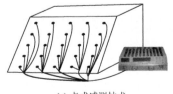
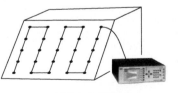
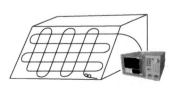

(a) 点式感测技术   (b) 准分布式感测技术   (c) 全分布式感测技术

图 2.5 光纤感测方式示意图

2.3.1　点式光纤感测技术

如图 2.5（a）所示，每个传感器通过一根单独的光纤传导线连接到各种光纤解调仪上，实现对被测对象上某一点或某一位置物理量的感测，有多少个传感器就有多少根传导线。这类点式传感单元常基于光纤布拉格光栅和各种干涉仪如 Michelson 干涉仪、Mach-Zehnder 干涉仪、Fabry-Perot 干涉仪、Sagnac 干涉仪、光纤环行腔干涉仪和白光干涉仪等，为测量某一特征物理量专门设计的传感器，如液位传感器、位移传感器等。

根据光纤传感器的标距长短，还可将点式光纤传感器分为短标距和长标距两种，如图 2.6 所示。短标距光纤传感器的长度一般不超过 10cm，长标距光纤传感器的长度一般超过 10cm，两者的区别仅在于传感器感测的长度和范围，封装后的长标距光纤传感器实际上将标距长度内的被测参量均匀化，测得的被测参量反映的是标距上的平均值。应用时可根据地质体和岩土工程结构的监测要求，选择相应标距的传感器。

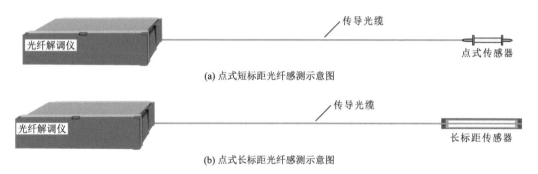

(a) 点式短标距光纤感测示意图

(b) 点式长标距光纤感测示意图

图 2.6　点式短标距和长标距光纤感测示意图

点式光纤感测技术适用于被测对象的少数关键部位和传感器本身无法串联的单点监测，因而很难满足地质与岩土工程长距离和大范围的高密度分布式监测。

2.3.2　准分布式光纤感测技术

也称为串联型光纤感测技术。如图 2.5（b）所示，从形式上看，它就是通过一根传导光纤或多个信息传输通道将多个点的传感器按照一定的顺序连接起来，组成传感单元阵列或多个复用的传感单元，利用时分复用、频分复用和波分复用等技术构成一个多点光纤感测系统。这种通过多点传感单元串联的方式进行的光纤感测技术称为准分布光纤感测技术，它适用于被测对象的多点位物理量的同时监测，同时也减少了传导线的数量，大大简化了施工工序，提高了组网效率和监测效率。

传感器的复用是光纤感测技术最为突出的一个特点，复用光纤光栅传感器最为典型。光纤光栅通过波长编码等技术易于实现复用，复用光纤光栅的关键技术是多波长探测解调，常用解调的方法包括：扫描光纤 F-P 滤波器法、基于线阵列 CCD 探测的波分复用技术、基于锁模激光的频分复用技术和时分复用与波分复用技术等。扫描光纤 F-P 滤波器法的准分布式光纤光栅感测技术结构如图 2.7 所示。准分布式光纤感测技术在岩土工程测试和监测中用途很广，特别适用于岩土工程室内模型内部物理量和复杂构筑物关键部位的同时精确测试和监测。

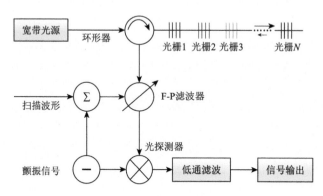

图 2.7　扫描光纤 F-P 滤波器法的准分布式光纤光栅感测技术结构示意图

　　根据光纤光栅传感器的标距与组合，准分布式光纤光栅感测技术还可以有点式、段式和链式三种准分布式光纤感测组合，如图 2.8 所示。其中准分布点式光纤感测主要适用于被测对象多点短标距的物理量变化的同时监测；准分布段式光纤感测主要适用于被测对象多段长标距的物理量变化的同时监测；如果将多个段式长标距光纤光栅传感器首尾相接，就可以实现连续的准分布感测，这种方式的感测称为准分布链式光纤感测，适用于被测对象连续多段的物理量变化的同时监测。根据被测对象的监测要求，可以采用上述三种感测方式的不同组合，形成一维、二维和三维感测网络的多维监测。

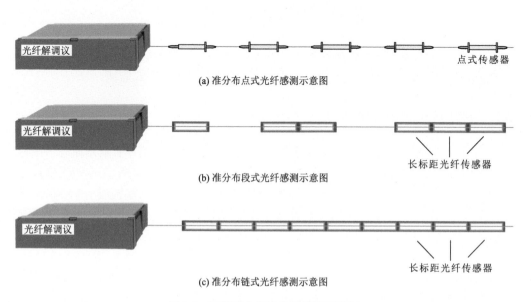

图 2.8　三种准分布式光纤感测示意图

2.3.3 全分布式光纤感测技术

所谓全分布式光纤感测技术，就是光纤既是信号传输介质，又是传感介质，无需具体的传感探头，可以测量传感光纤沿线任意位置处的被测物理量连续分布信息[见图 2.5（c）]。随着光器件及信号处理技术的发展，全分布式光纤感测技术的最大感测长度已达几十至几百公里，甚至可以达到数万公里。因此全分布式光纤感测技术尤其适合于地质与岩土工程的测试和监测，受到业界的广泛关注和应用，是光纤感测技术发展的重要方向。

全分布式光纤感测技术的工作原理主要是基于光的反射和干涉，其中利用光纤中的光散射或非线性效应随外部环境发生的变化来进行感测的反射法是目前研究最多、应用最广也是最受瞩目的技术（张旭苹，2013）。光源发出的光在光纤内传输过程中会产生背向散射，根据散射机理可以将光纤中的散射光分为三类：瑞利（Rayleigh）散射光、布里渊（Brillouin）散射光和拉曼（Raman）散射光。其中，瑞利散射为弹性散射，散射光的频率不发生漂移，而布里渊散射和拉曼散射均为非弹性散射，散射光的频率在散射过程中要发生频移，如图 2.9 所示，其中 α 为 10～13GHz，β 为 10～13THz。

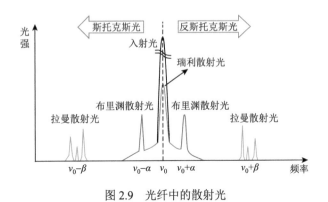

图 2.9　光纤中的散射光

全分布式光纤感测技术可分为散射型、干涉型（相位型）、偏振型、微弯型和荧光型等；根据信号分析方法，可以分为基于时域和基于频域两类；根据被测光信号的不同，可以分为瑞利散射、拉曼散射和布里渊散射三种类型。

2.4　几种常用的分布式光纤感测技术

分布式光纤感测技术包括准分布式和全分布式两类光纤感测技术。为简要起见，通常将全分布式光纤感测技术称为分布式光纤感测技术。本节简要介绍几种常用的地质与岩土工程分布式光纤感测技术。

2.4.1　基于布拉格光栅的准分布式光纤感测技术

1）光纤光栅的分类

光纤光栅是近三十年来得到迅速发展的光纤器件。由于研究的深入和应用的需要，各种用途的光纤光栅层出不穷，种类繁多。在实际应用中，一般多按光纤光栅周期的长短分为短周期光纤光栅和长周期光纤光栅两大类。周期小于 1μm 的光纤光栅称为短周期光纤光栅，又称为光纤布拉格光栅或反射光栅，简称 FBG，它的光传播模式耦合示意见图 2.10；而把周期为几十微米到几百微米的光纤光栅称为长周期光纤光栅，又称为透射光栅，简称 LPG，它的光传播模式耦合示意见图 2.11。可以看出，FBG 的特点是光传播方向相反的两个芯模之间发生耦合，属于反射型带通滤波器；而 LPG 的特点是同向传播的纤芯基模和包层模之间的耦合，无后向反射，属于透射型带阻滤波器（廖延彪等，2009）。

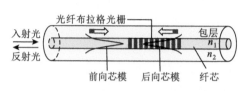

图 2.10　FBG 光传播模式耦合示意图
（据廖延彪等，2009）

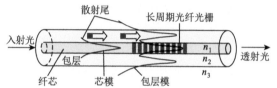

图 2.11　LPG 光传播模式耦合示意图
（据廖延彪等，2009）

2）FBG 感测技术

FBG 是利用光敏光纤在紫外光照射下产生的光致折射率变化效应，使纤芯的折射率沿轴向呈现出周期性分布而得到，可以作为一种准分布式光纤感测技术。FBG 类似于波长选择反射器，满足布拉格衍射条件的入射光（波长为 λ_B）在 FBG 处被反射，其他波长的光会全部穿过而不受影响，反射光谱在 FBG 中心波长 λ_B 处出现峰值，如图 2.12 所示。

$$\lambda_B = 2n_{eff} \cdot \Lambda \tag{2.1}$$

式中，λ_B 为 FBG 中心波长；n_{eff} 为纤芯的有效折射率；Λ 为 FBG 栅距。当光栅受到诸如应变和温度等环境因素影响时，栅距 Λ 和有效折射率 n_{eff} 都会相应地发生变化，从而使反射光谱中 FBG 中心波长发生漂移，波长漂移量与应变和温度的关系可表示为

$$\frac{\Delta\lambda_B}{\lambda_B} = (1-P_e)\varepsilon + (\alpha+\zeta)\Delta T \tag{2.2}$$

式中，$\Delta\lambda_B$ 为 FBG 中心波长的变化量；P_e 为有效光弹系数；ε 为光纤轴向应变；ΔT 为温度变化量；α 为光纤的热膨胀系数；ζ 为光纤的热光系数。通过测量 FBG 中心波长的漂移值就可得出相应的应变和温度变化量。

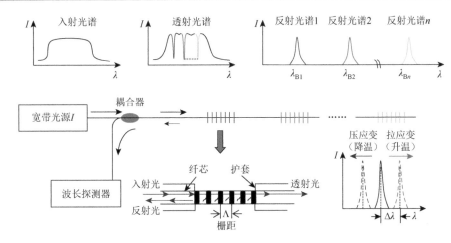

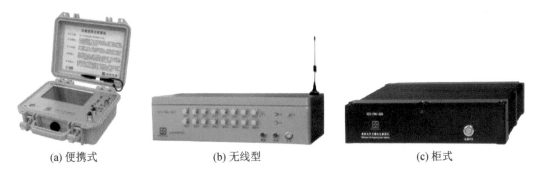

图 2.12 准分布式 FBG 传感器测量原理图

图 2.13 是苏州南智传感科技有限公司研制生产的、基于 FFP 解调技术的 NZ-FBG-AX 型系列光纤光栅解调仪，表 2.2 是该系列产品的主要技术性能指标。

(a) 便携式　　　　　　　　(b) 无线型　　　　　　　　(c) 柜式

图 2.13 NZ-FBG-AX 型系列光纤光栅解调仪

表 2.2　NZ-FBG-AX 型系列光纤光栅解调仪的主要技术性能指标

参数类型	参数值			
类型	低频	中频	高频	
扫描频率/Hz	1/2	100	0.5～5000	8～32 000
通道数	2/4/8/16/32	8/16	8	1
最大可串联传感器数/通道	30	30	16	10
波长范围/nm	1527～1568			
分辨率/pm	0.2	0.5	1	
可重复性/pm	±1	±2	±3	
动态范围/dB	50	35	25	15

　　FBG 感测技术利用各种被测物理量与光纤光栅实测值应变和温度值之间的转化关系，通过各种封装技术，已经研制出能够感测上百种物理量的 FBG 传感器，并在地质与岩土工程等基础工程的安全监测中得到了广泛应用。

3）LPG 感测技术[①]

　　FBG 的感测应用有一定的局限性，如对单位应力或温度的改变所引起的波长漂移较小，此外由于光纤布拉格光栅是反射型光栅，通常需要隔离器来抑制反射光对测量系统的干扰。LPG 是一种透射型光纤光栅，无后向反射，在传感测量系统中不需隔离器，测量精度较高。此外，与 FBG 不同，LPG 的周期相对较长，满足相位匹配条件的是同向传输的纤芯基模和包层模。因而长周期光纤光栅的谐振波长和幅值对外界环境的变化非常敏感，具有比 FBG 更好的温度、应变、弯曲、扭曲、横向负载、浓度和折射率灵敏度。因此，LPG 在光纤感测领域具有比 FBG 传感器件更多的优点和更加广泛的应用。例如，LPG 谐振波长随温度变化而线性漂移，是一种很好的温度传感器，可在 1000℃高温下工作；LPG 的横向负载灵敏度比 FBG 高两个数量级，并且谐振波长随负载线性变化，因此是很好的横向负载传感器；LPG 的谐振波长随着弯曲曲率的增大而线性漂移，其灵敏度具有方向性，因此可用于测量弯曲曲率；LPG 还可对扭曲进行直接测量，制作分布式压力传感器。特别需要指出的是 LPG 可以制作各种化学传感器，可以实现对液体折射率和浓度的实时测量。Wang 等（2007）采用一种 LPG 传感器，对海水的 pH 进行测量；陈曦（2013）通过试验建立了 NaCl 溶液变化与 LPG 谐振损耗峰值的关系。

　　尽管 LPG 的传感性能有许多优点，但是，目前 LPG 作为传感器的研究还处在实验室阶段。这是因为 LPG 传感器有温度、应变或折射率、弯曲等物理量之间的交叉敏感问题，从而使测量精度大大降低，虽然有许多学者已提出了不少解决方案，但均需要两种或两种以上传感器的组合才能较好地解决该问题；此外，LPG 的制作比 FBG 要复杂。目前 LPG 的制作方法主要有紫外激光振幅掩模法和 CO_2 激光逐点写入法等，前者制作工艺较为复杂，制作成本较高；后者虽然有较高的灵活性，周期易于控制，可以制作切趾 LPG，对光源的相干性没有要求，但由于需要微米间隔的精确控制，难度较大，而且受光点尺寸限制，光栅周期不能太小。因此，LPG 传感器的工程化应用尚需一定时日。

4）弱光纤光栅解调技术与分布式感测技术

　　除了 FBG 和 LPG 两种光纤光栅感测技术外，近年来，一种称为弱光纤光栅的感测技术悄然兴起。这一技术实际上是 FBG 与光时域反射测量技术（OTDR）结合的产物，弱光纤光栅波长调制，OTDR 用来定位（罗志会等，2015）。弱光纤光栅是指反射率极弱的特种光纤光栅，其峰值反射率通常低于-30dB。由于其反射率非常低，相同周期的光纤光栅可以相互穿透，实现单一光纤上大量光栅点复用。弱光纤光栅有如下传感特性：应变和温度传感性能与常规 FBG 一致，具有同等的感测精度；相同周期的光纤光栅可以同纤复用；可在同一光纤上密集加工数千个光纤光栅感测点，实现准分布式密集监测；解调速度快，可实现动态测试。弱光纤光栅结合了光纤光栅的传感优势和光时域反射测量技术的定位优势，可实现长距离的动态实时分布式监测。

目前弱光纤光栅的解调主要有两种方式：一种是利用可调谐脉冲光源结合光时域定位技术进行解调；另一种是可调谐脉冲扫描光源结合光频域定位技术进行解调。前者用于长距离低空间分辨监测，后者用于短距离高空间分辨测量。

图 2.14 是利用可调谐脉冲光源和光时域定位技术进行解调的弱光纤光栅阵列解调系统结构框图。可调谐激光器扫描输出不同波长的连续光，经过脉冲调制和放大后进入刻有全同弱光纤光栅阵列的光纤中，光电探测器对经全同弱光纤光栅阵列反射回来的光进行高速采集，按时域方式定位分析，得出各位置处光栅的光谱图。

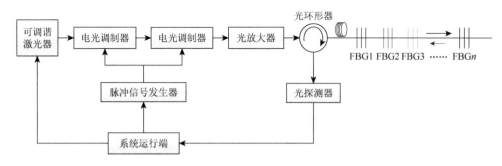

图 2.14　弱光纤光栅阵列解调系统结构框图（据张彩霞等，2014）

目前，弱光纤光栅阵列的制作技术比较成熟的方法有两种，一种是拉丝同步在线刻写技术，另一种是静态式侧面曝光刻写技术。

弱光纤光栅解调技术的出现和不断成熟，将大大推动分布式光纤感测技术的应用和推广，因为这一技术的性价比很高，在功能上可以代替全分布光纤感测技术的大部分功能，但解调设备的成本可大大降低。它可以制备成温度传感光缆代替 DTS 进行温度和火灾监测；结合频域技术，可开发成高空间分辨的应变/温度分布式测量技术，用于各种模型和复合材料测试；将弱光栅串封装成各类传感光缆、复合感知材料和传感器件串可应用于地质与岩土工程的分布式监测。尽管这一技术目前还处在工程监测试用阶段，但技术发展和应用潜力很大。

5）其他光纤光栅感测技术

除了上述介绍的几种光纤光栅感测技术外，基于光纤的紫外光敏性和光栅加工手段的提高，还有许多种具有特殊结构的光纤光栅传感器及其感测技术。如光纤光栅折射率感测技术，可用来测量水溶液中的铬离子浓度、海水盐度等；光纤布拉格光栅法布里-珀罗腔，可用于测量应变和温度。另外，根据被测对象监测要求以及相应传感器制作的需要，可以将光栅制作成啁啾光纤布拉格光栅、倾斜光纤布拉格光栅、保偏光纤光栅、切趾光栅等。

6）复用技术与准分布感测网络

光纤光栅具有波长编码的特点，使之容易实现在同一根光纤的任意位置上写入不同中心波长的光栅，并利用复用技术构成准分布感测网络，大大降低了成本，减少了光纤信号传输线，简化了感测系统。根据复用的形式，可分为波分复用（WDM）、时分复用（TDM）、空分复用（SDM）和混合复用等。

波分复用是指在一根光纤中同时传输多个波长光信号的技术，其基本原理是在发送端将不同波长的光信号组合起来（复用）耦合到光缆中的同一根光纤中传输，在接收端再将不同波长的光信号分开（解复用）。目前，主要应用的是 1525~1565nm 的波长范围。波分复用功能是 FBG 传感器的最大优势，可以将具有不同栅距 Λ 的 FBG 制作在同一根光纤不同位置上，实现应变和温度的准分布式测量。

时分复用是指对光信号进行时间分割复用，在光纤中只传输单一波长的光信号，通过光延迟线将各路信号在时间上错开，通过不同的时隙来区分不同的传感光栅的反射信号。

空分复用也称为多路复用，它由多根光纤组成的支路，通过光开关矩阵完成支路之间的连接，并接入光源和解调系统。这种方法是一种简单可靠的方法，但支路多时，开关较为复杂，速度较慢。

表 2.3 是上述三种复用技术系统性能对比。从表中可以看出，各种复用技术各有其优缺点，适合不同的场合。因此，对于一个准分布的感测网络，常常包含成千上万个传感器，仅用上述任何一种复用技术都无法达到，需采用混合复用技术，才能形成一个大型 FBG 感测网络。混合复用感测网络一般可分为 WDM+TDM 混合网络、WDM+SDM 混合网络、TDM+SDM 混合网络、SDM+WDM+TDM 二维传感网络等。图 2.15 是光纤光栅 WDM+SDM 混合复用系统示意图。

表 2.3 三种复用系统性能对比

复用技术	拓扑结构	优点	缺点	应用场合	检测原理
WDM	串联	无串音、信噪比高、光能利用率高	复用数量受频带限制	能量资源有限的场合	
TDM	串联	复用数量不受频带限制	信噪比低	快速检测的场合	
SDM	并联	串扰小、信噪比高、取样速率高	解调不同步	测点独立工作的场合	

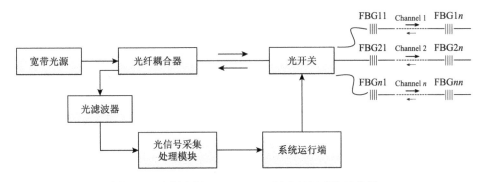

图 2.15　光纤光栅 WDM+SDM 混合复用系统示意图

2.4.2　基于瑞利散射的全分布式光纤感测技术

1）OTDR 技术

瑞利散射是指线度比光波波长小得多的粒子对光波的散射。相对于光纤中的布里渊散射和拉曼散射等其他散射，瑞利散射的能量最大，更加容易被检测，因此，目前已有很多关于利用瑞利散射来进行全分布感测的研究与应用，其中最为成熟的技术为光时域反射技术（optical time-domain reflectometer，简称 OTDR）。OTDR 是最早出现的分布式光纤传感系统，它主要用于测量通信系统中光纤光损、断裂点的位置，也是全分布式光纤感测技术的工作基础。1980 年 Fields 和 Cole 首次提出了基于微弯损耗原理的光纤微弯传感器，因其具有结构简单、造价低，可用于分布式应变和变形检测，引起了人们的关注并被研制成位移、压力、加速度、振动等各种传感器（Berthold，1995）。

OTDR 采用类似于雷达的测量原理：从光纤一端注入光脉冲，光在光纤纤芯传播过程中遇到纤芯折射率的微小变化就会发生瑞利散射，形成背向散射光返回到光纤入射端。瑞利散射光的强度与传输光功率之比是光纤的恒定常数，如果光纤某处存在缺陷或因外界扰动而引起微弯，该位置散射光强会发生较大衰减，通过测定背向散射光到达的时间和功率损耗，便可确定缺陷及扰动的位置和损伤程度。背向散射光功率与入射光功率之间的关系可以表示为

$$P_{\mathrm{BS}}(z_0) = kP(z_0)\exp(-2\alpha_z z) \tag{2.3}$$

式中，$P(z_0)$ 为入射端面光功率；$P_{\mathrm{BS}}(z_0)$ 为入射端面背向散射光功率；k 为与光纤端面的反射率、光学系统损耗、探测器转换效率和放大器等因素有关的影响系数；α_z 为光在光纤中传播的衰减系数；z 为光纤上任意一点至入射端的距离，可以由公式（2.4）计算得到：

$$z = c\Delta t/2n \tag{2.4}$$

式中，c 为真空中的光速；n 为光纤的折射率；Δt 为发出的脉冲光与接收到的散射光的时间间隔。

光纤微弯损耗传感器通过检测光纤局部的微弯损耗来进行传感监测，从严格意义上讲，光纤微弯损耗传感器属于准分布式光纤传感器。OTDR 工作原理图见图 2.16。

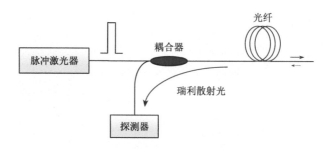

图 2.16　OTDR 工作原理图

近三十年来，国内外研究者将基于 OTDR 的分布式光纤感测技术应用于基础工程中的裂缝监测，取得了不少成果。如 Rossi 与 Le Maou（1989）介绍了使用 OTDR 埋入式多模光纤探测公路隧道混凝土中的裂缝；Ansari（1992）使用 OTDR 环形光纤测量了混凝土梁试件裂缝的宽度；国内研究者将基于 OTDR 的分布式光纤传感技术应用于桥梁、大坝的应变和裂缝监测以及边坡滑动监测等，也取得了不少研究成果（刘浩吾，1999；刘浩吾与谢玲玲，2003；蔡德所等，1999，2001；雷运波等，2005）。

由于 OTDR 分布式光纤感测技术主要基于光纤微弯损耗机制，光源功率波动、光纤微弯效应及耦合损耗等因素都会对探测光强产生影响，感测参量难以标定，且由于微弯作用使得光纤中光传输的损耗增加，长距离的分布式监测难以实现，影响了该技术在工程监测中定量监测，但是在一些大型岩土工程、基础工程和地质灾害的事件监测中，仍可发挥很好的作用，具有推广应用价值。

2）OFDR 技术

光频域反射（OFDR）技术最初是由德国 Hamburg-Harburg 科技大学的 Eickhoff 等于 1981 年提出的，其基本原理是利用连续波频率扫描技术（FMCW），运用外差干涉方法，采用周期性线性波长扫描的光源，利用耦合器分别接入参考臂和信号臂。参考臂的本振光与信号臂的背向瑞利散射信号因为光程不同，所以其自身携带的频率也不同，故二者发生拍频干涉，其干涉信号的拍频与信号臂发生背向散射位置的距离成正比，再经过快速傅里叶变换（FFT），就可以得到距离域上的光纤背向瑞利散射信号的信息（刘琨等，2015）。OFDR 工作原理图见图 2.17。

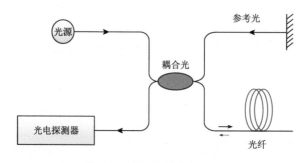

图 2.17　OFDR 工作原理图

利用 OFDR 技术进行感测时，可以把待测光纤当作一种连续分布的弱随机周期的布拉格光栅。外界应变和温度的变化会引起布拉格光栅光谱的移动，同样，外界应变和温度的变化也会引起待测光纤中瑞利散射光谱的移动。这种瑞利散射光谱的移动可以通过待测外界施加应变和温度的瑞利散射光谱与外界未施加应变和温度的本地参考光谱的互相关运算得到，通过计算互相关的峰值位置就可以得到瑞利散射光谱的移动量。瑞利散射光谱的移动量反映了光纤中温度和应变的大小，从而实现了利用 OFDR 技术测温和测应变的分布式感测。

从目前 OFDR 的相关测试仪器的性能来看，该技术具有以下特点：

（1）由于 OFDR 需要采用相干接收的方式来探测瑞利散射信号，为了保证参考光与光纤中产生的瑞利散射光能够相干，因此，感测光纤的长度要远小于光源的相干长度，目前仪器感测的最大长度为 100m。

（2）OFDR 测量的空间分辨率是由光源的频率扫描范围决定的。目前激光器可实现的频率扫描范围在数吉赫兹以上，因此，OFDR 的空间分辨率很高，在 50m 的测量长度上，可达到毫米级；在 1m 测量长度上，甚至可以达到微米级。

（3）由于 OFDR 对于造成光纤中光波相位及偏振态改变的测量很敏感，因此 OFDR 在测量温度、应变、应力等方面有很好的应用。通常情况下，背向瑞利散射的光谱响应变化主要受光纤应变和温度的影响，光纤中任意区域瑞利散射的变化会导致该区域对应的背向散射光谱的变化，这些变化可以被标定，并将其转化为温变和应变。该分布式光纤传感系统所采用的可调谐波长干涉技术，使得分布式温度和应变的测量可在几十米长的标准光纤上具有毫米级的空间分辨率，应变和温度的测试精度可达到 $1\mu\varepsilon$ 和 $0.1℃$，相当于准分布的 FBG 测量精度。

（4）对于地质与岩土工程监测而言，虽然 OFDR 具有很高的测量灵敏性和高空间分辨率，但由于其测量距离短，太高的测量灵敏性和精度反而导致大量的噪声出现，测量结果难于分析。因此，目前 OFDR 主要适用于地质与岩土工程的室内模型试验测试。

3）其他 OTDR 相关技术

除了以上介绍的 OTDR 和 OFDR 两种光纤感测技术外，从 OTDR 衍生出另外两种全分布光纤感测技术，在长距离海底光缆和光纤压力监测中得到了很好应用。它们分别是相干光时域反射技术（COTDR）和偏振光时域反射技术（POTDR）。COTDR 通过相干检测，可以将微弱的瑞利散射信号从较强的自发辐射放大（ASE）噪声中提取出来，从而克服了 OTDR 监测长距离通讯光缆中信噪比小的障碍，大大延长了监测距离，可以实现上万公里海底光缆的健康监测。目前 COTDR 主要用于通讯光缆衰减、断裂和空间故障定位等检测，如何应用于长距离的地质和岩土工程相关物理量的监测，还需要开展大量的试验研究进行论证。POTDR 是在 OTDR 技术的基础上发展起来的，但与 OTDR 的测量原理有所不同。它测量的是脉冲光在光纤传输中产生的瑞利散射光的偏振态沿光纤长度上的变化。由于光纤中光波的偏振态对温度、振动、应变、弯曲、扭曲等的变化非常敏感，因此，POTDR 可作为全分布光纤感测技术对光纤沿线的物理量进行分布式测量。目前，POTDR 主要应用于高压输电线路中电压的测量，持续振动和阻尼振动的高频测量等，如何采用这一技术对地质与岩土工程中压力等物理量进行测量，将是 POTDR 全分布光纤感测技术应用研究的生长点。

2.4.3　基于拉曼散射的全分布式光纤感测技术

1）ROTDR 的感测原理与应用

拉曼散射是脉冲光在光纤中传输时，光子与光纤中的光声子非弹性碰撞作用的结果。光注入光纤中时，反散射光谱中会出现两个频移分量：反斯托克斯光（anti-Stokes）和斯托克斯光（Stokes），如图 2.9 所示。

斯托克斯光和反斯托克斯光的强度比与光纤局部温度具有式（2.5）的关系：

$$R(T) = \frac{I_{as}}{I_s} = \left(\frac{\nu_{as}}{\nu_s}\right)^4 \cdot \exp\left(-\frac{hc\nu_R}{KT}\right) \tag{2.5}$$

式中，$R(T)$ 为待测温度的函数；I_{as} 为反斯托克斯光强度；I_s 为斯托克斯光强度；ν_{as} 为反斯托克斯光频率；ν_s 为斯托克斯光频率；c 为真空中的光速；ν_R 为拉曼频率漂移量；h 为普朗克常数；K 为玻尔兹曼常数；T 为绝对温度。式（2.5）中，$R(T)$ 仅与温度有关，而与光强、入射条件、光纤几何尺寸甚至光纤成分无关。

因此，通过检测背向散射光中斯托克斯光和反斯托克斯光的强度，由式（2.5）结合 OTDR 技术就可以对光纤沿线的温度进行测量和空间定位，实现基于拉曼散射的全分布式温度感测。基于拉曼光时域反射技术（简称 ROTDR）的全分布式光纤测温技术结构原理图见图 2.18。

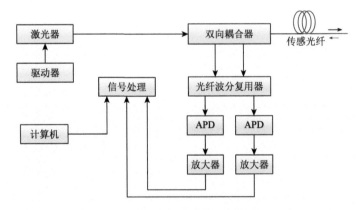

图 2.18　全分布式光纤拉曼测温技术结构原理图（据张旭苹，2013）

1983 年，英国的 Hartog 报道了第一个使用液芯光纤的分布式温度传感系统（Hartog，1983）；1985 年英国的 Dakin 基于上述原理在实验室用氩离子激光器与通讯光纤进行了拉曼光谱效应分布式光纤温度传感器测温实验，获得了较理想的温度分布测量曲线；同年 Hartog 和 Dakin 分别独立地用半导体激光器作为光源研制了测温用的分布光纤温度传感器实验装置（Hartog et al.，1985）。英国 York Sensors Limited 是国际上首家开发分布式光纤温度监测系统并使之商品化的公司，该公司在 20 世纪 80 年代末、90 年代初推出了 2km 光纤的 DTS-II 型分布式光纤温度传感系统；90 年代中后期又推出了长距离的 DTS-800 系列分布式光纤温度传感系统。除英国之外，日本等国家也开展了基于光纤拉曼光谱温度效应和光时域反射技术的分布式光纤温度传感系统的研究（Ogawa et al.，1989）。

在国内，20 世纪 80 年代后期，由重庆大学首先开始了拉曼散射型的分布光纤传感器系统的研究；之后，中国计量大学、浙江大学、北京理工大学、华中科技大学、北京航空航天大学和宁波振东光电等高校和科研单位也开展了分布式光纤温度监测系统的研究（黄尚廉等，1991；张在宣与刘天夫，1995；宋牟平等，1999；段云锋等，2005）。

2）ROFDR 的感测原理与应用

拉曼光频域反射技术（简称 ROFDR）与拉曼光时域反射（ROTDR）技术的不同在于：ROFDR 采用的是连续频率调制光，然后分别测量出斯托克斯拉曼散射光和反斯托克斯拉曼散射光在不同输入频率下的响应，通过反傅里叶变换计算出系统的脉冲响应，得到时域的斯托克斯拉曼散射和反斯托克斯拉曼散射 OTDR，再按照 ROTDR 的方法计算温度分布（Zou et al.，2009）。这样系统的信噪比就和空间分辨率没有关系，有可能在不损失信噪比的情况下提高空间分辨率。与相干检测技术相结合，就可以大幅提高灵敏度，同时可实现厘米级甚至毫米级的空间分辨率（Thevenaz et al.，1998）。

目前市场上由德国 LIOS 公司生产的 ROFDR 测试系统，在超长距离上有着独特优势，最大感测长度达 70km（单模纤芯），空间分辨率可以达到 0.5m，感测精度与 ROTDR 相当。造成 ROFDR 设备研发慢的原因，主要是 ROFDR 对激光器和调制器的要求比较高；测量传递函数的反傅里叶变换和信号处理系统比较复杂；ROTDR 相关的技术发展比较快，使得 ROFDR 的优势还未显现出来。

基于 ROTDR 和 ROFDR 的分布式温度监测技术，经过三十几年的发展已日趋成熟，在长距离、大范围的温度监测方面，分布式光纤温度监测系统具有无可比拟的优势，尤其适合煤矿、石油、地热、隧道和地铁等的分布式温度监测和火灾报警，油库、危险品仓库、冷库、核反应堆和军火库等温度监测，地下和架空高压电力电缆的热点检测与监控，供热系统的管道、输油管道的泄漏检测，高层建筑、大坝、船闸码头混凝土浇注水化热等的分布式温度监测，应用前景十分广阔。同时，随着主动加热传感光缆的研发，基于 ROTDR 的分布式温度监测技术已应用于岩土体中水分场如含水率、水位和渗流的监测，相关成果将在本专著第五章中详细介绍。

2.4.4 基于布里渊散射的全分布式光纤感测技术

1）布里渊散射

布里渊散射是光波与声波在光纤中传播时产生非弹性碰撞而出现的光散射过程。在不同条件下，布里渊散射又分为自发散射和受激散射两种：

（a）自发布里渊散射

在注入光功率不高的情况下，自发热运动而产生的声学声子在光纤传播过程中，对光纤材料折射率产生周期性调制,形成以一定速率在光纤中移动的折射率光栅。入射光受折射率光栅衍射作用而发生背向散射,同时使布里渊散射光发生多普勒效应而产生布里渊频移,这一过程称为自发布里渊散射。

(b)受激布里渊散射

通过向光纤两端分别注入反向传播的脉冲光(泵浦光)和连续光(探测光),当泵浦光与探测光的频差处于光纤相遇区域中的布里渊增益带宽内时,由电致伸缩效应而激发声波,产生布里渊放大效应,从而使布里渊散射得到增强,这一过程称为受激布里渊散射。对于受激布里渊散射,泵浦光、探测光和声波三种波相互作用,泵浦光功率向斯托克斯光波和声波转移,由声波场引起的折射率光栅衍射作用反过来耦合泵浦光和探测光。泵浦光和探测光在作用点发生相互间的能量转移,当泵浦光的频率高于探测光的频率时,泵浦光的能量向探测光转移,称为增益型受激布里渊散射;当泵浦光的频率低于探测光的频率时,探测光的能量向泵浦光转移,称为损耗型受激布利渊散射。前者的泵浦光在光纤内传播过程中其能量会不断地向探测光转移,在传感距离较长的情况下会出现泵浦耗尽,难以实现长距离传感;而后者能量的转移使泵浦光的能量升高,不会出现泵浦耗尽情况,使得传感距离大大增加,在长距离光纤传感技术中应用较多(何玉钧与尹成群,2001)。

布里渊散射同时受应变和温度的影响,当光纤沿线的温度发生变化或者存在轴向应变时,光纤中的背向布里渊散射光的频率将发生漂移,频率的漂移量与光纤应变和温度的变化呈良好的线性关系,因此通过测量光纤中的背向布里渊散射光的频移量就可以得到光纤沿线温度和应变的分布信息。

2)布里渊光时域反射技术的感测原理

(a)感测原理

自发布里渊散射信号相当微弱,比瑞利散射约小两个数量级,检测比较困难。1992年,日本NTT公司的Kurashima等研发了采用相干检测的方法探测自发布里渊散射信号的BOTDR。1996年,日本安藤公司(ANDO)研发了基于自发布里渊散射原理的AQ8602型布里渊光时域反射仪,该仪器的应变测量精度为$100\mu\varepsilon$,最小的空间分辨率可达2m;到2001年,又推出了高精度、高稳定性的AQ8603,该仪器具有较高的可靠性,而且光路结构简单,成本较低,可以实现$30\mu\varepsilon$的测量精度,空间分辨率最高为1m,最长的测量距离可以达到80km。

BOTDR的系统结构如图2.19所示,光源采用光频率ν_0的半导体激光光源(DFB-LD);光源产生的光通过光耦合器,分成探测光和参考光两部分;探测光经过脉冲调制后,进入频率转换电路;频率转换电路使探测光的频率增加ν_S,接近等于$1.55\mu m$波长的布里渊频移值$\nu_B \approx 11GHz$;然后,探测脉冲光注入光纤进行应变测量。入射的脉冲光与光纤中的声学声子发生相互作用后产生背向布里渊散射光,布里渊散射光发生多普勒效应而产生布里渊频移;此时,布里渊散射光功率谱峰值功率对应的频率在$1.55\mu m$光波长的基础上产生大约11GHz的频移ν_B。布里渊散射光沿着与入射光波相反的方向返回到脉冲光的入射端,进入BOTDR的光电转换和信号处理单元;光电二极管(双平衡PD)将光信号转换为电信号,经过一个宽带放大器,进入电外差接收器,之后经过数字信号处理器的平均化处理,得到光纤沿线各个采样点的散射光功率谱,如图2.20(b)所示。AQ8603在受光部增加了一个电子振荡器（electric local oscillator），通过改变其输出信号的频率值实现了不同频率下布里渊散射光功率的测量，见图 2.20（a）。如果光纤受到外力作用产生轴向应变 ε，布里渊频移 ν_B 也会产生相应的改变，如图 2.20（c）所示。通过测量拉伸段光纤的布里渊频移，由通过频移的变化量与光纤的应变之间的线性关系就可以得到光纤的应变量。发生散射的位置至脉冲光的入射端的距离 z 可以通过光时域分析由式（2.5）计算得到（Kurashima et al.，1993；Ohno et al.，2001）。

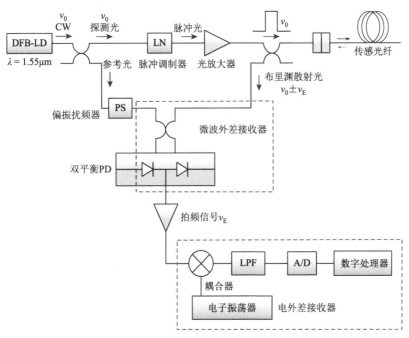

图 2.19　BOTDR 结构简图

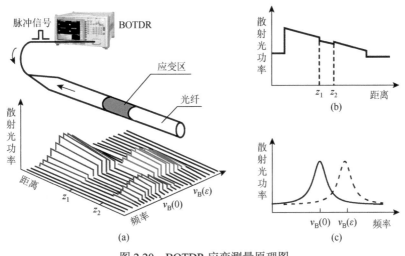

图 2.20　BOTDR 应变测量原理图

（b）应变与布里渊频移的关系

布里渊散射光发生多普勒效应而产生布里渊频移，布里渊频移可以表示为

$$\nu_{\mathrm{B}} = 2nV_{\mathrm{a}}/\lambda \tag{2.6}$$

式中，n 为光纤的折射率系数；V_{a} 为声波速度；λ 是入射光的波长。其中，声波速度 V_{a} 可以表示为

$$V_{\mathrm{a}} = \sqrt{\frac{(1-\mu)E}{(1+\mu)(1-2\mu)\rho}} \tag{2.7}$$

式中，E、μ 和 ρ 分别为光纤的杨氏模量、泊松比和密度。

当脉冲光从光纤的一端注入，在同一端检测到的光纤上任意小段 dz 的背向布里渊散射光功率可以表示为

$$\mathrm{d}P_{\mathrm{B}}(z,\nu) = g(\nu,\nu_{\mathrm{B}})\frac{c}{2n}P(z)\mathrm{d}z\mathrm{e}^{-2\alpha_z z} \tag{2.8}$$

$$g(\nu,\nu_{\mathrm{B}}) = \frac{(\Delta\nu_{\mathrm{B}}/2)^2}{(\nu-\nu_{\mathrm{B}})^2+(\Delta\nu_{\mathrm{B}}/2)^2}g_0 \tag{2.9}$$

式中，z 是光纤上的点至脉冲光的入射端的距离；$P(z)$ 为注入光的功率；ν 为背向布里渊散光的频率；c 为光速；α_z 为光纤的增益系数；$g(\nu,\nu_{\mathrm{B}})$ 为布里渊散射光频谱，满足洛伦兹（Lorentzian）函数，在布里渊频移 ν_{B} 处达到峰值；g_0 为频谱的峰值功率；$\Delta\nu_{\mathrm{B}}$ 为布里渊频移变化量。

图 2.21 给出了 AQ8603 由实测布里渊散射光功率谱计算光纤布里渊频移的方法。由于实测的布里渊散射光功率是按一定频率间隔扫描得到的离散数据，为了避免在提取峰值频率过程中的量化误差，AQ8603 采用了最小二乘法对最大功率以下 3dB 的实测数据进行曲线拟合，其峰值点所对应的频率即是所要寻找的布里渊频移 ν_{B}。

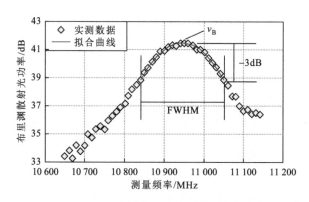

图 2.21　布里渊散射光谱频移的计算方法

由于应变通过弹光效应将引起折射率的变化，而应变对声速的影响则是通过对 E、μ 和 ρ 的影响实现的。密度随应变而变是显而易见的，而应变对杨氏模量和泊松比的影响，则与光纤内部原子间的相互作用势有关，一般来讲，两者均与小应变 ε 近似呈线性关系。由此可见，应变势必引起布里渊散射频移的变化，两者之间有确定的对应关系。不考虑温度的变化，ν_{B}、n、E、μ 和 ρ 均视为应变的函数，由公式（2.6）和公式（2.7）得到应变与布里渊频移的关系如下：

$$v_B(\varepsilon) = \frac{2n(\varepsilon)}{\lambda}\sqrt{\frac{(1-\mu(\varepsilon))E(\varepsilon)}{(1+\mu(\varepsilon))(1-2\mu(\varepsilon))\rho(\varepsilon)}} \tag{2.10}$$

在小应变的情况下，在 $\varepsilon=0$ 处，对式（2.10）作泰勒展开，精确到 ε 的一次项，经过一系列的变换，可得到：

$$v_B(\varepsilon) = v_{B0}[1+(\Delta n_\varepsilon + \Delta E_\varepsilon + \Delta\mu_\varepsilon + \Delta\rho_\varepsilon)\varepsilon] \tag{2.11}$$

式中，v_{B0} 为初始布里渊频率漂移量。对某一确定的光纤来说，Δn_ε、ΔE_ε、$\Delta\mu_\varepsilon$ 和 $\Delta\rho_\varepsilon$ 均为常数。令频移-应变系数 $C_\varepsilon = \Delta n_\varepsilon + \Delta E_\varepsilon + \Delta\mu_\varepsilon + \Delta\rho_\varepsilon$，则式（2.11）可改写为

$$v_B(\varepsilon) = v_{B0}(1+C_\varepsilon \cdot \varepsilon) \tag{2.12}$$

石英光纤中无应变时，Δn_ε、ΔE_ε、$\Delta\mu_\varepsilon$ 和 $\Delta\rho_\varepsilon$ 典型值分别为 –0.22、3.48、0.24 和 0.33，则 $C_\varepsilon = 3.83$。

当温度为 20℃，入射光的波长为 1.55μm，无应变时，普通单模石英光纤的布里渊频移为 11GHz。由式（2.12）可知，应变每变化 100με，布里渊频移变化为 5MHz（黄民双等，1999）。

（c）温度与布里渊频移的关系

温度通过光纤热弹性效应引起光纤折射率的变化。光纤的自由能随温度的变化，造成光纤弹性模量和泊松比的改变，而温度对光纤密度的影响是通过热膨胀效应实现的。

不考虑应变的影响，v_B、n、E、μ 和 ρ 均视为温度的函数，得到温度与布里渊频移的关系：

$$v_B(T) = \frac{2n(T)}{\lambda}\sqrt{\frac{(1-\mu(T))E(T)}{(1+\mu(T))(1-2\mu(T))\rho(T)}} \tag{2.13}$$

在温度变化较小时，同理可得到：

$$v_B(\varepsilon) = v_{B0}(1+C_T \cdot T) \tag{2.14}$$

式中，C_T 为频移-温度系数，约为 1.18×10^{-4}；由式（2.14）可知，温度每变化 1℃，布里渊频移的变化约为 1.3MHz。

同时考虑应变和温度对布里渊频移的影响，由式（2.12）和式（2.14）可得

$$v_B(\varepsilon,T) = v_{B0} + \frac{\partial v_B(\varepsilon)}{\partial \varepsilon} \cdot \varepsilon + \frac{\partial v_B(T)}{\partial T} \cdot T \tag{2.15}$$

式中，$\partial v_B/\partial\varepsilon$ 和 $\partial v_B/\partial T$ 分别为布里渊频移-应变系数 C_ε 和布里渊频移-温度系数 C_T。

对于 ANDO 的 AQ8603 系统，应变系数和温度系数分别为：$\partial v_B/\partial\varepsilon = 493\text{MHz}/\%$；$\partial v_B/\partial T = 1\text{MHz}/℃$。图 2.22 为布里渊频移与应变和温度之间的线性关系。

布里渊分布式光纤感测技术采用光时域反射（OTDR）技术实现空间定位，光纤上任意一点至脉冲光注入端的距离由式（2.4）计算得到。另外，空间分辨率是光时域反射技术的一个重要指标，是指仪器所能分辨的两个相邻事件点间的最短距离，反映了对区分相邻两点和相邻事件的能力。

空间分辨率 δ_z 取决于入射光的脉冲宽度 τ，它们之间的关系如式（2.16）所示：

$$\delta_z = v\tau/2 \tag{2.16}$$

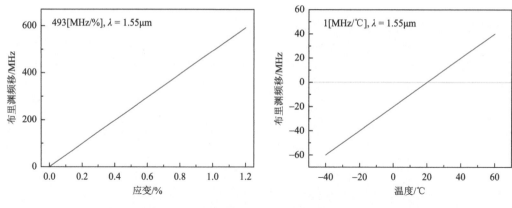

图 2.22　布里渊频移与应变和温度的线性关系

将 OTDR 技术和相干自外差光谱探测技术相结合，能够有效地探测出布里渊背向散射光沿光纤的分布，实现分布式应变和温度的测量。

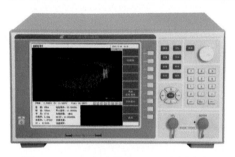

图 2.23　AV6419 型 BOTDR 光纤应变
分析仪实物照片

（d）BOTDR 技术性能

BOTDR 突破了传统点式传感的概念，可对被测对象进行分布式连续监测。目前，BOTDR 可以监测长达 80km 的光纤应变，应变的测量范围可以达到 ±1.5%，应变测量精度为 ±0.003%，空间分辨率可达到 1m，空间采样间隔最小为 0.05m，空间定位精度最高可以达到 0.32m，这些指标已能够满足地质和岩土工程预测预警的监测要求。图 2.23 为中国电子科技集团公司第 41 研究所生产的 AV6419 型 BOTDR 光纤应变分析仪实物照片；表 2.4 为该分析仪主要技术性能指标。

表 2.4　AV6419 型 BOTDR 光纤应变分析仪的主要技术性能指标

项目	性能指标				
脉冲宽度/ns	10	20	50	100	200
动态范围*/dB	3.5	7.5	11.5	14.5	16.5
应变测量重复性*/με	＜±100				
应变测量范围/με	−15 000～+15 000(−1.5%～1.5%)				
测量范围/km	1，2，5，10，20，40，80				
空间采样间隔/m	0.05，0.10，0.20，0.50，1.00				
最大空间采样点数	100 000				
频率采样范围/GHz	10～12				
测量频率步长/MHz	1，2，5，10，20，50				
平均次数	210～224				
测量通道数	8，16				
空间定位精度/m	±(5.0×10^{-5}×测量范围+0.2+2×距离采样间隔)				

* 测量条件：平均次数 2^{14}，测量频率步长 5MHz，TG.652 型号单模（SMF）光纤。

3）受激布里渊光时域分析感测原理

基于受激布里渊散射的光时域分析技术（Brillouin optical time-domain analysis，简称 BOTDA），最初由 Horiguchi 等（1989）提出用于光纤通信中的光纤无损测量。近二十年来，国内外许多科研机构和公司致力于 BOTDA 系统的研发，如瑞士 Smartec 和 Omnisense 公司联合研制的 DiTeSt 系统，在监测范围小于 10km 情况下，空间分辨率可以达到 0.5m，温度和应变测量精度分别为 1℃和 20με。我国睿科光电技术有限公司研制生产的 RP1000 系列高空间分辨率分布式布里渊光纤温度和应变分析仪，在感测距离 2km 条件下，测量空间分辨率可达 2cm。

当 BOTDA 系统采用的泵浦脉冲宽度减小时，布里渊频谱发生增宽，同时峰值信号的强度也会随之降低。因此，仅通过减小脉冲宽度来提高空间分辨率的方法难以实现。Bao 等（1999）通过在泵浦脉冲光前面添加泄漏光的方法，可同时获得高空间分辨率和窄的布里渊频谱，在实验室环境下实现了 1ns 脉冲宽度的受激布里渊散射，获得了厘米级的空间分辨率。但进行监测时，传感光纤长度改变以后需要对测量设置进行修改，并且随着监测范围的增大，信号的噪音也随之增大，长距离检测难以实施。这两个技术缺陷的存在，使得该技术难以商业化应用。Kishida 等（2005）基于泄漏光泵浦脉冲的理论模型，引入预泵浦脉冲方法，实现了厘米级的分布式感测，并研制出 NBX-6000 系列脉冲预泵浦布里渊光时域分析仪（简称 PPP-BOTDA）。

PPP-BOTDA 技术测量原理如图 2.24 所示，通过改变泵浦激光脉冲结构，在光纤两端分别注入阶跃型泵浦脉冲光和连续光，预泵浦脉冲 PL 在泵浦脉冲 PD 到达探测区域之前激发声波，预泵浦脉冲、泵浦脉冲、探测光和激发的声波在光纤中发生相互作用，产生受激布里渊散射。泵浦脉冲对应高空间分辨率（500m 测量长度对应空间分辨率达 2cm）和宽布里渊频谱；预泵浦脉冲对应低空间分辨率和窄的布里渊频谱，可确保高测量精度。通过对探测激光光源的频率进行连续调整，检测从光纤另一端输出的连续光功率，就可确定光纤各小段区域上布里渊增益达到最大时所对应的频率差，该频率差与光纤上各段区域上的布里渊频移相等，根据布里渊频移与应变温度的线性关系就可以确定光纤沿线各点的应变和温度。

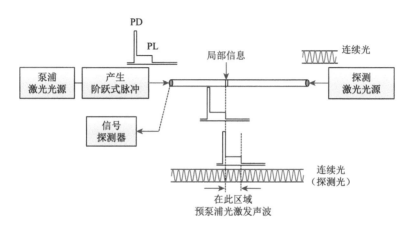

图 2.24 PPP-BOTDA 技术测量原理

同 BOTDR 技术相比，基于受激布里渊散射的 BOTDA 感测系统可以获得相对较强的散射信号，空间分辨率也从 1m 提高到了厘米级，从而使应变、温度等信息的空间定位更加准确。但 BOTDA 技术采用双端检测，需要从光纤两端分别注入泵浦脉光和探测光，传感光纤必须构成测量回路，这给地质与岩土工程的实际应用带来很大困难，监测风险较大。

4）受激布里渊光频域分析技术

受激布里渊光频域分析技术（Brillouin optic frequency domain analysis，简称 BOFDA）与受激布里渊光时域分析技术（BOTDA）类似，都是利用光纤中的布里渊背向散射光的频移与温度和应变变化间的线性关系实现感测的，不同的是它们获取布里渊频移的方法。图 2.25 为 BOFDA 工作原理图。图中，在光纤一端注入窄线宽的泵浦激光信号，另一端同时注入频率可变的调幅探测光（斯托克斯光），其调制频率依次为 $f_{\mathrm{m}} = m\Delta f$（$m = 0,1,2,\cdots,M-1$）。调幅泵浦光和斯托克斯光在光纤中相向传播，两者信号输入网路分析仪（VNA）中通过与初始调制信号进行振幅和相位之间的比较，可以得到每一调制频率下光纤基带传输函数 $H(jw, f_{\mathrm{m}})$。

基带传输函数可通过快速反傅里叶变换（IFFT）得到脉冲响应函数 $h(t, f_{\mathrm{m}})$。脉冲响应函数最后可通过式（2.18）确定空间位置 z 与 Δf 之间的关系。

$$H(jw, f_{\mathrm{m}}) \xrightarrow{\text{IFFT}} h(t, f_{\mathrm{m}}) \xrightarrow{(2.18)} h(z, f_{\mathrm{m}}) \tag{2.17}$$

$$z = \frac{1}{2}\frac{c\Delta t}{n} \tag{2.18}$$

式中，$H(jw, f_{\mathrm{m}})$ 为基带传输函数，$h(t, f_{\mathrm{m}})$ 为脉冲响应函数，z 为测量位置，c 为光速，n 为光的折射率。

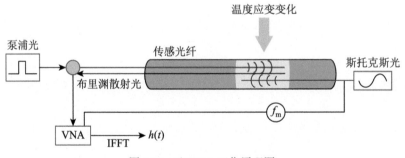

图 2.25　BOFDA 工作原理图

当探测光的调制频率 f_{m} 与布里渊散射频移 v_{B} 相等时，在光纤中就会产生布里渊增益效应，能量最高。根据对比各级 $h(t, f_{\mathrm{m}})$ 的幅值变化来确定位置 z 处的布里渊平移 v_{B}，布里渊散射光的频率漂移 v_{B} 与光纤应变 ε 呈线性关系：

$$v_{\mathrm{B}}(\varepsilon) = v_{\mathrm{B0}} + \frac{\mathrm{d}v_{\mathrm{B}}(\varepsilon)}{\mathrm{d}\varepsilon}\varepsilon \tag{2.19}$$

式中，$v_{\mathrm{B}}(\varepsilon)$ 为光纤受到 ε 应变时的布里渊频率漂移量；v_{B0} 为在测试环境温度不变的条件下，光纤自由状态时的布里渊频率漂移量；$\mathrm{d}v_{\mathrm{B}}(\varepsilon)/\mathrm{d}\varepsilon$ 为光纤的应变系数；ε 为光纤的实际发生应变量。

从目前市场上可以购买的几种基于布里渊散射光的分布式光纤解调仪的性能来看,由德国 fibristerre 公司生产的 fTB2505 型 BOFDA 的测试精度和速度均较高,甚至可实现小范围的动态测试,频域技术的优势很明显。图 2.26 是 fTB2505 型 BOFDA 仪器照片,表 2.5是该仪器基本性能指标。

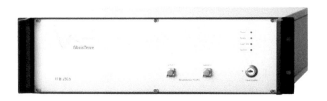

图 2.26　fTB2505 型 BOFDA 仪器

表 2.5　fTB2505 型 BOFDA 仪器基本性能指标

项目	性能指标
光纤类型	SMF
最大动态范围/db	>20
最高空间分辨率/cm	20
最高采样分辨率/m	0.05
应变测量重复性/$\mu\varepsilon$	<±4
应变测量精度/$\mu\varepsilon$	±2
应变测量范围/$\mu\varepsilon$	−15 000～15 000
测试量程/km	50
频率采样范围/GHz	9.9～12.0

5）ROTDR 与 BOTDR 融合型感测系统

ROTDR 能够全分布地感测光纤沿线的温度分布,并且不受光纤应变的影响,而BOTDR 能够全分布地同时对光纤沿线的应变和温度分布进行监测,因此,当环境温度变化较大时,采用 BOTDR 应变监测时,则需要对测量结果进行温度补偿。由于 ROTDR 与BOTDR 均具有全分布、长距离和单端测量的优势,因此,一些研究者试图将这两种技术融合,形成 ROTDR 与 BOTDR 融合型感测系统。2004 年,英国南安普顿大学 Newson 研究团队首次报道了拉曼与布里渊联合传感器,该传感器在 6.3km 范围内实现应变和温度的同时测量,空间分辨率为 5m,温度分辨率为 3.5℃,应变分辨率为 80$\mu\varepsilon$;2011 年,该校Belal 与 Newson 又将二者结合起来,在 135m 长的范围内测量空间分辨率提高到了 24cm,温度和应变测量精度分别达到 2.5℃和 97$\mu\varepsilon$（Belal and Newson,2011）;2009 年,意大利Soto 等研究了拉曼与布里渊融合型的分布式光纤传感器,在 25km 光纤长度范围内,实现了温度分辨率 1.2℃,应变分辨率 100$\mu\varepsilon$。我国学者张在宣等（2010）提出了利用光纤拉曼散射的温度效应、自发布里渊散射的应变效应和光时域反射原理,研制成功了全分布式温度和应变同时测量的光纤传感器装置。2015 年,南京大学联合中国电子科技集团公司第 41

研究所和苏州南智传感科技有限公司，获批国家自然科学基金委国家重大科研仪器研制项目"地质体多场多参量分布式光纤感测系统研制"，将研发出 ROTDR 和 BOTDR 融合型解调设备，在 10km 范围内，其应变测量最高空间分辨率为 1m，温度和应变测量分辨率分别为 1℃和 25με，可满足地质与岩土工程的分布式监测要求。

2.5　常用光纤感测技术的特点分析

从以上常用的几种光纤感测技术介绍可知，光纤感测技术有一个技术体系，不同种类的光纤感测技术具有不同的特点和适用对象。表 2.6 是几种常用的岩土工程分布式光纤感测技术的特点与不足分析。

表 2.6　几种常用的岩土工程分布式光纤感测技术特点与不足

感测方式	分类	感测技术	基本原理	直接感测参量	延伸感测参量或事件	特点	不足
准分布式	光纤光栅型	光纤布拉格光栅（FBG）	相长干涉	波长变化	温度、应变、压力、位移、压强、扭角、加速度、电流、电压、磁场、频率、振动、水分、渗流、水位、孔隙水压力等数十种参量	结构简单、体积小、重量轻、兼容性好、低损耗、可靠性高、抗腐蚀、抗电磁干扰、高灵敏度、高分辨率、易构成准分布传感阵列	高温下光栅会消退，粘贴和受压下易啁啾，加工易受损，准分布监测易漏检
全分布式	瑞利散射型	光时域反射技术（OTDR）	瑞利散射光时域反射	光损分布	开裂、弯曲、断点、位移、压力	单端测量，便携，直观快速，可精确测量光纤光损点和断点、弯曲位置，可测量结构物开裂和断裂位置	传感应用时受干扰因素多，测量精度低
	拉曼散射型	光时域反射技术（ROTDR）	拉曼散射光时域反射	(反)斯托克斯拉曼信号强度比值	温度、含水率、渗流、水位等	单端测量，仅对温度敏感，测量距离长	空间分辨率较低，精度较低
	布里渊散射型	自发布里渊时域反射技术（BOTDR）	自发布里渊散射光时域反射	自发布里渊散射光功率或频移变化量	应变、温度、位移、变形、挠度	单端测量，可测断点，可测温度和应变	测量时间较长，空间分辨率较低
		受激布里渊时域分析技术（BOTDA）	受激布里渊散射光时域分析	受激布里渊散射光功率或频移变化量	应变、温度、位移、变形、挠度	双端测量，动态范围大，精度高，空间分辨率高，可测温度和应变	不可测断点，双端测量造成监测风险高
		受激布里渊频域分析技术（BOFDA）	受激布里渊散射光频域分析	受激布里渊散射光功率或频移变化量	应变、温度、位移、变形、挠度	信噪比高，动态范围大，精度高，空间分辨率高，可测温度和应变	光源相干性要求高，不可测断点，测量距离短，双端测量造成监测风险高

从表 2.6 中可以看出：

（1）准分布式感测技术主要是光纤布拉格光栅，它可以利用一根信号传导光纤，将许多光纤或其他传感器串联起来，通过波分复用和时分复用等感测原理，将多个传感器的感测信号区分而获得各个传感器的感测信息。这样，避免了点式传感技术监测时需要安装和埋设大量的信号传输线，给工程监测带来很大的麻烦，甚至无法监测。相对于点式传感器，FBG 传感器更适合于大型基础工程的多点监测，如隧道、地铁和大坝等关键部位的变形和渗漏监测等。

（2）全分布式光纤感测技术用的主要调制解调技术有：光时域反射技术（OTDR）、拉曼散射光时域反射技术（ROTDR）、布里渊散射光时域反射测量技术（简称 BOTDR）和布里渊光时/频域分析测量技术（简称 BOTDA 和 BOFDA）等，其中 ROTDR 和 BOTDR 由于其单端监测的功能，它们特别适用于地质与岩土工程的全分布监测。将传感光纤按照一定拓扑结构布置成二维或三维网络，还可以实现监测对象平面或立体的温度、应变监测，克服传统点式监测方式漏检的弊端，提高监测的成功率。分布式光纤感测技术在地质灾害与大型岩土工程的整体应变和温度的监测方面具有独特优势，如隧道和地铁的分布式火灾监测报警、油气管线泄漏监测、大坝和堤防渗漏监测及边坡分布式监测等，可对监测目标进行远程、无人值守的自动监测。另外，全分布传感光缆具有体积小、重量轻、几何形状适应性强、抗电磁干扰、电绝缘性好、化学稳定性好以及频带宽、灵敏度高、易于实现长距离和长期组网监测等诸多优点。

（3）分布式光纤感测技术由多种光纤感测技术组成，各种感测技术的原理和感测参量也不尽相同，每一种感测技术有其各自的特点和不足。因此，在实际应用中，应根据不同的监测对象和要求，选择相应的感测技术，设计不同的测试和监测方案。

（4）根据监测对象和要求，选择表中所列的一种或多种光纤感测技术，采用相应的传感光缆或传感器元件，再设计和研发相应的信号传输系统和数据分析系统，就能形成一个光纤感测系统。

第三章　分布式光纤感测技术性能研究

3.1　概　　述

分布式光纤感测技术主要是利用光纤中的光散射或非线性效应随外部环境发生的变化进行传感。如利用光纤中的布里渊散射光，可以实现对光纤应变和温度的分布式测量；基于布拉格衍射原理，可以实现光纤应变和温度的高精度准分布式测量。表征分布式光纤感测技术性能的参数主要有：精度、动态范围、空间分辨率、测量时间等。随着光纤和光电子技术的发展，通过设计精巧的感测系统结构，利用编码技术以及信号处理技术等，分布式光纤感测技术的性能有了很大的提高。

本章主要探讨了基于布拉格光栅的准分布式光纤感测技术和基于瑞利、拉曼、布里渊散射原理的分布式光纤感测技术的主要技术指标，以及提高感测系统性能的途径，也给出了应变测量的温度补偿技术。

3.2　FBG 的感测性能

3.2.1　FBG 中心波长与应变和温度的关系

光纤光栅是利用光纤材料的光敏性，在纤芯内形成折射率的周期变化，其作用相当于在纤芯内形成一个窄带滤波器（透射）或反射镜（反射），使光的传播行为发生改变。描述光纤光栅传输特性的基本参数有反射率、透射率、中心波长、反射带宽和光栅方程等。作为传感元件，光纤光栅的主要优势是检测信息为波长编码的具有 $10^{-6}\sim10^{-2}$ 四个数量级线性响应的绝对测量和良好的重复性，且插入损耗低和窄带的波长反射可以实现在一个光纤上的复用，即可以将传感器串联，实现准分布式测量。因此，光纤光栅被视为一种理想的传感材料，通过对 Bragg 中心波长的检测，可以实现对外界参量的传感，如应变、温度、变形、压力和液位等。

FBG 传感器周围温度和应变的改变均能引起布拉格反射光中心波长 λ_B 的改变，波长的漂移量与应变和温度呈线性关系，如 2.4.1 节所述。利用解调设备，通过检测反射光中心波长的漂移，根据标定的应变灵敏度系数 $1-P_e$ 和温度灵敏度系数 $\alpha+\zeta$，即可实现对结构应变和环境温度的测量。

应变灵敏度系数标定可以在等强度梁上进行。将一枚片式封装的 FBG 传感器粘贴在等强度梁表面，另将一枚电阻应变片粘贴在旁边，通过在梁的端部施加砝码使等强度梁产生弯曲变形，利用电阻应变片测量梁的应变，利用解调设备测量 FBG 传感器中心波长的漂移量。应变灵敏度系数应在恒定温度条件下进行。图 3.1 给出了 FBG 传感器中心波长与电阻应变片应变的相关曲线，线性相关系数为 0.999，其应变灵敏度系数为 1pm/με。

温度灵敏度系数的标定可以采用水浴法。试验设计应着重考虑以下两个问题：①不受应变的影响；②温度计测量温度与光栅区实际温度的一致性。温度灵敏度系数标定宜采用最小刻度为 0.1℃ 经检定的高精度水银温度计，量程分别为 0～50℃、50～100℃。利用可控温恒温箱或水浴箱，在试验过程中分级加热，将温度计及光栅置于烧杯中，并用苯板盖住烧杯，尽可能降低烧杯内水体同外界的热量交换。图 3.2 给出了 FBG 温度标定曲线，温度与 FBG 传感器中心波长同样具有良好的线性相关性，温度灵敏度系数为 10pm/℃。

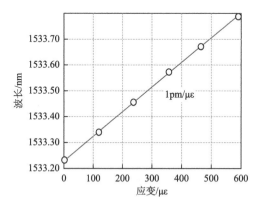

图 3.1　FBG 中心波长与应变的关系曲线

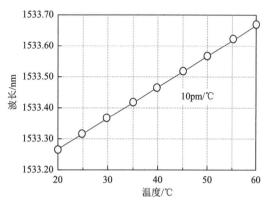

图 3.2　FBG 中心波长与温度的关系曲线

3.2.2　光纤光栅的光敏性

大部分光纤光栅是用掺锗（Ge）石英光纤制作的。石英光纤的光敏性与所掺入的氧化锗含量密切相关，高浓度掺锗光纤的光敏性更高。在光纤的制作过程中，特定波长的紫外辐射是必不可少的。研究发现掺锗石英光纤对 195nm、242nm 和 256nm 三个紫外波段的辐射具有更高的光敏性。光敏性与紫外激光强度和辐照剂量有关。在 $100\text{mJ/cm}^2/\text{pulse}$ 量级的低强度的紫外辐照下，折射率随着紫外激光的强度和累计辐照剂量单调增加，通常可以得到 $10^{-4}\sim10^{-3}$ 的折射率增量，在该激光强度范围获得的光敏性称为 I 型光敏性。此类光栅的温度稳定性较差，擦除温度小于 200℃。实际上，I 型光栅的有效工作温度是 $-40\sim+80℃$，可满足大多数传感应用（李川等，2005）。

实验表明，折射率的增长率随辐照剂量的增长而逐渐降低并趋于饱和，继续延长曝光时间还会导致折射率回落。同时，折射率调制也有类似的变化，并在某一累计剂量下周期性调制消失，继续曝光将产生负的折射率变化，新的光谱和反射波长也出现了，这种现象称为负光敏性，形成的光栅称为 IIA 型光栅。尽管 IIA 型光栅不易写制，但该类型光栅极大地提高了光栅的温度稳定性，其擦除温度高达 500℃。因此，IIA 型光栅可以用于高温环境中的传感应用。

当紫外激光辐照能量密度＞$1000\text{mJ/cm}^2/\text{pulse}$ 时，一个单脉冲就可能会产生相当大的折射率改变，可以达到 10^{-2}，这样的光栅称为 II 型光栅。II 型光栅具有较高的温度稳定性，擦除温度大于 800℃，可满足恶劣环境中的传感应用。

3.2.3 FBG 的稳定性

上述三种类型的光敏性中，II 型是最稳定的，I 型是最不稳定的，IIA 型介于两者之间。虽然实验证明紫外激光导致的折射率改变是永久性的，但是长期稳定性和热稳定性仍然是一个十分重要的问题。研究发现，光纤光栅的长期稳定性可以通过后期工艺提高，如退火和无掩模辐照等。此外，光栅的光敏性也可以通过硼、磷、锡等元素与锗共掺，过火焰技术等加以提高。载氢敏化是最重要的发明之一，已经作为一种简单而有效的敏化方式得到了普遍应用。在载氢敏化光纤中，光致折射率变化可以达到 $10^{-3} \sim 10^{-2}$。

需要注意的是，影响光纤光栅稳定性的因素很多，如环境温度、湿度、化学腐蚀等。研究发现，光纤光栅的中心波长、折射率、反射率会随时间和温度的变化而变化，虽然变化量很小，但也影响传感器的长期稳定性。而利用预先将光纤光栅高温加热退火的办法，可以有效地减少上述影响，大大提高光纤光栅的稳定性。对于疲劳、湿度的影响，实验表明，经过紫外线适当照射及适当高温加热的光纤光栅具有良好的稳定性，在温度不超过 400℃ 的环境下，具有良好的传感性能。光纤的主要成分是石英，在强碱性环境下容易受到腐蚀。因此，必须提高光纤保护层的抗腐蚀能力以确保传感器的耐久性。实验表明，采用高分子材料（如聚四氟乙烯涂层）的光纤布拉格光栅传感器的稳定性更高（张自嘉，2009）。

3.2.4 FBG 温度与应变交叉敏感问题

FBG 对温度和应变是同步敏感的，当光栅用于测量时，仅通过波长的解调，无法分辨出应变和温度分别引起的波长变化。因此，在实际应用中，必须采取措施进行区分或补偿。

当利用 FBG 进行单纯的温度测量时，轴向应变可以完全避免，这时不存在应变和温度的同步敏感问题，而且采用单个光栅即可实现。

当利用 FBG 进行应变测量时，温度变化无法避免。因此，必须解决温度和应变的交叉敏感问题。目前，主要通过两种途径来解决这一问题，即温度抵偿方案与应变、温度双参数同步测量方案（张自嘉，2009）。温度抵偿的原理是通过某种方式抵消温度扰动引起的光纤光栅中心波长的漂移，使应变测量不受环境温度变化的影响；应变和温度双参数同时测量的原理是利用两个参量共同对应变和温度进行编码，通过联立方程组求解来确定应变和温度的大小。写入的两个光栅的中心波长相差很大，并且表现出不同的应变和温度响应特性，通过测定这两个中心波长的移动来实现应变和温度的双参数同时测量。两个 FBG 波长的相对漂移分别为

$$\Delta \lambda_1 / \lambda_1 = K_{B1,T} \Delta T + K_{B1,s} \Delta s \qquad (3.1)$$

$$\Delta \lambda_2 / \lambda_2 = K_{B2,T} \Delta T + K_{B2,s} \Delta s \qquad (3.2)$$

其中，$K_{B,T} = \dfrac{1}{\lambda} \dfrac{\mathrm{d}\lambda}{\mathrm{d}T}$，$K_{B,s} = \dfrac{1}{\lambda} \dfrac{\mathrm{d}\lambda}{\mathrm{d}s}$ 为相对灵敏度，即

$$\begin{bmatrix} \Delta\lambda_1 / \lambda_1 \\ \Delta\lambda_2 / \lambda_2 \end{bmatrix} = \begin{bmatrix} K_{B1,T} & K_{B1,s} \\ K_{B2,T} & K_{B2,s} \end{bmatrix} \begin{bmatrix} \Delta T \\ \Delta s \end{bmatrix} \tag{3.3}$$

但要求 $\begin{bmatrix} K_{B1,T} & K_{B1,s} \\ K_{B2,T} & K_{B2,s} \end{bmatrix} \neq 0$，也就是要求两个光栅的特性不同。

显然，在同一根光纤上写入的不同中心波长的光栅，其应变和温度的相对灵敏度应该是相同的。因此，不能简单地使用两个不同周期的光栅来区分温度和应变引起的中心波长漂移。可以采用以下两种方法解决。

（1）使用两个写在同一根光纤上但中心波长不同的光栅，安装时使两个光栅相距较近，可以认为处于相同的温度场中，但其中一个光栅通过封装使其不受应变影响。这样，相当于公示中 $K_{B2,s}=0$，从而实现温度和应变的分离。这种方法也被称为参考光栅法。

（2）将两个不同中心波长的光栅分别粘贴在弹性敏感元件的两侧，当弹性敏感元件发生应变时，一侧是拉应变，另一侧是压应变，两个光栅的应变灵敏度大小相等但符号相反，而温度灵敏度相同，从而可以利用式（3.3）实现温度和应变的分离。有人将这种方法称为外温度补偿法。

此外，可以利用负温度膨胀系数材料对光纤光栅进行温度补偿封装，或者用将光纤布拉格光栅和长周期光纤光栅相结合的方法等实现温度和应变的分离，还包括啁啾光栅法、二阶衍射法、保偏光纤光栅法等。

3.3　基于瑞利散射的分布式光纤感测性能研究

3.3.1　主要性能指标

背向瑞利散射光的功率取决于光源的输出功率，输出功率越大，背向散射信号就越强，探测距离越远。因此，通常使用带宽为数十纳米的宽带光源，一方面可以获得更高的测量动态范围，另一方面可以避免窄线宽的高功率激光脉冲在光纤中传输引起的非线性效应对瑞利散射光探测性能的影响。目前，已有很多关于利用瑞利散射进行分布式传感的研究和应用。其中，最为成熟的技术为光时域反射（OTDR）技术，它主要用于沿光纤长度的衰减和损耗的测量。此外，还有相干光时域反射（COTDR）技术、光频域反射（OFDR）技术、偏振光时域（POTDR）和偏振光频域反射（POFDR）技术等。

作为分布式传感器，OTDR 的主要性能指标有动态范围、空间分辨率和测量盲区等。

1）动态范围

动态范围是指初始背向拉曼散射光功率和噪声功率的分贝（dB）差值。动态范围是 OTDR 非常重要的一个参数，表明了可以测量的最大光纤损耗信息，直接决定了光纤的可测长度。

2）空间分辨率

空间分辨率反映了仪器分辨两个相邻事件的能力，影响着定位精度和事件识别的准确性。对 OTDR 而言,空间分辨率通常定义为事件反射峰功率的 10%～90%这段曲线对应的距离。理论上,空间分辨率由探测光的脉冲宽度决定。若探测光脉冲宽度为 τ,则 OTDR 的理论空间分辨率 $\delta_z = v\tau / 2$,其中, v 为探测光在光纤中的传播速度。此外,系统的采样率对空间分辨率也有重要影响,只有当采样率足够高,采样点足够密集的条件下,才能获得理论上的空间分辨率。

　　3)测量盲区

　　测量盲区是指由于高强度反射事件导致 OTDR 的探测器饱和后,探测器从反射事件开始到再次恢复正常读取光信号时所持续的时间,也可表示为 OTDR 能够正常探测两次事件的最小距离间隔。

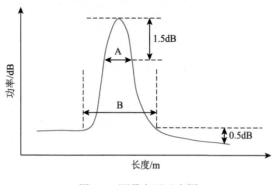

图3.3　测量盲区示意图

　　测量盲区又可进一步分为事件盲区和衰减盲区。事件盲区是指菲涅尔反射发生后,OTDR 可检测到另一个连续反射事件的最短距离。衰减盲区是指菲涅尔反射发生后,OTDR 能精确测量连续非反射事件损耗的最小距离。图 3.3 为 OTDR 测量盲区示意图,其中 A 表示事件盲区,通常是指反射峰两侧−1.5dB 处的间距;B 表示衰减盲区,它是按照从发生反射事件开始,到反射信号降低到光纤正常背向拉曼散射信号后延线之上 0.5dB 点间的距离。

3.3.2　提高感测性能的途径

　　1)增大动态范围的方法

　　动态范围可通过提升探测光功率来增加。在 EDFA 还未出现时,人们通过脉冲编码方法压缩脉冲,相当于提升了单位脉冲的功率,系统的动态范围提升了 12dB。自从 EDFA 出现后,探测光脉冲的功率可直接得到大大的提升,从而相应地提高动态范围。但由于非线性效应,比如受激布里渊散射和相位调制等的制约,注入光纤的探测光的功率存在极限。对于 COTDR 系统,曾采用拉曼放大技术提升其动态范围。试验表明,在 1.6μm 波长,利用拉曼放大技术,得到了 11.5dB 的动态范围的提升,空间分辨率为 5m(Sato et al.,1992)。

　　2)提高空间分辨率的方法

　　理论上,空间分辨率由探测光脉冲宽度决定。但由于系统中存在探测器噪声、相干瑞利噪声、偏振噪声等多种噪声,探测曲线会出现比较大的起伏波动,这种波动可能掩盖事件,从而造成短距离上事件的识别困难,进而使系统难以达到理论上的空间分辨率。因此,降噪技术对于提升系统空间分辨率具有至关重要的意义。

3）减小测量时间的方法

对于超长距离海底光缆的监测，COTDR 完成一次完整的监测任务所需的时间是一个很重要的参数。Sumida（1995）提出了一种基于频移键控调制的连续光探测技术。它通过调节分布式反馈半导体激光器（DBR-LD），使其不同时刻输出不同频率的持续时间为 τ 的探测光，该方法可称为频率脉冲法。不同时刻的频率脉冲对应的 COTDR 曲线具有相对的时间延迟，对这些探测曲线进行时序对齐后叠加再求平均就得到一条更加平滑、信噪比更高的探测曲线，从而提升系统的性能。但是该方法也存在光电信号处理电路结构复杂、动态范围相对较低等缺陷。

3.4 基于拉曼散射的分布式光纤感测性能研究

3.4.1 主要性能指标

1）测温精度

测温精度本质上取决于系统的信噪比：系统的信号由探测激光器的脉冲光子能量决定，与脉冲宽度、峰值功率相关；系统的噪声主要与随机噪声，光电接收器雪崩二极管的噪声，前置放大器的带宽、噪声，信号采集与处理系统的带宽、噪声有关。但增加入射光纤的激光功率受到光纤产生非线性效应的阈值限制，在不影响系统空间分辨率的前提下，适当地控制系统带宽，也可抑制系统的噪声，提高测温精度（张旭苹，2013）。

2）空间分辨率和采样分辨率

空间分辨率通常用最小感温长度来表征，可通过实验标定。将待测光纤置于室温 20℃环境下，在待测光纤某一距离（如 2km）处取出一段光纤（如长度 3m）放在 60℃的恒温槽中，得到测温光纤的温度响应曲线，将温度变化由 10%上升到 90%所对应的响应距离称为系统的空间分辨率，如图 3.4 所示。与响应距离相对应的是最短温度变化距离，如图 3.5 所示。它主要取决于脉冲激光器的带宽、光电接收器的响应时间、放大器（主要是前置放大器）的带宽和信号采集系统的带宽。系统的采样分辨率由信号采集处理系统的 A/D 采样速率确定。

3）测量时间和采样次数

由于信号是有序的，噪声是随机的，因此可以采用多次采样、累加的办法提高信噪比。信噪比的改善与累加次数的均方根成正比。随着累加次数的增加，测量的时间也随之增长。系统的实际测量时间主要由信号的采集、累加系统和计算机的传输速度决定。

4）量程

在系统的信噪比确定后，量程与系统所选用的光谱波段、光纤的种类相关。通常，系统的信噪比与光纤的损耗决定了分布式光纤拉曼温度传感器的可测温长度。

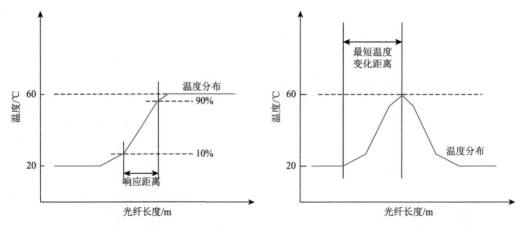

图 3.4　分布式光纤拉曼温度传感器空间分辨率　　图 3.5　分布式光纤拉曼温度传感器的最短
　　　　　　　　　　　　　　　　　　　　　　　　　　　　　　温度变化距离

3.4.2 提高感测性能的途径

信号采集处理系统的优劣对光纤拉曼温度传感器的性能有很大的影响,具体体现在测温精度、空间分辨率和测量时间这三个指标。

1)提高测温精度的方法

受系统噪声等干扰因素的影响,即使保持测点的温度不变,测量结果之间还是会有一定的偏差。如前所述,该指标主要是由测量系统的信噪比决定的。信噪比的改善程度正比于累加次数的均方根,这时,测温精度与测量时间与采样累加次数密切相关(李伟良,2008)。也可以根据系统的特点,采用其他方法,如控制带宽等抑制系统的噪声。

2)提高空间分辨率的方法

对于分布式光纤温度传感系统,空间分辨率受到光脉冲的宽度、光电检测器的响应速度、信号调制的带宽等诸多因素的制约,空间分辨率是整个系统的重要技术指标。要提高空间分辨率,必须压缩探测激光脉宽,这必然减少了脉冲泵浦激光的强度,也减弱了光纤的背向拉曼散射信号,降低了系统的信噪比。

3)减小测量时间的方法

测量时间也称为时间分辨率,是指测量系统对全部传感光纤完成满足测温精度的测量所需要的时间。目前,多数实用的分布式光纤温度传感系统均采用多次累加的方法来提高信噪比,测量时间取决于累加次数。

3.5　基于布里渊散射的分布式光纤感测性能研究

3.5.1　基本性能指标

基于布里渊散射的全分布光纤传感技术是通过检测光纤中的布里渊散射光的频移量，得到光纤的应变或者温度分布，常见的技术有布里渊光时域反射技术（BOTDR）、布里渊光时域分析技术（BOTDA）、布里渊光频域分析技术（BOFDA）等。表征基于布里渊散射的全分布光纤感测系统的指标主要有：空间分辨率、测量精度与重复性、动态范围和空间定位精度等。

1）空间分辨率

基于布里渊散射的分布式光纤感测系统是将 OTDR 技术和相干自外差光谱探测技术相结合，能够有效地探测出布里渊背向散射光沿光纤的分布，实现分布式应变和温度的测量。空间分辨率是时域技术的一个重要概念，是指仪器所能分辨的两个相邻事件点间的最短距离。因此，基于布里渊散射的分布式光纤感测技术的空间分辨率 SR 与 OTDR 技术相同，取决于入射光的脉冲宽度。

2）测量精度

布里渊散射是入射光与介质的声学声子相互作用而产生的一种非弹性光散射现象。声子在光纤介质中衰减，所以布里渊散射谱具有一定的宽度，并呈洛伦兹曲线形式，见式（2.9）。当布里渊散射光沿光纤返回并进入信号检测和处理系统，通过对布里渊散射信号进行洛伦兹拟合，便可以得到布里渊散射光的峰值频率。但光纤中的布里渊散射光非常微弱，自发布里渊散射光只有瑞利散射光功率的 $10^{-3}\sim10^{-2}$ 倍。虽然可以通过直接探测法，如法布里-珀罗干涉仪、马赫-曾德尔干涉仪等提取布里渊散射信号，但会带来较大的损耗，大大限制了可探测的最低自发布里渊散射的光功率，而且直接探测方法都很容易受到外界环境的影响，稳定性较差。目前，主要采用相干探测方法来提高系统的信噪比。

相干探测法主要有双光源相干探测方法和单光源自外差相干探测方法。在双光源相干探测方法中，两个光源本身不稳定会造成相干探测输出的信号不稳定，从而导致测量误差较大。而单光源自外差相干探测方法中，探测光和本地参考光为同一光源。该方法不仅可以将太赫兹量级的布里渊高频信号降至易于探测和处理的百兆赫兹的中频信号，而且还可以提高自发布里渊散射谱的探测精度。为了提高信号检测的信噪比，在布里渊谱的每个频率点进行测量时，都要做至少上千次、甚至数万次的累加平均。

在基于单光源自外差相干探测的系统中，通常采用 1550nm 波段的激光作为相干检测的参考光，其与布里渊散射信号的频差信号频率约为 11GHz，这就需要带宽大于 11GHz 的光电探测器进行探测。然而，随着探测器带宽的增加，探测器的等效噪声功率也随之增加，造成系统测量精度的降低，而且系统成本会增加。为了避免使用宽带探测器，常常要对本地参考光或探测光进行移频，降低单光源自外差探测时输出的差频信号的频率。

布里渊频移的测量精度由所测得的布里渊谱的信噪比和半高宽（FWHM）决定：

$$\delta_v = \frac{\tau_{\mathrm{B}}}{\sqrt{2}(\mathrm{SNR})^{\frac{1}{4}}} \qquad (3.4)$$

式中，τ_{B} 为布里渊谱和光脉冲谱卷积所得谱的谱宽；SNR 为测得的电信号的信噪比。当探测光脉冲宽度较宽时，所测得的布里渊谱较窄，信号信噪比较高，布里渊频移的测量精度以及相应的温度和应变的测量精度也越高。

3）动态范围

动态范围为初始布里渊背向散射功率和噪声功率之差，单位为对数单位（dB）。动态范围直接决定了可测光纤的长度。

4）空间定位精度

光时域反射（OTDR）技术是实现分布式光纤传感的关键技术。脉冲光注入光纤后，光子与光纤中的粒子会发生弹性和非弹性碰撞，与脉冲光传播的相反方向就会出现背向散射光，通过测定该散射光的回波时间就可确定散射点的位置。

光纤上任意一点至脉冲光注入端的距离由式（3.5）计算得到：

$$z = c\Delta t / 2n \qquad (3.5)$$

式中，c 是真空中的光速；n 是光纤的折射率；Δt 是 OTDR 发出的脉冲光与接收到的后向散射光的时间差。

对于基于布里渊光时域分布式光纤传感技术，事件点的空间定位精度 δ（单位：m）取决于测量长度 L 和空间采样间隔 d_{s}

$$\delta = \pm(2.0 \times 10^{-5} L + 0.2 + 2d_{\mathrm{s}}) \qquad (3.6)$$

3.5.2　提高感测性能的方法

动态范围和空间分辨率是分布式光纤传感系统的两个重要性能指标，也是基于布里渊散射光纤传感技术的重要研究方向。目前，用于提高动态范围的方法有探测光脉冲编码技术、拉曼放大技术和多波长技术（张旭苹，2013）。

BOTDR 的空间分辨率取决于入射光的脉冲宽度，进一步减小入射光的脉冲宽度是提高 BOTDR 空间分辨率最直接的方法。但是，当传感系统的探测脉冲宽度与声子寿命相当或者小于声子寿命（约 10ns）时，布里渊散射谱会发生严重的展宽，造成了正确提取布里渊频移的难度增大，系统的应变测量精度大幅度下降。因此，当探测脉冲宽度为 10ns，BOTDR 系统的空间分辨率极限为 1m。为了进一步提高空间分辨率，人们提出了双脉冲方法、布里渊光相干域反射技术（BOCDR）和布里渊谱分析法等。

1）双脉冲方法

Koyamada 等（2007）提出了一种突破 1m 空间分辨率限制的双脉冲方法，该方法的原理为：当两个脉冲之间的时间间隔小于某一数值（小于声子寿命）时，它们与同一个声波场发生作用，产生相干的自发布里渊散射，两脉冲的自发布里渊散射光产生共振，其布里渊谱峰值更加容易测量，这样可以提高布里渊频移的测量精度。实验发送的双脉冲宽度均为 2ns，间隔 5ns，系统得到了 20cm 的空间分辨率与 3MHz 的频移测量精度。

2）BOCDR 技术

鉴于声子寿命对 BOTDR 系统空间分辨率的限制，Mizuno 等（2008）提出了一种基于连续光的 BOCDR 技术，可以实现在 100m 的传感光纤上获得 40cm 的空间分辨率。

该系统的空间分辨率 δ_z 和测量范围 d_m（两相邻相关峰之间的距离）由下两式确定：

$$\delta_z = \frac{v_g \Delta v_B}{2\pi f_{max} f_s} \tag{3.7}$$

$$d_m = \frac{v_g}{2 f_s} \tag{3.8}$$

式中，v_g 为光纤中光的群速度；Δv_B 为光纤中布里渊增益带宽；f_{max} 为已调光源的最大频率（一般要求 $2f_{max} < v_B$，其中 v_B 为布里渊频移）；f_s 对应正弦调制频率。

3）布里渊谱分析法

布里渊谱分析法通过将布里渊谱看做是由若干个在空间分辨率长度上不同位置的细分布里渊谱的叠加，对其进行分解来求得单个细分布里渊谱中心频率，进而提高空间分辨率。

假设光纤沿线的布里渊频移一致，则光纤中产生的布里渊谱可以用式（2.9）来描述。若光纤沿线的布里渊频移由于应变的关系而发生变化，则此时得到的布里渊谱为

$$g_B(v,z) = \frac{1}{\delta_z} \int_{z-\delta_z/2}^{z+\delta_z/2} g_B(v, v_B(y)) \mathrm{d}y \tag{3.9}$$

式中，δ_z 为空间分辨率。若将脉冲光对应的空间分辨率长度细分为 $2m$ 段，则每一段长度为 $\delta_z/2m$，则式（3.9）可以变换为

$$\overline{g_B}(v,z) = \sum_{k=-m}^{m} a_k g_B(\Delta v, v_B(z_k)) \tag{3.10}$$

式中，z 表示光纤沿线的位置。最后可以根据光纤中已知布里渊频移的位置来逐步递推出光纤中 $\delta_z/2m$ 长的光纤上的布里渊频移。布里渊光谱的特性及提高空间分辨率的方法详见 3.5.3 节。

实际上，Brown 等（1999）率先在 BOTDA 测量系统上提出了在不减小脉冲宽度的前提下提高空间分辨率的方法。他们发现当脉冲宽度内包含两段应变时，测量系统得到的布里渊散射光谱将会出现两条布里渊谱线。如果两段应变相差较大，系统可以分辨出每条布里渊谱线的频移，但如果相差很小，两条谱线会重合在一起，无法分辨。此时，仍然使用洛伦兹函数拟合实测的布里渊散射光谱就不是很合适。他们提出使用双拟 Voigt 函数（double pseudo-Voigt）进行拟合，如式（3.11）所示。

$$f(x) = a_0 \left(c_0 \frac{1}{1 + \dfrac{4(x-x_0)^2}{b_0^2}} + (1-c_0)e^{-2((x-x_0)^2/b_0^2)} \right)$$
$$+ a_1 \left(c_1 \frac{1}{1 + \dfrac{4(x-x_1)^2}{b_1^2}} + (1-c_1)e^{-2((x-x_1)^2/b_1^2)} \right)$$

$$(3.11)$$

式中，a_0 和 a_1 是高度系数；b_0 和 b_1 是谱线的线宽（FWHM）；c_0 和 c_1 是曲线形态参数，介于高斯函数（0）和洛伦兹函数（1）之间；x_0 和 x_1 是布里渊频移。之所以选择双拟 Voigt 函数，是因为实测的布里渊散射光谱的形态介于高斯曲线和洛伦兹曲线之间。

试验表明：当入射的脉冲光为 10ns 时，可以实现 0.5m 的空间分辨率，应变测量精度为 20με；当入射的脉冲光为 5ns 时，可以实现 0.25m 的空间分辨率，应变测量精度为 40με。但是，在使用该方法时要注意以下两点：一是每段光纤的变形应是均匀的，并且长度要一致；二是如果相邻两段光纤的应变差别不是很大，即两条布里渊谱线非常接近，系统的应变测量精度将会显著下降。

此外，Nitta 等（2002）通过人为使空间分辨率内的光纤产生两段大小不同的应变，当这两段光纤的应变差足够大时，实测的布里渊散射光会出现两个波峰，而这两个波峰所对应的峰值频率可以分别近似地看作两段光纤的实际布里渊频移。这样，在实际布设光纤的时候，只需将光纤施加一定的预应变，然后分段粘贴在结构物上，测量的时候只要关注布里渊谱线上频率较大的波峰所对应的布里渊频移就可以得到待测结构的应变变化。如果粘贴的长度正好是空间分辨率的一半，可以很精确地实现布里渊散射光谱的分离，达到提高空间分辨率的目的。此外，由于空间分辨率内既包含应变段光纤，也包含自由段光纤，温度变化对他们的影响是相同的，所以该方法还可以避免由于温度变化引起的测量误差。但是，该方法也存在一定的缺陷：由原本的分布式光纤传感系统变成一个多点传感技术，另外，该方法会使光纤的布设工艺变得很复杂，光纤的应变量也难以控制。

Yasue 等（2000）也从光纤的布设方式着手，提出了提高 BOTDR 空间分辨率的方法。他们采用 S 形方式粘贴传感光纤，粘贴段长度为 340mm，弯曲的自由段光纤的长度为 80mm。拉伸试验表明：施加的荷载和实测的应变之间具有很好的线性关系，其斜率约是按照直线型粘贴方式的 92%。可见，将其用于长度小于 BOTDR 空间分辨率的变形区域的测量是可行的，只是需要对实测的光纤应变适当加以修正即可。

以上几种方法各有优缺点，如 Brown 等提出的方法当两段应变的相差不大时，系统的测量精度就会下降；Nitta 等提出的方法则适用于应变较大的情况；Yasue 等所提出的方法，包括 Nitta 等提出的方法，需要采用特殊的光纤的布设方式，这给 BOTDR 在实际工程中的应用造成了一定的困难，同时，也会造成光纤线路光损过大，影响 BOTDR 的测量长度和测量精度。另外，实际工程出现损伤和应变异常的位置通常是难以预先确定的，变形状态也是难以预料的，而上述的几种方法对光纤的布设方式或者对光纤的应变状态都或多或少有一定的要求，因此，直接应用上述几种方法提高 BOTDR 的空间分辨率有时是比较困难的。

3.5.3　布里渊散射光谱特性分析

当光纤产生均匀分布式时，布里渊背向散射光谱在理论上呈洛伦兹型。通过对实测的布里渊散射光谱按洛伦兹函数进行拟合就可以得到谱线的峰值频率，进而得到光纤的应变。但是，由于生产加工或者布设等原因，光纤的应变分布通常是不均匀的，这样，实测的布里渊散射光谱实际上是由多个峰值频率不同、呈洛伦兹型的布里渊增益谱叠加后形成的谱线，叠加后的谱线形态也不再呈洛伦兹型。Brown 等（1999）和 Naruse 等（2003）

的研究已经证明了这一点。另外，如果空间分辨率内的应变量差别较大，实测的布里渊谱线还可能会出现两个或多个波峰。此时，如果仍然按照洛伦兹函数对实测的布里渊增益谱进行拟合，得到的应变自然无法反映光纤的真实应变状态。分布式光纤传感系统一般会自动拟合峰值较高的那个波峰所对应的频率作为计算光纤应变的布里渊频移，但在某些情况下，按照这种方法得到的应变并不能反映光纤的真实应变，如图 3.6 所示。

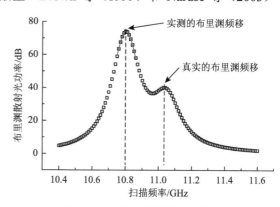

图 3.6　双峰布里渊谱线的拟合

为解决这一问题，首先让我们分析一种简单的情况：光纤变形段的长度小于 BOTDR 的空间分辨率，也就是说，空间分辨率长度内只有部分光纤发生应变。这时，实测的布里渊散射光谱实际上是由自由段光纤和应变段光纤的布里渊散射光谱组成。实测的布里渊谱线的形态特征主要受应变段的长度及其应变量控制，对不同形态的布里渊散射谱线进行拟合得到的光纤应变是不同（Zhang et al.，2009）。对布里渊散射光谱的分析是建立在以下几点假设的基础上：

（1）光纤中的布里渊散射光不存在相位相关，即布里渊散射光谱的叠加原理成立；

（2）忽略温度和应变对布里渊散射光功率的影响；

（3）忽略布里渊散射光谱线宽度（FWHM）的变化；

（4）布里渊背向散射光谱的频移与光纤的应变线性相关；

（5）空间分辨率内，变形段光纤的散射光的强度与变形段的长度呈正比；

（6）变形段光纤的应变呈均匀分布。

g_{B1} 和 g_{B2} 分别是空间分辨率内自由段光纤的布里渊散射光谱和应变段光纤的布里渊散射光谱，可以表示为

$$g_{B1}(\nu, \nu_B(0)) = \frac{g_0 (\Delta\nu_B / 2)^2}{(\nu - \nu_B(0))^2 + (\Delta\nu_B / 2)^2}(1 - r) \tag{3.12}$$

$$g_{B2}(\nu, \nu_B(0) + \Delta\nu(\varepsilon)) = \frac{g_0 (\Delta\nu_B / 2)^2}{(\nu - \nu_B(0) - \Delta\nu(\varepsilon))^2 + (\Delta\nu_B / 2)^2} r \tag{3.13}$$

式中，r 为空间分辨率内应变段光纤的变形长度系数，是空间分辨率内应变段光纤的长度与空间分辨率之比；$\Delta\nu(\varepsilon)$ 为应变段光纤的布里渊频移。

按照叠加原理，实测的布里渊散射光谱为 g_{B1}、g_{B2} 之和，如式（3.14）所示：

$$g_B = g_{B1}\left(\nu,\nu_B(0)\right) + g_{B2}\left(\nu,\nu_B(0)+\Delta\nu(\varepsilon)\right)$$

$$= \frac{g_0\left(\Delta\nu_B/2\right)^2}{\left(\nu-\nu_B(0)\right)^2+\left(\Delta\nu_B/2\right)^2}(1-r) + \frac{g_0\left(\Delta\nu_B/2\right)^2}{\left(\nu-\nu_B(0)-\Delta\nu(\varepsilon)\right)^2+\left(\Delta\nu_B/2\right)^2}r$$

$$= g_0\left(\Delta\nu_B/2\right)^2\left[\frac{1-r}{\left(\nu-\nu_B(0)\right)^2+\left(\Delta\nu_B/2\right)^2} + \frac{r}{\left(\nu-\nu_B(0)-\Delta\nu(\varepsilon)\right)^2+\left(\Delta\nu_B/2\right)^2}\right]$$

$$\text{（3.14）}$$

式（3.14）所示的叠加光谱的波峰位置可以通过求解式（3.15）得到：

$$\frac{dg_B}{d\nu}=0 \tag{3.15}$$

即

$$\frac{-(1-r)\left(\nu-\nu_B(0)\right)}{\left[\left(\nu-\nu_B(0)\right)^2+\left(\Delta\nu_B/2\right)^2\right]^2} + \frac{-r\left(\nu-\nu_B(0)-\Delta\nu(\varepsilon)\right)}{\left[\left(\nu-\nu_B(0)-\Delta\nu(\varepsilon)\right)^2+\left(\Delta\nu_B/2\right)^2\right]^2}=0 \tag{3.16}$$

设 $(\nu-\nu_B(0))=x$，$(\Delta\nu_B/2)^2=a^2$，$\Delta\nu(\varepsilon)=b$，则 3.16 式可以表示为

$$\frac{-(1-r)x}{[x^2+a^2]^2} + \frac{-r(x-b)}{[(x-b)^2+a^2]^2}=0 \tag{3.17}$$

化简后，得

$$Ax^5+Bx^4+Cx^3+Dx^2+Ex+F=0 \tag{3.18}$$

其中，

$$\begin{cases} A=-1 \\ B=-3rb+4b \\ C=6rb^2-6b^2-2a^2 \\ D=-4rb^3-2rba^2+4b^3+4ba^2 \\ E=2ra^2b^2+rb^4-a^4-2a^2b^2-b^4 \\ F=ra^4b \end{cases} \tag{3.19}$$

当空间分辨率内应变段光纤的应变较小时，叠加后的布里渊散射光谱呈现单峰，式（3.18）只有一个实数根；而当空间分辨率内应变段光纤的应变较大时，布里渊散射光谱会出现两个峰值，式（3.18）将有三个实数根，其中，最大的实根可以近似地反映变形段光纤的真实应变。

这里将 $r=0.5$ 时，使叠加后的布里渊散射光谱出现两个峰值时的光纤应变作为区分大应变与小应变的临界值。当布里渊散射光谱出现两个峰值时，光纤的应变为大应变，否则，为小应变。研究发现：大应变与小应变的临界值与布里渊散射光谱的半高宽（FWHM）有很好的线性关系，如图 3.7 所示。

图 3.8 是当 r=0.4，即空间分辨率内变
形段光纤的长度占 40%时，随着变形段光
纤应变量的增加，布里渊散射光谱的形态
变化。这里，对扫描频率、散射光功率以
及光纤应变均作了规格化处理，图中 ε' 是
当 r=0.5 时，使布里渊散射光谱出现两个
峰值时的光纤应变。图 3.8～图 3.10 所示
的布里渊散射光谱实际上是空间分辨率
内自由段光纤的散射光谱与变形段光纤
的散射光谱的叠加。可见，随着光纤应
变的增大，叠加后的布里渊谱线变宽，
呈不对称分布，并不再满足洛伦兹函数。

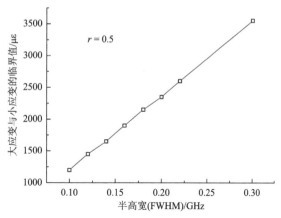

图 3.7　布里渊谱线半高宽与大、小应变的
临界值之间的线性关系

当光纤应变进一步增大，谱线出现两个波峰，峰值频率较小的波峰近似于无应变光纤的布
里渊散射光谱；峰值频率较大的波峰近似于应变段光纤的布里渊散射光谱，由它可以近似
地得到光纤的应变。但是，对于 BOTDR 系统而言，通常是取功率较高的波峰作为计算光
纤应变的依据。很显然，如仍是取峰值功率以下 3dB 范围内的数据点，使用最小二乘法
按洛伦兹函数进行拟合，得到谱线的峰值频率不能正确地反映光纤的真实应变，特别是当
光纤的应变较大时。

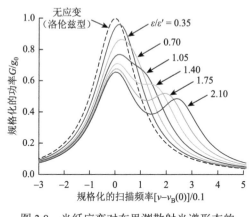

图 3.8　光纤应变对布里渊散射光谱形态的
影响（r=0.4）

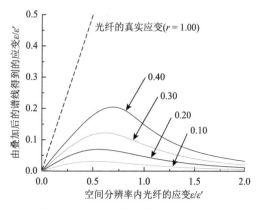

图 3.9　计算应变与真实应变的关系
（r=0.1，0.2，0.3，0.4）

图 3.9 给出了 r 分别为 0.1、0.2、0.3 和 0.4，由叠加后的布里渊散射光谱计算得到应
变偏离光纤真实应变的程度。由图可见，随着应变段光纤的长度在空间分辨率内所占的比
例的增大，由叠加后的布里渊散射光谱得到的应变越趋近于光纤的真实应变，但与光纤的
真实应变仍存在着很大的差异。当应变较小时，由叠加后的布里渊散射光谱得到的应变与
光纤的真实应变之间存在线性关系，随着光纤应变的增大，应变段光纤的布里渊散射光谱
对叠加后的散射光谱的影响逐渐减小，由叠加后的散射光谱得到的应变逐渐减小，并趋于
自由光纤的布里渊散射光谱。

图 3.10 是当 $r = 0.5$，即空间分辨率内应变段光纤的长度占 50%时，布里渊谱线的形态随光纤应变的变化。由于空间分辨率内自由段光纤的长度与应变段光纤的长度相等，它们对叠加后的散射光谱的贡献相同，谱线仍然呈对称分布，并随着光纤应变的增大，谱线出现两个峰值功率相同的波峰。通过对峰值频率较大的波峰进行拟合可以近似地得到光纤的应变。

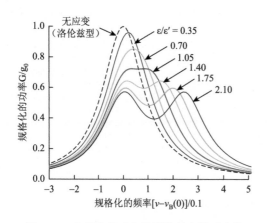

图 3.10　光纤应变对布里渊散射光谱形态的
　　　　　影响（r=0.5）

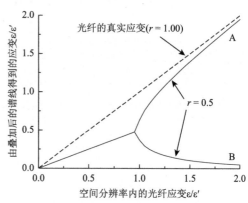

图 3.11　计算应变与真实应变的关系（r=0.5）

图 3.11 是由叠加后的布里渊散射光谱计算得到应变与光纤真实应变的关系曲线。当光纤发生小应变时，叠加后的布里渊散射光谱呈现单一波峰，由该光谱得到的应变与光纤的真实应变之间具有很好的线性关系，由此线性光纤可以推算出光纤的真实应变。而当光纤发生大应变时，叠加后的谱线出现两个波峰。随着光纤应变的增大，由峰值频率较高的波峰计算得到的应变逐渐趋近于光纤的真实应变，如图 3.11 中的分支 A 所示。而由峰值频率较低的波峰计算得到的应变则逐渐趋近于零，如图 3.11 中的分支 B 所示。

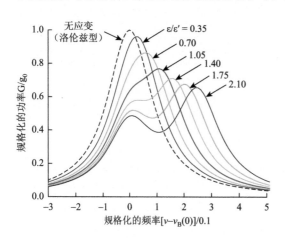

图 3.12　光纤应变对布里渊散射光谱
　　　　　形态的影响（r=0.6）

图 3.12 是当 $r = 0.6$，即空间分辨率内变形段光纤的长度占 60%时，布里渊谱线的形态随光纤应变的变化。与图 3.8 相同的是：叠加后的布里渊谱线变宽，呈不对称分布，并不再满足洛伦兹函数；不同的是：峰值频率较高的波峰的功率较大，由此得到的应变可以近似地反映光纤的应变。

图 3.13 反映了 r 分别为 0.6、0.7、0.8和 0.9，由叠加后的布里渊散射光谱计算得到的应变偏离光纤真实应变的程度。由图可见，当光纤的应变很小或者很大时，由叠加后的布里渊散射光谱计算得到应变比较接近于光纤的真实应变；而当光纤的应

变处于 0.5～1.0 时，两者相差较大。另外，随着 r 的增大，由叠加后的布里渊散射光谱计算得到的应变越来越逼近于光纤的真实应变。

由图 3.14 所示的叠加谱线的布里渊频移与 r 的关系图可以清楚地看出，当 ε/ε' 小于 0.4 时，布里渊频移与 r 之间存在很好的线性关系；而当 ε/ε' 大于 0.4 时，叠加谱线的布里渊频移与 r 之间就不再具有线性关系，并随着光纤应变的增大，非线性的程度也越来越大。

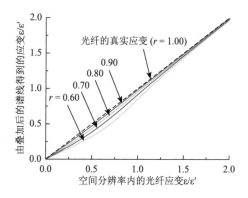

图 3.13 计算应变与真实应变的关系
（r=0.6, 0.7, 0.8, 0.9）

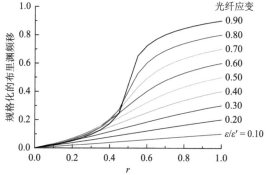

图 3.14 叠加谱线的布里渊频移与 r 的关系
（光纤发生小应变）

图 3.15 是当光纤发生大应变时，叠加谱线的布里渊频移与 r 之间的关系曲线。由图可见，当 r 大于 0.5 时，光纤的应变越大，由叠加后的谱线直接得到的应变越趋近于光纤的真实应变。当 r 小于 0.5 时，尽管布里渊谱线也出现两个波峰，但由于自由段光纤的峰值功率较高，拟合得到的峰值频率实际上是受应变段影响的自由段光纤的布里渊频移。

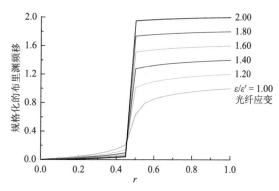

图 3.15 叠加谱线的布里渊频移与 r 的
关系（光纤发生大应变）

从以上的分析，可以得到以下几点认识：

（1）如果光纤的变形长度小于 BOTDR 的空间分辨率，则实测的布里渊散射光谱是空间分辨率内自由段与应变段光纤的布里渊散射光谱的叠加；

（2）叠加后的谱线形态主要受光纤的应变和变形长度系数 r 的控制，光纤的应变决定了谱线的漂移程度，r 决定了自由段光纤和应变段光纤的散射光谱在叠加谱线中的能量的分配；

（3）当光纤发生小应变时，由叠加后的谱线可以近似地得到光纤的真实应变；

（4）当光纤发生大应变时，并且 r 大于 0.5，由叠加后的谱线可以直接得到光纤的真实应变。

3.5.4　提高空间分辨率的频谱分解法

如式（3.14）所示，叠加后的实测布里渊散射光谱可以表示为空间分辨率内自由段光纤的布里渊散射光谱和变形段光纤的布里渊散射光谱的线性叠加，这里将其改写为如下形式：

$$g_c(v) = (1-r)g_f(v) + rg_s(v) \tag{3.20}$$

式中，$g_c(v)$ 是当空间分辨率内的部分光纤发生均匀变形时的实测布里渊散射光谱；$g_f(v)$ 是自由光纤的布里渊散射光谱；$g_s(v)$ 是应变段光纤的布里渊散射光谱，应变段的长度大于 BOTDR 的空间分辨率；v 为扫描频率；r 为空间分辨率内应变段光纤的变形长度系数。则 $g_s(v)$ 可以表示为

$$g_s(v) = \frac{g_c(v) - (1-r)g_f(v)}{r} \tag{3.21}$$

理论上，$g_c(v)$、$g_f(v)$ 和 $g_s(v)$ 均符合洛伦兹函数。式中的 $g_c(v)$ 和 $g_f(v)$ 可由 BOTDR 获得，为已知量。因此，只要能够确定系数 r，就可以得到应变段光纤对应的布里渊散射光谱。

Horiguchi 等（1989）学者曾指出当光纤发生不均匀应变时，布里渊散射光谱的谱线宽度（FWHM）会增大。本书的试验也证实了这一点。试验发现当空间分辨率内应变段的长度和无应变段的长度近似相等时布里渊散射光谱的谱线宽度最大。因此，通过分析布里渊的谱线宽度可以比较准确地得到发生均匀应变的光纤段的长度及其在光纤上的位置，进而可以推算出光纤上各个采样点的变形长度系数 r。

假设某段光纤发生均匀应变，如图 3.16 中 AB 段所示。该段光纤典型的布里渊谱线宽度分布如图中的方块线所示，各个采样点所对应的空间长度（即空间分辨率）及其系数 r 也示于图 3.16。可见，当空间分辨率内应变段光纤的长度和自由段光纤的长度大致相等时，即系数 r 近似为 0.5 时，布里渊谱线宽度出现峰值，如图 3.16 中的采样点 e 和采样点

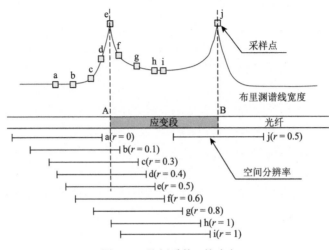

图 3.16　比例系数 r 的确定

j 所示，而 e 点和 j 点恰好分别与应变段的端点 A 和端点 B 相对应。因此，通过拾取布里渊谱线宽度的峰值可以确定发生均匀应变的光纤长度及其在整个传感光纤上的位置，进而可以确定变形段前后各个采样点的 r 值；之后，由公式（3.21）计算出空间分辨率内应变段光纤的布里渊散射光谱 $g_s(v)$，通过对其按洛伦兹函数进行拟合得到该变形段光纤的布里渊频移；最后，将其代入式（2.12）计算出该变形段光纤的真实应变（Zhang et al.，2004）。

为了验证上述方法的可行性，使一段长 0.6m 的光纤产生 1750με 的拉应变，BOTDR 入射的脉冲光为 10ns，相应的空间分辨率为 1m，实测的应变分布曲线和布里渊谱线宽度分布曲线如图 3.17 所示。

光纤的变形长度小于 BOTDR 的空间分辨率，造成了实测应变要小于光纤的真实应变，如应变分布曲线上的峰值点 d 的应变为 1048με，而光纤的真实应变为 1750με。在图 3.17 中的线宽分布曲线上，峰值点 A 与 B 之间的距离为 0.6m，与光纤变形段的长度相等。大量的试验表明：当光纤变形段的长度大于 0.5m 时，通过读取布里渊线宽分布曲线两峰值点之间的间距可以得到光纤变形段的长度及其在光纤上的位置，进而可以计算出应变段附近各个采样点的变形长度系数 r，在此基础上可以计算出变形段光纤的真实应变。表 3.1 列出了采样点 a、b、c 和 d 的变形长度系数 r 及各个采样点所对应的实测应变和真实应变。

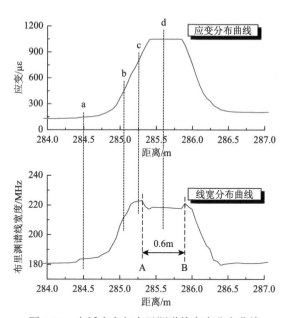

图 3.17　光纤应变与布里渊谱线宽度分布曲线

表 3.1　不同采样点的 r 值及其频谱分解前后的应变

采样点	r（空间分辨率内应变段光纤所占的比例）	真实应变 /με	实测应变 /με	由频谱分解计算得到的应变段的应变/με
a	0	145	145	—
b	25%	145	447	1904
c	45%	145	795	1813
d	60%	1750	1048	1712

　　由表 3.1 可以看出：从 b 点到 d 点，随着系数 r 的增大，BOTDR 的实测应变也随之增大，但仍然小于光纤的真实应变。根据各个采样点的比例系数 r，按照式（3.21），对各个采样点的实测布里渊散射光谱进行频谱分解，可以得到变形段光纤的应变。随着 r 的增大，由分解后的散射光谱得到的光纤应变更趋近于光纤的真实应变。

　　图 3.18 是采样点 a、b、c 和 d 的实测布里渊散射光谱。谱线 a 是自由光纤（$r=0$）的实测布里渊散射光谱，虽然谱线 b、c 和 d 相对于谱线 a 发生了不同程度的漂移，但是这些实测的布里渊散射光谱既包含了应变段光纤的频谱信息，也包含了自由段光纤的频谱信息，是两个谱线的叠加。因此，直接由谱线 b、c 和 d 计算得到的应变并不能反映光纤的真实应变状态。

　　通过频谱分解的方法，我们可以从实测的布里渊散射光谱中将应变段光纤的谱线提取出来，分解后的布里渊散射光谱如图 3.19 所示。可见，分解后的 b、c 和 d 三条谱线具有很好的一致性，由它们计算出来的应变列于表 3.1。对于采样点 b 而言，由于 r 值较小（$r=0.25$），包含于实测布里渊散射光谱内的应变段光纤的频谱信息较少，造成了分解后的布里渊谱线的信号较差，由此计算得到的应变与光纤的真实应变的误差也就相对较大。试验表明，当变形长度系数 r 大于 0.4，即在空间分辨率范围内发生应变的光纤长度大于 40%，使用频谱分解法基本上能够得到光纤应变的真实分布和大小，从而达到提高 BOTDR 的空间分辨率的目的。

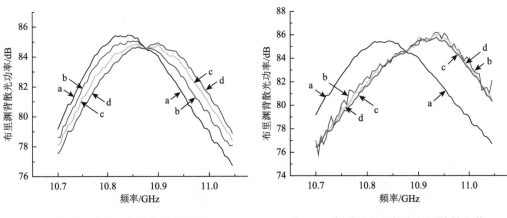

图 3.18　实测的布里渊散射光谱　　　　图 3.19　频谱分解后的布里渊散射光谱

　　上述分析假设光纤只发生了均匀应变，即空间分辨率内的光纤最多只会出现三种状态：均为自由光纤，无应变；发生均匀应变；部分光纤自由，部分光纤发生均匀应变。如果部分光纤自由，虽然光纤上的应变是不均匀的，即光纤的应变是逐点不同的，此时，应用频谱分解的方法仍然可以在一定程度上提高 BOTDR 的空间分辨率。

　　这里，我们将光纤的应变看作是分段均匀的，如图 3.20 中的采样点 A，其前方空间分辨率范围内的光纤可以分为 m 段，每段光纤的长度相等，假设光纤应变在段内呈均匀分布，应变量分别为 $\varepsilon_1, \varepsilon_2, \cdots, \varepsilon_m$，则 A 点的实测布里渊散射光谱是这 m 段光纤的布里渊散射光谱之和。如果 $\varepsilon_1 \sim \varepsilon_{m-1}$ 的已知，则 ε_m 的布里渊散射光谱可以表示为

$$g_{\varepsilon_m}(v) = g_m(v) - \sum_{i=1}^{m-1} g_{\varepsilon_i}(v) \tag{3.22}$$

式中，$g_{\varepsilon_i}(v)$ 是空间分辨率内第 i 段光纤布里渊散射光谱；$g_m(v)$ 是 BOTDR 实测的布里渊散射光谱，理论上是 $\varepsilon_1 \sim \varepsilon_m$ 的布里渊散射光谱之和；v 为扫描频率；m 是空间分辨率内的分段数，可由式（3.23）确定。

$$m = \delta_z / d_s \tag{3.23}$$

式中，δ_z 是 BOTDR 的空间分辨率；d_s 是空间采样间隔。

由式（3.22）可以得到第 m 段光纤的布里渊散射光谱，按洛伦兹函数对其拟合后，可以得到该段光纤的应变 ε_m。依次类推，可以由 ε_2，ε_3，$\cdots$，ε_m 得到第 $m+1$ 段光纤的应变 ε_{m+1}，由 ε_{n+1}，ε_{n+2}，$\cdots$，ε_{n+m-1} 得到第 $m+n$ 段光纤的应变。

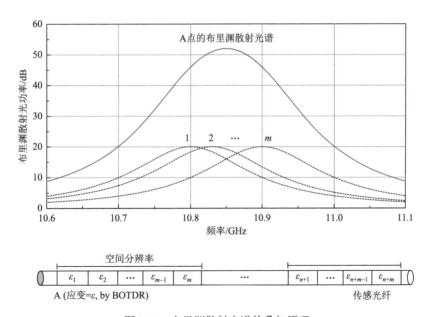

图 3.20　布里渊散射光谱的叠加原理

图 3.21 是 BOTDR 实测的应变分布与光纤真实应变的对比图。可见，由于 BOTDR 空间分辨率的存在，BOTDR 的实测应变和光纤的真实应变之间存在一定的差异。

图 3.22 中的三角符号线是采用频谱分解法，由 BOTDR 的实测应变计算得到的应变分布。可见，经过频谱分解得到的光纤应变与光纤的真实应变具有很好的一致性。频谱分解是自左向右进行的，随着计算点数的增加，经频谱分解后的应变在某些点处与光纤的真实应变偏离较远，并出现周期性波动。造成这一现象的主要原因是由于计算过程中误差的累积。需要注意的是，使用该方法计算的应变点数不能太多，否者误差累积的影响将十分显著。

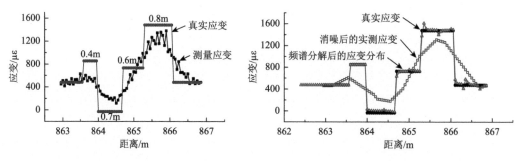

图 3.21　光纤的真实应变与 BOTDR 的实测　　　图 3.22　频谱分解后的应变分布和光纤真实
　　　　　应变的对比图　　　　　　　　　　　　　　　　　应变的对比图

3.5.5　布里渊频谱降噪

　　通过对实测的布里渊散射光谱按洛伦兹函数进行拟合，就可以得到谱线的峰值频率，进而得到光纤的应变。但是，在光电检测或信号转换中，由于外界环境或设备元件中一些随机因素的影响，布里渊散射光谱中不可避免的要产生一些噪声。如果不除去这些随机噪声，而是直接采用洛伦兹函数或高斯函数进行频谱拟合，就会使布里渊峰值频率产生误差。在求解光纤的应变时，就会使这个误差传递到应变或温度上，进而降低了仪器的测量精度。

　　本书提出采用卡尔曼滤波和自回归模型的信号处理方法，可以有效抑制布里渊频谱中的噪声，提高 BOTDR 的检测精度。计算流程见图 3.23。

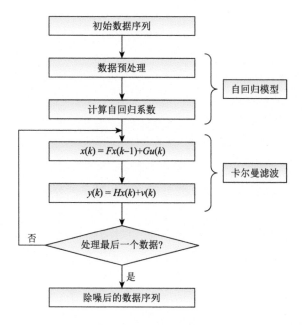

图 3.23　计算处理框图

为了验证上述方法的正确性，本书采用一个数字模型进行验证。

假设传感光纤上某点的布里渊频谱的中心频率为 12 797MHz，加入噪声之后，其布里渊频谱的中心频率变为 12 795.6MHz。谱线及拟合曲线见图 3.24。在选定的参数下，程序处理后的结果见图 3.25。可见，拟合后的峰值频率是 12 796.4MHz，比处理前增大了约 0.8MHz，且更靠近真值 12 797MHz，说明本书提出的除噪处理的方法是有效的。

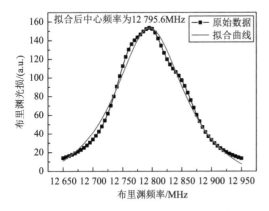

图 3.24　处理前布里渊谱线及拟合曲线

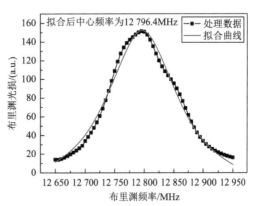

图 3.25　处理后布里渊谱线及拟合曲线

3.6　应变测量的温度补偿技术研究

3.6.1　温度变化对光纤参数的影响

当温度变化的时候，光纤密度、折射率会发生改变，并且光纤的自由能也会发生相应的变化，改变光纤的物性系数（如弹性模量、剪切模量、泊松比等），进而引起布里渊频移的变化（胡晓东等，1999）。

1）折射率 n

光纤的折射率与温度存在线性关系，见式（3.24）。
$$n(T) = n(T_0) + n'\Delta T \tag{3.24}$$
式中，n' 为折射率温度系数。

2）密度 ρ

光纤的密度近似地与温度存在线性关系，下式中 α 为光纤的线热膨胀系数。
$$\rho(T) \approx \rho(T_0)(1 - 3\alpha\Delta T) \tag{3.25}$$

3）弹性模量 E

在 $-50\sim1000\,°\!C$ 的范围内，石英的弹性模量与温度之间具有线性关系，对实验数据进行拟合，可以得出弹性模量与温度差的关系，见式（3.26）。

$$E(T) = E(T_0) + E'\Delta T \approx (7.3 + 1.35 \times 10^{-3} \Delta T) \times 10^{10} \text{ N/m}^2 \qquad (3.26)$$

4）剪切模量 G

剪切模量同样也是温度变化的线性函数，对实验数据进行拟合得出剪切模量与温度差的关系，见式（3.27）。

$$G(T) = G(T_0) + G'\Delta T \approx (3.12 + 4.6 \times 10^{-4} \Delta T) \times 10^{10} \text{ N/m}^2 \qquad (3.27)$$

5）泊松比 μ

通过对剪切模量等的计算，可以得出泊松比与温度的关系。

$$\mu(T) = \mu(T_0) + \mu'\Delta T \approx 0.17 + 4.38 \times 10^{-5} \Delta T \qquad (3.28)$$

将单模石英光纤的参数带入式（3.29），可得出布里渊频移与温度的关系。当温度为 20℃，入射光波长为 1.55μm 时，单模光纤的布里渊频移约为 11GHz，其变化与温度成线性关系，关系系数约为 1.3MHz/℃。考虑光纤的涂覆层为有机硅树脂，经计算得出温度每变化 1℃ 产生的应变约为 6×10^{-7}，引起的附加布里渊频移变化量为 0.03MHz。

$$\nu_B(T) = \nu_B(T_0)\left\{1 + \left\{\frac{n'_T}{n(T_0)} + \frac{3\alpha}{2} + \frac{E'}{2E(T_0)} + \mu'_T\frac{\mu(T_0)[2 - \mu(T_0)]}{[1 - \mu^2(T_0)][1 - 2\mu(T_0)]}\right\}\Delta T\right\}$$
$$= \nu_B(T_0)(1 + 1.18 \times 10^{-4}\Delta T)$$

$$(3.29)$$

3.6.2　温度补偿方法

1）参考光纤法

参考光纤法是解决基于布里渊散射的分布式光纤传感器交叉敏感问题最常用的一种方法，具有简单、可靠的优点，在实际工程监测中应用较多。该方法是通过在测量光纤旁边平行布置参考光纤，使参考光纤处于不受应变的自由松弛状态，只对温度的变化敏感，作为温度传感光纤；测量光纤则采用全面粘贴或定点粘贴的方法安装在待测结构上，使其对温度和应变都敏感。这样，通过测量参考光纤获得待测物理场的温度信息，然后根据式（2.19）从测量光纤的测量信息中扣除温度信息以获得待测物理场的应变信息，即可实现温度和应变的同时测量。

该方案由于需要同时并行布置两套光纤，给工程应用中传感光纤的布设造成一定的困难。另外，如果测量光纤采用全面粘贴时，受黏结剂的影响，测量光纤和参考光纤的温度敏感系数会改变，从而对应变测量结果产生一定影响。

Inaudi 与 Glisic（2005）研发的一种可以解决上述问题的专用传感光缆 SMARTprofile。SMARTprofile 光缆将两根黏结光纤和两个自由光纤封装在同一根聚乙烯热塑性塑料材料的光缆中，如图 3.26 所示。黏结光纤用于应变测量，自由光纤作为参考光纤，用于温度测量，进行温度补偿。光缆材料具有很好的力学、耐腐蚀和耐高温性能，对传感光纤起到很好的保护作用。设计光缆的外形和尺寸使其非常容易运输和安装。

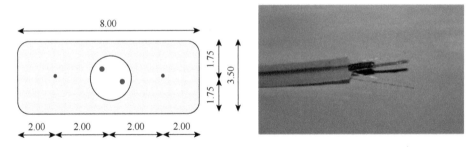

图 3.26　SMARTprofile 的结构和样品（Inaudi and Glisic，2005）（单位：mm）

2）Landau-Placzek 比率法

Rayleigh 散射精细结构谱的强度也与介质的热状态有关，俄国物理学家朗道（Landau）和普拉蔡克（Placzek）提出 Rayleigh 散射的强度（光波频率不变部分）与 Rayleigh 散射精细结构谱（光波频率变化部分，包括斯托克斯、反斯托克斯和布里渊散射）的强度比（Landau-Placzek Ratio，LPR）和介质的热物性有关，在液芯光纤中瑞利中心组分光谱积分强度 I_R 与两个布里渊组分积分强度之和 I_B 的比率为

$$\frac{I_R}{I_B} = \frac{c_p - c_v}{c_v} \tag{3.30}$$

式中，c_p 和 c_v 分别为定压比热和定容比热。式（3.30）称为 Landau-Placzek 方程，I_R / I_B 为 Landau-Placzek 比率（LPR）。Schroeder 等给出了单一成分玻璃的 LPR：

$$R_{LP} = \frac{I_R}{I_B} = \frac{T_f}{T}(\rho V_a \beta_T - 1) \tag{3.31}$$

式中，ρ 为密度；V_a 为声速；β_T 为虚温度 T_f 下的熔化等温压缩率；T 为温度；虚温度 T_f 为玻璃从熔化到固化热力学波动时的温度。式（3.53）表明 LPR 与温度成反比。多组分玻璃的 LPR 可表示为

$$R_{LP} = \frac{I_R}{I_B} = \frac{I_R^\rho + I_R^c}{I_B} = R_\rho + R_c \tag{3.32}$$

式中，I_R^ρ 为密度波动引起的初始散射；I_R^c 为附加组分引起的散射。此时，LPR 与温度仍然保持反比关系。

声波速度 V_a 可以表示为

$$V_a = \sqrt{\frac{(1-\mu)E}{(1+\mu)(1-2\mu)\rho}} \tag{3.33}$$

式中，E、μ 和 ρ 分别为光纤的杨氏模量、泊松比和密度。其中，温度变化引起的密度改变非常小，可以忽略；E 和 μ 受温度变化影响，从而引起声波声速的变化。LPR 和温度之间的关系如图 3.27 所示。

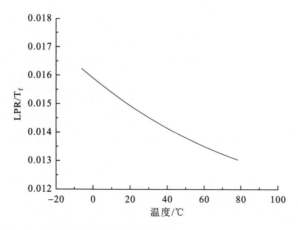

图 3.27　LPR 与温度之间的关系（据 Bansal and Doremus，1986）

可见，利用光纤的瑞利散射光可以实现温度的测量与应变测量的温度补偿。

3）基于布里渊散射谱的双参量法

布里渊散射谱可以通过布里渊频移 ν_B、布里渊线宽 BLW（Brillouin line width）和布里渊峰值功率 P 等参量进行描述。基于布里渊散射谱的双参量矩阵法的基本思想是：选择布里渊频移以外的另外一个参量 X，如布里渊线宽或布里渊峰值功率，通过利用布里渊频移与应变和温度的线性关系以及参量 X 对温度或者应变的不敏感性，或者参量 X 与应变和温度的线性关系，实现应变和温度的同时测量。通常，在应变和温度同时变化时，布里渊频移的变化 $\Delta\nu_B$ 和另外一个参量 ΔX 以及应变和温度之间的关系可以写成：

$$\begin{pmatrix} \delta\nu_B \\ \delta X \end{pmatrix} = \begin{pmatrix} \dfrac{\partial\nu_B(\varepsilon)}{\partial\varepsilon} & \dfrac{\partial\nu_B(T)}{\partial T} \\ \dfrac{\partial X(\varepsilon)}{\partial\varepsilon} & \dfrac{\partial X(T)}{\partial T} \end{pmatrix} \begin{pmatrix} \delta\varepsilon \\ \delta T \end{pmatrix} \tag{3.34}$$

式中，$\partial\nu_B(\varepsilon)/\partial\varepsilon$ 和 $\partial\nu_B(T)/\partial T$ 分别为布里渊频移-应变系数和布里渊频移-温度系数；$\partial X(\varepsilon)/\partial\varepsilon$ 和 $\partial X(T)/\partial T$ 分别为另一参量的应变系数和温度系数。为了保证式（3.34）所示的线性方程组有解，矩阵的行列式不能为零。并且，δX 的微小测量误差不能导致 $\delta\varepsilon$ 和 δT 发生大的变化，即系统要具有较好的稳定性。

4）基于特种光纤的双频移法

在普通单模光纤中，布里渊散射谱只有一个峰值。然而在某些特种光纤中，布里渊散射谱具有多个峰值。基于特种光纤的双频移法使用具有多个布里渊散射峰的特种光纤，可利用某两个（或三个）布里渊散射峰具有不同的频移/应变系数或（和）频移/温度系数的特性，构建一个频移/应变系数和频移/温度系数的系数矩阵，从而实现应变和温度的同时测量。

Lee 等（2001）提出了一种应用具有不同温度系数纤芯组分的色散位移光纤进行分布式温度和应变同时测量的方法。研究所用的传感光纤为在密集波分复用（DWDM）网络中广泛应用的大有效面积非零色散光纤（Large-effective-area nonzero dispersion-shift fiber，LEAF），只需要测量布里渊频移就可以实现高分辨率、高精度的应变和温度同时测量。

光纤纤芯含有不同的组分或掺杂物时，不同声速的声子产生多峰布里渊频谱。此时，两个主峰布里渊频移与温度和应变的关系可表示为

$$\delta \nu_{\mathrm{B}}^{\mathrm{Pk1}}(\varepsilon,T) = \frac{\partial \nu_{\mathrm{B}}^{\mathrm{Pk1}}(\varepsilon)}{\partial \varepsilon} \cdot \delta\varepsilon + \frac{\partial \nu_{\mathrm{B}}^{\mathrm{Pk1}}(T)}{\partial T} \cdot \delta T \qquad (3.35)$$

$$\delta \nu_{\mathrm{B}}^{\mathrm{Pk2}}(\varepsilon,T) = \frac{\partial \nu_{\mathrm{B}}^{\mathrm{Pk2}}(\varepsilon)}{\partial \varepsilon} \cdot \delta\varepsilon + \frac{\partial \nu_{\mathrm{B}}^{\mathrm{Pk2}}(T)}{\partial T} \cdot \delta T \qquad (3.36)$$

因此，通过联立式（3.35）和式（3.36）两式就可以进行温度和应变的同时测量。Lee等（2001）发现第一和第二个峰值的布里渊频移/温度系数不同，但具有相同的布里渊频移/应变系数，在 3682m 长的大有效面积非零色散光纤进行了温度和应变同时测量实验，在 2 米的空间分辨率下，温度和应变分辨率分别为5℃和60με。

5）联合其他物理效应法

Alahbabi 等（2005）提出了一种联合拉曼散射和自发布里渊散射效应进行温度应变同时测量的方法。通过测量反斯托克斯拉曼光强度来确定温度：

$$\Delta T_{\mathrm{R}}(L) = \frac{\Delta I_{\mathrm{R}}(L)}{C_T^{\mathrm{RI}}} \qquad (3.37)$$

式中，$\Delta T_{\mathrm{R}}(L)$ 为光纤上 L 位置处温度变化量；L 为沿光纤距离；$\Delta I_{\mathrm{R}}(L)$ 为均一化拉曼强度；C_T^{RI} 为拉曼强度-温度系数。由布里渊频移与温度和应变的关系，两者联合实现温度和应变的同时测量，应变变化可以表示为

$$\Delta\varepsilon(L) = \frac{\Delta \nu_{\mathrm{B}}(L) - C_T^{\mathrm{B}} \Delta T_{\mathrm{R}}(L)}{C_\varepsilon^{\mathrm{B}}} \qquad (3.38)$$

式中，$\Delta \nu_{\mathrm{B}}(L)$ 为均一化布里渊频移；$C_\varepsilon^{\mathrm{B}}$ 为布里渊频移-应变系数；C_T^{B} 为布里渊频移-温度系数。Alahbabi 等（2005）在 23km 长光纤上，10m 空间分辨率下，温度和应变分辨率分别为6℃和150με。

6）双光纤法

在研究各种温度和应变交叉敏感问题解决方法的基础上，课题组提出了一种新的基于布里渊散射分布式传感技术的交叉敏感问题的解决方案——双光纤法。

普通通讯光纤一般都具有起保护作用的涂覆层，有的还采用较厚的护套层。涂覆和护套材料的热膨胀系数与纤芯是不同的，当温度发生变化时，必然会产生附加频移，如式（3.39）所示：

$$\Delta \nu_{\mathrm{B}}(T) = \frac{\partial \nu_{\mathrm{B}}(T)}{\partial T} \cdot \Delta T + \alpha \cdot \Delta T \qquad (3.39)$$

式中，右边第一项表示温度对布里渊频移的影响，第二项为保护材料产生的附加频移。

针对这一问题，课题组选择了多种单模光纤进行测试，包括美国康宁（Corning）公司的 Φ250μm 裸纤和 Φ900μm 褐色 PVC 护套光纤，荷兰特恩驰（TFO）公司的透明尼龙

护套光纤以及国内长飞公司的白色 PVC 护套光纤，以上均为通讯中常用的紧套光纤。

通过实验得出 Φ900μm 尼龙护套光纤的布里渊频移/温度系数为 3.17MHz/℃，该值与日本学者 Kurahima 测定的尼龙光纤在−20～30℃之间的温度系数 3.3MHz/℃是吻合的；而理论分析和实验得出裸光纤的温度系数在 1.1～1.3MHz/℃之间。尼龙护套光纤的布里渊频移/温度系数增大是由于尼龙护套的热膨胀引起的，光纤纤芯石英材料的热膨胀系数为 $8.68×10^{-7}/℃$，而尼龙的热膨胀系数为 $4.33×10^{-5}/℃$，尼龙比石英的热膨胀系数大近 50 倍，由此可得出尼龙护套造成的附加频移约为 2.3MHz/℃，这一理论值与实验结果是一致的。此外，实验得出褐色 PVC 护套光纤的布里渊频移/应变系数为 508MHz/%，而透明尼龙护套光纤的布里渊频移/应变系数为 549MHz/%，白色 PVC 护套光纤的布里渊频移/应变系数为 508MHz/%。

从以上分析可以看出，护套材料对光纤的布里渊频移/温度系数和布里渊频移/应变系数均有较大影响。因此，通过沿待测结构平行布设不同护套材料的两种传感光纤，利用两种传感光纤具有不同的布里渊频移/应变系数和布里渊频移/温度系数，联立类似式（3.35）和式（3.36）的方程组，就可以实现温度和应变的同时测量。

上述 6 种解决基于布里渊散射分布式传感技术的交叉敏感问题的方案中，参考光纤法是当前用于解决交叉敏感问题的主要方案，但在参考光纤的布设方面存在一定的问题；基于普通单模光纤的布里渊散射谱的双参量矩阵法，由于布里渊频移对温度和应变变化非常敏感，而布里渊光功率、线宽对温度和应变不敏感，这会导致采用式（3.34）求解的误差较大。此外，线宽和功率都容易受到脉冲宽度、泵浦和脉冲光功率波动影响，从而影响温度和应变测量结果；基于特种光纤的双频移法，由于需要采用特种光纤，不适合已布设光纤的结构物监测；基于拉曼散射和基于布里渊散射的分布式光纤传感技术都发展地相当成熟，因此，联合拉曼散射和布里渊散射效应进行温度、应变同时测量的解调系统是一个重要研究和发展方向；本书提出的双光纤法，采用两种不同护套的普通的单模通讯光纤，不需要复杂的信号处理，即可实现温度和应变的同时测量，对系统的稳定性要求也比其他方法低，是一种在十分实用的交叉敏感问题的解决方法。

第四章 光纤传感器与传感光缆

4.1 概 述

所谓光纤传感器，是指由光纤制成的检测装置，能感受到待测参量的信息，并将其按一定规律变换成为光信号或其他信息输出，以满足信息的传输、处理、存储、显示、记录和控制等要求。光纤传感器的基本工作原理是将来自光源的光信号通过光纤送入调制器，使待测参量与进入调制区的光相互作用后，导致光的光学性质（如光的强度、波长、频率、相位、偏振态等）发生变化，成为被调制的信号源，再经过光纤送入光探测器，经解调后获得被测参量。例如，工程中常用的光纤布拉格光栅（FBG）就是一种可以直接测量应变和温度的光纤传感器。

所谓传感光缆，是指裸纤经过护套保护形成光缆，将其既作为传感器，又作为信号传输的介质，实现信号测量和传输一体化。例如，在以布里渊光时域反射（BOTDR）为代表的感测系统中，传感光缆是其重要的组成部分。

光纤传感器和传感光缆的感测特性是其最核心的功能。从其性能角度来看，一般希望在量程范围内具有线性关系，即理想输入输出关系。因此，在工程应用前，需要根据监测要求对光纤传感器与传感光缆的结构进行优化设计，通过室内外试验进行性能测试和参数标定，并提出一整套现场保护和布设的工法。

4.2 准分布式 FBG 传感器

Hill 等（1978）在掺锗光纤中采用驻波写入法制成了世界上第一根 FBG。在相位掩膜法等制作方法（Meltz et al.，1989；Hill et al.，1993）成熟后，FBG 在光纤传感领域有了长足的发展，应用成果日益增长，已成为当前最具代表性、应用最广泛的光纤传感器之一（Zhu and Yin 2012；Zhu et al.，2017a）。FBG 可以对温度、应变、气体浓度、折射率、磁场、电场、电流、电压、速度、加速度等多种参量进行较高精度和较高采集频率的测量。以下对部分 FBG 传感器种类作一简要介绍。

4.2.1 FBG 传感器的种类和特点

1）应变类传感器

如第三章所述，应变的变化直接会影响 FBG 中心波长的漂移，因此 FBG 是天然的应变传感器。在工作环境较好或是待测物体对传感器尺寸要求苛刻的情况下，FBG 应变传感器可以采用环氧树脂等胶水粘贴在待测物体的表面或者直接埋设在物体的内部。此时，需关注所选用胶水的抗剪强度、长期耐久性和蠕变、迟滞等性能（Schroeck et al., 2000）。由于裸 FBG 非常纤细脆弱，外径一般只有 250um，在粗放型的施工环境下极易损坏和失效，因此绝大部分情况下必须有特殊的封装保护措施（Zhu and Yin，2012）。

如图 4.1 所示，在地质和岩土工程实践中，FBG 应变传感器一般采用四种封装方式：①光纤金属化封装，即采用真空蒸镀法、离子束沉积法、电化学沉积法、化学气相沉积法在 FBG 表面镀一层金属膜；②基片式封装，多采用树脂型基片，以及钢、铜、钛合金等金属基片；③嵌入式封装，一般借助于高分子材料、FRP 筋材等；④金属管式封装，如采用不锈钢管等。另外，通常在传感器两端安装夹持构件或法兰装置，以保证待测物体的应变完全传递给光栅，有时还辅以激光焊接、铆钉连接等。

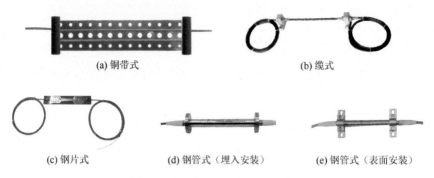

(a) 铜带式　　　　　　　　　　　　　(b) 缆式

(c) 钢片式　　　　(d) 钢管式（埋入安装）　　　(e) 钢管式（表面安装）

图 4.1　常见的 FBG 应变类传感器

2）温度类传感器

在地质与岩土工程实践中，常常有测温的需求，如监测地下温度场分布、能源桩状态、地下管线渗漏等。利用温度测值，还可以对其他传感器的读数进行温度补偿。在温度变化时，FBG 中心波长的漂移是由 FBG 的热光效应和热膨胀效应所引起的，前者引起 FBG 有效折射率的变化，后者引起光栅周期的变化。裸 FBG 的温度灵敏系数一般为 11.7pm/℃。如果取中心波长的测量精度是 1pm，则温度测量精度约为 0.1℃。与应变传感器类似，FBG 温度类传感器也需要进行细致的封装保护（Dewynter et al.，2005）。这些封装工艺除了防止 FBG 温度类传感器在安装和监测时损坏外，有时还可起到温度增敏的作用，即提高 FBG 对温度的响应灵敏度。目前常用的封装方式包括基片式、金属管式和嵌入式等三类。常见的 FBG 温度类传感器如图 4.2 所示。

3）位移类传感器

在地质和岩土工程领域，位移是最重要、最直观的监测参量之一。常规位移传感器耐湿和耐腐蚀性较差，传输导线不可过长，长期稳定性不良，难以在恶劣环境中长期应用。而 FBG 具有耐腐蚀、抗电磁干扰、可串联使用和长距离传输信号等优势，而且采用波长编码技术，因此消除了光路损耗和光源功率波动等影响，读数稳定可靠。

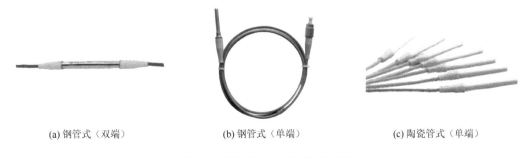

(a) 钢管式（双端）   (b) 钢管式（单端）   (c) 陶瓷管式（单端）

图 4.2 常见的 FBG 温度类传感器

常见的 FBG 位移类传感器分为拉杆式和弯梁式两类（图 4.3），其工作原理不外乎把 FBG 所受应变和被测物体的位移联系起来。拉杆式位移传感器一般将 FBG 封装后和一根弹簧串联，此类传感器可串联后制成多点位移计，实现准分布式监测。而弯梁式位移传感器一般由一根弹性梁体和沿轴向粘贴于其表面的 FBG（串）组成（Falciai and Trono，2005；Metje et al.，2008；Kashiwai et al.，2008；Zhu et al.，2010；Xu et al.，2013）。使用时，将该弯梁固定于待测物体表面或直接埋入，基于 Euler-Bernoulli 弯梁理论和对边界条件的假定，可以实现从梁体表面的拉、压应变向梁体挠度的换算。借助于类似的思路，把 FBG 粘贴于工程中常见的测斜管表面，即可制成 FBG 原位测斜传感器（Zhu et al.，2012；Wang et al.，2015）。该传感器的不足在于对应变数据二次积分后会引入测量误差，采用分段测夹角的办法可克服这一问题（Yoshida et al.，2002；Ho et al.，2006；Pei et al.，2012）。

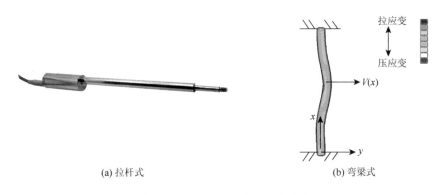

(a) 拉杆式   (b) 弯梁式

图 4.3 常见的 FBG 位移类传感器

4）压力类传感器

在地质与岩土工程中的监测对象为岩土体及其支护结构，常见的压力监测量为土压力和水压力。对于路基、挡土墙、堤坝、桩基等岩土结构体，常需测量界面接触压力，有时也用土压力传感器测量土体中的应力。传统的土压力传感器分为液压式和电测式两类，前者通过测量传感器盒体内的液体压力来测量土压力，后者则通过测量弹性膜片的变形来计算土压力。这些传感器的不足在于长期稳定性、抗电磁干扰和抗腐蚀能力较差，读数容易出现失真。近年来，国内外学者采用 FBG 设计了多种可实现准分布式测量的土压力传感器，如 Chang 等（2000）、王俊杰等（2006）、王正方等（2015）。图 4.4（a）～（c）为常见的 FBG 土压力传感器。该类传感器在设计中需要解决 2 个问题：①建立传感器读数和压力值的线性关系；②避免传感器对原位应力场产生过大的扰动，以保证测值的准确性。

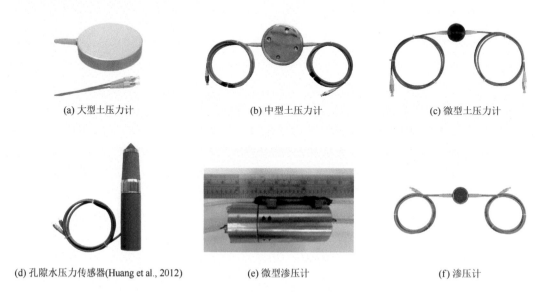

(a) 大型土压力计　　　　　　　(b) 中型土压力计　　　　　　　(c) 微型土压力计

(d) 孔隙水压力传感器(Huang et al., 2012)　　　(e) 微型渗压计　　　　　　　(f) 渗压计

图 4.4　常见的 FBG 压力类传感器

地质与岩土工程中的水压力传感器，主要用于测量地下水位，坝体、土体的孔隙水压力等。该类传感器多采用膜片式结构，为了实现水土分离，传感器一般内置一块透水板。最近，台湾交大 Huang 等（2012）利用 FBG 监测弹性圆板挠曲变形的方法，研发了温度补偿型 FBG 渗压计，并将其成功应用于滑坡现场，对孔隙水压力沿深度的分布情况进行了长期监测。

5）加速度类传感器

在地质与岩土工程的动力学问题中，需要监测加速度信号。该类信号的测量一般是基于惯性原理，通过测量惯性力所产生的位移或应变来获得相应的加速度。相对于常规的机电、压电类加速度传感器，FBG 具有灵敏度高、抗电磁干扰、动态范围大、可多路复用等优势。常见的 FBG 加速度传感器内部结构通常为一个质量-弹簧系统，当待测物体发生振动时，传感器外壳和惯性质量体之间发生相对运动，FBG 通过测量中心波长的漂移来得到振动加速度。国内外学者分别利用复合材料的压力效应、双挠性梁及悬臂梁结构等原理，开发了多种 FBG 加速度传感器（Berkoff and Kersey，1996；Todd et al.，1998；Mita and Yokoi，2000，Sun et al.，2009），如图 4.5 所示。

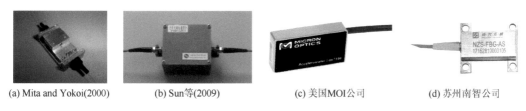

|(a) Mita and Yokoi(2000)|(b) Sun等(2009)|(c) 美国MOI公司|(d) 苏州南智公司|

图4.5 不同学者或单位研制的 FBG 加速度类传感器

6) 其他传感器

除了以上传感器，国内外还相继出现了基于 FBG 的静力水准仪、钢筋应力计、倾斜计、锚索测力计、角度计、反力计、湿度传感器、土含水率传感器、渗流速率传感器等，其中部分传感器如图 4.6 所示。近年来，又出现了用于测量氢气、瓦斯等气体浓度，以及液体盐分、pH 值等的 FBG 化学类传感器，可用于监测煤矿开采、海水入侵等，详见第五章。

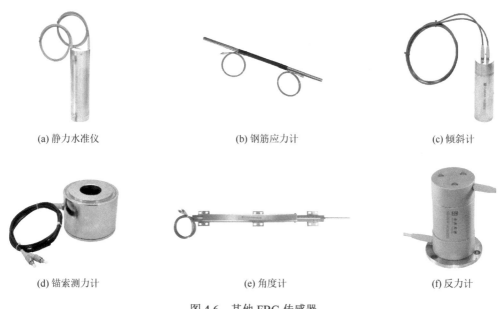

|(a) 静力水准仪|(b) 钢筋应力计|(c) 倾斜计|
|(d) 锚索测力计|(e) 角度计|(f) 反力计|

图 4.6 其他 FBG 传感器

4.2.2 FBG 传感器的感测性能标定

随着 FBG 传感器在工程中应用越来越广泛，人们日益关注这些传感器的可靠性，并迫切希望对传感器参数、性能等进行标准化。因此，FBG 传感器感测性能标定是一个非常重要的任务。该工作的目的有三个，一是检验传感器在量程范围内是否线性，并标定相关的传感器参数；二是检验传感器防水、疲劳、老化等特性；三是分析测量的单一性问题，即测量某一具体参量的传感器，其读数是否只受该参量影响，还是同时受其他因素影响，如环境温度、湿度等。在第三方面，研究的热点集中于 FBG 应变、温度的交叉效应及其分离方法。

1）应变类传感器

根据 FBG 应变传感器的种类，常用的标定方法有两种：①将传感器两端夹持后用标定设备分级拉压，并用位移计测出真实应变，如图 4.7（a）所示；②将传感器粘贴于等强度（等应变）梁表面后用砝码加载，用电阻应变片测出或根据荷载计算真实应变。所谓等强度梁，就是通过合理设计梁的长宽比、厚度、宽度，使得梁的各个截面在砝码的作用下应力始终相等，如图 4.7（b）所示。当外力 P 一定时，应变计算值为

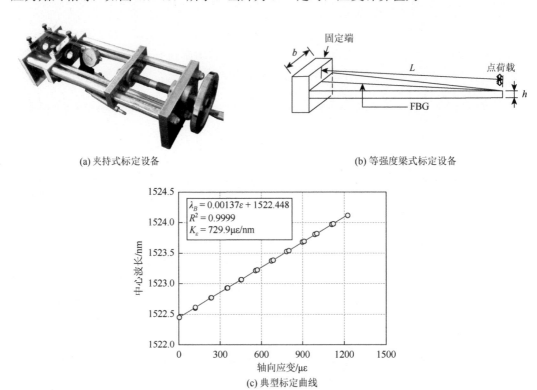

(a) 夹持式标定设备　　　　　　　　　　　　　　　　(b) 等强度梁式标定设备

$\lambda_B = 0.00137\varepsilon + 1522.448$
$R^2 = 0.9999$
$K_\varepsilon = 729.9\mu\varepsilon/nm$

(c) 典型标定曲线

图 4.7　应变标定设备及标定曲线

$$\varepsilon = \frac{6PL}{Ebh^2} \tag{4.1}$$

其中，E 为弹性模量，b 为梁的截面宽度，h 为梁的截面厚度，L 为荷载作用点到支座的距离。为了准确测得应变灵敏系数，标定试验中要尽量保持温度不发生变化。

2）温度类传感器

FBG 的温度灵敏系数多采用水浴法进行标定。标定试验采用可调温恒温箱或水浴锅，在试验过程中分段加热，升到最高温度后再逐步降温，并测量温度计和 FBG 读数。将两者的关系曲线绘制在直角坐标系内，采用线性函数拟合，即可得到温度灵敏系数，如图 4.8 所示。在标定试验设计时，应该注意以下两个问题：①应变影响的隔离，②温度计测量温度和光栅区实际温度是否完全吻合。

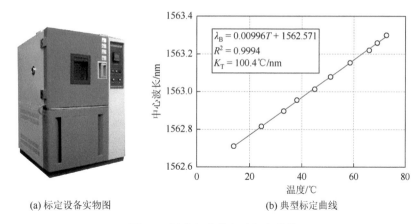

(a) 标定设备实物图　　　　　(b) 典型标定曲线

图 4.8　温度标定设备及标定曲线

3）位移类传感器

对于拉杆式位移传感器，一般在专用的位移计标定台上进行标定，用游标卡尺或千分表测出真实位移量，如图 4.9（a）所示。光纤弯梁式位移传感器的标定采用如图 4.9（b）的设置。在标定时，利用平移台在梁体各个位置上逐级施加挠度，用传统的指针式或数字式位移计读取实际位移，根据欧拉-贝努利梁等理论由 FBG 读数计算位移测值。

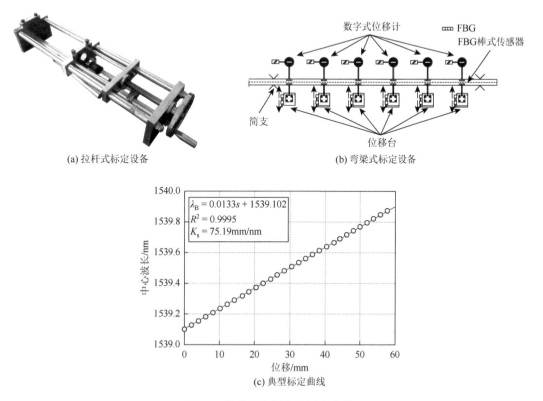

(a) 拉杆式标定设备　　　　　(b) 弯梁式标定设备

(c) 典型标定曲线

图 4.9　位移标定设备及标定曲线

4）压力类传感器

FBG 土压力和水压力传感器一般采用常规的压力表校验台进行分级标定，图 4.10 是典型的压力标定设备和标定曲线。

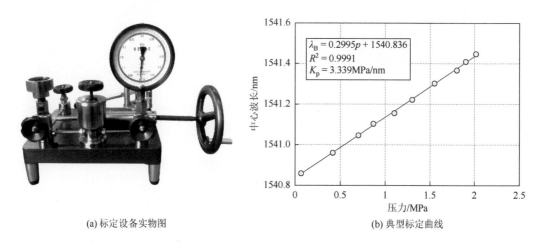

(a) 标定设备实物图　　　　　　　　　　　　　　(b) 典型标定曲线

图 4.10　压力标定设备及标定曲线

5）加速度类传感器

在设计或使用加速度传感器时，传感器的频响特性和灵敏度是相当重要的技术指标。加速度传感器一般采用专门的加速度标定系统来标定，见图 4.11（a），包括电荷放大器、激振器、功率放大器及配套软件等。图 4.11（b）为典型的标定结果。

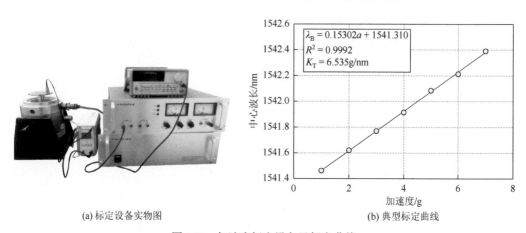

(a) 标定设备实物图　　　　　　　　　　　　　　(b) 典型标定曲线

图 4.11　加速度标定设备及标定曲线

4.2.3　FBG 传感器的感测特性研究

无论哪一类 FBG 传感器，其感测性能直接影响到传感器的测试精度和量程等技术指标。在地质与岩土工程 FBG 传感器感测特性研究方面，应重点解决好以下几个问题：

（1）由于 FBG 受到温度和应变共同影响，且两者存在交叉敏感，这使得传感器的测量精确度受到了限制。为了解决这一瓶颈问题，国内外学者提出了多种温度、应变剥离分析方法，可分为温度的过程补偿和温度的结果补偿两类，具体有参考光栅法、长周期光栅组合法、双波长光栅法等，详见 3.2.4 节。

（2）由于地质、岩土工程监测现场环境恶劣，为了保证传感器的安全，常常进行多重保护、封装，这些封装工艺对传感器性能会产生什么样的影响，也是一个广受关注的问题。无论 FBG 应变传感器采用什么样的封装方式，都可将其和被测物体简化为三种介质的相互作用问题。裸光纤部分为光栅，粘贴层或封装层为中间层，被测物体为基体。对于应变类传感器，基体的轴向应变通过中间层的剪应变传递给中心的 FBG。大量的室内试验、数值模拟和工程实践表明，在应变传递过程中，中间层要吸收一部分能量，因此 FBG 测得的应变和基体实际应变之间存在一个传递系数。对此国内外学者开展了一系列研究，取得了一些可喜的成果（Ansari and Libo，1998；周智等，2006），但是还存在不少难点需要克服，如不同介质中的变形耦合性、非轴向力作用下的应变传递规律等。具体可参考相关文献（李宏男与任亮，2008）。

（3）FBG 传感器等虽然具有体积小巧、灵敏度高、耐久性好、抗电磁干扰等优点，但其安装在岩土体中后，还是会对原位岩土体的应力场、变形场甚至渗流场等产生一定的扰动。我们需要通过数值仿真或试验等方法定量评估这一作用，并在此基础上优化传感器的布设工艺，避免由于传感器埋设带来的应力集中等效应。

（4）地质与岩土工程监测周期有时长达几年甚至几十年，FBG 传感器在长期工作中是否会增大零位漂移、回程误差，也是人们关注的一个重要问题。传感器会不会失效，这不仅取决于光纤本身的强度和蠕变、疲劳及老化等特性，还与封装材料的力学特性、防水、抗腐蚀能力，以及现场的安装工艺（如粘贴方式）有关。

（5）FBG 解调设备的中心波长扫描带宽多为 1510～1590nm，在监测方案设计中，为了防止准分布 FBG 传感器的信号重叠，光纤上只能串联 10～20 个不同中心波长的传感器，这大大限制了 FBG 复用优势的发挥。近年来出现了超低反射率的光纤光栅（弱光栅）技术，可以将成百上千个光栅串联在同一根光纤上，实现接近于全分布式传感技术的监测密度和距离（见 2.4.1 节）。该技术未来在地质与岩土工程监测中有很大的应用潜力。

4.3　全分布式传感光缆

相对于准分布式的 FBG 传感器，全分布式传感光缆能感知的参量较为有限。根据感测原理，传感光缆可以直接测量的指标为（轴向）应变、温度和振动信号，相应的感测技术称为分布式应变感测（DSS）、分布式温度感测（DTS）和分布式振动感测（DAS）三类技术。近年来，课题组研发了可以测量岩土体含水率和渗流速率的分布式感测技术（Yan et al.，2015；Cao et al.，2015，2018），相关测试方法详见 5.6 节和 5.7 节。

4.3.1　传感光缆的标定方法

基于 BOTDR、BOTDA 等布里渊散射光感测技术，光缆可以制成全分布式应变传感光缆和温度传感光缆，其温度系数和应变系数需通过标定试验获得。

1）温度系数标定原理

对于自由的（不受应变的）传感光纤，布里渊散射光频移 $\nu_B(\varepsilon,T)$ 和温度之间具有线性关系：

$$\nu_B(0,T) = \nu_B(0,T_0) + \frac{\mathrm{d}\nu_B}{\mathrm{d}T}(T - T_0) \tag{4.2}$$

式中，$\mathrm{d}\nu_B / \mathrm{d}T$ 为温度系数。根据上式设计温度系数标定实验：①将一段自由光纤置于恒温箱中，对其进行逐级加温（或降温）。②在温度-布里渊频移关系曲线的基础上，应用最小二乘法对数据进行拟合，可以得到温度系数和 T_0 温度下的 $\nu_B(0,T_0)$ 值。

2）应变系数标定原理

在保持温度不变的条件下，通过逐级加载/卸载实验得到轴向应变-布里渊频漂关系曲线，即可获得应变系数

$$\Delta\nu_B(\varepsilon,T_0) = \frac{\mathrm{d}\nu_B}{\mathrm{d}\varepsilon} \cdot \Delta\varepsilon \tag{4.3}$$

式中，$\Delta\nu_B(\varepsilon,T_0)$ 以不加荷载时的 $\nu_B(\varepsilon,T_0)$ 为初值，其他各级均与其作差；$\Delta\varepsilon$ 为逐级施加的真实应变。需要注意的是，由于 BOTDR、BOTDA 等解调仪的空间分辨率普遍是 1m，并且实际工程中光纤传感器一般是全面黏着在被测物体上的。因此进行应变标定时，其理想状态是在黏着长度至少为 1m 的等应变被测物上。

3）分布式传感光纤标定系统

根据上述标定基本原理，课题组研发了如图 4.12 所示的分布式传感光纤标定系统（索文斌等，2006）。该系统由温度系数和应变系数标定两个子系统组成，两者之间用一根

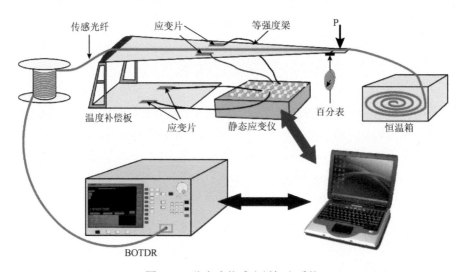

图 4.12　分布式传感光纤标定系统

光纤相连。其中应变系数标定子系统由等强度梁、温度补偿板、振动振子等组件组成，可以对各类点式、分布式、准分布式光电传感器进行动态和静态的标定研究。等强度梁真实应变以理论计算或应变片测值为参考值。

4）标定结果与分析

以下介绍典型的标定试验结果。将一段长为 6.2m 的光纤盘绕置于恒温箱中进行逐级加热，得到如图 4.13 所示的布里渊频漂量与各级温度的关系曲线。其中，频漂值取光纤中间 1m 的 20 个数据点进行平均取值，以消除距离空间分辨率对监测精度的影响。根据最小二乘法拟合曲线可知，温度系数即为拟合曲线的斜率，约为 2.99MHz/℃，$\nu_B(0)$值即为拟合曲线的 y 轴截距，也就是 0℃下的 $\nu_B(0)$ 值，大小为 10.734GHz。相关系数为 0.9968，拟合值可信。根据应变标定原理，通过光纤拉伸标定试验获得了图 4.14 所示的应变与布里渊频移的关系曲线，其中应变片测值作为真实应变的参考值。由图 4.14可知，被测光纤的应变系数为 0.0505MHz/με。

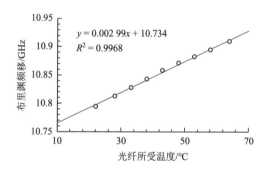

图 4.13　布里渊频移-温度关系曲线

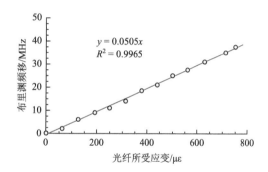

图 4.14　布里渊频移-应变关系曲线

4.3.2　传感光缆的结构及护套效应

光纤是一种多层介质结构的对称圆柱形光学纤维，单模传感光纤一般由纤芯、包层和涂覆层组成。光纤纤芯和包层对应变感测起着决定性作用，纤芯和包层材料主要是二氧化硅，其差别是后者的折射率比前者稍小，在力学属性上可将两者视为一个整体。

当传感器在野外或山区等恶劣监测环境中长期工作，或者长时间埋设在岩土体或混凝土内部，则一般使用具有护套的光缆（见图 2.1）。光缆护套一般为尼龙或其他有机材料（如聚醚酯热塑性弹性体），用于增加光纤的机械强度。由于光纤涂覆层和护套材料不同于光纤纤芯材料，它们在起到保护光纤的同时，也会对其传感特性产生影响。

1）多层结构的分布式光缆传感模型

为能监测被测对象的应变分布，一个关键问题是如何保证被测对象的变形能够全部准确的传递到传感光缆上，同时在时间上须同步。BOTDR 等全分布式光纤感测技术采用一根标准单模光缆作为传感和传导介质，通过将其布设在岩土体内部或者粘贴于表面，以监测其变形，见图 4.15。其中布置在被测对象上的长度为 $2L$ 的光缆就成为分布式传感光缆。当采用裸纤布设在介质中监测应变时，因裸纤（包括纤芯和包层）对应变传感比较敏感，光纤测得的应变等于被测体的应变，没有应变损失。当将具有涂覆层和护套的光缆布设在岩土体和结构中时，由于纤芯具有很高的弹性模量，而涂覆层和护套的弹性模量较低，这就造成光缆"外柔内刚"，涂覆层和护套会削弱光缆的应变传递能力。

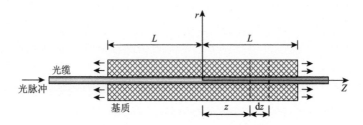

图 4.15　多层结构的分布式传感光缆

为准确分析光缆的应变传递规律，课题组建立了具有涂覆层和护套的分布式传感光缆的力学模型（高俊启等，2007），见图 4.16。该模型假定：①纤芯和包层对光缆应变传感起着决定性作用，从力学属性上两者可以归为一层，通称为纤芯层；②纤芯层和涂覆层符合线弹性材料规律；③护套主要由聚酯型热塑性材料组成，一般也可当作弹性材料；④纤芯层与涂覆层、涂覆层与护套、护套与结构之间接触良好，不存在脱空现象，剪应力可以完全传递；⑤涂覆层和护套仅考虑承受剪应力。

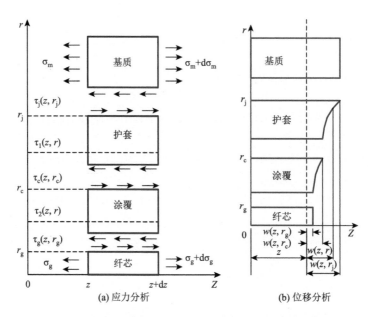

图 4.16　具有涂覆层和护套的分布式传感光缆单元示意图

若记光缆的轴向位移为 $w(z,r)$ ，纤芯层、涂覆层和护套的半径分别为 r_g 、 r_c 和 r_j （ $r_g \leqslant r_c \leqslant r_j$ ），纤芯、涂覆层和护套在横坐标 z 、半径 r 处的剪应力分别为 $\tau_g(z,r)$ 、 $\tau_c(z,r)$ 和 $\tau_1(z,r)$ ，纤芯层、涂覆层和护套的剪应变分别为 $\gamma_g(r,z)$ 、 $\gamma_c(r,z)$ 和 $\gamma_j(r,z)$ 。根据图4.16（a），沿光缆轴向，护套的力平衡方程为

$$2\pi r_c \tau_c(z,r_c)\mathrm{d}z - 2\pi r \tau_1(z,r)\mathrm{d}z = 0 \tag{4.4}$$

剪应力 $\tau_1(z,r)$ 引起的护套剪应变为

$$\gamma_j(r,z) = \frac{\mathrm{d}w(z,r)}{\mathrm{d}r} = \frac{\tau_1(z,r)}{G_j} \tag{4.5}$$

式中， G_j 为护套材料的剪切模量。将式（4.4）代入式（4.5），并对所得结果积分得

$$w(z,r_j) - w(z,r_c) = \frac{r_c}{G_j}\tau_c(z,r_c)\ln\left(\frac{r_j}{r_c}\right) \tag{4.6}$$

对于涂覆层，同样沿轴向列平衡方程得

$$2\pi r_g \tau_g(z,r_g)\mathrm{d}z - 2\pi r \tau_2(z,r)\mathrm{d}z = 0 \tag{4.7}$$

式中， $\tau_2(z,r)$ 为涂覆层在横坐标 z 、半径 r 处的剪应力。剪应力 $\tau_2(z,r)$ 引起的涂覆层剪应变为

$$\gamma_c(r,z) = \frac{\mathrm{d}w(z,r)}{\mathrm{d}r} = \frac{\tau_2(z,r)}{G_c} \tag{4.8}$$

将式（4.7）代入式（4.8），并对所得结果积分得

$$w(z,r_c) - w(z,r_g) = \frac{r_g}{G_c}\tau_g(z,r_g)\ln\left(\frac{r_c}{r_g}\right) \tag{4.9}$$

根据整个涂覆层的力平衡条件可得下面的方程

$$\tau_c(z,r_c) = \frac{r_g}{r_c}\tau_g(z,r_g) \tag{4.10}$$

将式（4.10）代入式（4.6），可得

$$w(z,r_j) - w(z,r_c) = \frac{r_g}{G_j}\tau_g(z,r_g)\ln\left(\frac{r_j}{r_c}\right) \tag{4.11}$$

对纤芯层沿轴向列平衡方程，可得

$$\frac{\mathrm{d}\sigma_g(z)}{\mathrm{d}z} = -\frac{2\tau_g(z,r_g)}{r_g} \tag{4.12}$$

综合式（4.9）、式（4.11）和式（4.12）得

$$\frac{\mathrm{d}\sigma_g(z)}{\mathrm{d}z} = -2(w(z,r_j) - w(z,r_g))/[(\ln(r_j/r_c)/G_j + \ln(r_c/r_g)/G_c)r_g^2] \tag{4.13}$$

根据材料力学，已知条件式

$$\frac{\mathrm{d}w(z, r_\mathrm{g})}{\mathrm{d}z} = \frac{\sigma_\mathrm{g}(z)}{E_\mathrm{g}}, \quad \frac{\mathrm{d}w(z, r_\mathrm{j})}{\mathrm{d}z} = \varepsilon_\mathrm{m} \tag{4.14}$$

将式（4.13）对 z 求导，可得下式：

$$\frac{\mathrm{d}^2 \sigma_\mathrm{g}(z)}{\mathrm{d}z^2} = 2(\sigma_\mathrm{g}(z) / E_\mathrm{g} - \varepsilon_\mathrm{m}) / [(\ln(r_\mathrm{j} / r_\mathrm{c}) / G_\mathrm{j} + \ln(r_\mathrm{c} / r_\mathrm{g}) / G_\mathrm{c}) r_\mathrm{g}^2] \tag{4.15}$$

其通解为

$$\sigma_\mathrm{g}(z) = E_\mathrm{g} \varepsilon_\mathrm{m} + B \sinh(nz / r_\mathrm{g}) + D \cosh(nz / r_\mathrm{g}) \tag{4.16}$$

式中，$n^2 = 2 / [(\ln(r_\mathrm{j} / r_\mathrm{c}) / G_\mathrm{j} + \ln(r_\mathrm{c} / r_\mathrm{g}) / G_\mathrm{c}) E_\mathrm{g}]$。由于光缆端点不承受荷载，则 $z = \pm L$ 时，$\sigma_\mathrm{g} = 0$，因此可得

$$\varepsilon_\mathrm{g}(z) = \frac{\sigma_\mathrm{g}(z)}{E_\mathrm{g}} = \varepsilon_\mathrm{m} [1 - \cosh(nz / r_\mathrm{g}) / \cosh(nL / r_\mathrm{g})] \tag{4.17}$$

定义光缆测得应变与基体实际应变之比为应变传递系数 $\alpha(z)$，可知

$$\alpha(z) = \frac{\varepsilon_\mathrm{g}(z)}{\varepsilon_\mathrm{m}} = [1 - \cosh(nz / r_\mathrm{g}) / \cosh(nL / r_\mathrm{g})] \tag{4.18}$$

2）模拟分析结果

当岩土体发生均匀应变 ε_m 时，由式（4.17）计算得到此时纤芯层的应变分布 ε_g，也即传感光缆监测到的应变。图 4.17 为根据式（4.18）得到的粘贴总长为 1m 的某单模光缆的应变传递系数 α 沿长度的变化曲线。将光缆两端应变传递系数从 0.95 降至 0 的光缆长度定义为低传感段 L_{low}。在此段内应变传递系数下降很快，光纤监测数据误差较大。图 4.18 为传感光缆长度 L 与 L_{low} 的关系曲线。可以看出，涂覆和护套主要影响传感光缆两端的应变传感，并且随着光缆长度的增大，低传感段的影响范围并不扩展，局限于 L_{low} 内。这种变化规律对于分布式光纤应变监测非常有利。

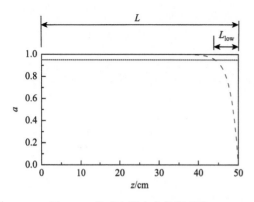

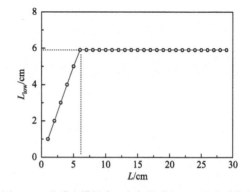

图 4.17　传感光缆应变传递系数　　　图 4.18　传感光缆长度 L 与低传感段 L_{low} 的关系曲线

图 4.19 和图 4.20 分别显示了涂覆层和护套剪切模量对光缆应变传递系数的影响。可以看出，涂覆层对光缆两端的应变传递能力影响较大，护套对应变监测的不利影响远比涂

覆层的小。这主要是因为涂覆层材料具有较低的弹性模量。为降低这种不利影响，应尽量采用弹性模量高的涂覆材料，而护套在不明显影响监测的基础上起到了保护光缆的作用。

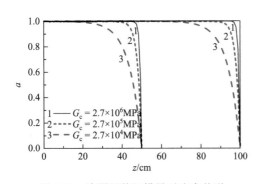

图 4.19 涂覆层剪切模量对应变传递系数的影响

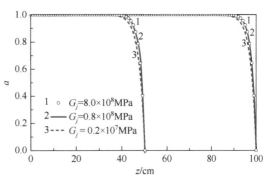

图 4.20 护套剪切模量对应变传递系数的影响

4.3.3 传感光缆的疲劳性能

1）疲劳性能测试装置

为了研究分布式传感光缆的疲劳性能，课题组研发了一套光缆疲劳性能测试装置，见图4.21。在进行测试时，首先调整直线电机的初始位置，然后利用三爪卡盘将光缆夹持固定。直线电机可在导轨平台上在一定范围内沿直线自由移动，采用软件系统控制其运动的位移、速度和加速度，并用分布式解调设备测得光缆拉力等重要参数，以满足不同要求下光缆疲劳性能的测试工作。

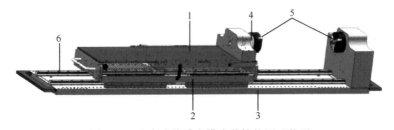

图 4.21 分布式传感光缆疲劳性能测试装置

1. 直线电机；2. 直线电机平台；3. 光栅尺和读数装置；4. 力传感器；5. 三爪卡盘；6. 导轨平台

以下以总长1m的聚氨酯护套应变传感光缆为例，介绍典型的测试结果（王嘉诚等，2016）。测试中首先对光缆做反复循环张拉，频率为 3～9Hz，振幅为 1mm，即光缆应变变化范围约为±1000με，之后在保持光缆拉伸位移相同的情况下测量光缆的应变量。在试验过程中，记录温度的变化并对采集到的应变数据进行温度补偿。

2）传感光缆的应变衰减曲线

图 4.22 为 BOTDA 解调仪测得的光缆在反复循环张拉后的应变衰减曲线（3Hz 条件

下）。可以发现，光缆应变的衰减过程大体上分为 3 个阶段：阶段 I 为快衰减阶段，是应变衰减的初期，应变值衰减迅速且近乎线性；阶段 II 为慢衰减阶段，是应变衰减的中期，应变值衰减速度明显减慢；阶段 III 为稳定阶段，是应变衰减的后期，应变值逐渐趋于稳定。从图 4.22 中还可以看出，获得的衰减曲线近似于指数型，因此可以采用下式对所测应变进行拟合分析：

$$y = A_1 \exp(-x/t_1) + A_2 \exp(-x/t_2) + y_0 \tag{4.19}$$

式中，y 表示光缆应变；A_1、A_2 为常数；x 为光缆进行周期拉伸的次数；t_1、t_2 分别为快衰减阶段循环周数和慢衰减阶段循环周数（$\times 10^3$）；y_0 为稳定阶段应变值。

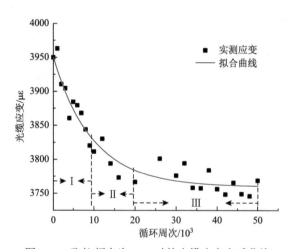

图 4.22　张拉频率为 3Hz 时的光缆应变衰减曲线

3）影响光缆应变衰减特征的因素

图 4.23 为张拉频率为 3Hz、6Hz、9Hz 时的传感光缆应变衰减曲线。图中对这 3 组数据进行了标准化，即各自取初始应变为 1，以不同循环周次的应变值与初始值的比值作为纵坐标。由图 4.23 可知，张拉频率不会改变应变衰减曲线的整体变化趋势，3 组试验都是在张拉了 10 000 次左右结束了快衰减阶段。但是随着张拉频率的增大，同时出现了两比较明显的变化特征：①阶段 I 应变衰减速率增大；②达到最终稳定状态时，应变的衰减量增大。

为了研究静置恢复时间对光缆应变的影响，在进行初次张拉后使光缆保持自由状态，静置时间依次为 1.5h、140h、1.5h、24h 和 1.5h，每次静置之后再进行一定周次的循环张拉，得到静置后的应变衰减曲线，如图 4.24 所示。在初始张拉过程中，由于光缆不同的结构之间的细微错动，以及材料的塑性变形，无论对于长时间静置（140h）还是短时间静置（1.5h），与初始张拉相比，光缆应变的衰减速率更快，而且都无法回到初始应变；长时间静置和短时间静置的最终稳定应变非常接近，且都小于初始张拉拉伸应变衰减曲线的稳定应变。对比静置 140h 和 24h 的结果可以看出，静置时间越长，其应变衰减曲线的初始应变值更接近初次张拉拉伸应变曲线的初始值；而短时间静置，其应变衰减曲线初始应变值更接近于初次张拉拉伸应变曲线的稳定应变值。这种现象可能是由于静置时间比较短，光缆的弹性变形并没有完全恢复。无论是经过初始张拉拉伸之后第 1 次短时间静置，还是经过长时间静置、拉伸之后又经过短时间静置，其衰减曲线的变化趋势、衰减速率及最终稳定应变都近乎相同。

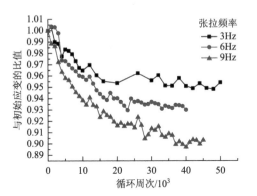
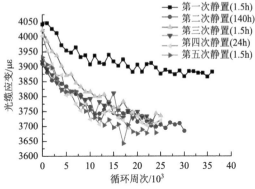

图 4.23　不同张拉频率下的光缆应变衰减曲线　　　图 4.24　静置后的应变衰减曲线

4）初始应变对光缆性能的影响

为了探寻不同应变条件下光缆周期张拉对其应变衰减的影响，对光缆应变分别在 1000～10 000με 条件下进行周期张拉拉伸测试，得到标准化后的应变衰减曲线，如图 4.25 所示。在低应变状态下，光缆未出现明显的应变衰减；当光缆应变大于等于 4000με 时，光缆应变衰减曲线的整体趋势基本相同。但是随着应变的增大，应变衰减曲线出现了与频率增大时类似的现象，即快衰减阶段应变衰减速率随光缆应变的增大而增大；同时，达到最终稳定状态时的应变较低，即应变的衰减量随拉伸应变的增大而增大。这说明，在高应变、高频率的环境下，传感光缆应变衰减得更为迅速，而且衰减量更大。取应变衰减量与初始应变的比值，即将标准化后的衰减量百分化，将此值记为衰减百分比。衰减百分比与初始拉伸应变的关系如图 4.26 所示。可以看出，随着初始应变的增大，衰减百分比近似呈线性增大。

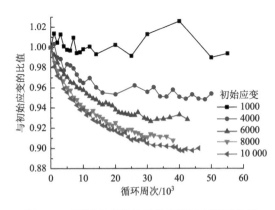
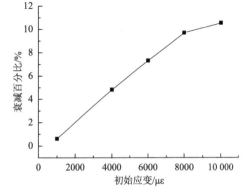

图 4.25　不同应变条件下的光缆应变衰减曲线　　　图 4.26　衰减百分比与初始应变的关系曲线

为了分析光缆结构对其性能的影响，选用室内试验及工程监测中常用的三种传感光缆（Zhang et al.，2016b），其结构如图 4.27 所示。长期受力的情况下，光缆材料会出现可恢复的弹性变形和不可恢复的塑性变形,光缆各层结构之间也会出现相对错动,且循环一定次数卸载后,初始性能的恢复情况是判断抗疲劳性的重要指标,因此这三种光缆的变形恢复能力是甄选出最适合本次现场监测光缆的重要指标。为了探讨这三种光缆的抗疲劳性能,对其进行初次拉伸循环后,使光缆松弛到无应变状态,静置统一的时间,而后再进行一定周次的拉伸循环,可以得到光缆静置一段时间后的应变衰减曲线,如图 4.28 所示。可以看出,这三种光缆的衰减过程均呈指数型衰减。其中 III 型传感光缆稳定状态衰减百分比较高,且III型、II 型传感光缆静置一段时间后再次拉伸初始应变近乎等同于首次拉伸后的稳定应变状态,其变形回复能力较差,抗疲劳性能较弱。I 型传感光缆经过短时间静置后,光缆应变衰减曲线的变化趋势、衰减速率及最终稳定应变都和初始状态近乎一致,其抗疲劳性能良好,能够很好地满足现场监测工程的要求。

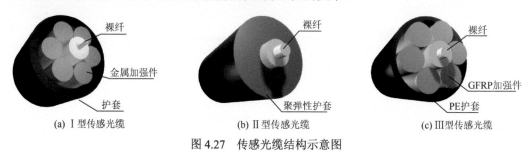

图 4.27　传感光缆结构示意图

4.3.4　传感光缆的温度感测性能对比

为了横向对比不同传感光缆的温度感测性能,课题组基于 BOTDR 技术,在步入式恒温恒湿实验室内进行了温度感测对比试验(魏广庆,2008),如图 4.29 所示。该试验室内舱空间为 2.0m×1.5m×2.0m,能够满足 BOTDR 等常见解调仪最低 1m 空间分辨率的要求;温度变化范围为-20～80℃,控温精度为 0.5℃,显温精度为 0.01℃,升降温模式、时间及速率可用程序控制。试验过程中,采用 AQ8603 型 BOTDR 解调仪读数,扫描频率为 5MHz,脉冲宽度为 10ns,采样间隔为 5cm。

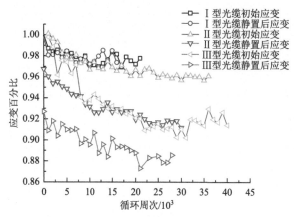

图 4.28　三种传感光缆静置相同时间后的
应变衰减曲线

图 4.29　步入式恒温恒湿实验室

　　试验通过对不同包层材料、封装介质、基底材料、布设方式以及应力状态下的光纤进行升、降温，测定其温度敏感系数及其随温度的变化规律，研究以上因素对温度传感特性造成的影响。试验分为两个部分：首先，对若干种不同包层材料的传感光纤在不同的应力状态下进行温度敏感系数标定，通过对比，评价外层材料性质和应力状态对温度传感特性的影响；为了模拟温度循环对光纤温度敏感特性的影响，又对其进行多次升温和降温循环，针对不同封装介质、基底材料及布设方式等也进行了标定研究。

　　课题组选用了在工程中常用的一些应变传感与温度补偿光纤，按保护层厚度可分为以下几个等级：裸纤→带涂覆的裸纤→单一保护层的光缆→多层保护层的光缆→多芯光缆；按照布设方式可分为：自由状态→表面点式粘贴→表面全粘贴→埋入式；按基底热膨胀性可分为：热膨胀性差的玻璃加筋和素混凝土→热膨胀性中等的钢材→热膨胀性大的 PVC 测斜管；按有无附加应变可分为自由状态和有应变状态。各种试验所用的光纤具体性质及实验方案如表 4.1 所示。试验温度范围为–15～70℃，温度变化梯度为10℃/次，为了准确测试浇筑体中的温度，在混凝土中埋入了一个 FBG 温度传感器，用于判断温度是否已和外界气温一致。

表 4.1　试验光纤参数及布设方案表

种类	直径/mm	外层材料	封装材料	断面结构	应力状态		布设方式				基底介质			
					自由形式	受力	点式粘贴	全粘贴	埋入式	素混凝土	GFRP	钢材	PVC 管
裸纤	0.064	—	—		垂挂	—	—	—	—	—	—	—	—
带涂覆裸纤	0.25	涂覆	—		垂挂	√	√	—	√	√	—	—	—
喷漆光缆	0.5	油漆	—		盘曲	—	—	—	—	—	—	—	—
尼龙护套光缆	0.9	涂覆与尼龙	—		垂挂	√	√	—	—	—	—	√	—
PVC 护套光缆	0.9	PVC	—		垂挂	√	√	√	√	√	—	√	√
聚弹性酯加强光缆	2	尼龙	聚弹性酯		垂挂	√	—	—	√	√	—	—	—
日产埋入式应变光缆	2	尼龙	未知		盘曲	√	—	—	—	—	—	—	—
钢丝加筋双芯光缆	2×4	涂覆	钢丝塑料		盘曲	√	—	—	√	√	—	—	—

续表

种类	直径/mm	外层材料	封装材料	断面结构	应力状态		布设方式			基底介质			
					自由形式	受力	点式粘贴	全粘贴	埋入式	素混凝土	GFRP	钢材	PVC管
GFRP加筋光缆	6	尼龙	GFRP塑料		平铺	√	—	—	—	—	√	—	—
塑料松套光缆	4	尼龙	纤维塑料		盘曲	—	—	—	—	√	√	—	—
金属铠装松套光缆	8	尼龙	纤维塑料管金属管橡胶		盘曲	√	—	—	—	—	—	—	—

1）实验步骤

自由光纤采用挂钩直接悬挂在恒温箱侧壁上或者平铺在试验台上。对于需施加应变的光纤，先在 1.5m 长纤的两端粘贴加载夹具，然后将上夹具固定在恒温设备的侧壁上，利用下夹具施加砝码加载。裸纤、尼龙护套光缆、PVC 护套光缆及聚弹性酯光缆施加的砝码分别为 200g、200g、200g 和 500g。光纤埋入混凝土的过程如图 4.30 所示：先将其固定在方槽的两端；按水：灰：砂=1：2：2 的比例调制水泥砂浆倒入槽中浇筑；水泥养护固化；经过 28 天养护期后进行试验。通过环氧树脂胶和 AB 胶将 PVC 护套光缆和尼龙护套光缆按全粘贴和定点式粘贴的方式固定在 GFRP 锚杆、钢梁及 PVC 测斜管上，如图 4.31 所示，待胶水完全固化后平铺在试验台上。

图 4.30　光缆浇筑入混凝土的过程

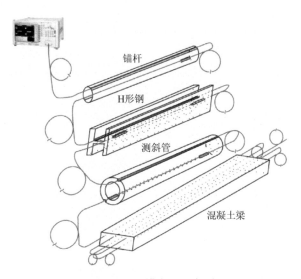

图 4.31　光缆布设示意图

按照先后顺序将待标定的光纤进行熔接，并引到恒温箱外；然后设定测试参数，读取初始值；启动恒温设备，按先降温后升温次序进行温度循环，在每级温度稳定后进行测试，第一部分标定每级稳定的时间设为120min；第二部分标定以埋入的FBG温度传感器不再变化为稳定的判断准则。

2）试验结果

通过两次升降温，得到如图4.32和图4.33所示的光纤布里渊中心频移与温度间的关系曲线。按照最小二乘法对图中各段光纤数据进行温度系数拟合，发现有很多种光纤随着温度升高，出现转折现象，根据转折位置采取分段拟合，光纤的拟合结果如表4.2所示。

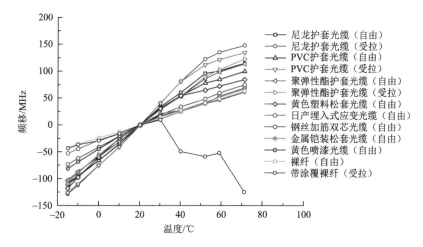

图4.32　第一次标定的各光纤频移-温度曲线

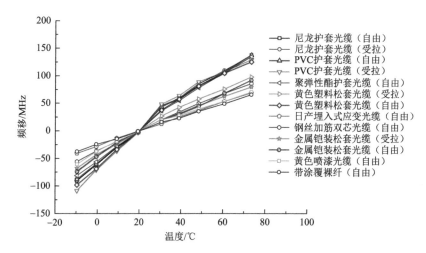

图4.33　第二次标定的各光纤频移-温度曲线

表 4.2　各光纤温度敏感系数拟合表

试验条件	试样名称	受力状态	转折温度/℃	拟合直线斜率/(MHz/℃)	
				第一段直线	第二段直线
第一次升温	尼龙护套光缆	自由	40~50	3.17	1.01
	尼龙护套光缆	受拉	40~50	3.82	1.30
	PVC 护套光缆	自由	40~50	3.06	1.15
	PVC 护套光缆	受拉	40~50	3.77	1.16
	聚弹性酯护套光缆	自由	40~50	2.06	1.40
	聚弹性酯护套光缆	受拉	40~50	2.95	1.70
	钢丝加筋双芯光缆	自由	30~40	2.08	1.35
	日产埋入式应变光缆	自由	—	1.39	
	黄色塑料松套光缆	自由	30~40	3.27	0.96
	金属铠装松套光缆	自由	20~40	3.04	1.28
	黄色喷漆光缆	自由	20~30	2.33	1.08
	带涂覆裸纤	受拉	—	1.23	—
	裸纤	自由	—	1.21	—
第二次升温	尼龙护套光缆	自由	20~30	3.07	2.18
	尼龙护套光缆	受拉	20~30	2.97	2.22
	PVC 护套光缆	自由	20~30	2.96	2.19
	PVC 护套光缆	受拉	20~30	3.63	1.89
	聚弹性酯护套光缆	自由	20~30	2.75	2.3
	钢丝加筋双芯光缆	自由	30~40	1.87	1.5
	日产埋入式应变光缆	自由	—	1.32	—
	黄色塑料松套光缆	自由	30~40	3.37	1.94
	金属铠装松套光缆	自由	30~40	2.31	1.83
	黄色喷漆光缆	自由	20~30	1.96	1.24
	带涂覆裸纤	自由	—	1.23	—

3）不同应力状态下的温度效应

以光纤（外径为 250μm）和尼龙护套光缆（外径为 900μm）为例，通过在控温恒温箱中开展试验，研究了不同应力状态下试样的频移/温度系数。由于 BOTDR 的空间分辨率为 1m，为能在恒温箱内使光纤产生超过 1m 长的均匀应变段，制作了一个光纤拉伸应变架，如图 4.34 所示。试样的一端用环氧树脂黏着在应变架底部，之后光纤沿实验架外围绕行，另一端与砝码黏结在一起，通过砝码重力使光纤产生应变，光纤应变段的长度≥1.2m。采用上述方法绕实验架环行数次，每圈所加砝码重量不等，由此可以产生不同的应变量。通过控制恒温箱的温度，不同应变段光纤的温度完全相同。由此可以对比其在不同应变情况下的温度频移量。为避免光纤拉伸时效对测量结果的影响，待加荷后光纤应变稳定后再开始升温实验。

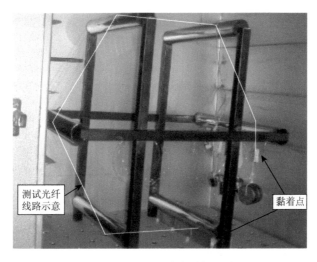

图4.34　光纤拉伸实验架照片

裸纤的实验结果表明：应力（应变）状态不会对光纤频移量的温度敏感系数产生影响，不同应力状态下的布里渊频移量/温度系数为 1.3～1.4MHz/℃。而对于尼龙护套光缆，在常温（<40℃）条件下，应力状态对布里渊频移量/温度系数影响较小；在 42～62℃之间，布里渊频移量/温度系数虽然发生变化，但不同荷载下的变化趋势相同，从 1.2MHz/℃到 1.8MHz/℃不等。从 62℃降温回到 22℃后再次升温，22～62℃体现出较好的线性关系，不过此时的斜率已经不同于初次升温时的数值，这与护套材料的热塑性有关。

基于以上分析可以得出，由于尼龙护套光缆具有复杂的温度敏感性能，如果温度变化幅度较大，该光缆是不适于作为温度测量和补偿使用的，应改用裸纤或其他护套材料的光纤。

4.4　缆-土耦合感测性能研究

4.4.1　缆-土界面耦合变形力学模型

在工程变形监测中，将全分布应变传感光缆安装于岩土结构体（如隧道、桩基、地下连续墙等）表面相对容易，主要有定点黏着和全面黏着两种方式（Shi et al.，2003b）。如果要监测岩土介质的内部变形，需要把全分布传感光缆埋入岩土体中，具体的布设方法分为直埋（例如填土边坡、路基填筑等项目）和开槽或钻孔回填埋设（例如天然斜坡）两种，详见第七章。对于前者，光缆在监测变形时与周围岩土体之间的变形耦合性是决定监测结果是否准确可靠的关键因素。因此，需建立传感光缆与土体界面性质的研究方法体系，并在此基础上掌握各种因素对界面的影响规律。

渐进性破坏是岩土-结构界面上不同部分先后达到破坏状态的一类现象，可以通过拉拔试验观测。以一根从开孔环刀土样中慢慢拔出的光缆为例，其界面剪应力 τ 与光缆-土（以下简称缆-土）的相对位移 u 有关。如图 4.35 所示，在进行力学建模时假设（Zhu et al.，2015）：①光缆为一圆柱形的绳状物，直径和长度分别为 D 和 L；②光缆拉拔端受沿轴线（即 x 方向）施加的外力 P，该外力由缆-土界面的剪应力所平衡，光缆径向（即 r 方向）变形忽略不计；③光缆拉拔性状受缆-土界面的耦合-脱黏所控制，使光缆自身屈服所需的外力大于使界面发生脱黏的外力，即光缆受拉后保持线弹性变形，不会发生塑性变形或拉断情况。

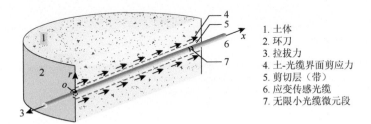

1. 土体
2. 环刀
3. 拉拔力
4. 土-光缆界面剪应力
5. 剪切层（带）
6. 应变传感光缆
7. 无限小光缆微元段

图 4.35　土样中光缆拉拔受力的示意图

根据光缆微元段的受力平衡条件，可得

$$\frac{\mathrm{d}F(x)}{\mathrm{d}x} = -\pi D\tau(x) \tag{4.20}$$

式中，$F(x)$ 为光缆轴力（以拉为正）；$\tau(x)$ 为缆-土界面的剪应力。

光缆轴力 $F(x)$ 和位移 $u(x)$ 之间有

$$F(x) = \frac{\pi}{4}D^2 E\varepsilon(x) = -\frac{\pi}{4}D^2 E\frac{\mathrm{d}u(x)}{\mathrm{d}x} \tag{4.21}$$

式中，E 为光缆的弹性模量；$\varepsilon(x)$ 为光缆的轴向应变。联立前面两式，可得

$$\frac{\mathrm{d}^2 u(x)}{\mathrm{d}x^2} = \frac{4}{DE}\tau(x) \tag{4.22}$$

求解上式尚缺一个条件，即 $\tau(x)$ 与 $u(x)$ 之间的关系。以下针对缆-土界面剪应力与位移的两种不同关系，分别对此问题其进行了理论推导（张诚成，2016）。

1）理想弹塑性模型

理想弹-塑性模型是分析界面渐进性破坏的常用模型之一，图 4.36 显示了基于该模型得到的分析结果，其中界面剪应力与剪应变的关系表述为

$$\tau(x) = \begin{cases} G\gamma(x) & (0 \leqslant \gamma < \gamma_1) \\ \tau_{\max} & (\gamma \geqslant \gamma_1) \end{cases} \tag{4.23}$$

式中，G 是缆-土界面刚度；$\gamma_1 = \tau_{\max}/G$，是界面抗剪强度 $\tau_{\max}$ 所对应的剪应变。因此，

光缆拉拔可以分为三个连续的阶段，即：初始的纯弹性阶段（阶段 I），过渡的弹-塑性阶段（阶段 II），以及最终的纯塑性阶段（阶段 III）。

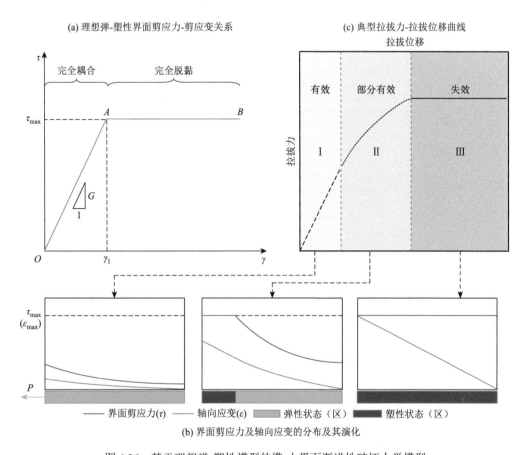

图 4.36　基于理想弹-塑性模型的缆-土界面渐进性破坏力学模型

在阶段 I，基于土体与光缆之间无脱黏的假定，假设剪切层内土体的剪应变沿着径向线性减小，则拉拔位移与界面剪应变之间的关系可表达为

$$u(x) = -\frac{h}{2}\gamma(x) \qquad (4.24)$$

式中，h 是剪切层土体的厚度。联立式（4.22）和式（4.24），并结合边界条件 $\begin{cases} F(0)=P \\ F(L)=0 \end{cases}$（$P$ 为施加的拉拔力），可得轴力、界面剪应力和位移的解答：

$$F(x) = P\frac{\sinh\beta(L-x)}{\sinh\beta L} \qquad (4.25)$$

$$\tau(x) = -\frac{\beta P}{\pi D}\frac{\cosh\beta(L-x)}{\sinh\beta L} \qquad (4.26)$$

$$u(x) = \frac{\beta P}{\pi D G^*}\frac{\cosh\beta(L-x)}{\sinh\beta L} \qquad (4.27)$$

式中，$\beta = \sqrt{4G^* / ED}$，其中 $G^* = 2G / h$，定义为缆-土界面的剪切系数。

根据上式可知阶段 I 中拉拔力与拉拔位移呈线性关系，可表示为

$$P = \frac{\pi D G^*}{\beta} \tanh(\beta L) u_0 \tag{4.28}$$

式中，$u_0 = u(0)$，为光缆拉拔端的位移（拉拔位移）。

随着拉拔力增加，一旦施力端附近的界面剪应力达到界面抗剪强度，界面就会发生脱黏并不断向光缆尾部扩展，此时进入阶段 II。对于弹性区（$L_p \leqslant x \leqslant L$，其中 L_p 为塑性区的长度），式（4.25）～式（4.27）仍适用，因此，

$$F(x) = F_T \frac{\sinh \beta(L - x)}{\sinh \beta(L - L_p)} \tag{4.29}$$

$$\tau(x) = -\frac{\beta F_T}{\pi D} \frac{\cosh \beta(L - x)}{\sinh \beta(L - L_p)} \tag{4.30}$$

$$u(x) = -\frac{\beta F_T}{\pi D G^*} \frac{\cosh \beta(L - x)}{\sinh \beta(L - L_p)} \tag{4.31}$$

式中，$F_T = \dfrac{\pi D \tau_{\max} \tanh \beta(L - L_p)}{\beta}$，为弹-塑性区转折点处的轴力。

而对于塑性区，其界面剪应力已达到抗剪强度，缆、土产生了相对滑移，因此

$$\frac{dF}{dx} = -\pi D \tau_{\max} \tag{4.32}$$

结合边界条件 $\begin{cases} F(0) = P \\ F(L_p) = F_T \end{cases}$，可得轴力和位移解答分别为

$$F(x) = \pi D \tau_{\max} (L_p - x) + \frac{\pi D \tau_{\max} \tanh \beta(L - L_p)}{\beta} \tag{4.33}$$

$$u(x) = \frac{2\tau_{\max}}{ED} (L_p{}^2 - x^2) - \frac{P}{EA}(L_p - x) - \frac{\tau_{\max}}{G^*} \tag{4.34}$$

在光缆头部（$x = 0$），拉拔力为

$$P = -\frac{AE}{L_p}\left(u_0 + \frac{\tau_{\max}}{G^*}\right) + \frac{\pi D}{2} L_p \tau_{\max} \tag{4.35}$$

上式说明随着塑性区长度的增加，拉拔力与拉拔位移之间为非线性关系。

在最后的塑性阶段，缆-土界面完全脱黏，拉拔力与界面剪应力保持不变，此时轴力的分布为 $F(x) = \pi D \tau_{\max}(L - x)$。在拉拔端（$x = 0$），可得到 $P = \pi D \tau_{\max} L$。

综合以上的力学推导，可得整个过程中拉拔力与拉拔位移的关系为

$$P = \begin{cases} \dfrac{\pi DG^*}{\beta}\tanh(\beta L)u_0 & \text{（阶段I）} \\[2mm] -\dfrac{AE}{L_p}\left(u_0 + \dfrac{\tau_{\max}}{G^*}\right) + \dfrac{\pi D}{2}L_p\tau_{\max} & \text{（阶段II）} \\[2mm] \pi D\tau_{\max}L & \text{（阶段III）} \end{cases} \tag{4.36}$$

2）应变软化模型

在分析岩土界面问题时，若考虑界面的峰值抗剪强度和残余抗剪强度，则可以建立应变软化模型。图 4.37 为基于应变软化模型的缆-土界面渐进性破坏力学模型。该模型假设界面剪应力与位移满足如下的关系：

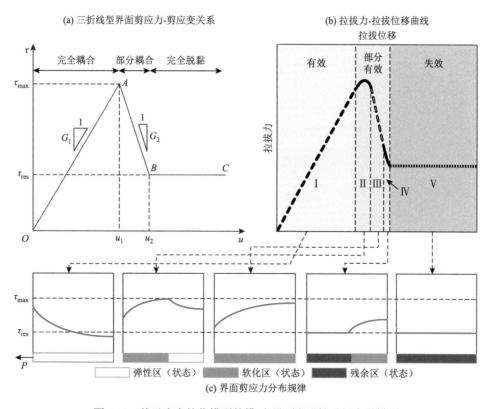

图 4.37　基于应变软化模型的缆-土界面渐进性破坏力学模型

$$\tau = \begin{cases} G_1 u & 0 \leqslant u < u_1 \\[2mm] -G_2 u + \left(1 + \dfrac{G_2}{G_1}\right)\tau_{\max} & u_1 \leqslant u < u_2 \\[2mm] \tau_{\text{res}} & u \geqslant u_2 \end{cases} \tag{4.37}$$

式中，G_1 与 G_2 分别对应于弹性段 OA 与软化段 AB 的界面剪切刚度，u_1 和 u_2 为分别对应于峰值

抗剪强度 $\tau_{\max}$ 与残余抗剪强度 τ_{res} 的位移。考虑到 $u_1 = \tau_{\max} / G_1$ ， $u_2 = \tau_{\max} / G_1 + (\tau_{\max} - \tau_{\mathrm{res}}) / G_2$ ，该模型共有 G_1 、 G_2 、 $\tau_{\max}$ 及 τ_{res} 4 个独立参数。

此时，光缆拉拔的整个过程分为五个阶段：

（1）纯弹性阶段（阶段 I）：当施加于光缆头部的拉拔力较小时，缆-土界面产生的抵抗剪应力也较小，此时剪应力-剪应变之间服从线性关系，整根光缆均处于弹性阶段；

（2）弹性-软化阶段（阶段 II）：随着拉拔力的增大，光缆头部的剪应力首先达到 $\tau_{\max}$ 。此时光缆头部发生软化并向尾部扩展；靠近头部的光缆处于软化状态，而尾部仍处于弹性状态；

（3）纯软化阶段（阶段 III）：随着拉拔的进行，弹性区不断转化为软化区。当光缆尾部的剪应力也达到 $\tau_{\max}$ 时，整根光缆均进入软化状态。此后拉拔力不增反减，整根光缆的剪应力也随之减小，而位移仍在增大；

（4）软化-残余阶段（阶段 IV）：光缆头部的剪应力随着拉拔力减小而减小为 τ_{res} ，头部首先进入塑性状态，其他部分也从软化状态渐渐进入塑性状态。该阶段拉拔力仍然有所减小、位移有所增大，但均没有纯软化段明显；

（5）纯残余阶段（阶段 V）：当光缆尾部的剪应力也减小为 τ_{res} 后，塑性区便占据了整根光缆。此后拉拔力不再变化，位移却不断增大。

在阶段 I，整根光缆处于弹性状态，与前述理想弹-塑性模型中的阶段 I 是类似的，因此这里直接给出轴力、剪应力、位移的分布以及拉拔力与位移的关系：

$$F_{\mathrm{e}}(x) = P \frac{\sinh \beta_1 (L - x)}{\sinh \beta_1 L} \tag{4.38}$$

$$\tau_{\mathrm{e}}(x) = -\frac{\beta_1 P}{\pi D} \frac{\cosh \beta_1 (L - x)}{\sinh \beta_1 L} \tag{4.39}$$

$$u_{\mathrm{e}}(x) = \frac{\beta_1 P}{\pi D G_1} \frac{\cosh \beta_1 (L - x)}{\sinh \beta_1 L} \tag{4.40}$$

$$P = \frac{\pi D G_1}{\beta_1} \tanh(\beta_1 L) u_0 \tag{4.41}$$

式中， $\beta_1 = \sqrt{4 G_1 / ED}$ 。

在阶段 II，假设软化段长度为 L_{s} ，则弹性段（ $L_{\mathrm{s}} \leqslant x \leqslant L$ ）光缆的轴力、界面剪应力以及位移的分布情况同纯弹性阶段相似，分别为

$$F_{\mathrm{e}}(x) = \frac{\pi D \tau_{\max}}{\alpha} \frac{\sinh \beta_1 (L - x)}{\cosh \beta_1 (L - L_{\mathrm{s}})} \tag{4.42}$$

$$\tau_{\mathrm{e}}(x) = \frac{\cosh \beta_1 (L - x)}{\cosh \beta_1 (L - L_{\mathrm{s}})} \tau_{\max} \tag{4.43}$$

$$u_{\mathrm{e}}(x) = \frac{\cosh \beta_1 (L - x)}{\cosh \beta_1 (L - L_{\mathrm{s}})} \frac{\tau_{\max}}{G_1} \tag{4.44}$$

对于阶段 II 的软化段，因为此时界面剪应力和位移之间服从式（4.37）中的第二种情况，因此控制方程变为

$$\frac{\mathrm{d}^2 F}{\mathrm{d}x^2} + \beta_2{}^2 F = 0 \tag{4.45}$$

其中 $\beta_2 = \sqrt{4G_2 / ED}$ 。

考虑如下的边界条件：

$$\begin{cases} F_s(0) = F_0 \\ F_s(L_s) = F_e(L_s) = \dfrac{\pi D \tau_{\max}}{\beta_1} \tanh \beta_1 (L - L_s) \end{cases} \tag{4.46}$$

联立式（4.45）与式（4.46）得到光缆轴力、界面剪应力以及位移解答分别为

$$F_s(x) = \pi D \tau_{\max} \left[\frac{\sin \beta_2 (L_s - x)}{\beta_2} + \frac{\tanh \beta_1 (L - L_s) \cos \beta_2 (L_s - x)}{\beta_1} \right] \tag{4.47}$$

$$\tau_s(x) = \tau_{\max} \left[\cos \beta_2 (L_s - x) - \frac{\beta_2}{\beta_1} \tanh \beta_1 (L - L_s) \sin \beta_2 (L_s - x) \right] \tag{4.48}$$

$$u_s(x) = (\frac{1}{G_2} + \frac{1}{G_1}) \tau_{\max} - \frac{\tau_{\max}}{G_2} \left[\cos \beta_2 (L_s - x) - \frac{\beta_2}{\beta_1} \tanh \beta_1 (L - L_s) \sin \beta_2 (L_s - x) \right] \tag{4.49}$$

在阶段 III，光缆的受力特性与第 II 阶段中的软化段相似，仅需对边界条件进行相应的调整，即可求得光缆轴力、界面剪应力以及位移的解答：

$$F_s(x) = \frac{\pi D \tau_{res}}{\beta_2} \tan \beta_2 L (\cos \beta_2 x - \cot \beta_2 L \sin \beta_2 x) \tag{4.50}$$

$$\tau_s(x) = \tau_{res} \tan \beta_2 L (\sin \beta_2 x + \cot \beta_2 L \cos \beta_2 x) \tag{4.51}$$

$$u_s(x) = \left(\frac{1}{G_2} + \frac{1}{G_1} \right) \tau_{\max} - \frac{\tau_{res}}{G_2} \tan \beta_2 L (\sin \beta_2 x + \cot \beta_2 L \cos \beta_2 x) \tag{4.52}$$

随着光缆头部的剪应力减小为残余强度 τ_{res}，残余段不断从光缆头部向尾部扩展，此时进入阶段 IV。处于软化段 $(L_r \leqslant x \leqslant L)$ 的光缆段与纯软化阶段的受力特性相似，因此很容易得到轴力、界面剪应力以及位移的解答：

$$F_s(x) = \frac{\pi D \tau_{res}}{\beta_2} \tan \beta_2 (L - L_r) \left[\cos \beta_2 (x - L_r) - \cot \beta_2 (L - L_r) \sin \beta_2 (x - L_r) \right] \tag{4.53}$$

$$\tau_s(x) = \tau_{res} \tan \beta_2 (L - L_r) \left[\sin \beta_2 (x - L_r) + \cot \beta_2 (L - L_r) \cos \beta_2 (x - L_r) \right] \tag{4.54}$$

$$u_s(x) = \left(\frac{1}{G_2} + \frac{1}{G_1} \right) \tau_{\max} - \\ \frac{\tau_{res} \tan \beta_2 (L - L_r)}{G_2} \left[\sin \beta_2 (x - L_r) + \cot \beta_2 (L - L_r) \cos \beta_2 (x - L_r) \right] \tag{4.55}$$

对于残余变形段 $(0 \leqslant x \leqslant L_r)$，土体与光缆之间已经发生脱黏并产生显著的相对滑动，此时界面剪应力恒等于 τ_{res}，不难得到：

$$F_r(x) = \frac{\pi D \tau_{res}}{\beta_2} \tan \beta_2 (L - L_r) + \pi D \tau_{res} L_r - \pi D \tau_{res} x \tag{4.56}$$

$$u_r(x) = -\left[\frac{4\tau_{res}}{DE\beta_2} \tan \beta_2 (L - L_r) + \frac{4\tau_{res}}{DE} L_r \right] x + \frac{2\tau_{res}}{DE} x^2 + C_5 \tag{4.57}$$

其中

$$C_5 = \left(\frac{1}{G_2} + \frac{1}{G_1}\right)\tau_{max} - \frac{\tau_{res}}{G_2} + \frac{4\tau_{res}L_p}{DE\beta_2}\tan\beta_2(L - L_r) + \frac{2\tau_{res}}{DE}L_r^2 \qquad (4.58)$$

当整根光缆均进入阶段 V 后，拉拔力不再变化，光缆表面所受剪应力均维持为 τ_{res}。此时光缆轴力沿长度为线性分布，即

$$F_r(x) = \pi D\tau_{res}(L - x) \qquad (4.59)$$

对上述结果进行整理，得到整个过程中拉拔力与位移的关系如下：

$$P = \begin{cases} \dfrac{\pi DG_1 \tanh\beta_1 L}{\alpha}u_0 & (\text{阶段I}) \\[3mm] \dfrac{\pi DG_2 \cot\beta_2 L_s \tau_{max}}{\beta_2 \tau_{res}}u_0 + \dfrac{\pi D\tau_{max}}{\beta_2 \sin\beta_2 L_s} - \left(1 + \dfrac{G_2}{G_1}\right)\dfrac{\pi D\cot\beta_2 L_s \tau_{max}^2}{\beta_2 \tau_{res}} & (\text{阶段II}) \\[3mm] -\dfrac{\pi DG_2 \tan\beta_2 L}{\beta_2}u_0 + \left(1 + \dfrac{G_2}{G_1}\right)\dfrac{\pi D\tan\beta_2 L \tau_{max}}{\beta_2} & (\text{阶段III}) \\[3mm] \dfrac{\pi D^2 E}{4L_r}u_0 + \dfrac{\pi DL_r \tau_{res}}{2} - \dfrac{\pi D^2 E}{4L_r}\left(\dfrac{\tau_{max}}{G_1} + \dfrac{\tau_{max}}{G_2} - \dfrac{\tau_{res}}{G_2}\right) & (\text{阶段IV}) \\[3mm] \pi D\tau_{res}L & (\text{阶段V}) \end{cases} \qquad (4.60)$$

需要指出的是，为了简化起见，以上推导未考虑三种应力状态（即弹性、软化以及残余状态）同时共存的情况，因此只适用于光缆长度 $L \leqslant \dfrac{\arccos k}{\beta_1}\left(k = \dfrac{\tau_{res}}{\tau_{max}}\right)$ 的条件。在上述模型中，若令 $\tau_{max} = \tau_{res}$，则退化为理想弹-塑性模型。大量的试验研究表明，当把光缆直埋于密实程度较大的土后，拉拔过程中会表现出比较明显的应变软化行为，此时适用于应变软化模型；在光缆拉拔时应变软化不显著的情况下，则可以采用理想弹-塑性模型进行模拟。

4.4.2　缆-土界面参数及光缆测值可靠性判据

1）缆-土界面参数

前文已经提到理想弹-塑性模型其实是应变软化模型的一个特例，因此此处以应变软化模型为例进行说明。毫无疑问，缆-土界面抗剪强度越高，则两者的耦合性越好。但是界面剪切刚度对于土体与光缆耦合性的作用却不好描述。对于光缆监测而言，界面剪切刚度过高则可能限制被监测土体的变形。根据前文中建立的模型，还存在如下两个特征位移参数：有效位移 u_{eff} 以及部分有效位移 u_{peff}。有效位移对应于阶段 I、II 的临界位移，而部分有效位移则对应于阶段 IV、V 的临界位移。这两个参数能综合地、有效地反映缆-土界面的性质。

除了上述两个特征位移参数，残余与峰值抗剪强度之比 $k = \dfrac{\tau_{res}}{\tau_{max}}$ 也是一个重要的界面

参数。显然，残余与峰值强度之间的差距越大，则地质工程师们越容易判断缆-土界面是否发生了脱黏，有助于判断光缆监测数据的有效性。因此，在工程实践中 k 值小为好。

2）光缆测值准确性判据

根据两个特征位移参数，可进一步划分出光缆的三个工作状态：有效、部分有效以及失效状态见图 4.36。该分类基于以下考虑：①当 $0 \leqslant u \leqslant u_{\mathrm{eff}}$ 时，缆土完全耦合，光缆测得的应变与土体真实应变呈较好的对应关系，因此可以认为光缆处于有效状态，所测得的数据是可靠的；②当 $u_{\mathrm{eff}} < u \leqslant u_{\mathrm{peff}}$ 时，由于光缆部分长度处于弹性区，缆土部分耦合仅有部分监测的应变数据可用于估算土体变形，因此光缆处于部分有效状态；③当 $u \geqslant u_{\mathrm{peff}}$ 时，缆土完全脱黏，光缆测得的应变是无效的。

在实际采用光纤感测技术监测土体变形时，我们能得到的参数通常是如下几种：①采用准分布式 FBG 技术得到的离散点的局部应变，如图 4.38 所示；②采用全分布式光纤传感技术（如 BOTDR、OFOR 等）得到的一定空间分辨率内的平均应变；③采用 OTDR 或白光干涉技术得到的两点之间的相对位移。

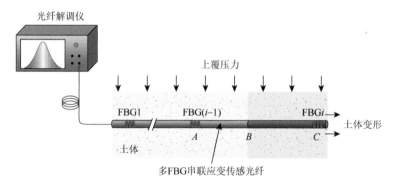

图 4.38　土内直埋式多 FBG 串联应变传感光缆示意图

当采用 FBG 或 BOTDR 等技术时，需要判断光缆所处的应力状态。图 4.39 所示为由若干个 FBG 串联而成的埋入土中的准分布式应变传感光缆。当土变形逐渐增加时，拉或压应变由周围土体传递到 FBG 传感器上，此时界面剪应力为

$$\tau = -\frac{ED}{4} \frac{\mathrm{d}\varepsilon}{\mathrm{d}x} \tag{4.61}$$

式中，$\dfrac{\mathrm{d}\varepsilon}{\mathrm{d}x}$ 为沿光缆轴向的应变梯度。对于紧密联结的准分布式应变传感器，上式可改写为

$$\tau_n = -\frac{ED}{4} \frac{(\varepsilon_{n+1} - \varepsilon_n)}{\Delta x} \quad (n = 1, 2, 3, \cdots) \tag{4.62}$$

式中，ε_n 和 ε_{n+1} 为相邻两个传感器测得的应变。通过将计算得到的界面剪应力 τ_n 与峰值强度 τ_{max}、残余强度 τ_{res} 进行比较，就可以判断光缆所处的应力状态（工作状态）以及所测得应变数据的有效性。值得一提的是，国际标准 ASTM F3079-14 也采用了上述的判据方法（ASTM，2014）。

当采用相对位移测量技术，即属于最后一种情况时，对于两指定点之间的初始光缆段长度 l_0，其相对位移为 $\Delta l = l_1 - l_0$，其中 l_1 为当土体变形时测得的指定两点间的距离。通过将 Δl 与两个特征位移参数（u_{eff} 与 u_{peff}）进行比较，即可判断该光缆段所处的工作状态。

4.4.3　缆-土界面耦合的影响因素

影响缆-土界面性质的因素有很多，如围压、土体含水率与干密度、光缆材质与尺寸等。课题组自主设计了一种可施加上覆压力的光缆拉拔试验仪（如图 4.39 所示），对埋入开孔环刀土样中的光缆开展了一系列的拉拔试验，得到了在不同上覆压力、土体含水率与干密度、光缆材料与尺寸等条件下的拉拔力与拉拔位移关系曲线。采用前文提出的力学模型对试验曲线进行模拟，便可得到界面剪切刚度（G_1 与 G_2）、界面抗剪强度（τ_{max} 与 τ_{res}）、特征位移（u_{eff} 与 u_{peff}）、界面抗剪强度比（k）、表观摩擦系数（f_p^* 与 f_r^*，由对应抗剪强度除以上覆压力得到）等参数。

这部分试验采用的土样为取自南京地区某建筑工地的级配不良砂（SP）。研究中选用了两类常见的应变传感光缆，第一类为常用于应变传感的、由普通单模石英光纤（SOF）制成的光缆，共三种，外径分别为 0.9mm、1.2mm 和 1.8mm，编为 SOF-1、SOF-2、SOF-3，前两种为热塑聚酯弹性体（hytrel）护套，最后一种为尼龙（nylon）护套；第二类为可监测岩土大变形的、由聚合物光纤（POF）制成的光缆，试样由日本 Mitsubishi 公司生产，型号为 GH4001，纤芯、涂覆层和护套材料分别为聚甲基丙烯酸甲酯（PMMA）、氟化高聚物（fluorinated polymer）和聚乙烯（PE），外径分别为 0.98mm、1mm、2.2mm。

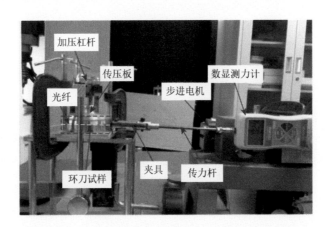

图 4.39　光缆拉拔试验仪实物图（Zhu et al., 2015）

1）上覆压力

SOF-1 光缆在不同上覆压力下的拉拔力-拉拔位移曲线及采用应变软化模型得到的模拟结果如图 4.40 所示。模拟曲线与试验曲线吻合得较好，说明了应变软化模型的有效性。图 4.41 的试验结果显示，界面的峰值、残余抗剪强度随着上覆压力的增长而近似线性增长，这表明上覆压力可以有效地增强土体与光缆之间的耦合性（Zhang et al., 2014a）。随着上覆压力的增加，界面剪切刚度略有增加，但并没有抗剪强度明显，且 G_2 与上覆压力之间的线性关系较差。上覆压力能在一定程度上使界面变得更难以变形。峰值与残余界面表观摩擦系数与上覆压力之间的关系可以用幂函数来拟合。随着上覆压力的增加，峰值界面表观摩擦系数 f_p^* 比残余值 f_r^* 更快地减小。当上覆压力较大时，这两个值的差距变小。有效与部分有效位移值随着上覆压力的增加大致呈线性增加趋势。这说明在较大上覆压力下光缆可测土体的变形范围增大。

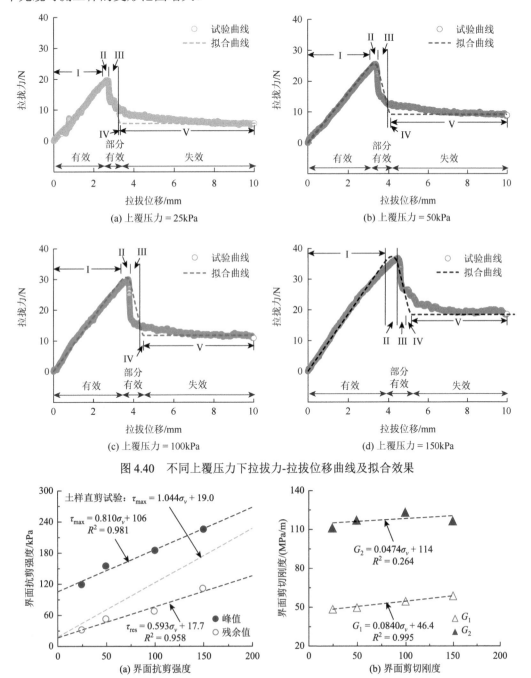

图 4.40　不同上覆压力下拉拔力-拉拔位移曲线及拟合效果

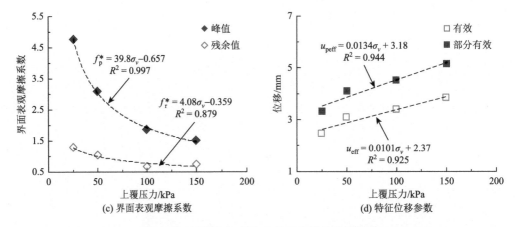

图 4.41　上覆压力对缆-土界面力学性质的影响

　　图 4.42 为拉拔前试样的光学显微图像。在试样压实后，尽管土颗粒之间相互联结，但是除了少数土颗粒"刺入"了光缆表面外，光缆与土体之间仅仅是松散的接触，因此整个试样并非一个紧密联结的整体。一方面，随着上覆压力的施加，试样实际上被进一步压实了。上覆压力越大，则土颗粒间的联结越紧密，土颗粒与光缆表面接触面积增大，可能刺入光缆表面的土颗粒也越多，造成光缆表面出现凹陷。因此，光缆表面粗糙度的增加、土颗粒之间以及颗粒与光缆联结的紧密造成了缆-土界面黏结力的增加。另一方面，上覆压力会限制光缆周围土体的剪胀效应（Frost and Han，1999）。上覆压力较小时，界面剪切过程中土体发生明显的剪胀。而在较大的上覆压力下，则与此相反，土颗粒翻转和重定向的程度减小。

(a) 砂土中与缆-土界面处的空隙

(b) 刺入光缆表面的砂土颗粒

图 4.42　待测试样光学显微图像

2）含水率与干密度

　　图 4.43 为土体干密度与含水率对缆-土界面力学性质的影响。其中竖向的虚线为最优含水率（10.8%）。缆-土界面的峰值抗剪强度随着干密度的增加而增加，这表明较高的土体密实度能增强土体与光缆之间的耦合。与此类似，土体密实度增加也能使光缆有效位移

增加，这表明较高的密实程度也能扩大光缆的测量范围。但与此相反，土体的含水率上升会使峰值强度和有效位移下降，且这个规律不受最优含水率的影响。这一现象说明水分在缆-土耦合性上起着负面作用。

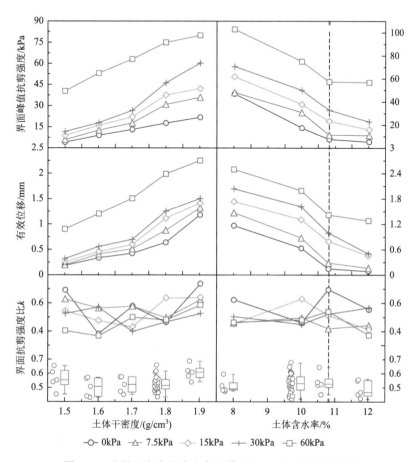

图 4.43　土的干密度与含水率对缆-土界面力学性质的影响

前文提到，界面抗剪强度比 k 是土体变形监测中的一个重要指标。试验结果表明，虽然上覆压力能提高缆-土的耦合性，但 k 值并不受上覆压力影响（Zhu et al.，2015）。

3）几种典型光缆的比选标准探讨

如前所述，界面抗剪强度和特征位移参数能对缆-土之间的耦合性以及光缆的测量范围做一个定量的评价，因而也能成为不同应变传感光缆之间比较和选择的依据。课题组对石英光缆（SOF-1、SOF-2 以及 SOF-3）和聚合物光缆（POF）开展了拉拔试验，得到的拉拔力-拉拔位移曲线如图 4.44 所示。这 4 种光缆在土体中的拉拔力-拉拔位移曲线是相似的。但当上覆压力过大时，这些光缆会在土体中发生破坏（纤芯断裂或护套发生塑性变形）。这说明在测量土体变形时，过大的上覆压力会使光缆发生拉伸破坏而非与土体之间发生脱黏。

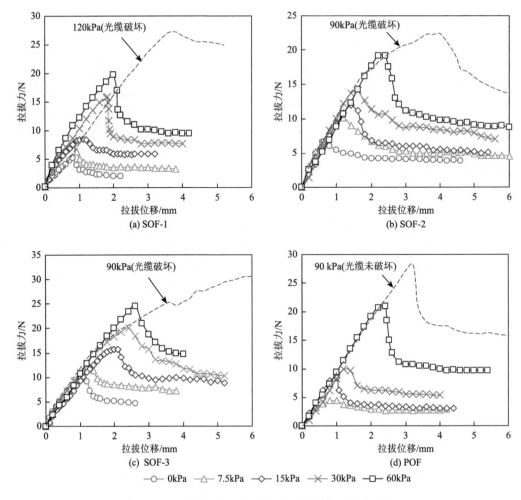

图 4.44　各应变传感光缆在土中的拉拔力-位移曲线

　　图 4.45～图 4.47 分别为各光缆的界面参数对比图，虚线为拟合结果。3 种石英光缆的界面抗剪强度都随着上覆压力的增加而增加，但是 SOF-1 的强度要比 SOF-2 和 SOF-3 略大；SOF-2 和 SOF-3 的残余强度相近，但峰值强度 SOF-2 略大。这说明在 3 种石英光缆中，SOF-1 与土体之间的耦合性较好，SOF-2 其次，而 SOF-3 较差。POF 与土体界面抗剪强度指标最小，说明其与土体耦合性最差。4 种光缆的界面抗剪强度比 k 值随上覆压力的变化都不明显，SOF-3 的 k 值略大，POF 的 k 值则处于 3 种石英光缆的平均水平，但总体来说三者的 k 值相差不大。对于界面剪切刚度，SOF-1 的 G_1、G_2 值较大，而 SOF-3 的 G_1、G_2 值较小。POF 与土体界面剪切刚度的均值为 18.5MPa/m，比 3 种石英光缆小，这说明聚合物光缆-土体的界面更容易变形。4 种光缆的有效与部分有效位移都随着上覆压力的增大而增大，其中 SOF-3 光缆的测量范围最大。POF 的有效与部分有效位移指标与石英光缆相比差距并不明显。总的来说，在本试验所探究的上覆压力变化范围内，聚合物光缆-土体界面与石英光缆-土体界面之间的相似点大于不同点。

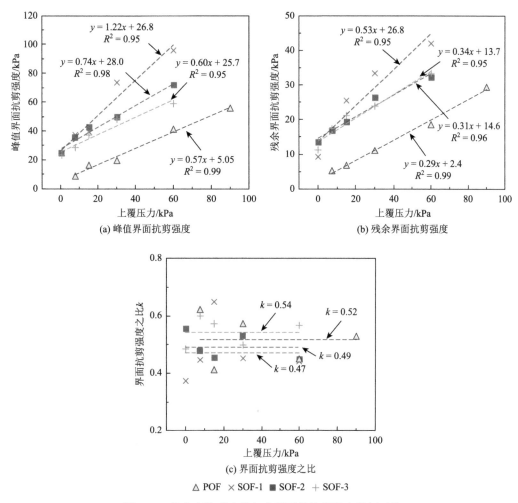

(a) 峰值界面抗剪强度

(b) 残余界面抗剪强度

(c) 界面抗剪强度之比

△ POF　× SOF-1　■ SOF-2　＋ SOF-3

图 4.45　各应变传感光缆与土界面的抗剪强度指标对比

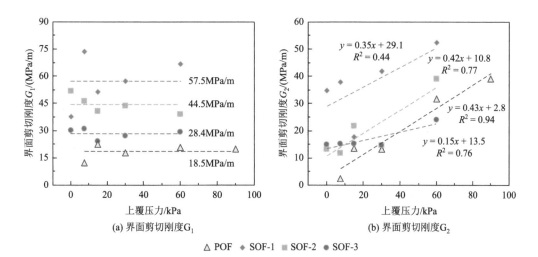

(a) 界面剪切刚度G₁

(b) 界面剪切刚度G₂

△ POF　◆ SOF-1　■ SOF-2　● SOF-3

图 4.46　各应变传感光缆与土界面的剪切刚度指标对比

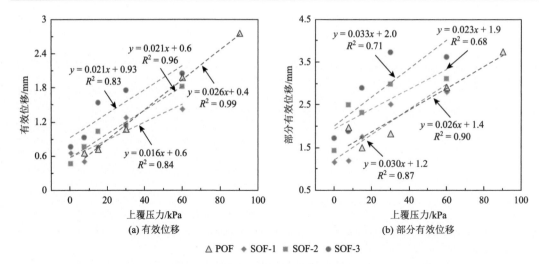

△ POF　◆ SOF-1　■ SOF-2　● SOF-3

图 4.47　各应变传感光缆特征位移参数对比

　　除了上述指标以外，光缆与土体之间的相对弹性模量也应纳入考虑范围之内。大部分情况下，天然土体的模量比应变传感光缆要小得多，所以在埋入土体时我们希望光缆的弹模较小。从这个角度来讲，SOF-3 光缆是最优的。

　　此外，课题组还对三种石英光缆在拉拔过程中的渐进性破坏效应进行了评价，这有助于我们深入了解缆-土界面的力学特性。两个过渡阶段（阶段 II 与阶段 IV）占比越大，则说明渐进性破坏效应更明显。理论上来说，光缆的刚度越大或直径越小，则其与土体之间相对位移的分布就更为均匀，两个过渡阶段产生的位移占比也就更小。图 4.48 的结果表明，这三种石英光缆与土体界面的渐进性破坏效应比较接近。这可能是由于它们的直径效应与刚度效应相互抵消的缘故。此外，在较高的上覆压力之下，可以明显看到阶段 I 的占比增大。这也进一步说明了上覆压力有助于扩大光缆的测量范围。

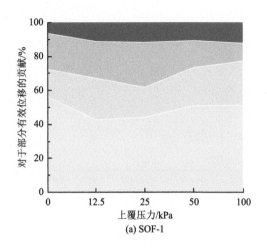

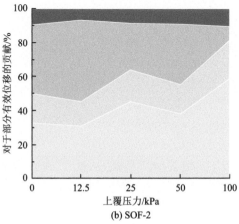

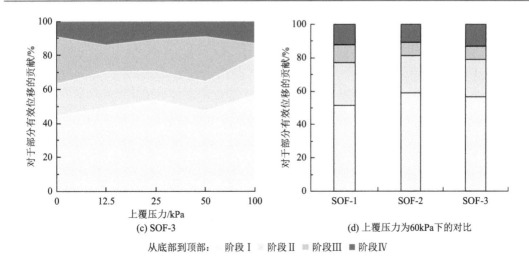

(c) SOF-3　　　　　　　　　(d) 上覆压力为60kPa下的对比

从底部到顶部：　阶段Ⅰ　阶段Ⅱ　阶段Ⅲ　阶段Ⅳ

图4.48　3种石英光缆拉拔各阶段对部分有效位移的贡献对比

从以上分析可以得出以下初步结论：SOF-1光缆适合于测量土体微小变形，因其与土体耦合性较好而测量范围较小；SOF-3光缆适合于测量土体大变形，因其弹性模量较小而测量范围较大；SOF-2的各项指标则介于SOF-1与SOF-3之间。总的来说，在监测土体变形时这三种石英光缆都各有其优缺点。在实验室内或野外条件下，综合使用不同种类的光缆才能获得最好的监测结果。

对于POF，尽管在拉伸40%时仍能保持良好的光学性能，但是当其达到屈服强度、产生塑性变形时，光缆监测结果会有很大的误差（Zhang et al.，2016c）。拉拔试验中POF所产生的最大轴向应力σ_{max}为7.44MPa，该值小于POF本身的屈服强度σ_y（18.4MPa；图4.49）。因此，试验中POF并未发生塑性变形。但是可以推测，当围压大到一定程度时，POF在实际监测中发生塑性变形的可能性难以避免，会使得光缆测值出现偏差，这一点需要引起重视。

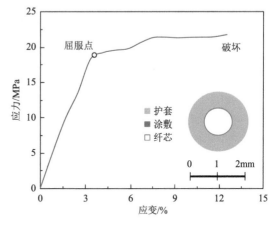

图4.49　聚合物光缆应力-应变关系曲线及结构示意图

4）光缆锚固点对界面性质的影响

为了探究锚固点对缆-土界面性质的影响，环刀试样的尺寸已无法满足要求，因此改为在模型箱（50cm×15cm×12.5cm）中进行（陈冬冬，2017；Zhang et al.，2019）。试验所用土体为取自南京河西地区某基坑工程现场的粉质黏土，所用光缆为外径2mm的聚氨酯紧套单模光缆，其入土长度为400mm。采用在光缆表面布设热缩管的形式来设置锚固点，锚固长度25mm。以下探究两种因素对锚固效应的影响，即锚固直径D_a和锚固间隔d_a。

　　不同锚固直径和间隔的光缆在土体中拉拔时的拉拔力-位移曲线如图 4.50 所示。由图可初步观察到：锚固直径大，则相应的最大拉拔力也大；锚固间隔大，则拉拔力稳定值小；锚固间距由大逐渐变小时，曲线形态由应变软化型向应变硬化型转变。

　　以下对锚固直径、间隔对缆-土耦合性的影响进行定量分析。因为设置锚固点后，光缆的直径以及弹性模量都将随之改变，且缆-土的相互作用也变得复杂，因此很难用前述提出的拉拔模型进行预测。这里采用平均抗剪强度（$\tau_{max} = F_{max} / \pi DL$）对其进行简化分析。由图 4.51（a）可知，缆-土界面峰值抗剪强度与锚固间隔之间可用指数函数较好地拟合。当锚固间隔逐渐增加时，峰值强度趋近于无锚固点时的强度 τ_{max}^0。另外，增加锚固直径也能有效增加峰值强度。这表明在应变传感光缆表面设置锚固点时，采用较大的锚固直径和较小的锚固间隔都能有效增强缆-土耦合性。平均抗剪强度的简化计算公式为 $\tau_{max} = \tau_{max}^0 + q_a / (d_a C)$，其中 q_a 为单个锚固点的承载力，C 为光缆截面周长。这和国际标准 ASTM F3079-14 推荐的分析方法一致（ASTM，2014）。

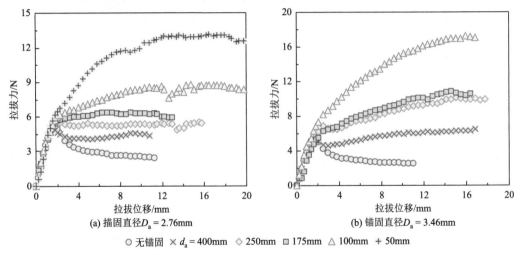

图 4.50　不同锚固间隔的光缆拉拔力-位移曲线

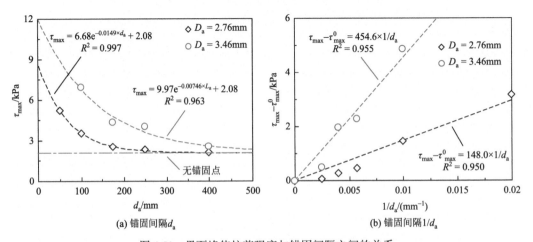

图 4.51　界面峰值抗剪强度与锚固间隔之间的关系

4.4.4 土中直埋式光缆的应变分布特征

1）试验设置

在现场监测时，当土体变形逐渐增大，埋入式传感光缆和土体的界面将逐渐破坏，在这一过程中光缆上的应变是如何演化的？受限于 DFOS 解调设备的空间分辨率，试验须在大型模型箱中进行。试验所用光缆为 2mm 外径的聚氨酯紧套光纤，所用土样为级配不良砂土（SP）。试验中采用日本 Neubrex 公司的 NBX-6050 型 BOTDA 解调仪读数，空间分辨率与采样间隔分别设置为 5cm 与 1cm。

试验设置如图 4.52 所示。砂土在模型箱中分层击实，压实干密度和含水率分别控制在 1.53g/cm³ 与 5%。光缆的入土长度为 1.2m，其中前部留出 20cm 的自由段，以消除边界效应。拉拔位移由步进电机施加；BOTDA 读数时暂时关闭电机。光缆头部的拉拔力和拉拔位移分别由测力计和位移计测定。在模型箱后部安装了一个位移计，以确保试验过程中模型箱没有移动。

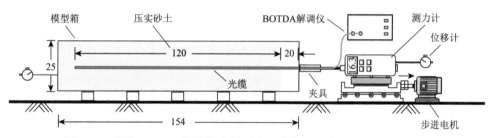

图 4.52 采用 BOTDA 监测缆-土界面应变演化的试验设置（单位：cm）

2）应变演化规律

以下首先对光缆监测结果进行验证，如图 4.53（b）所示。由测力计测得的拉拔力与由光缆拉拔端应变换算后得到的拉拔力吻合得较好，这表明光缆测得的应变结果是可信的（Zhang et al.，2016a）。拉拔力与拉拔位移曲线表现出一些显著的特征：在达到峰值拉拔力前，拉拔力随着拉拔位移的增加而增加，且呈现高度的非线性关系 [图 4.53（a）]；在到达峰值拉拔力后拉拔力不再增加，而位移却不断增长，无明显的软化现象。这种曲线形态与理想弹-塑性模型的结果相似。

图 4.53（c）为 12 级位移下应变沿光缆的分布情况。随着施加位移的增加，应变从光缆头部开始不断向尾部扩展。在头部位移达到 5.36mm（对应于 10.8N 的拉拔力）时，沿光缆的应变全部被调动起来。在此之前，调动起来的长度与拉拔力之间有很好的线性关系，如图 4.53（d）所示。此外，在调动起来的长度里有两个应变分布特征截然不同的区间：在靠近光缆头部的第一区间里，应变呈线性分布；而在第二区间里，应变呈非线性分布。随着施加位移的增加，应变线性分布的区间逐渐扩大且最终占据整根光缆。

图 4.53（a）、（c）中虚线为采用 4.4.1 节中的理想弹-塑性模型对试验的模拟结果，该结果与试验数据高度吻合。此处需注意由模型得到的解析解清楚地表明弹性区与塑性区的

应变分布分别为双曲线型与直线型［式（4.29）、式（4.33）］，这与上面对两个区应变分布特征的描述相符。因此，理想弹-塑性模型可以精确地描述本试验中缆-土界面的渐进性破坏特性和应变分布的演化。

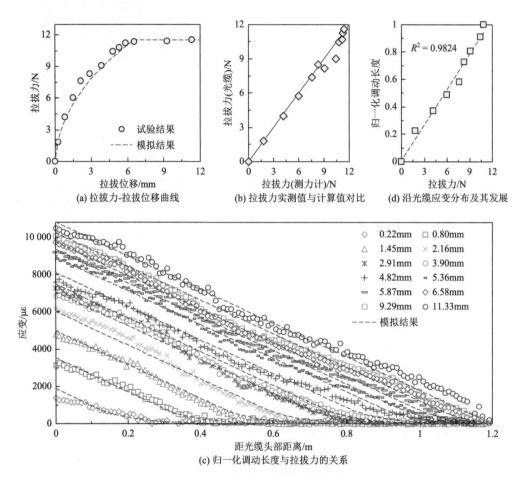

图 4.53　缆-土界面破坏过程中光缆应变演化监测与模拟结果

4.5　传感光缆与回填材料的耦合性能研究

对于埋入数十米或数百米深钻孔中的应变传感光缆，其承受的围压可从零变化至数兆帕。在这样的高围压下，传感光缆与回填料以及回填料与周围岩土体之间的耦合关系，是决定 DFOS 技术能否有效地对钻孔地层剖面进行精细化变形监测的关键。工程中常用的回填料分为回填料和水泥注浆材料两类，以下分别介绍与之相关的研究进展。

4.5.1　考虑高围压的光缆-回填料耦合性研究

为了研究光缆-回填料的耦合性，课题组自主研制了可控围压的试验装置，探究了 0～

1.6MPa 围压范围内光缆与回填料的相互作用机理（张诚成等，2018）。图 4.54 是耦合性试验装置图，主要由压力室、BOTDA 解调仪以及拉拔测试模块三部分组成。压力室为空心圆柱体，最高可承受 20MPa 的压力。BOTDA 解调仪的空间分辨率和采样间隔分别设置为 10cm 和 5cm。采用特制夹具夹持埋入试样的光缆一端，并连接至卧式拉力测试台，采用数显测力计测量试验中的拉拔力。试验所选用回填料为砂土与黏土的混合土，所选用光缆为聚氨酯低模态应变传感光缆，裸纤和护套外径分别为 0.9mm、2mm。制备完成的试样如图 4.55 所示。拉拔试验采用逐级施加拉拔位移的方式进行，探究不同围压下光缆拉拔力-拉拔位移关系以及沿光缆的应变分布特征，总计 9 组试验。

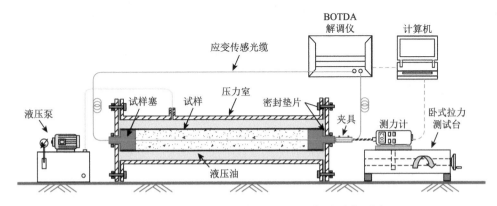

图 4.54　可控围压的光缆-回填料耦合性试验装置图

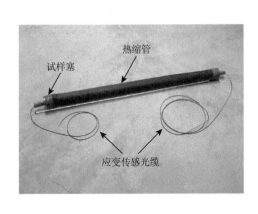

图 4.55　制备完成的试样

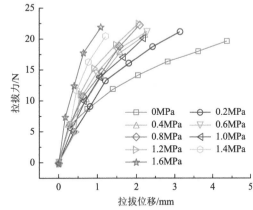

图 4.56　不同围压下光缆拉拔力-拉拔位移曲线

图 4.56 给出了不同围压下试样中光缆的拉拔力-拉拔位移曲线。各级试验中拉拔力随着拉拔位移的增大而不断增大，且围压越大达到某级拉拔位移所需的拉拔力也越大。光缆 9 种不同围压下的轴向应变分布及其发展过程如图 4.57 所示。试验结果表明，在零围压下，光缆-土样界面呈局部化的渐进破坏特征，应变分布没有扩展至光缆尾部；在 0.2～1.6MPa 围压下，应变的扩展与传递被限制在 0.1～0.15m 的范围内，几乎不向试样内部传递。

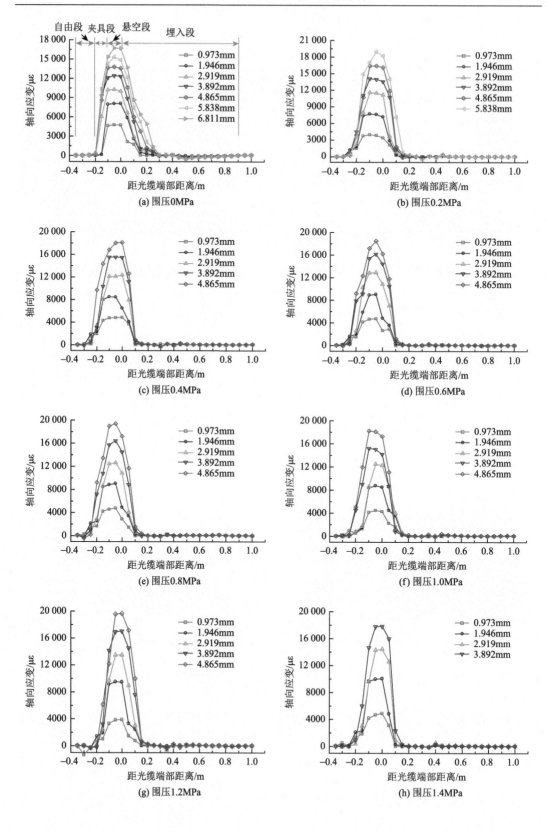

(a) 围压0MPa

(b) 围压0.2MPa

(c) 围压0.4MPa

(d) 围压0.6MPa

(e) 围压0.8MPa

(f) 围压1.0MPa

(g) 围压1.2MPa

(h) 围压1.4MPa

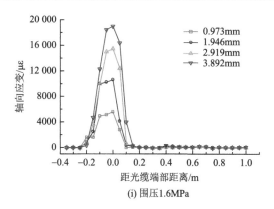

(i) 围压 1.6MPa

图 4.57 光缆在回填料土中拉拔时的应变分布曲线

采用 4.4.1 节提出的理想弹-塑性模型对试验结果进行了模拟。本试验中，为对比击实砂-黏混合土与未经击实的松填砂土的耦合性，在进行击实砂-黏混合土耦合试验时，同时也做了松填砂土的耦合性试验。模拟结果如图 4.58、图 4.59 所示。

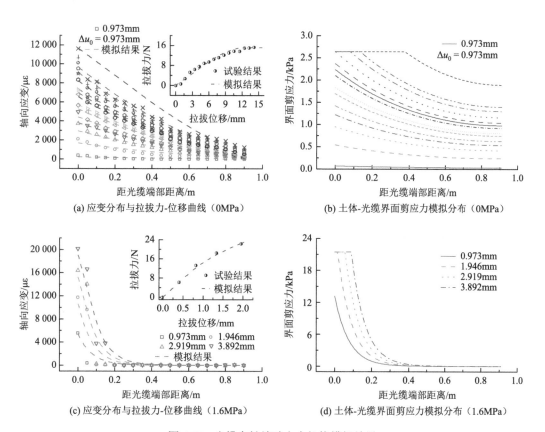

图 4.58 光缆在松填砂土中拉拔模拟结果

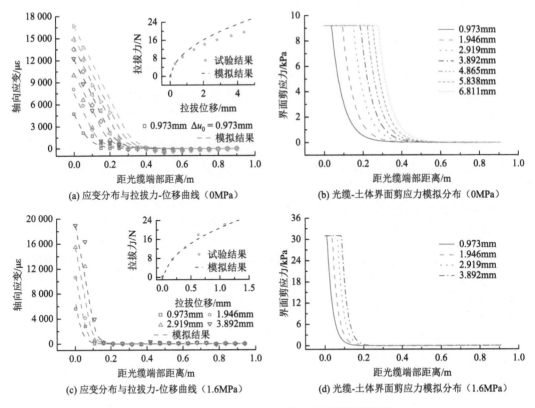

图 4.59　光缆在击实砂-黏混合土中拉拔模拟结果

　　对于抗拉强度较大的土体加筋材料，通常可通过拉拔试验得到最大拉拔力，继而求出加筋材料-土体界面的平均抗剪强度，以表征两者之间的黏结强度。但对于抗拉强度较小的光缆，拉拔试验的进程会受光缆量程所限，不一定能获得光缆的极限抗拔力（见图 4.56）。为了进一步分析图 4.57 所示试验结果，考察各级围压下的应变传递深度 d_ε。应变传递深度 d_ε 定义为一次拉拔试验中，光缆轴向应变从端部向尾部传递的最远距离。显然，光缆-回填料耦合变形能力越好，则 d_ε 越小。当光缆与回填料能完全耦合变形时，光缆"固化"于土体中，d_ε 应接近于 0。此时，回填料相当于一个夹紧埋入段光缆的长夹具，光缆在回填料中的拉拔试验也转化为对悬空段光缆进行的单轴拉伸试验。考虑到纤芯的测试量程，可规定某一围压下端部发生 $10\ 000\mu\varepsilon$ 时的 d_ε 作为该围压下的最大应变传递深度 $d_\varepsilon^{\max}$，具体做法是在其应变分布曲线上，量测从试样端部到应变变化率为零的那一点的距离（见图 4.60 和图 4.61）。

　　在上述应变传递深度概念的基础上，课题组提出了表征光缆-回填料变形耦合性的新参数，变形协调系数 ζ_{c-s}。该系数定义为

$$\zeta_{c-s}=\left(1-\frac{d_\varepsilon^{\max}}{L_0}\right)\times100\%　　　　（4.63）$$

式中，L_0 为拉拔试验中埋入段光缆的单位长度，一般取 1m；$d_\varepsilon^{\max}$ 为某一围压下的最大应变传递深度（m）。显然，ζ_{c-s} 越大，则光缆-回填料变形耦合性越好。围压对光缆-回填料

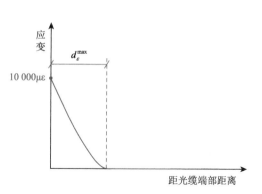

图 4.60　最大应变传递深度 $d_\varepsilon^{\max}$ 的确定方法

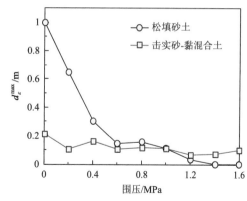

图 4.61　围压对最大应变传递深度 $d_\varepsilon^{\max}$ 的影响

变形协调系数 $\zeta_{c\text{-}s}$ 的影响如图 4.62 所示。对于松填砂土，$\zeta_{c\text{-}s}$ 值随着围压的增大而迅速增大，表明光缆-松填砂土的变形耦合性随着围压的增大而提高，松填砂土样的密实度也会进一步增大，从而大大增强其与光缆的耦合性。对于击实砂-黏混合土，$\zeta_{c\text{-}s}$ 值在零围压下便达到 78.65%，这表明光缆与击实砂-黏混合土的变形耦合性很强。

基于上述分析结果，作者提出了表征光缆-回填料变形耦合性的划分标准，见表 4.3。图 4.62 的结果表明，对于击实砂-黏混合土，光缆与回填料之间在零围压下便具有强变形耦合性能，而对于松填砂土，光缆与回填料之间具有强与较强变形耦合性能的临界围压值约为 0.47MPa。

表 4.3　光缆-回填料变形耦合性划分标准

$\zeta_{c\text{-}s}$ /%	变形耦合性能
75～100	强
50～75	较强
25～50	较弱
0～25	弱

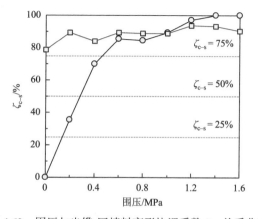

图 4.62　围压与光缆-回填料变形协调系数 $\zeta_{c\text{-}s}$ 关系曲线

4.5.2　传感光缆钻孔注浆耦合材料配合比研究

为使深部钻孔中应变传感光缆与岩土体变形协调，使监测结果更加可靠，工程中常需要选用一种与周围岩土介质相适应的注浆材料，充填钻孔空隙，使光缆与岩土体耦合为一体。如果采用纯水泥浆作为注浆材料，由于其凝固后强度较高，土体变形将难以全部传递给传感光缆；而且纯水泥浆固化后易开裂，使光缆受损。若在水泥浆中添加膨润土，则可以降低混合浆液凝固后的强度，增加其可塑性，使其力学性质与原位岩土体相似。下面介绍课题组对钻孔注浆耦合材料的试验研究成果（杨豪等，2012）。

1）试验材料及方案

水泥-膨润土浆液作为一种注浆材料，在国内应用比较广泛。掺入膨润土可以控制浆液的黏度、吸水率以及强度，使浆液具有较好的稳定性；而且这种浆液的稳定性、可灌性、保水性一般都比较好，可作为钻孔注浆耦合材料。

本试验采用了南京汤山膨润土有限公司的土木工程用钠基膨润土，所用水泥为 32.5 号硅酸盐水泥，水玻璃为工业钠水玻璃（$Na_2O \cdot 3SiO_2$），模数为 3，玻美度为 40%。水泥本身的水解化学反应较慢，但在水玻璃的作用下，混合液会迅速凝固。影响其性能的主要因素有水泥标号、水泥浆水灰比、水玻璃的模数与浓度，以及水泥浆-水玻璃的体积比等。

试验分为两组：①第一组针对浆液凝固时间无特定要求的情况，即分布式传感光缆可以预先埋入岩土体中，并有充分的时间使浆液凝固，将传感光缆与岩土介质耦合为一体。注浆材料主要由水泥和膨润土组成，主要分析浆液凝固体养护 14 天的无侧限抗压强度及其影响因素。②第二组针对浆液凝固时间有特定要求的情况，通常用于要求传感光缆埋置后能很快投入使用的场合，注浆材料由水泥、膨润土和水玻璃组成，主要分析了水玻璃掺量对浆液凝固时间的影响，以及不同配合比浆液凝固后养护 24 小时的无侧限抗压强度。试块的制作和无侧限抗压强度试验依据国家行业标准《建筑地基处理技术规范》和《土工试验方法标准》进行。

2）对浆液凝固时间无特定要求

图 4.63 为水与膨润土的比例分别为 8：2 和 10：2 时，水泥与膨润土之比和无侧限抗压强度的关系曲线。由图可见，随着水泥与膨润土之比的减小，即膨润土掺量的增加，试块的强度显著降低。对比图中的 2 条曲线可知，随着浆液中水的比例的增大，试样的无侧限抗压强度整体降低。

图 4.64 给出了试样无侧限抗压强度与水固比的关系曲线。结果表明，试样强度随着水固比的增大而减小；减小膨润土与水泥的比例，有助于提高试样的强度。总之，对试样强度的影响因素包括浆液中水泥的掺量和水的比例，试样强度与水泥的掺量呈正相关，与水的比例呈负相关。通过调整浆液中膨润土、水泥以及水的比例关系可以控制浆液凝固后的强度，使注浆体与原位岩土体的力学性质匹配。

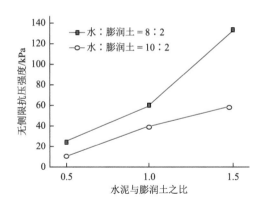 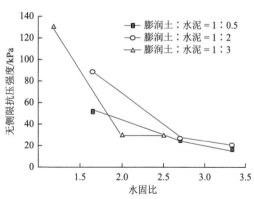

图 4.63 水泥与膨润土之比对无侧限抗压强度的影响　　图 4.64 水固比对无侧限抗压强度的影响

在京石客运专线石家庄某隧道工程中，采用分布式光纤感测技术对隧道开挖过程中土体的变形进行了实时监测。分布式传感光缆利用钻孔埋入土体中。由于传感光缆是在隧道开挖之前埋设的，并有充足的时间使浆液凝固后的强度达到设计要求，因此在实际工程中选用水泥-膨润土浆液作为注浆材料。

根据现场勘察资料，试验区段主要为新黄土，其无侧限抗压强度约为 110kPa，根据方案一中养护 14 天试样的无侧限抗压强度试验结果，对于水、膨润土和水泥的质量比为 10：3：3 的试样，浆液凝固后的无侧限抗压强度为 109.1kPa，满足耦合注浆对强度的要求，建议选取该配比作为注浆耦合材料的最优配合比。针对其他工程，可根据现场勘察资料，通过调整水、膨润土和水泥的比例关系，使浆液凝固后的力学指标与原位岩土体的近似相同。

此外，浆液的流动性也是传感光缆耦合注浆中需要考虑的问题之一，主要受浆液中水的比例的影响。随着水固比的增大，浆液的流动性也随之增强，但浆液凝固后的强度较低。因此在选择合理的配合比的时候，需要同时考虑浆液凝固体的强度和浆液流动性，以满足现场注浆设备的要求。

3）对浆液凝固时间有特定要求

为了控制浆液注浆后的流动性，缩短注浆后的休止时间，要求注浆耦合材料能快速凝固。因此，除了在浆液中掺入膨润土使其凝固后的强度与周围岩土介质相匹配外，还需加入适量的水玻璃，以缩短其凝固的时间。试验中水：水玻璃配比（体积比）分别为 2：1、4：1、6：1 和 8：1，并研究了不同的水：膨润土：水泥配比（质量比）的影响。

试验结果表明，若以水玻璃为单一变量，随着其掺量的减少，凝固时间也减小，且浆液的流动性逐渐变差。若以水泥掺量为单一变量，当水玻璃掺量较少时，随着水泥掺量的增加，浆液的凝固时间有逐渐减少的趋势；而当水玻璃掺量较高时，水泥掺量的变化与浆液的凝固时间无直接相关性，说明当水玻璃掺量处在一定范围的时候，水泥掺量的增加会加速浆液的凝固。若以膨润土为单一变量，其掺量的增加会加快浆液的凝固，而不受水玻璃掺量的影响，说明在常温条件下，膨润土在浆液中不与或极少与水玻璃发生反应；但膨润土有很强的吸湿性，加入膨润土会降低浆液的流动性，加快浆液凝固。随着水掺量的增加，浆液的凝固速率也随之降低。

从上述试样中选取 8 组进行了无侧限抗压强度试验。其中，试样 A1、A2、A4 的水∶膨润土∶水泥配比（质量比）均为 5∶2∶3，水∶水玻璃配比（体积比）分别为 4∶1、6∶1 和 8∶1；试样 A3、A5 的水∶膨润土∶水泥配比均为 5∶2∶2，水∶水玻璃配比分别为 6∶1 和 8∶1。试样 B1、B2 的水∶膨润土∶水泥配比均为 8∶3∶2，水∶水玻璃配比分别为 6∶1 和 8∶1。试样 B3 的水∶膨润土∶水泥配比为 8∶3∶4，水∶水玻璃配比为 8∶1。试验中得到的轴向应力-应变关系曲线如图 4.65 和图 4.66 所示。

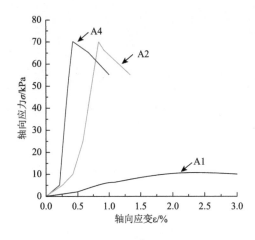 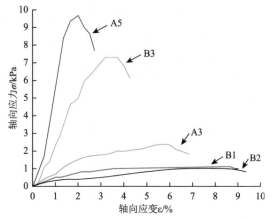

图 4.65　A1、A2、A4 试样的轴向应力-应变　　　图 4.66　A3、A5、B1、B2、B3 试样的轴向应力-
　　　　　关系曲线　　　　　　　　　　　　　　　　　　　　应变关系曲线

由图 4.66 可知，A2 和 A4 的 24 小时龄期无侧限抗压强度近似，约为 70kPa，而水玻璃浓度较高的 A1 试样的强度只有 12kPa。这说明，当水玻璃浓度较小时，水玻璃与浆液中的水泥完全反应，而且反应时间相对较快；当水玻璃浓度较高、水泥的掺量较少时，不但会使凝固时间增加，而且也会使试样凝固后的强度降低。因此，通过控制水玻璃的浓度和水泥掺量，可调节浆液的凝固时间和凝固后的强度。对比图 4.65 和图 4.66 中 A3、A4 和 A2、A5 两组曲线的峰值强度也可以看出，随着水泥掺量的增加，浆液凝固后的强度明显增大。图 4.66 中水固比较高的 B1、B2、B3 曲线也具有相同的特征。

以上结果表明，通过调整水泥和膨润土的比例以及水固比可以控制浆液凝固后的强度，通过添加水玻璃可以控制浆液的凝固时间。工程中需要注意以下三点：

（1）试样的无侧限抗压强度主要取决于水泥与膨润土的比例和水的掺量，提高水泥的掺量、减小水固比，可以增大注浆耦合材料凝固后的强度；反之，提高膨润土的掺量、增大水固比，可以减小注浆耦合材料凝固后的强度。因此，需通过调整注浆材料之间的比例关系，控制浆液凝固后的强度，使其力学性质与原位岩土体基本相似。

（2）水玻璃与浆液中的水泥发生反应，当水玻璃浓度较小时，可以缩短浆液的凝固时间；但当其浓度过高时，反而会降低浆液的凝固速度和凝固后的强度。通过控制水玻璃的浓度和水泥掺量，可以调节浆液的凝固时间和凝固后的强度。

（3）合理的水固比，既可以调控浆液凝固后的强度，也可以使浆液的流动性满足浆液设备的要求。

总之，依据原位岩土体的力学性质及施工的要求，通过试验可以找到一个合理的钻孔注浆耦合材料的配合比，浆液凝固后的基本力学性质与原位土体的基本相同，从而使布设于钻孔中的传感光缆能与周围岩土介质较好地耦合为一体。

第五章　地质与岩土工程多场分布式光纤监测技术

5.1　概　　述

地质与岩土工程是一个固、气、液三相体系，并在应力场、渗流场、温度场、化学场等多场作用下运动着、变化着，图 5.1 比较形象地展示了一个边坡的多场作用。因此，要了解和掌握地质条件与岩土工程在自然和人为作用下的演变过程，防治地质灾害，必须要对地质与岩土工程中的各种场进行监测。

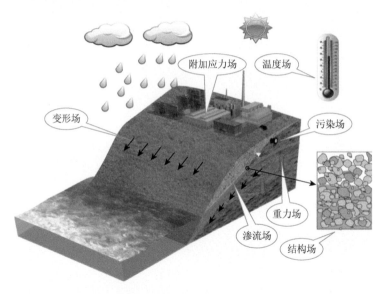

图 5.1　边坡多场作用示意图

根据施斌（2013）对场的理解，地质与岩土工程中的场可分为基本场、作用场和耦合场三类。基本场是指地质体结构场，它是各种作用场的物质基础和桥梁；作用场是对基本场产生影响的所有场的总称，主要包括应力场、渗流场、温度场和化学场等；耦合场指的是经过二种以上场的耦合作用后形成的标量或矢量场。在地质与岩土工程中，变形场是一种显性场，也是耦合场，也是几乎所有作用场与基本场耦合的结果，因此，它是研究地质与岩土工程稳定性和安全性的重要抓手，也常常是监测的重点。

场是具有物理和化学作用的空间，因此，具有分布式、长距离和耐腐蚀等监测功能的光纤感测技术，十分适合地质与岩土工程中场的监测。在评价和分析地质与岩土工程稳定性和安全性中，常常需要监测的场主要包括应变场、应力场、变形（位移）场、温度场、水分场、渗流场和化学场等。在这些场中，由于应变和变形场作为多种作用场的耦合场和显性场较易监测，因此其他场的监测如应力场、化学场等通常也是根据应变场的监测结果间接推导实现的，而水分场和渗流场的监测则是通过温度场的监测来实现的。

地质和岩土工程中多场的准分布光纤监测，主要通过光纤布拉格光栅（FBG）感测技术来实现的。FBG 感测技术利用各种被测物理量与光纤光栅实测应变值和温度值之间的关系，采用各种封装技术，可以制作成上百种物理量的 FBG 传感器，并在地质与岩土工程等的安全监测中得到了广泛应用。由于 FBG 感测技术已比较成熟，相关传感器在本专著 4.2 章节中已有阐述，因此，本章中除了介绍几种特殊的 FBG 感测技术外，重点介绍地质与岩土工程中几个主要场的全分布式光纤监测技术。

5.2　应变场的光纤监测技术

5.2.1　监测原理

布里渊散射光类感测技术、OFDR 和 FBG 等可以直接测量出光纤沿线的应变分布，因此，采用这些技术对地质与岩土工程应变场进行监测的原理是：将传感光缆布设在被测地质体和岩土工程结构上（中），并使得传感光缆的应变与被测体的应变完全耦合，就能分布式监测地质与岩土工程的应变场。因此，在这类技术的监测应用中，应变传感光缆的感测性能和布设至关重要。

5.2.2　传感光缆（器）

为了确保传感光缆与被测地质体的应变完全耦合，应变场传感光缆需要采用紧包封装方式来实现，并可分为五种结构类型：

Ⅰ、薄护套应变传感光缆。具有薄层护套、应变传递性好等特点，但强度较低，主要用于高强度传感光缆、分布式压力传感器、分布式应力传感器等的二次封装，见图 5.2-Ⅰ；

Ⅱ、低弹模应变传感光缆。具有软质紧包层，弹性模量较低，与低模态材料有着较好的耦合性，主要用于室内外土体模型试验的应变监测，见图 5.2-Ⅱ；

Ⅲ、高强度应变传感光缆。采用金属绞线紧包结构，具有强度高、弹性模量高、顺直性好等特点，可用于岩体和工程浇筑体的应变与变形监测，见图 5.2-Ⅲ；

Ⅳ、高稳定性应变传感光缆。采用耐高温、低蠕变性的材料一体化封装，具有耐高温、长期稳定性高等特点，主要用于岩体蠕变、围岩长期变形等监测，见图 5.2-Ⅳ；

Ⅴ、带式应变传感光缆。采用金属片、纤维布等封装成带式应变传感光缆，易于通过焊接或粘贴方式安装在被测物表面，主要用于石油管线、隧道、钢管桩等成型结构的监测，见图 5.2-Ⅴ。

对于地质体内部应变场的监测，除了通过钻孔等将传感光缆直接植入地质体内部外，还可植入附有应变传感光纤的感知材料来实现，可分为两类：

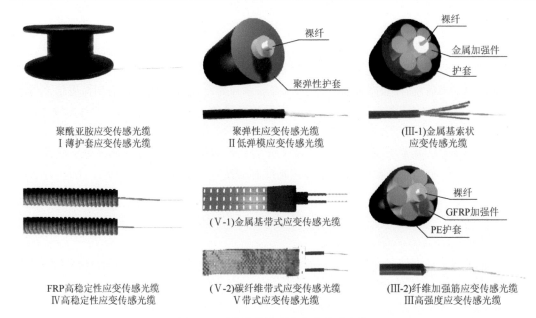

图 5.2　五种结构类型的应变传感光缆

　　第一类为感知杆件。采用黏合剂或绞合方式,将应变传感光缆与测斜管和锚杆(索)等杆件牢固地黏结或压合成一体,形成能耦合变形的感知杆件;再将感知杆件植入到地质体中监测其内部应变分布。可用于边坡、隧洞围岩和支护体内应变场的分布式监测,见图 5.3 (a)。

　　第二类为感知土工织物。将应变传感光缆编织进土工格栅和土工布等,形成土工织物感知网络,再布设或埋入岩土体中,监测其二维和三维应变场。可用于地质体和岩土工程结构表面和内部的应变场监测,见图 5.3 (b)。

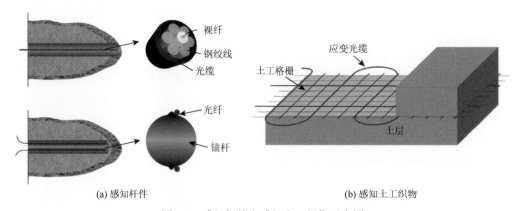

(a) 感知杆件　　　　　　　　　　　　　　(b) 感知土工织物

图 5.3　感知杆件和感知土工织物示意图

　　对于流变性岩土体,其连续应变比较大,玻璃光纤的容许变形量已无法满足其测试量程要求。在这种情况下,可通过大变形传感光缆设计,详见第七章,或将玻璃光纤替换为容许变形量是其几十倍的聚合物光缆来实现。

5.2.3　应用实例

为了论证基于 BOTDR 技术的 2mm 直径传感光缆直埋于土体中监测边坡应变场的可行性，课题组在宁淮高速公路某段人工填土边坡上进行了监测试验。该边坡路段为弱膨胀土，坡高 8.0m，坡比为 1∶2，局部为人工填土，施工过程中未夯实。传感光缆间隔 5m 采用钢钎进行固定，固定深度为 0.5m，光缆埋入边坡表面 10cm 深处，按图 5.4 和图 5.5 所示布设成边坡分布式光纤监测网络。

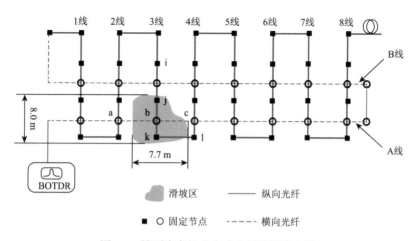

图 5.4　坡面应变场分布式光纤监测方案图

图 5.5　坡面应变场传感光缆布设实景图

采用 BOTDR 对传感光缆应变进行了监测。图 5.6 和图 5.7 为边坡在经历几次降雨后某一次光缆应变监测结果。从图 5.6 得出，A 线传感光缆 a-b-c 段发生应变异常，异常段长为 10m；图 5.7 为 3 号线监测结果，应变异常段 i-j-k-l 长为 15m，从而可以确定图 5.4 边坡表层土体发生滑动的阴影区域。

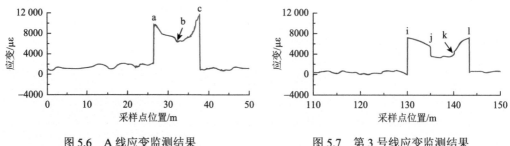

图 5.6　A 线应变监测结果　　　　　　图 5.7　第 3 号线应变监测结果

边坡发生滑动后，现场勘测结果如图 5.5 所示。边坡滑动区域沿 A 线方向长为 7.6m，沿第 3 号线方向长为 8m，BOTDR 监测结果大于滑动区实际长度，这是因为边坡表层土体滑动的同时会带动光缆的固定节点一起移动。对 A 线来说，节点 b 的移动会造成 ab 和 bc 段光缆受拉，产生较大的应变；3 号线上，节点 j 移动造成 ij 段拉伸，节点 k 移动造成 jk 和 kl 段同时拉伸。监测结果表明，光缆传感网络对边坡土体的应变场非常敏感，可以对边坡应变异常区域空间定位，从而实现对滑坡的预测预警，也证明了 BOTDR 技术应用于土质边坡应变场监测是可行的。

5.3　应力场的光纤监测技术

5.3.1　监测原理

采用分布式光纤感测技术，通过对地质体及其结构中微小应变场的测试，再通过应变与应力之间的换算来实现对应力场的监测。具体来说，将不同方向的地应力和结构力转化为弹性材料的应变，再利用分布式光纤感测技术对弹性材料的应变进行测量，反演应力场分布。

5.3.2　解调技术与传感光缆（器）

应力场的监测可以采用 FBG 技术和分布式光纤感测技术如 BOTDR、BOTDA、BOFDA、OFDR 等来实现。FBG 传感器通过特殊封装，可以研制成各种应力传感器，如 FBG 土压力计、钢筋应力计和锚索测力计等，见图 4.4 和图 4.6，而基于布里渊散射光感测技术的各类应力传感光缆则与各类应变传感光缆基本一致。这里主要介绍课题组研发的二种分布式光纤测力技术。

1）分布式光纤测力管

图 5.8 是课题组研制的一种分布式光纤测力管设计示意图和实物图。该测力管为高弹性管件，当受到地应力等作用发生弹性变形时，缠绕在测力管上的应变传感光缆就会发生相应的应变，采用 BOTDA、BOTDR 和 OFDR 等光纤感测技术获得它们的应变分布，据此根据测力管的弹性模量再换算出应力分布。测力管可通过钻孔直接植入到地质体中，对不同深度的应力场进行测量和监测。图 5.9 是一维光纤测力管应变-压力标定图。

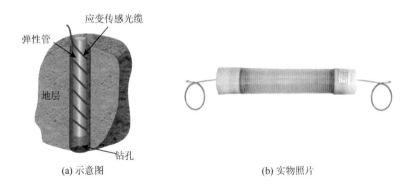

(a) 示意图　　　　　　　　　　(b) 实物照片

图 5.8 光纤测力管设计示意图与实物照片

对于地质体中各向异性应力场监测，可采用课题组设计的一种可测量二维方向应力的分布式测力管，见图 5.10。该测力管有两个相互垂直的弹性内隔板，每块内隔板用于承担其垂直方向接触面上的压力。横隔板上来回折返布设应变传感光缆，用于测量隔板的压缩变形，再根据隔板的弹性模量计算其承担的应力大小。两个垂直方向的隔板可实现同一截面的二维地应力测量。该器件可连续布设，也可分段布设，可对不同深度的二维地应力进行精细监测。

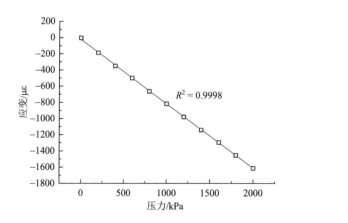

图 5.9 一维光纤测力管应变-压力标定图

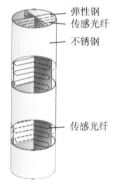

图 5.10 二维光纤测力管结构示意图

2）粘贴式分布式光纤应力监测技术

选用高强度黏合剂（如环氧树脂），采用表面或开槽粘贴方式，沿构件轴向布设，形成粘贴式分布式光纤应力感知构件，图 5.11 是分布式应力传感光纤安装示意图。根据应变测试结果，再根据被测物的模量即获得被测物的应力分布。

粘贴传感光纤时，需要对传感光纤施加一定的预应力，使应变光纤段具有一定的初始应变，同时也便于杆件应变段的空间定位。最后需要对传感光纤出口进行保护。如采用 PU 管和波纹管封装，可以起到很好的缓冲作用，防止传感光纤在搬运和安装过程中受到损伤。

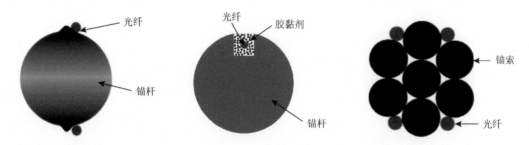

图 5.11　分布式应力传感光纤粘贴示意图

5.3.3　应用实例

广州市某基坑建设场地地下水位较高，采用 Φ25 钢筋锚杆进行基坑抗浮。为了验证锚杆设计值的可靠性，分析抗浮锚杆在拉拔荷载作用下的锚固机制，课题组进行了现场足尺的锚杆拉拔试验。试验锚杆基本参数见表 5.1。

表 5.1　抗浮锚杆参数

编号	直径/mm	锚杆总长/m	锚固长度/m	自由段长度/m	弹性模量/GPa
S01	25.00	12.00	10.78	1.22	200.00

锚杆全长植入了分布式传感光缆。拉拔试验时，采用光频域反射计（OFDR）对各级荷载作用下的锚杆应变分布进行测试，根据应变与应力的关系，计算得到锚杆在不同荷载作用下轴向应力的分布曲线，见图 5.12。

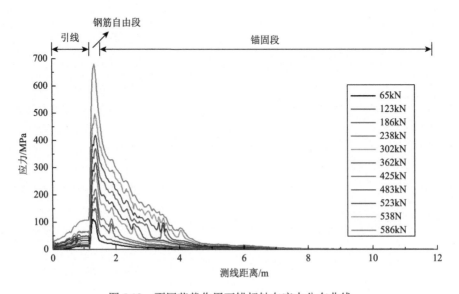

图 5.12　不同荷载作用下锚杆轴向应力分布曲线

根据不同荷载作用下的锚杆应力分布，可以清晰的区分出锚杆的锚固段及自由段。锚固段顶部有约 20cm 长度的锚杆应力较大，为穿心千斤顶处的自由段。拉拔过程中，锚杆的应力影响深度约为 5m，从锚固段头部往下呈递减趋势，随着荷载增加，锚杆应力逐级增加，最大位置应力达 680MPa。监测结果显示出分布式光纤测力方法可获得整根锚杆长度上的应力分布，技术优越性显著。

5.4　变形场的光纤监测技术

5.4.1　监测原理与方案

变形场是应变在空间上的累积反映，也是多场耦合作用下被测物的形状和尺寸发生变化的外在表现。变形场的监测在地质灾害预测预警和岩土工程安全评价中十分重要。地质与岩土工程变形场的光纤监测是通过附着在被测物上的传感光纤与被测物的变形发生耦合，采用 FBG 和布里渊散射光等的光纤应变感测技术，获得被测物的应变分布，再通过应变与变形之间的换算而实现的。

针对地质与岩土工程变形不同的监测量程，应选择合适的光纤感测技术，采用不同的监测方案实现被测物变形场的监测。

对于量程小于 0.5% 的变形场监测，可采用 FBG 和传感光缆全接触式布设来实现。全接触式布设就是将 FBG 传感器和传感光缆直接布设或埋设在被测物的表面或者内部，见图 5.13（a）。

对于量程 0.5%～2% 的变形场监测，可采用定点式传感光缆变形均化测量方式来实现，见图 5.13（b）。在传感光缆封装过程中可将纤芯进行定点固定，固定部分与被测物体接触耦合，其余部分松套隔离，这样可通过调节两个固定点之间的距离，实现对被测物不同量程的变形监测。

对于量程 2%～50% 的变形场监测，可采用弹簧等换能模式封装成多点位移计来实现，见 5.13（c），也可采用塑料光纤作为内芯，封装成定点式光缆增加量程。有关地质工程大变形的光纤监测技术可参阅第七章。

5.4.2　解调技术与传感光缆（器）

变形场监测可以选用布里渊散射光感测技术（BOTDR、BOTDA、BOFDA）和 FBG 技术，前者可以分布式连续获取大范围变形场的分布情况。按照一定的拓扑结构布置形成二维或三维感测网络，可以实现二维或三维的全域监测；而后者可以研制成各种高精度的变形、位移、倾角等传感器，实现对关键区域的准分布精细监测。二者结合，可以形成全域与局部精准测量的分布式监测网络。

地质与岩土工程变形场监测的传感光缆与 5.2 中的分布式应变传感光缆基本相同。在变形场监测时，应针对不同的地质条件和施工条件，选择合适的传感光缆，综合考虑以下几个方面：

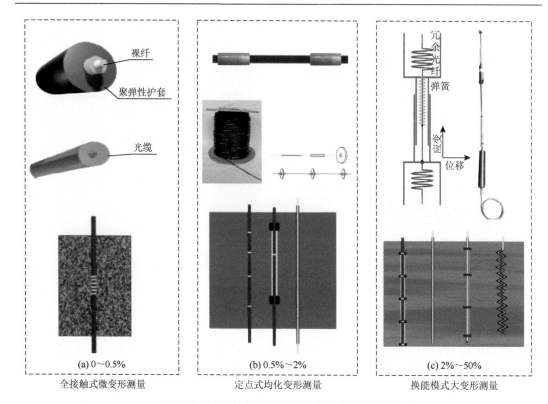

图 5.13　不同量程变形场传感光缆设计原理图

1）光缆的强度

光缆强度是指光缆抵抗外界拉、剪、压破坏的能力。传感光缆选型中首先要考虑的是光缆强度能否满足施工要求，确保光缆在工程施工后能成活并获得有效数据。地质和岩土工程的作业环境恶劣，需要选用各类加筋增强型高强度应变传感光缆。相对而言，土木结构规则有序，施工环境相对较好，人为可控性强，采用低强度的传感光缆即可满足要求。一般来说，不同监测对象对光缆的强度要求：岩土体＞混凝土＞钢结构＞试验模型。

2）光缆的弹性模量和形状

光缆的模量与形态直接影响传感光缆与被测物的匹配程度。光缆的弹性模量一般要与被测物相匹配，过大会造成应变损失，过小会造成初始应变杂乱，影响数据分析。光缆断面形态决定其有效接触面积，影响到黏结力的大小。带式光缆适合焊接或粘贴于各类工程体表面；圆柱形高模量光缆适合埋入混凝土或用夹具安装于混凝土表面；圆柱形低模量光缆适合植入土体内部（图 5.14）。

3）光缆直径

光缆直径是关乎光缆布设方式的重要因素。直径小的光缆纤细柔韧，便于开槽植入；直径大的光缆抗弯折能力好，便于直接浇筑于混凝土等结构体中；直径适中的光缆则便于表面夹具的安装。图 5.15 为各类不同护套直径的光缆实物示意。

(a) 圆柱形高模光缆

(b) 带式聚氨酯光缆

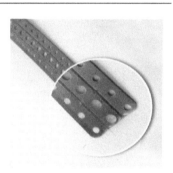
(c) 带式铜质光缆

图 5.14 不同弹模和形状的传感光缆

图 5.15 不同直径的传感光缆

4）封装材料

纤芯与外界的应变传递就是靠外层材料来实现的，所以选择与被测体变形协调性好的外层材料尤为重要。金属基材料封装的光缆与钢结构协调性好；高强材料封装的光缆与混凝土、岩土体协调性好；此外，表面安装还需考虑外护套材质的耐风化和抗紫外老化能力。

5.4.3 布设方式

根据传感光缆和被测物的变形特点，结合课题组多年来的室内试验与工程实践经验，在实际工程的光纤监测中，对于表面和浅层岩土体和结构物变形，可采用两种光纤布设方式，即定点接触式和全面接触式。对于深部变形，则采用钻孔埋入方式，详见第七章。

5.4.4 应用实例

京石客运专线石家庄段某隧道在建设期需要穿经一条正在运行的石太线老铁路，为了确保隧道施工不影响老铁路的正常运行，需要在隧道穿越过程中对老铁路的路基变形进行监测。课题组采用基于 BOTDR 的分布式光纤变形监测管，对隧道施工推进过程中的上覆老铁路路基变形进行了监测，图 5.16 为分布式光纤变形监测管布设和某测管的监测结果。

从图中可以看出，东二管竖向位移的最大值约为 26mm，1、2 月份隧道开挖初期，东二管的竖向位移值较小，随着开挖掌子面的推进，东二管的竖向位移不断增大，说明隧道上覆土体的沉降范围以及最大沉降量也在增大。分布式的光纤监测结果为老铁路地基的稳定性评价提供了关键性的评价依据。

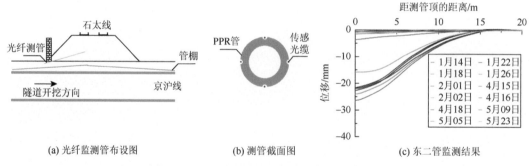

(a) 光纤监测管布设图　　　　　　(b) 测管截面图　　　　　　(c) 东二管监测结果

图 5.16　光纤监测管布设与部分位移监测结果

5.5　温度场的光纤监测技术

5.5.1　监测原理与方法

温度场监测采用具有测温功能的分布式光纤感测技术如 FBG、ROTDR 等，通过向地质体中和岩土工程结构上布设温度传感光缆（器），即可实现对光缆沿线温度分布的监测。埋入多组不同方向的温度传感光缆（器），即可实现整个被测物温度场的监测，形成分布式温度监测网路。

5.5.2　解调技术与传感光缆（器）

地质与岩土工程温度场最常用的光纤感测技术是基于 FBG 的准分布和基于 ROTDR 的全分布式光纤温度感测系统。解调仪的选择主要从测试精度、空间分辨率、监测范围、采样率和测试时间等方面考虑。对温度测量精度要求较低，但需获取被测体较大范围内温度的变化、温度异常识别和定位区域，宜选择基于 ROTDR 的分布式温度解调仪；对测量精度要求较高，或对局部需要重点监测时，宜选择基于 FBG 的准分布式解调仪。将 FBG 和 ROTDR 两种技术结合使用时，可以同时准确获取整体和局部温度场分布情况，实现优势互补。

温度传感光缆的选择主要考虑强度和长期稳定性两个要素。分布式测温光缆由内芯、内护套管、加强筋和外层护套四个单元部分组成：内芯为 1-4 芯多模纤芯，传感纤芯套在内护套管内进行隔离保护，防止外部加强筋的挤压破坏；加强筋采用耐腐蚀的不锈钢丝或纤维复合筋材，抗拉和抗折强度高，防止光缆挤压和拉伸断裂。图 5.17 为课题组研制的针对不同地质与岩土工程监测环境的分布式温度传感光缆。

5.5.3　布设方案

温度场的监测可通过向地质体和岩土工程结构中埋入测温光缆，即可实现对光缆沿线温度分布的监测。结合地质工程现场的实际环境和可操作性，主要采用地表开槽、深部钻孔和结构表面粘贴等方式。相关布设的工艺细节与 5.4 节应变场相似，但要相对简单，因为温度传感光缆不需要与被测物的应变耦合，这样就大大简化了布设工艺。

图 5.18 为综合 ROTDR 和 FBG 技术，分别在表层和深部纵横二个方向布设温度传感光缆（器），获取二维温度场分布示意图。

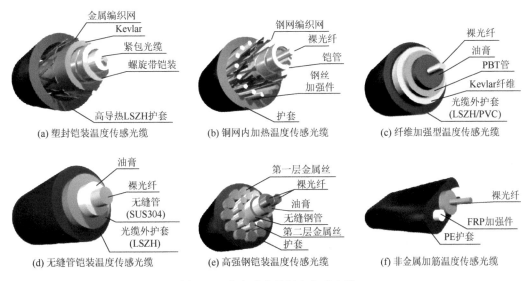

图 5.17　分布式光纤温度传感光缆

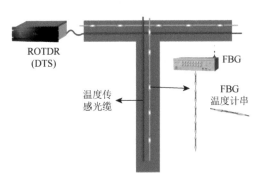

图 5.18　温度场传感光缆（器）布设示意图

5.5.4　应用实例

图 5.19 是课题组承担的鲁南某地浅层地温场监测项目传感光缆布设示意图。该项目的目的是为了了解和掌握地热能在换能过程中地温场随时间与空间的变化规律。项目利用已有的地温场换能实验孔，采用 DTS 和 FBG 光纤感测技术，在钻孔内安装 U 形分布式温度传感光缆，对地温场在换能过程中的变化进行分布式监测，同时，在重点地层布设光纤光栅传感器，实现局部区域的精准监测。

图 5.20 是双 U 管加热过程中获得的 DTS 传感光缆测得的温度分布时程曲线。从图中可以看到：监测数据具有非常好的对称性，在 40～42m 深度处一个明显的温度变化异常区。经地质资料综合分析，该异常区是一个渗流区，由于地下水的流动而使该土层导热系数远远大于其他土层，因此在加热过程中，由于水的比热容较大，热交换能力也大，因此该处温度就低。监测结果表明，DTS 分布式光纤测温技术能够捕捉到很小厚度的渗流层，对于浅层地温能的利用和评价具有重要价值，显示出其独特的优越性。

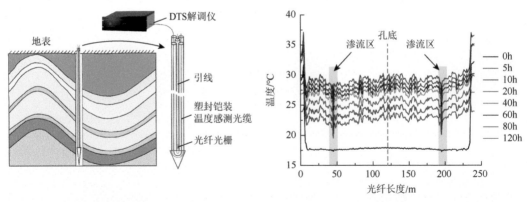

图 5.19　浅层地温场传感光缆布设示意图　　　图 5.20　双 U 管加热过程中 DTS 测得的温度
　　　　　　　　　　　　　　　　　　　　　　　　　　　　　分布时程曲线

5.6　水分场的光纤监测技术

5.6.1　概述

　　土中水分场的分布和程度是影响土体稳定性的重要因素，滑坡、泥石流、崩塌、地面沉降等地质灾害和基坑失稳、挡土墙垮塌、隧道渗漏等岩土工程问题均与土中水分场密切相关。因此，土中水分场的监测对于掌握土的工程性质、防治地质灾害和解决各种岩土工程问题具有重要意义。

　　反映土中水分场分布和程度的定量指标是土的含水率。传统的土中含水率测试主要有烘干法、电阻率法和时域反射法（TDR）等。烘干法是土中含水率测量最常用和简便的方法，但这种方法采用取样烘干原理来确定土中含水率，因此，无法满足土中含水率变化的原位监测；电阻率法是通过测量埋入土中两个电极之间的电阻率来确定含水率的，因此难于满足土中含水率分布式监测的要求；TDR 是通过测量插入土中探针间的电磁波入射和反射之间的时间差来求得土的介电常数，再利用介电常数确定含水率，是目前土中含水率原位监测比较常用的方法，但该方法很难将测量探头安装到深部土体中，也很难满足长距离分布式原位监测的要求。

　　近年来在分布式光纤测温技术（DTS）基础上发展起来的主动加热光纤法，简称 AHFO 法，为土中水分场的原位监测提供了技术基础。美国俄勒冈州立大学 Sayde 等（2010）设计了一种不锈钢加热光缆，并通过热量散失快慢来推断周围土中的水分场；美国威斯康辛州立大学麦迪逊分校 Striegl 与 Loheide（2012）将 AHFO 法应用于现场土中水分场的测试，取得了较好成果，但是，目前从国际上报道的相关 AHFO 法成果来看，这一方法还远远没有成熟，表现在还没有主动加热型传感光缆的产品，没有相应的 AHFO 测试系统，没有标准化的商业化监测设备，试验对象主要集中在农业灌溉过程中的土中水分场的监测，相关成果仅仅停留在论文阶段，还没有推广应用。

　　为此，课题组通过几年的技术攻关，研发出了两种主动加热型光纤水分场监测技术及其相关设备，并已产业化，投放了市场。本节将重点介绍这两种监测技术：FBG 水分场准分布式监测技术和 DTS 水分场全分布式监测技术。

5.6.2　水分场分布式光纤监测原理

1）基本原理

土中水分场分布式光纤监测是通过测量土中含水率的大小和分布来实现的。由于土中水分场的迁移常常是比较缓慢的，在一定时间段内，甚至可以视为静止的，因此具有不同含水率水分场的土体，它们的温度场变化差异不会很大，这样，采用 FBG 和 DTS 光纤测温技术来对土中水分场的监测就变得十分困难。为此，课题组研发出了基于 FBG 和 DTS 测温技术的二种具有主动加热功能的光纤传感器（缆），并将其植入土体中，获得它们在不同含水率土中主动加热升温时程曲线，并确定土的温度特征值（T_t），通过建立 T_t 与土中含水率之间的关系，测量土中含水率的大小和分布，从而实现土中水分场的分布式监测。

2）温度特征值（T_t）

所谓温度特征值，是曹鼎峰等（2014）基于不同含水率土的温度时程曲线，为建立温度与土中含水率之间的关系而提出的。当主动加热型 FBG 传感器和 DTS 传感光缆通电加热后，与其紧密接触的周围土体就会被加热升温，升温的时程曲线由 FBG 和 DTS 通过传感器（缆）测得，如图 5.21 所示。从图中可以看出，在传感器（缆）加热初期，周围土的升温比较快，尔后慢慢趋稳，因此，为了减少监测时间，防止因长时间加热而影响土中的含水率，在温度时程曲线上可选择一个合适的升温时间区间，定义为特征时间区间，再根据特征时间区间测得的温度值，定义为温度特征值（T_t），其含义如下：在传感器（缆）升温时程曲线上，选取某个特征时间区间 $[t_a, t_b]$，在该时间区间内，FBG 和 DTS 所测得的温度算术平均值，即为温度特征值，用 T_t 表示，计算公式为

$$T_t = \frac{\sum_{i=1}^{n}(T_i)}{n}$$

式中，T_t 为温度特征值，T_i 为特征时间区间 $[t_a, t_b]$ 内的等时间间隔所测得的温度值，n 为特征时间区间内温度的测量次数。

在温度时程曲线上，特征时间区间的选取直接影响到测试的效率和准确性。一般来说，特征时间区间应选在温度趋于稳定的时段，这样获得的温度特征值也比较稳定，具有代表性，然而，如果特征时间区间的起点（t_1）选得太长，就会影响到测试效率。根据加热功率，一般 FBG 的特征时间区间的 t_1 选在 5min 左右，测试时长 2min 左右；而 DTS 的特征时间区间的 t_1 选在 15min 左右，测试时长 5min 左右。

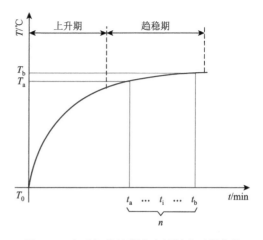

图 5.21　主动加热过程中光纤温度时程曲线

3）T_t 与含水率(θ) 之间的关系

在恒定加热功率下，由被测土的温度变化计算土的导热系数的理论已经很成熟，可精确求解，但从土的导热系数计算土中的含水率，有许多计算模型，如 Johansen（1977）提出的、后来被 Lu 等（2007）和 Côté 与 Konrad（2005）修正过的指数函数模型，Chung 与 Horton（1987）提出的幂函数模型，Gangadhara Rao 和 Singh（1999）提出的对数函数模型等。这些模型都比较复杂，涉及的参数很多，每个参数获取过程中的误差都会在计算含水率时产生累积，影响测试结果的准确性。另外，用土的导热系数不如用 AHFO 法获得的温度特征值（T_t）计算土的含水率来得直接，并可减少含水率的测量误差。为此，在大量试验分析的基础上，课题组提出了一个分段线性函数模型来计算土的含水率，即

$$T_t = k_1\theta + b_1, \quad \theta > \theta_0 \tag{5.1}$$

$$T_t = k_2\theta + b_2, \quad \theta \leqslant \theta_0 \tag{5.2}$$

式中，θ 为土的体积含水率；T_t 为温度特征值；θ_0 为土的界限体积含水率，其大小与土的缩限基本相当，它与土的成分和粒度组成有关，可通过标定试验确定。一般在 $T_t \sim \theta$ 标定曲线上，将曲线上曲率半径最小的点所对应的含水率作为 θ_0，k_1，k_2，b_1 和 b_2 都是与土的成分与结构和光缆加热功率有关的测试系数，可通过标定试验确定。由于现场土的类型比较多、结构也比较复杂，因此在现场测试时，通常都要对被测土的上述参数进行标定。

5.6.3　加热型 FBG 传感器研制

在采用 FBG 测温技术对土中水分场进行准分布监测时，加热型 FBG 传感器是最基本的传感元件。苏州南智传感科技有限公司设计研制了二种加热型 FBG 传感器：加热型碳纤维棒 FBG 传感器（简称 CFHSB）和加热型刚玉管 FBG 传感器（简称 APHS），它们的组成结构见图 5.22 和图 5.23。

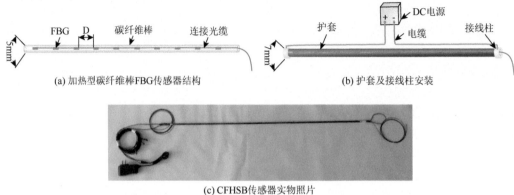

(a) 加热型碳纤维棒FBG传感器结构　　　　　　　(b) 护套及接线柱安装

(c) CFHSB传感器实物照片

图 5.22　CFHSB 传感器结构与实物图

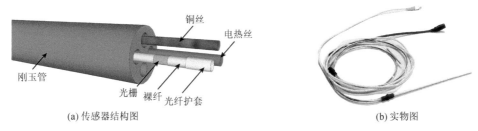

(a) 传感器结构图　　　　　　　　　　　　　　　　　(b) 实物图

图 5.23　加热型刚玉管 FBG 传感器结构与实物图

　　CFHSB 由直径 5mm 的碳纤维棒，FBG 串，护套，接线柱，电缆及光纤构成。碳纤维棒既是整个传感器的骨架，又是热源，通电时产生热量，使 CFHSB 升温。通常，碳纤维棒电阻为 19.4Ω/m，加热时，两端电压根据其长度设定，并确保单位长度 CFHSB 的加热功率恒定；FBG 串采用专用封装胶粘贴于碳纤维棒表面，并通过传导光纤接入解调仪；相邻 FBG 间距可根据需要设置；粘贴 FBG 光栅串的碳纤维棒还需要加一层护套，防止 CFHSB 向土中安装时遭到破坏，也为了防止碳纤维棒通电后发生漏电事故；最后，在碳纤维棒两端各安装一个接线柱，用于连接供电电缆。

　　APHS 由四孔刚玉管、FBG 串、光纤引线、引线护套、电阻丝、导线、密封套管六个部分组成。刚玉管的主要成分为三氧化二铝，具有抗腐蚀强、耐久性好、强度高等优点，并且也是一种绝缘材料。在 APHS 中，刚玉管既是传热材料，又作为护套材料，用于保护内部的 FBG 串和加热导线等不受损坏。刚玉管的直径和内部孔数量可根据需要定制，一般可选取直径为 4mm，孔径为 1mm，孔距为 1mm 的 4 孔刚玉管作为传感器封装管。在刚玉管的 4 个孔中，1 个铺设电热丝，两个铺设导线，一个安装 FBG 串。

　　CFHSB 和 APHS 均属于准分布式传感器，具有质量轻、体积小、容易携带、抗干扰能力强、响应时间短和空间分辨率高等优点，但是两者适用范围有所区别。CFHSB 强度较低，安装中容易破坏，因此它十分适用于室内模型试验中的水分场监测；APHS 强度高，刚玉管易制作成探针，通过插入方式测试土中含水率，因此，APHS 十分适用于现场原位土的含水率测试和监测。

　　将多个 CFHSB 或 APHS 以串联或并联的方式，采用时分、波分和空分等复用技术连接在一起，就可实现一维、二维和三维的土中含水率准分布式监测。图 5.24 是土中含水率 FBG 准分布式监测示意图。

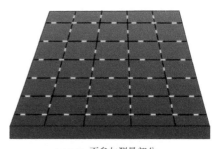

―――― 不参与测量部分
―――― 参与测量部分

图 5.24　土中含水率 FBG 准分布式监测示意图

5.6.4　加热型传感光缆研制

　　采用 DTS 测温技术对土中水分场进行全分布监测中，加热型传感光缆的性能十分关键。苏州南智传感科技有限公司设计研制了两种加热型传感光缆，即加热型碳纤维光缆（简称 CFHC）和加热型金属网光缆（简称 MNHC），它们的结构图见图 5.25。

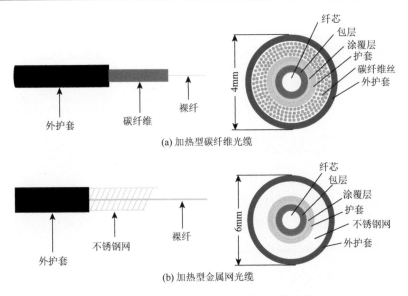

(a) 加热型碳纤维光缆

(b) 加热型金属网光缆

图 5.25　CFHC 和 MNHC 两种传感光缆结构图

　　CFHC 由传感光缆、碳纤维、外护套组成，其中传感光缆由纤芯、包层、涂覆层、光纤护套组成；碳纤维以丝状物包裹在传感光缆周围。CFHC 结构与加热原理如图 5.26 所示。碳纤维通过并联方式接入电路，两根输电铜导线和碳纤维光缆平行布设，碳纤维光缆上每隔距离 D 设置一接线柱，铜导线一端与接线柱相接，另一端与电源相连，每段碳纤维加热功率相等。

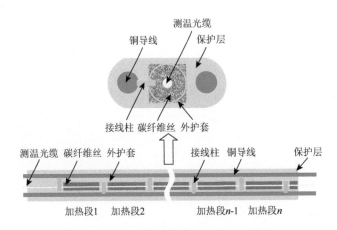

图 5.26　CFHC 结构与加热原理示意图

　　MNHC 与 CFHC 结构相似，不同的是它由金属网导电加热，阻抗小，传热距离长，但热值较小，二者的物理性能对比见表 5.2。

　　CFHC 电阻大，所需电压小，抗腐蚀性强，适用于短距离（<500m）的土中水分场分布式监测，而 MNHC 的上述特性更适用于长距离、大面积土中水分场的分布式监测。

表 5.2　MNHC 与 CFHC 物理性能对比

光缆类型	最高电压 /(V/m)	电阻 /(Ω/m)	直径 /mm	最大拉力 /N	最小弯曲半径 /mm	温度适用范围 /℃
CFHC	0～22	19.4	4	100	80	−20～120
MNHC	0～42	0.02	6	400	150	−20～85

　　由于 DTS 测温技术的空间分辨率为 1m，因此，对于空间分辨率要求比较高的土中水分场监测，可以将加热型传感光缆环绕于管或棒材上，形成加热型传感光缆管。图 5.27 是 CFHC 缠绕的加热型碳纤维光缆管（简称 CFHST）的结构与实物图。

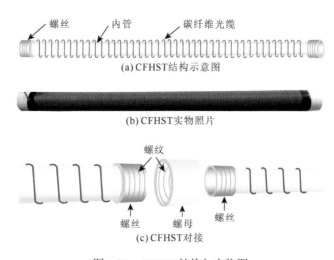

图 5.27　CFHST 结构与实物图

　　CFHST 由三部分构成，即内管、加热型碳纤维光缆和接口螺丝等。内管可以是不同材质的管材，常用的管材是直径为 5cm 的 PVC 管，每一节的长度可根据实际需要而定，一般以 4m 为宜，相邻两节之间通过接口螺丝相接，如图 5.27（c）所示。CFHC 紧密地缠绕于内管上，使得 CFHST 加热后影响半径比单独一根的 CFHC 要大得多，这样大大提高了测量准确度，同时 CFHST 也大大提高了 DTS 测试的空间分辨率，提高率可通过式（5.3）和式（5.4）计算获得。

$$M = \frac{Sd}{\pi D} \tag{5.3}$$

$$N = \frac{S}{M} = \frac{\pi D}{d} \tag{5.4}$$

式中，M 为 CFHST 的空间分辨率，N 为空间分辨率的提高率，d 为 CFHC 的直径，D 为 CFHST 的直径；S 为 DTS 的空间分辨率。如一根 $d = 4\,\text{mm}$ 的 CFHC 紧密缠绕在 $D = 50\,\text{mm}$ 的内管上，DTS 的空间分辨率 $S = 1\,\text{m}$，根据式（5.3）和式（5.4）计算得到：CFHST 的空间分辨率（M）提高到了 2.5cm，提高率（N）约为 40，即提高了 40 倍。

5.6.5　水分场光纤监测

1）$\theta \sim T_t$ 的标定

无论是采用 FBG 的准分布含水率测试，还是采用 DTS 的全分布含水率测试，在测试之前都需要对被测土的 $\theta \sim T_t$ 进行标定。标定装置可以是测试系统配带的标准化装置，也可以根据实际情况临时搭制。图 5.28 是用 PVC 管制作的标定装置。PVC 管一个侧面为活动板，装土取土时可拆卸，两头安装有密封堵头，防止标定过程中土中水分损失。

标定时，标定装置中的土样密度要与被测土的密度尽可能的相同，以减少密度对测试结果的影响。土中含水率一般用烘干法来测定，并作为 θ 的标定值。调配不同的含水率土样，将标定的传感器或传感光缆埋入土样中，并用 FBG 或 DTS 测温系统测得不同含水率下的温度时程曲线，并确定相应的温度特征值（T_t），获得 $\theta \sim T_t$ 的标定曲线，确定式（5.1）和式（5.2）中的标定系数。在粉质黏土的干密度为 1.45g/cm³ 和黏性土干密度 1.61g/cm³ 下，粉质黏土和黏性土的 $\theta \sim T_t$ 标定关系式见图 5.29。

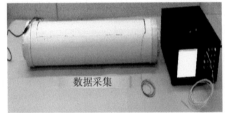

图 5.28　PVC 管标定装置

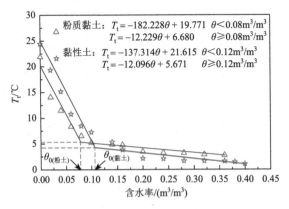

图 5.29　$\theta \sim T_t$ 的标定曲线

2）水分场监测

通过分层埋入、插入或钻孔埋入方式，将加热型 FBG 传感器或 DTS 传感光缆安装在被测土体中。在采用钻孔埋入方式时，需要向钻孔中回填土料，并确保光纤测管与周围被测土体之间密实，不留有间隙。

　　基于 FBG 和 DTS 的土体水分场监测系统一般由加热、传感、数据处理、传输和分析等子系统组成。图 5.30 和图 5.31 分别是由苏州南智传感科技有限公司研制生产的 NZS-FBG-A07 加热型光纤光栅解调仪及其技术参数与 NZS-DMS-A03 便携式加热型 DTS 解调仪及其技术参数。

参数类型	参数值
通道数	8 通道（16 通道可定制）
升温幅度/℃	5
温度分辨率/℃	0.1
测温精度/℃	0.2
含水率测试精度	小于 1%（质量含水率）
主机重量/kg	<3.5

图 5.30　NZS-FBG-A07 加热型光纤光栅解调仪及其技术参数

参数类型	参数值
通道数	4
单通道测试距离/km	1～16
温度分辨率/℃	0.1
测温精度/℃	±0.3
含水率测试精度	小于 2%（质量含水率）
光纤类型	多模 62.5/125
主机重量/kg	<12

图 5.31　NZS-DMS-A03 便携式加热型 DTS 解调仪及其技术参数

5.6.6　应用验证

　　土中水分场光纤监测技术已在实践中得到验证，并已在基坑降水、滑坡、黄土等水分场的监测中得到很好应用。

　　图 5.32 是常州市地铁一号线某基坑 CFHST 法水分场监测示意图。基坑地层从上到下依次为黏土、粉砂和黏土。现场试验中，选用的 CFHST 内管直径为 5cm，缠绕 CFHC 并加护套后直径为 7cm，总长度为 20m，由 5 节测管连接而成。CFHST 的制作在室内完成，

在现场安装时直接组装。在距离 CFHST 测点 0.5m 处，设置一水位观测孔，观测孔直径为 30cm，深度为 30m，孔壁完全透水，并在观测孔内安装水位测试仪，观测孔内的水位变化，测试准确度为±1cm。

CFHST 安装完成后，用通讯光缆将其接入到监测站，同时，用导线接通 CFHST 上的所有加热电路。通过控制器给每根 CFHST 提供电压，严格控制加热时间，保证加热过程功率恒定。加热时间控制在 20min，$[t_a, t_b]$ 取为 [15min，20min]，n 取为 10，DTS 解调仪每隔 30s 记录一次。所测温度数据通过 T_t 计算 θ，各土层的测量系数通过室内试验标定确定。

图 5.33 是基坑降水过程中 CFHST 测得的土体剖面含水率变化图。从图中可看出，在整个测试过程中地下水位不断下降，从开始时的 9.81m 下降到最后的 14.08m。表土层的含水率受天气的影响比较明显，影响深度大约为 4m。

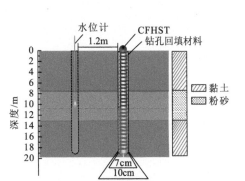

图 5.32　CFHST 与水位观测仪
钻孔布设示意图

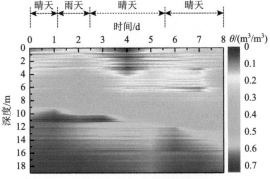

图 5.33　基坑降水过程中土体剖面含水率
CFHST 测试结果

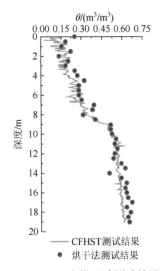

图 5.34　CFHST 和烘干法测试结果对比

在 CFHST 测试前，通过钻孔取样，用烘干法测定了它们的含水率，共采集了 38 组土样，测试结果与 CFHST 测试结果进行了对比，见图 5.34。从图中可看出，在 7.8～13.4m 深度范围内用烘干法测定的砂土含水率与 CFHST 所测数据高度吻合；在 0～7.8m 和 13.4～19m 深度范围内，烘干法测试结果略高于 CFHST 测试结果。两者的误差分析见图 5.35。从图中可看出，两种方法测试结果都很接近 1:1 线，砂土和黏土的 R^2 分别为 0.941 和 0.934，RMSE 分别为 0.018m³/m³ 和 0.053m³/m³，这一误差与 Sayde 等（2010）得到的 RMSE=0.048m³/m³ 很接近，光纤监测值与烘干法测试结果十分吻合，证明了这一技术的可行性和有效性。

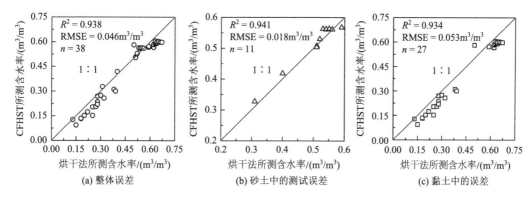

图 5.35　CFHST 测试误差分析

5.7　渗流场的光纤监测技术

5.7.1　概述

与土中的水分场相比，渗流场更是影响岩土体稳定性的重要因素。岩土体中渗流监测的常规方法主要有渗压计、测压管和水位计等方法。渗压计法包括差阻式和振弦式孔隙水压力法等，由于渗压计法属于点式测量，很难获取渗流场的全局信息，难以满足一些重大工程对岩土体中渗流场的监测要求；测压管法是一种常见的渗流监测仪器，主要包括单管式、多管式和 U 形测压管等，由于测压管材料本身的局限，渗流测压孔易受化学腐蚀和沉积物的堵塞，长期监测的稳定性较差，且也属于点式监测；水位计法主要有连通器式、浮子式、格雷码水位计等方法，其缺点是容易出现监测盲区，材料易受腐蚀性液体腐蚀而引起误差，也属于点式监测。因此，研发渗流场分布式监测技术十分必要，而近三十年来快速发展起来的分布式光纤测温技术（DTS），为岩土体中渗流场原位分布式监测提供了技术条件。

早期，采用 DTS 监测岩土体中渗流场的原理是通过测量岩土体中渗流热的变化而实现的。由于岩土体本身具有较低的热传导特性且温度场分布比较均匀，而流体相对于岩土体来说，热传导系数较大，当渗流速率达到一定程度后，流体的热对流成为热量传递的主导，相应的温度场也会发生变化，据此，通过在岩土体中布设 DTS 传感光缆感测渗流场的温度值，就可实现对渗流场的定位和监测。但是，这种方法对于岩土体中的渗流温度场与周围岩土体的温度场相差很小时，表征渗流场的渗流速率和导热系数等指标因温差太小，DTS 难以精确定量监测。

为了解决这一问题，与 5.6 节中水分场光纤监测的原理相似，一些学者也提出了加热型传感光缆的监测方法，即通过加热传感光缆，使得它与周围地质体之间形成一个人为温度差，根据 DTS 测得的升温过程曲线，建立温度变化与渗流速率之间的关系，实现渗流场的监测。如加拿大学者 Côte 等（2007）设计了一种金属铜丝加热型传感光缆的测渗 DTS 系统，并成功地应用在了 Peribonka 大坝。然而，由于在加热光缆的热扩散与渗流速率之间没有建立明确的定量关系，加上当时 DTS 的解调设备比较贵，因此，该方法仅仅是一个科研成果，还没有在岩土体渗流场监测中得到推广应用。近年来课题组采用 5.6 节中研发的 FBG 和 DTS 水分场光纤测试系统，将其应用于岩土体中渗流场的监测，取得了很好的效果。

5.7.2　监测原理

渗流场 FBG 和 DTS 分布式监测技术的原理与水分场的监测原理基本一致。将植入岩土体中的加热型光纤温度传感器（缆），在恒定电流作用下，以额定功率产生热量，使得光纤传感器（缆）与岩土介质和其渗流之间产生一个人为温差场。由于岩土体中的渗流在流动过程中会持续带走光纤传感器（缆）周围的热量，而热量的变化直接影响到 FBG 和 DTS 所测得的光纤温度传感器（缆）的温度特征值，通过建立温度特征值与渗流速率之间的定量关系，就可以对土中的渗流、岩体裂隙水、断层导水等的流动及其参数进行定性和定量监测，如图 5.36 所示。

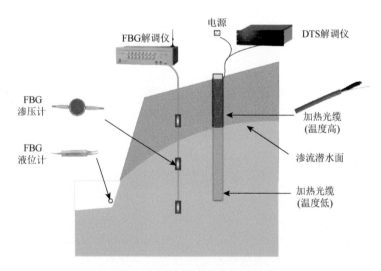

图 5.36　渗流场光纤监测示意图

5.7.3　解调技术与传感光缆（器）

渗流场的光纤监测采用的光纤感测技术与 5.6 节中水分场的感测技术是相同的，即加热型 FBG 和加热型 DTS 两种解调仪。前者对 FBG 进行特殊封装后还可研制成各种不同功用的高精度传感器，如液位计、渗压计、孔压计、压差计等（图 5.37）。将它们按一定的拓扑结构组合在一起，采用波分复用和时分复用等技术，也可形成准分布式监测网络。

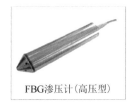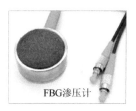

图 5.37　部分渗流场 FBG 传感器

5.7.4　渗流速率的标定

1）$v_s \sim T_t$ 的关系

假设待测渗流场的砂土均质各向同性，渗流为稳定流，选取单位长度热源作为研究对象，则此问题可视为一维热传递问题。由焦耳定律和热力学定律可推导出，加热型传感器（缆）作为线性热源，$Q_1 = I^2R$，向周围介质传热处于稳定状况后，热源向四周传递的热量 Q_1 等于热源向岩土体传导的热量 Q_2 和渗流所带走的对流热 Q_3 之和，即

$$Q_1 = I^2R = Q_2 + Q_3 \tag{5.5}$$

式中，I 为加热传感器的加热电流，R 为加热电阻。

由傅里叶定律可知，在单位时间内通过一定面积截面时的热量，与垂直于该界面方向上的温度变化率和截面面积成正比，因此，

$$Q_2 = A_s \lambda_s \frac{T - T_\theta}{\Delta x} \tag{5.6}$$

式中，A_s 为热源与岩土颗粒之间的热传导面积，λ_s 为岩土颗粒的导热系数，Δx 为热源的影响范围，T 为热源绝对温度，T_θ 为热源影响范围的温度。

由牛顿冷却定律可知，在单位时间内单位面积散失的热量与温度变化量成正比，比例系数称为热传递系数，即

$$Q_3 = A_a h_a (T - T_\theta) \tag{5.7}$$

式中，A_a 为热源和渗流之间的换热面积，h_a 为渗流的换热系数，$h_a = Dv_s^n$，D 为系数，v_s 为渗流速率，n 由雷诺数确定，渗流可近似视为无黏性的，即 $n \approx 1$，则换热系数 h_a 与渗流速率 v_s 为线性关系。由于光纤测量渗流流速采用的是温度特征值的方法，因此式中 $T - T_\theta$ 也可以是仪器测得的温度特征值 T_t。综合式（5.5）～式（5.7），可得

$$T_t = av_s + b \tag{5.8}$$

由式（5.8）可知，温度特征值 T_t 与渗流速率 v_s 之间为线性关系，其中系数 a 和 b 与热源功率、被测物体的热传导性质以及其与热源的接触方式等有关，可通过标定试验来确定。

2）标定试验

图 5.38 是光纤测试渗流标定装置示意图。将需要标定的砂土样连同传感器（缆）填

入上下直径一样的标定桶中，通过标定桶顶部定水头补水和底部排水管控制出水量，获得标定桶砂土样中不同的渗流速率，用 FBG 和 DTS 测得各级渗流速率（v_s）下的温度传感器时程曲线，并确定温度特征值（T_t），再根据实测得到的 v_s 和 T_t，就能确定被测岩土体渗流的 $v_s \sim T_t$ 间的关系系数 a 和 b。图 5.39 和图 5.40 是某砂土的渗流标定时程曲线和 $v_s \sim T_t$ 标定曲线。

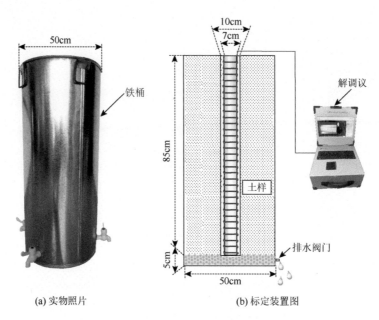

(a) 实物照片　　　　　　　　　　　(b) 标定装置图

图 5.38　光纤测试渗流标定装置示意图

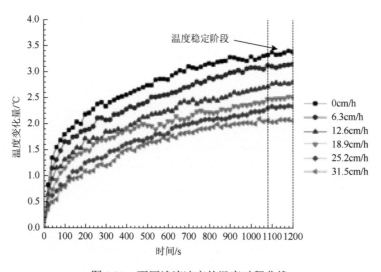

图 5.39　不同渗流速率的温度时程曲线

由图中看到，$v_s \sim T_t$ 之间存在很好的线性关系，据此关系，就可以定量监测岩土体中的渗流速率。在光纤测渗技术的实际应用中，在确定渗流的流速和流量等指标时，还应综合考虑当地的地质条件如岩性、结构、构造、裂隙和水文等的特点，确定相应的被测渗流指标。此外，当根据地质条件无法定性判断土中是否饱和、非饱和，还是存在渗流或岩体中存在裂隙水流时，应根据所测的温度特征值大小和监测时程过程曲线的变化规律来判断被测岩土体中是否存在渗流。一般来说，在相同的传感器（缆）的发热功率下，岩土体中渗流的 T_t 要小

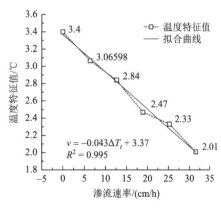

图 5.40　$v_s \sim T_t$ 的标定拟合曲线

于静水或非饱和状态下的 T_t，且渗流 T_t 的动态变化也要比静水或非饱和状态下的 T_t 要大。

在地质灾害和岩土工程安全应急评价和防治中，渗流的定性快速判断常常要比费时的定量分析更为有效。如在洪水或降雨时期，快速地定性判断堤防、大坝和边坡中渗流的存在、相对大小，水位变化等对于灾害的防治至关重要，而分布式光纤测渗技术在定性的事件监测方面可发挥重要作用。

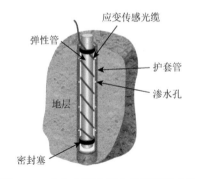

图 5.41　分布式液体压力传感器示意图

除了 5.6 和 5.7 节介绍的测渗技术外，课题组在分布式地应力测试装置的基础上，研发出了一套分布式液体压力传感器。该传感器为一种多层护套管结构，如图 5.41 所示。外层护套管隔离地应力挤压变形，并设置透水微孔，将地层中的渗流压力传递到内部感应管上，感应管为密封的薄壁弹性管，外部缠绕应变传感光缆，可感测因渗流压力带来的弹性管应变，根据 FBG 或 BOTDA 所测的应变，就可以计算得到渗流压力。将这样的分布式光纤压力传感器通过钻孔植入到岩土体中，就可以对岩土体中不同深度流体压力大小的分层测定，实现岩土体中渗流场的监测。

5.8　化学场的光纤监测技术

5.8.1　概述

在地质灾害防治和岩土工程安全监测中，随着环境工程地质和环境岩土工程学科的兴起和快速发展，对于岩土体中化学场的监测越来越受到重视。例如，沿海地区海水入侵中咸淡水界面的监测，地下水和土壤酸化的 pH 监测，煤矿开采中瓦斯气体的监测等。现有的化学传感技术还难以满足地质体恶劣环境下耐久、长期、稳定性的监测要求，迫切需要研发功能性优越的新型传感技术。

随着光纤传感技术的快速发展，采用光纤光栅（FBG）等光纤感测技术检测和监测液

体的化学成分、pH 等变成了可能。如 Luo 等（2002）提出了基于在外表面涂有特殊塑料覆层的 LPG 化学传感器，可以实现对相对湿度和有毒化学物质特别是对化学武器的实时监测，相对湿度的测量范围是 0～95%，对有毒化学物质的测量精度可达 10^{-6} 数量级；Pereira（2004）提出了利用裸露布拉格光纤光栅（FBG）同时测量海水盐度和温度的方法；Frazão 等（2010）将腐蚀后的 FBG 与未腐蚀的 FBG 串联构成海水盐度和温度的两参数传感器，并通过室内试验验证了其可行性；Wang（2011）提出了基于 LPG 的氯离子微流体系统，并通过对不同浓度海水样品的测量建立了 LPG 光强度与氯离子浓度之间的关系；Luo 等（2017）将聚酰亚胺涂覆到蚀刻后的 FBG 上，可实现对海水盐度和温度的同时测量；毕卫红等（2017）试验得到了混合油品中柴油含量与 LPG 中心波长漂移量、透射谱峰值损耗之间的关系。光纤传感器以其独特的优势在海洋环境监测领域不断得到应用，近年来还开发出了测量海水中生化耗氧量（BOD）、氨的浓度以及溶解有机物等的光纤检测技术。

5.8.2　基本监测原理

采用光纤光栅感测技术检测溶液和气体中的成分，其基本原理是利用光波在置于溶液和气体介质的光纤中传播时，其特征参量如折射率、相位、透射光谱等的变化与溶液和气体中的成分和浓度等之间的关系来实现的。一般可采用以下三种方式，使光纤光栅能够直接或间接地检测液体中的成分变化。

（1）基于腐蚀包层技术的 FBG 化学传感器：利用氢氟酸（HF）腐蚀包层，可增强渐逝波场强在地下水中的衰减作用，实现对溶液浓度测量，见图 5.42（a）。通过控制氢氟酸腐蚀 FBG 的时间来控制 FBG 的包层厚度，确定出最优的包层厚度，既保证 FBG 对溶液浓度监测的灵敏性，又保证 FBG 自身的强度。

（2）基于涂覆敏感性材料技术的 FBG 化学传感器：通过涂覆对地下水中离子变化产生响应的敏感性材料，将离子浓度变化信号转化为材料尺寸变化的信号，从而引起光信号的变化，实现溶液浓度测量，见图 5.42（b）。这些敏感性材料多是高分子材料或复合材料，如聚酰亚胺、聚甲基丙烯酸甲酯、水凝胶、PVP/石墨烯等，可根据其性质采取不同的涂覆工艺使其与 FBG 表面耦合固定，如旋喷法、模具加热固化法、提拉法等。

（3）LPG 化学传感器：LPG 具有独特的耦合模式，无需进行处理即能够感测到溶液浓度的变化，见图 5.42（c）。但目前对 LPG 的解调数据还不能实现自动识别，需人工读取。此外，对于光纤光栅而言，适当的弯曲栅区部分可以增强光功率的损失，提高其对溶液浓度感测的灵敏性和精度。

本节主要介绍课题组采用 LPG 感测技术对水中氯离子的检测方法，以期为海水入侵的监测提供新的手段。

5.8.3　海水盐度 LPG 监测试验

1）试验材料及装置

试验的目的是验证 LPG 对海水盐度测量的可行性。试验装置由传感装置、解调装置、

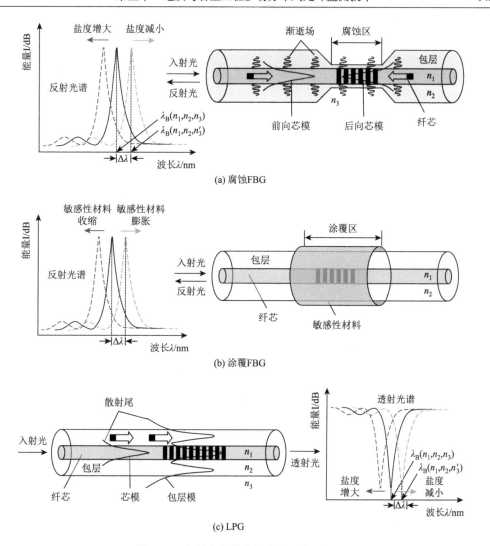

图 5.42　光纤光栅盐度传感器研发原理图

待测装置、支撑装置四部分组成。传感装置是由两根缠绕在 PVC 管上的 LPG 组成。试验采用的 LPG 是用 Coning SMF-28e 单模光纤制备的，两根 LPG 的中心波长分别为 1541nm 和 1516nm；解调装置是由 ASE C+L 宽带光源和 AQ6370C 光谱分析仪组成，其中光谱仪的波长范围是 600～1700nm；待测装置为盛有不同盐度溶液的水箱组成，各盐度溶液是利用分析纯 NaCl 和蒸馏水配制的；支撑装置由支架和移动垫块组成，支架固定传感装置，移动垫块控制不同盐度溶液的置换。试验装置示意图见图 5.43。

2）试验过程

将两根光纤的 LPG 栅区部分分别缠绕在外径为 110mm 的 PVC 管上，栅区两侧用快干胶固定，以保证 LPG 的应力状态不发生变化。将绕有 LPG 的 PVC 管固定在支架上保持不动，依次用盐度为 0%、0.5%、1%、1.5%、2%、2.5%、3%、3.5%、4%、4.5%、5%

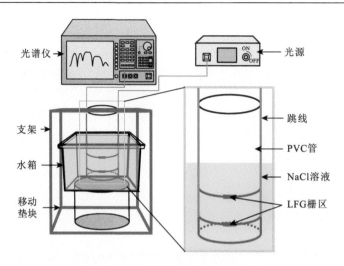

图 5.43　LPG 盐度测试装置示意图

的溶液将其浸泡，每个盐度下的溶液浸泡 5min 后，用光谱仪记录各 LPG 对应的光谱以及谐振损耗峰对应的中心波长。为了避免温度对试验结果的影响，试验在恒温室中进行。

3）试验结果与分析

（a）LPG 谐振峰中心波长-盐度关系

试验采用的两根 LPG 分别编号为 L1 和 L2，LPG 的耦合模式使得其透射谱中出现多个损耗峰，为了便于后续的分析，根据 L1、L2 在纯水中的初始透射谱（图 5.44）分别将 L1、L2 的多个损耗峰进行编号。由图 5.44（a）可知，L1 在光谱仪解调的 1510～1630nm 波段共出现 4 个谐振峰，从左至右依次编号为 1、2、3、4，记为 L1-1、L1-2、L1-3、L1-4；由图 5.44（b）可知，L2 在光谱仪解调的 1510～1630nm 波段共出现 3 个谐振峰，从左至右依次编号为 1、2、3，记为 L2-1、L2-2、L2-3。

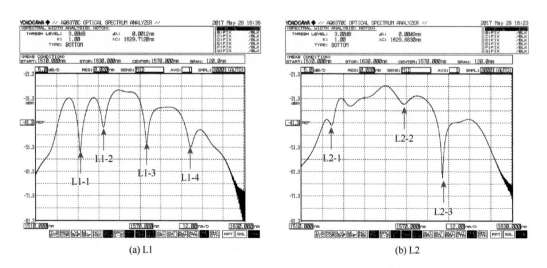

(a) L1　　　　　　　　　　　　　　　(b) L2

图 5.44　L1 和 L2 在蒸馏水中的初始光谱及其谐振峰编号

图 5.45 给出了 L1 中 L1-2 和 L1-4 两个谐振峰在盐度为 1%、2%、3%、4%、5%变化过程中的光谱图，箭头指的是损耗谐振峰波谷（即中心波长）的位置。从图 5.45（a）可以看出，随着盐度的逐级增加，波谷不断左移，即 L1-2 的中心波长不断朝短波方向移动，且盐度 1%与 2%之间中心波长差较大，盐度 4%与 5%之间中心波长差较小，但总体来看随着盐度增加，中心波长减小的趋势明显；从图 5.45（b）可以看出，随着盐度的逐级增加，L1-4 的中心波长同样不断向短波方向移动，且相邻盐度对应中心波长的差值很接近，说明谐振峰中心波长与盐度之间的相关程度较 L1-2 高。

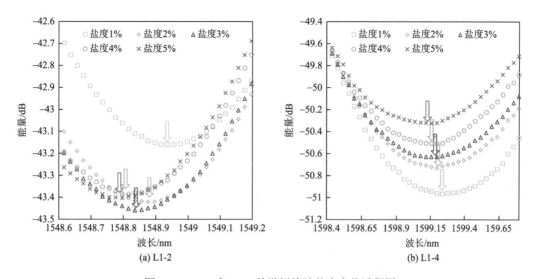

(a) L1-2

(b) L1-4

图 5.45 L1-2 和 L1-4 的谐振峰随盐度变化过程图

（b）LPG 谐振中心波长-盐度实测结果与理论结果对比

海水盐度在温度保持不变的情况下，某一盐度溶液的折射率是一个固定的值，其折射率与盐度的关系为

$$n_3 = 1.3331 + 0.00185S \tag{5.9}$$

式中，n_3 为盐溶液的折射率；S 是溶液的盐度，用%表示。

根据式（5.9）可求出不同盐度对应的折射率 n_3，再根据初始波长可计算出各盐度下的谐振峰中心波长，这样即得到不同盐度中 LPG 包层模与纤芯模耦合后的谐振峰中心波长-盐度变化的理论值。

图 5.46 给出了实测变化趋势明显的 L1-2 和 L1-4 谐振峰的理论波长值。由图 5.46（a）和图 5.46（b）可以看出，LPG 谐振峰中心波长的理论值与盐度变化呈较良好的线性关系，虽然理论上 $\Delta\lambda$ 与 n_3 是呈幂函数趋势变化的，但由于在盐度 0～5%之间海水的折射率范围是 1.333 10～1.342 35，在此折射率范围 $\Delta\lambda$ 与 n_3 的变化趋势十分平缓，接近水平的直线，故计算出的波长与盐度的关系呈近似线性变化，其中 L1-2 和 L1-4 理论值的线性拟合度均是 0.9998。由此说明：从理论方面上分析，LPG 中心波长与海水盐度的变化呈十分良好的线性关系。

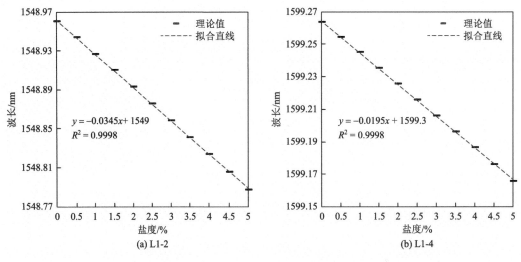

图 5.46　L1-2 和 L1-4 的波长理论值结果

　　表 5.3 给出了 L1-2 和 L1-4 两个谐振峰波长的实测值与理论值的误差结果,可以看出, L1-2 和 L1-4 的实测值与理论值的平均误差分别为–0.006 467nm、–0.011 88nm,若以理论值的灵敏度为参考值作为真值,则转换成盐度的误差绝对值分别为 0.18%、0.60%, 由此可见, 同一 LPG 在不同耦合模式下形成的谐振峰与理论值的误差也不同, L1-2 的误差较 L1-4 的小, L1-2 与理论值更吻合, 测量效果更好。实测值与理论值存在差值的原因可能是在参数取值偏差、外界环境某些因素（如温度、人为扰动）的干扰造成的, L1-2 和 L1-4 出现这种的测量差异说明了不同的谐振峰在实际应用时的抗干扰能力也不同,在利用 LPG 进行盐度测量时宜选取抗干扰性更强的谐振峰进行测量。

表 5.3　L1-2 和 L1-4 实测值与理论值的误差结果

编号	波长误差范围/nm	平均误差/nm	平均盐度误差/%
L1-2	−0.0215～0.0136	−0.0065	0.18
L1-4	−0.0209～0	−0.0119	0.60

　　为了进一步比较 LI-2 和 LI-4 的盐度波长实测值与理论值的关系,分别将 L1-2 和 L1-4 以波长理论值为真实的参考值,绘制波长实测值与理论值的关系曲线,比例系数即为曲线斜率, L1-2 和 L1-4 的关系曲线分别见图 5.47（a）和图 5.47（b）。从图中可以看出, L1-2 实测值与理论值的比例系数为 1.1006, L1-4 实测值与理论值的比例系数为 1.1351,均接近于 1, 但 L1-2 的实测值与理论值的吻合程度更高, 这与之前的分析一致;值得注意的是, L1-2 和 L1-4 实测值与理论值的关系曲线的线性拟合度分别高达 0.9739 和 0.9885,虽然图 5.47 中实测值与理论值存在着一定的误差, 但实测值与理论值之间良好的线性程度说明了实测值随盐度变化产生的波长变化是相对稳定的, 这也就意味着即使实测值与理论值之间存在着误差, 但这种误差是可以通过标定进行消除的, 再次证明了 LPG 应用于海水盐度监测的可行性。

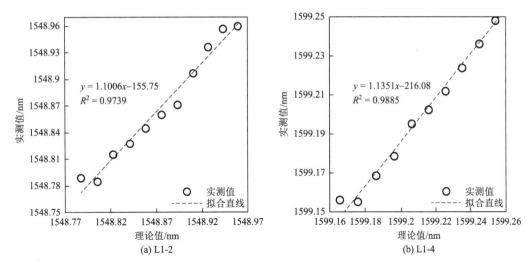

图 5.47 L1-2 和 L1-4 实测值与理论参考值的关系曲线

5.9 其他场的光纤监测技术

除了以上介绍的地质与岩土工程中几个主要场的光纤监测技术外,光纤感测技术还可以应用于如工程振动场、地震震动场、声发射、气相色谱等其他场和方面的监测。例如,基于光纤干涉仪的地震波探测仪,包括 Mach-Zehnder 干涉仪、Michelson 干涉仪、Fabry-Perot 干涉仪、Sagnac 干涉仪和 Fizeau 干涉仪等,都可以作为地震检波器,能探测极微弱的地震波,而光纤光栅型地震检波器具有抗干扰性好,大规模组网能力强等优势;近年来出现的分布反馈(DFB)光纤激光器作为传感元件的地震检波器,既具有光纤光栅检波器波长编码、抗干扰能力强、探头尺寸小、易于组网的优点,又具有干涉型检波器灵敏度极高的优点,因而具有很好的应用前景。

在分布式声波感测技术和应用方面,光纤分布式声波传感(distributed acoustic sensing,简称 DAS)技术因其具有分布式、无源、抗电磁干扰、尺寸小、全天候、组网能力强等优点,近年来得到了国内外学术界与产业界的广泛重视。DAS 是一种基于光纤传感、对声波信号进行分布式监测的技术,通常基于 OFDR 或 OTDR,利用瑞利背向散射光的相位而非光强来探测声波信号(何祖源等,2017)。当声波作用于光纤时,光纤内部瑞利背向散射光的相位会发生变化,且与声波振动(强度与相位)间具有线性关系;通过检测振动前后瑞利背向散射光相位的变化,便可高保真地还原声波信号。DAS 技术现已在管道泄漏、周界安防、高铁运营安全等领域得到了应用。在地球物理领域,自 2009 年 Shell 公司在加拿大首次将 DAS 技术应用于垂直地震剖面勘探以来,DAS 技术被越来越多地应用于垂直地震剖面勘探、水力压裂监测与诊断、地震监测、油井监测、油气勘探等,已形成了一个国际性的研究热点和新兴产业(Daley et al.,2013;Dou et al.,2017;Lindsey et al.,2017;Jousset et al.,2018)。

5.10　地质与岩土工程分布式光纤多场监测

图 5.48 展示的是一个边坡的分布式光纤多场监测系统示意图，从图中可以看出，地质与岩土工程的多场监测具有监测内容的多样性、监测对象的复杂性和监测时间的长期性等特点，是一个复杂的系统工程。地表与深部位移变形、地下水位、渗流、水分分布、温度、防护结构内力、环境参量等信息是直接反映地质与岩土工程演化过程的各项指标，也是多场监测的主要内容。如何合理设计监测方案，正确选择多场光纤感测技术，如何将各类传感器（缆）有效植入等技术问题，直接影响到监测数据的准确性和有效性。因此，在地质与岩土工程多场监测系统实施前，应充分考虑这些问题的解决方案，以期获得高质量的监测结果。

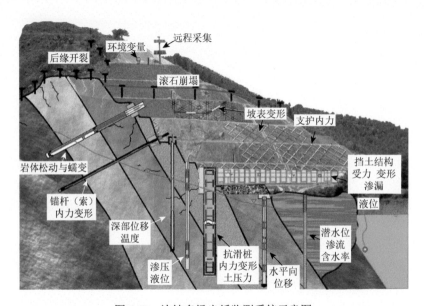

图 5.48　边坡多场光纤监测系统示意图

第六章 分布式光纤监测系统

6.1 概 述

为了将 DFOS 技术应用地质与岩土工程分布式监测,除了要研发特种光纤传感器和传感光缆, 另外一项重要的工作就是研发该技术的监测系统 (施斌, 2013)。地质与岩土工程分布式光纤监测系统一般由监测模块、传输模块、数据分析模块和决策模块等组成,各模块之间是相互联系,缺一不可的,每一部分都是整个系统的有机组成部分。由于目前光纤传感器的标准化程度还不高,不同类型的传感器一般都需要特定的解调系统,因此一旦传感器确定后,相应的信号采集与处理系统也随之而定,所以光纤传感器的优化布置和信号的处理与分析,是建立光纤监测系统的关键问题。在工程监测中,光纤传感器获取的被测对象的监测信息,经过数据采集与传输系统送到监测中心,进行数据处理和判断,在此基础上对被测对象的稳定状态进行评估。若监测到的关键参数超过设定的阈值,则通过即时信息 (SMS)、E-mail 等方式及时通知相关的管理机构,以便采取相应的应急措施,避免造成重大的人员和财产的损失。

6.2 监测系统设计原则

为了获取地质与岩土工程多场多参量变化信息,需要结合野外工程地质环境和岩土工程条件,选择可行的监测技术和方法,设计出合适的监测方案,合理布设各类光纤传感器,形成科学合理的监测方案。以下介绍地质与岩土工程分布式光纤监测系统的设计原则 (孙义杰, 2015)。

1)工程地质条件与岩土工程问题调查

在地质与岩土工程监测系统设立前,应对现场的工程地质、水文地质情况有比较清楚的了解。对水位、地貌、岩层、地质构造等做必要的勘查,获得被测区域地质平面和剖面图。由勘查结果,结合工程地质经验,确定可能的地质灾害和岩土体失稳范围。以边坡为例,边坡后缘和前缘常伴有张裂和鼓胀区,冲沟发育地带常是滑坡的自然边界,属于强烈的剪切带,应对边坡中应力和变形集中区域进行针对性的监测设计。对于岩土工程问题,要明确工程布置与设计要求,掌握施工条件以及施工过程中的设计修改与变更,以及工程运行条件与要求。

2)点面、纵横、深浅结合的监测网络布局

根据监测对象的空间分布特点,综合考量经济性、可行性和有效性,应采取沿岩土体纵向和横向,局部关键点和整体变化面,浅层和深部相结合的监测布局方式。目的在于掌握监测对象的整体变形发展趋势,同时发现和追踪异常点,做到突出重点,兼顾整体。

3）可靠性

传感光缆在布设前后，需要检查其光路的通畅性，以确保后期数据的有效采集。传感器布设应设计有一定的冗余度，保证关键区域有监测数据。由于应变光缆对轴向变形敏感，故宜选择沿岩土和结构体的主变形方向布设，以较大程度地响应岩土体的变形。例如对于锚杆、抗滑桩等，宜沿轴向布设传感器，在土体剪切带和滑动面位置，光纤与其成大角度布设（Iten and Puzrin，2009；Zhang et al.，2018b）。此外，为达到预期监测目标，必须严格围绕测试结果所依赖的主要技术指标（采样距离、采样间隔、空间定位精度、应变测量范围、应变测量精度等）进行光纤监测系统的设计。

4）监测周期

应根据岩土体变形和稳定性的发展变化特点及气候环境情况等拟定监测周期。以库区滑坡为例，对于变形较小，或者处于稳定蠕滑变形阶段的边坡，可以定期进行观测，但当出现有感地震、库水位骤降突升、暴雨和雨季等情况，则需加大观测频次。同时应结合岩土工程稳定性分析工作，全力抓住能反映地质灾害演化过程中的关键测点，对其进行重点跟踪，这是构成地质灾害预测预报的基础。

6.3　监测系统基本结构与内容

如图 6.1 所示，分布式光纤监测系统一般分为四个部分，即监测模块、传输模块、数据分析模块和决策模块（孙义杰，2015）。各模块的功能为：

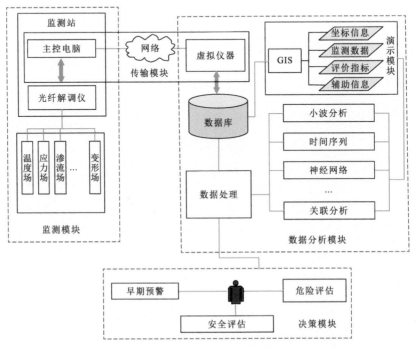

图 6.1　地质与岩土工程分布式光纤监测系统示意图

（1）监测模块的建立主要涉及各类光纤传感器和传感光缆的选型，选择具体的调制方式和符合性能要求的光纤传感器，然后需确定光纤传感器的拓扑方式，在此基础上选定传感器的布设方式（例如，采用表面粘贴式或是内部埋入式），最后考虑如何实现信号调制解调以及建立野外监测控制站。终端传感器主要为各类不同功用的分布式（包括准分布式）光纤传感器，用于岩土体的变形场、温度场、渗流场、应力场等监测。

（2）传输模块将监测模块和数据分析模块相连，包括 Internet 或无线网络与远程终端处理器的通信和数据交换，解决海量实时数据的存储结构和方式。

（3）数据分析模块是监测系统的核心部分，主要基于地理信息系统（GIS）、数据库等软件技术，进行海量监测数据的处理（包括信息快速查询、对比与提取等）、管理、有效性分析，监测性能指标的参数选择，数据库的构建和图形化演示等。

（4）决策模块主要由报告输出、安全性评价，以及相应的灾前预警预报等部分组成。通过这一模块，用户利用监测数据对计算模型进行修正，对模型参数进行识别和反演，并在此基础上对所监测的岩土体变形和稳定性发展趋势进行评价，对岩土结构安全状态进行诊断（包括异常智能辨识、损伤评定与定位、体系可靠度分析等）。

从工程安全监测需求和技术发展来看，分布式监测是工程监测的发展趋势。在未来，无线数据传输技术结合 GIS 和数据库技术，实现工程级、城市级或区域级乃至全国范围内的监测网络，建立以监测信息中心为核心、监测光纤网为实体、有线和无线传输为媒介的监测系统，必将为地质与岩土工程的健康运营提供可靠的保障。

6.4　监测数据采集与传输

随着光电子、通讯和计算机技术的发展，各种高功率的仪器、快速便捷的通讯器件和高速便携的数据处理工具相继问世，使得光纤传感所能探测范围更广，数据传输更为快速和方便，光纤监测土体变形呈多样化、三维立体化发展，逐渐形成如图 6.2 所示的高精度、自动化和实时化的远程监测系统（魏广庆，2008）。

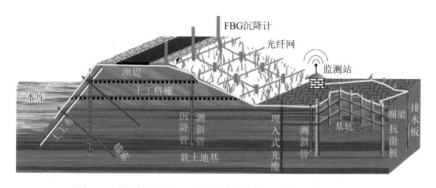

图 6.2　地质与岩土工程分布式光纤远程监测系统示意图

　　监测数据采集即通过专用的分布式光纤解调设备，从光纤传感器的原始数据中读出应变值，并经过一系列抽取、转换和加载后存储进入数据库的过程。无论哪种传感器，探测哪种物理量，传感技术的工作原理无非都是将被测量的变化调制成传输信号中的某一参数，使其随之变化，然后对已调制的信号再进行解调，从而得到被测量。因此，信号调制解调技术是现场监测工作中的核心之一。在光纤传感技术中，就有强度调制型、相位调制型（干涉型）、波长调制型、频率调制型、偏振调制型等，同时相应的也有解调技术，调制与解调构成信号调制解调仪，多种信号调制解调仪组合，形成分布式光纤监测系统中的调制解调部分。利用虚拟仪器技术，借由控制 PC 对解调仪进行自动控制、参数设定和数据的采集与存储。数据采集应具有远程化、网络化和自动化的特点，并与数据库技术相结合，实现数据的本地存储（施斌等，2004b）。

　　信号传输模块主要包括三个部分：第一部分是从信号调制解调器到传感元件间的传输；第二部分是从信号调制解调器到数据分析系统的信号传输；第三部分是将监测分析结果快速传达到用户端。前者一般通过有线传输来实现。不过，随着智能传感器技术的不断提高，采用无线传输的方式也会越来越多；其次，采用无线、互联网、通信卫星的方式来传输信号已很普及。此外，由于地质与岩土工程分布式光纤监测系统安装的地方环境往往十分恶劣，人员很难或者不易抵达，因此，无线传输方式应该是大势所趋。有些系统中信号调制解调器中已经安装了相应的数据分析系统，在这种情况下，就不需要第二部分的传输；最后，将监测分析结果快速传达到用户端的方式，现在有很多，其中通过互联网+的方式将监测结果和预警信号发送到手机、电脑终端、公共服务平台是必然趋势。

6.5　监测数据处理、分析及决策

　　如图 6.3 所示，从信号调制解调仪中传输出的调制解调信号经过远程传输进入计算机，再通过数据分析模块，获得被测量的监测结果。数据分析模块是分布式光纤监测系统的重要组成部分，其功能的好坏直接影响到监测结果的有效性、可用性和分析效率。

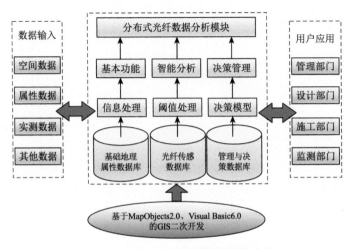

图 6.3　分布式光纤监测数据分析过程

特别对于海量的全分布式监测数据，常常需要去噪、平滑、配位、作差等数据处理后，才能成为监测结果；而更重要的是，要对监测数据进行异常点和区的识别、捕捉和显示，并能结合感知对象，得到评价结论或发出预测预警，而这些工作都需要数据分析系统来完成。

随着监测技术的信息化程度提高，监测信息的多元化发展，对监测数据的管理已不是监测的储存、查询、显示，而是与空间地理相结合的互动立体化管理，必须与技术结合，做到数据采集更新的远程处理，更直观地显示，与虚拟现实结合模拟出各种突发事件，从而判别各种事件对于工程安全性的影响，这些目标的实现，使地质与岩土工程监测水平大大提高。课题组研发了基于 GIS 的分布式监测数据分析模块，实现了以下功能（图 6.4）：

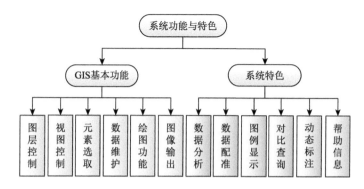

图 6.4　基于 GIS 的分布式光纤监测数据管理框架

（1）实现以地理坐标为基线，构建包括钻孔资料、工程设计、监测点位及分布式数据在内的数据库管理系统。

（2）能对监测数据进行储存更新、查询检索，对岩土体稳定性进行评价、统计分析、预测分析，绘制各种图表和三维显示等任务。

如图 6.5 所示，原始监测数据进入处理中心以后，要经过一系列的处理和分析操作。

6.5.1　一般步骤

1）数据预处理

数据预处理过程包括信号的降噪处理、温度补偿等。在光电检测或信号转换中，由于外界环境或设备元件中一些随机因素的影响，布里渊散射光谱中不可避免地要产生一些噪声。如果不除去这些随机噪声，而是直接采用洛伦兹函数或高斯函数进行频谱拟合，就会使布里渊峰值频率产生误差，采用卡尔曼滤波和频谱分析方法可提高谱线的拟合精度，也可提高空间分解度。

经过频谱拟合得到分布式应变数据，由于测试中很多随机因素影响，数据会发生漂移，因此要对其进行校准，仪器整体性能可通过在测试系统中接入一段恒温、恒应变的参考光纤（栅）对仪器状态进行判断，并根据差值进行漂移校准，局部可通过植入精度更高、稳定性更好的 FBG 进行测试对比并校准。对于线路较长的监测系统，受到光纤变形影响，

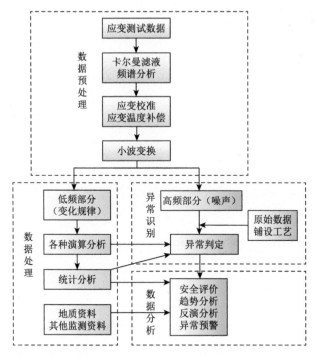

图 6.5　分布式光纤监测数据处理流程

每次测试空间位置与解析位置会发生偏移，给对比分析带来误差。根据测试应变变化量沿着路径积分就可得出每一测点的位置偏移，由此可对测点位置进行校准。此外，经过校准后的应变数据依然含有温度变化所引发的应变，因此要根据参考光纤的测试值进行温度补偿。

2）数据处理

经过预处理后的、去掉高频噪声后的低频应变数据更能体现被测参量的变化规律，利用此数据进行位移及应力计算，并根据其空间位置、土层类型及监测时间等变量进行统计分析。数据处理的核心内容是要实现特征信息的提取，就地质与岩土工程监测而言，其特征信息就是岩土体及相关结构的变形与稳定性。充分利用高阶谱分析、时-频分析、小波分析、神经网络、数据挖掘以及进化计算等现代数据处理方法，对传感器传输来的信息进行自动处理，通过数据融合理论表征岩土结构变形与稳定性等特征信息。

由于土体及支护体发生变化，会形成一些局部的异常信息，该信息对土体安全评价和预警极为重要，异常的识别和判定主要来自三个途径：一是小波变化过滤出来的高频噪声，其中很多是因为材料局部变形或破坏造成的，结合原始数据和光缆铺设工艺记录，可对这些异常进行区分识别；二是来自对各种演算值进行的直接判断而得；三是通过统计得到的突变和离群异常。

3）数据分析

数据分析模块的重要功能之一是可视化，即将光纤监测信息与被测对象的地理、位置等信息相对应（即数据配准），自动生成图文并茂的监测信息。根据处理出的数据利用各种数学方法进行分析，如专家系统、神经网络、时间序列、多元统计、有限元等，并结合传统监测方法的对比分析、气象及水文信息的综合分析等，对监测数据给出合理解释。

4）决策

在本环节，用户根据监测和分析结果做出相应的决策，对存在的工程安全隐患给予及时的预警。在决策过程中，需要数理统计、数值分析、专家系统、粗集理论、可拓工程理论、动力指纹法等传统方法与现代方法相结合，对被测对象的稳定性或健康状况做出全面的、可靠的评价，对计算模型进行参数反演并据此进行综合分析，并结合地质资料、施工记录、异常判定结果，并融合其他技术的监测资料对存在的险情进行预报（施斌等，2004b）。最后，采取相应的应急处理措施，如设定警戒区域、土体加固、卸载、疏散人员等，从而将人员财产损失和风险降到最低。

6.5.2　基于小波分析的光纤监测数据处理

分布式光纤监测系统中的监测模块只提供光纤采样点的应变值，要实现岩土体稳定性评价和岩土结构健康状态诊断，还需对监测结果进行进一步的处理与分析。在地质与岩土工程监测中，我们希望计算机系统自动处理监测结果，以便及时发现和定位光纤的应变异常，从而诊断被测对象的异常，并进一步做出结构健康诊断结论。近年来，以模糊逻辑系统、人工神经网络、遗传算法、小波分析等"软计算"方法为核心的计算智能技术间的迅速发展使得大规模计算推理和并行推理成为可能，这就为地质与岩土工程的健康诊断提供了坚实的理论基础。

1）利用小波分析消除监测数据的噪声

光纤解调设备的测量灵敏度较高，由于受环境等多种因素的影响，因此测得的应变和温度等原始信号不可避免地会引入噪声，从而影响监测数据的准确性。为了减少系统中各种噪声对系统精度和分辨率的影响，仪器设备通常采用增加信号累加次数的方法，这导致系统的测量周期太长，影响了实际应用。如果在累加前选用合适的方法对信号去噪，改善信号的信噪比，可减少累加次数. 从而缩短测量周期。小波分析是在 Fourier 分析基础上发展起来的一种新型的信号分析方法。由于 Fourier 分析使用的是一种全局变换，因此无法表述信号的时频局域性质。小波变换是一种信号的时间—频率分析方法，具有多分辨分析的特点，且在时频都具有表征信号局部特征的能力，很适合检测正常信号中夹带的反常现象并展示其成分。以下介绍利用小波分析对光纤监测数据进行去噪的预处理工作（徐洪钟等，2003）。

一个含噪声的一维信号模型可以表示成如下形式：

$$y_i = f_i + e_i \tag{6.1}$$

式中，y_i 为含噪声的原始信号；f_i 为真实信号；e_i 为方差高斯白噪声，即 $N(0,\sigma^2)$。

实际工程中，有用的信号一般为低频信号，而噪声信号则为高频信号，为此消噪过程可分为三个步骤进行：

（1）对信号进行小波分解。选择一个小波并确定小波分解的层次 N，然后对信号 s 进行 N 层小波分解。图 6.6 为小波的三层分解，噪声部分通常包含在高频部分 D_1、D_2、D_3，而不是低频部分 A_1、A_2、A_3。由图可知，多分辨分析只是对低频部分进行进一步分解，使频率的分辨率变高，而高频部分则不予以分解。小波分解的最终目的是力求构造一个在频率上高度逼近 $L^2(R)$ 空间的正交小波基（或正交小波包基），这些频率分辨率不同的正交小波基相当于带宽各异的带通滤波器。

（2）小波分解高频系数的阈值量化。对第 1 到第 N 层的每一层高频系数，选择一个阈值进行阈值量化处理。

（3）小波的重构。根据小波分解的第 N 层的低频系数和经过量化处理后的第 1 层到第 N 层的高频系数，进行一维信号的小波重构。对信号 y_i 消噪的目的就是要抑制信号中的噪声部分，从而在 y_i 中恢复出真实信号 f_i。

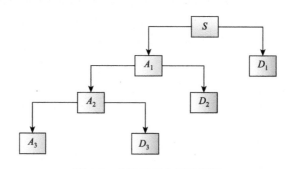

图 6.6　小波三层分解示意图

2）利用小波分析识别监测数据的异常

设 $f(t) \in L^2(R)$，若 $f(t)$ 对 $\forall t \in \delta t_0$，小波 $\Psi(t)$ 满足实且连续可微，并具有 n 阶消失矩（n 为正整数），有

$$|Wf(s,t)| \leqslant K s^{\alpha} \tag{6.2}$$

式中，K 为常数，则称 α 为 t_0 点的奇异性指数（也称 Lipschitz 指数）。

事实上，如果小波基函数 $\Psi(t)$ 是平滑函数 $\theta(t)$ 的一阶导数，即 $\Psi(t) = \dfrac{\mathrm{d}\theta(t)}{\mathrm{d}t}$，则函数 $f(t)$ 的小波变换为

$$Wf(s,t) = f * \Psi_s(t) = f * \left(s\frac{\mathrm{d}\theta_s}{\mathrm{d}t}\right)(t) = s\frac{\mathrm{d}}{\mathrm{d}t}(f * \theta_s)(t) \tag{6.3}$$

可见，$Wf(s,t)$ 与 $f(t)$ 经 $\theta(t)$ 平滑后的导函数成正比。对于某一特定尺度 s，$Wf(s,t)$ 沿时间轴 t 的极大值对应了 $f * \theta_s(t)$ 的突变点。而 $\theta(t)$ 是可微的，若 $\theta_s(t)$ 的等效宽度足够小，则 $Wf(s,t)$ 的极值点的位置应出现在 $f(t)$ 的模极大值点附近。也就是说，由小波变换的模极大值点可以找到原始信号中的突变点。

在二进尺度上，对式（6.2）两边取对数得

$$\log_2 |Wf(2^j,t)| \leqslant \log_2 K + \alpha j \tag{6.4}$$

　　由上可见，由于有效信号的 Lipschitz 指数大于零。其小波变换的模极大值随尺度的增大而增大；白噪声的 Lipschitz 指数为负值，其对应的小波变换的模极大值随尺度的增大而减小。从而可以通过观察在不同的二进尺度 2^j 之间模极大值的变化行为，来区分模极大值是由噪声还是由异常值（有效信号）引起的，并可从中提取异常信号。利用这一特性可将信号和噪声分开，达到去噪的目的。

　　光纤解调设备采集到的数据具有时间分布和空间分布特征，而小波分析既可以分析时间序列，又可以分析空间数据。利用小波分析检测测量数据的异常点的基本方法是：对观测信号进行多尺度（分辨）分析，在信号出现突变时，其小波变换后的系数具有模量极大值，因而可以通过对模量极大值点的检测来确定奇异点，由此可检测到测量信号的异常值。

　　3）监测数据处理方法步骤

　　基于小波分析的分布式光纤监测数据处理方法的一般步骤如下：
　　（1）对分布式光纤测值的多次数据进行平均；
　　（2）用小波分析消除分布式光纤时空数据的噪声；
　　（3）对于应变监测数据，利用温度补偿技术用以扣除环境温度引起的应变；
　　（4）对分布式光纤监测数据进行小波变换，利用小波系数检测数据的时间异常点和空间异常点；
　　（5）利用小波分解提取分布式光纤监测数据的时间和空间发展趋势。
　　以某混凝土宽缝重力坝的变形观测数据为例，监测数据经过五层小波变换分解去噪，得到如图 6.7 所示的各尺度分解结果。由图可见，高频率的信息（ d_1、d_2、d_3、d_4、d_5 ）被滤去，则剩下的就是信号的发展趋势 a_5。

6.5.3　异常区域的模式识别方法

　　传统的数据处理和分析所面对的是有限个监测点的应变或温度等信息，或由此组成的数据矩阵，而分布式光纤监测数据分析所面对的就是整条监测线路，是由上万个分布式应变、温度等数据组成的分布曲线。这种由量变而到质变的过程，必须要求从宏观上对分布曲线进行分析，并结合数据本身的特点，实现计算机自动识别数据异常的过程。以下所讨论的"异常区域的模式识别"，便是要借助模式识别技术，对监测数据分布曲线进行宏观上的分析，以期实现计算自动识别异常的一种数据分析方法。

　　1）数据分析方法

　　以 BOTDR 应变监测数据为例，针对其特点，有一种人工分析数据的简单方法（Ding et al.，2010）：将同一个数据包中的数据按空间顺序排列，以空间距离为 x 轴，应变值为 y 轴，连成一条曲线，如图 6.8 所示。图 6.8（a）是一条光纤初始状态下的局部应变分布（430~436m），图 6.8（b）是该光纤某段 1.5m 均匀受力拉伸后的应变分布，采用简单差值的方法，把两条曲线相减后得到图 6.8（c）中的曲线，异常区域波形呈梯形，上底宽 0.5m，

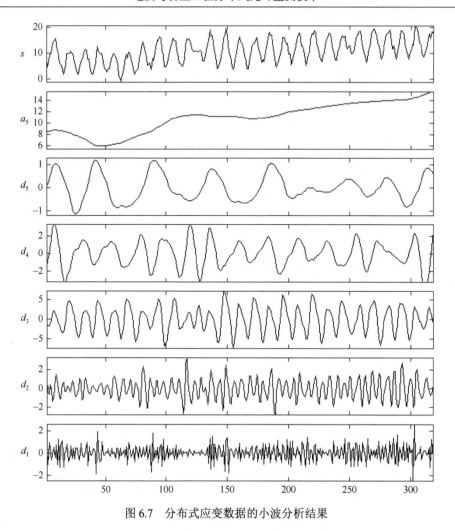

图 6.7　分布式应变数据的小波分析结果

下底宽 2.5m，根据 BOTDR 应变曲线的梯形变化规律，推算出 x=0.5m，光纤受力长度为 1+x=1.5m，见图 6.8（d）。

运用这种简单的数据分析方法，结果显示光纤在 433～434.5m 这段长度里发生了变形，应变升高 2000με。但这仅仅是对光纤在 430～436m 这段区域的分析，如果将之应用在更大范围内和不同时段的应变曲线，其工作量将是非常巨大的，因此这种方法显然不适合于海量数据的实时处理。理想的方法是找到一种算法，可以让计算机"读懂"应变曲线，并根据人为设定的判别条件，寻找到异常区域，进行分析、评价乃至预警。

2）模式识别算法

在前面的数据分析中，应变曲线的波形识别是一个非常重要的环节，只有借助于对波形的分析，才能最终确定光纤变形的位置和形式，也只有在此基础上，仪器测量到的应变值才是有意义的，可以被转化为光纤的真实应变。

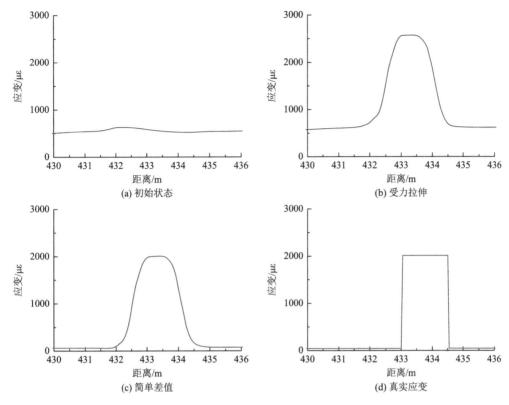

图 6.8　BOTDR 监测数据分析过程示意图

借助模式识别技术，可以将应变曲线分解成计算机可以识别的波形单元。应变曲线的波形虽然复杂，但都是由几种简单的波形组成的，只要掌握了这些波形模式，就可以识别任意一条应变曲线的复杂波形。图 6.9 是基于模式识别的数据实时处理流程图，应变曲线被分割成若干个波形单元，每个单元经过归一化而分解成三个基本要素，对其中的转换向量进行波形判别，获得波形代码，连同标准偏差和平均值，作为系统异常判别的数据依据，最终得出结论评价。

（a）归一化

应变曲线是由一系列连续的应变值按一定间距（即采样间隔）连接而成的曲线，为了解

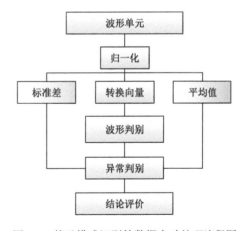

图 6.9　基于模式识别的数据实时处理流程图

读曲线所包含的波形信息，需要将曲线分割成若干个波形单元，为了保持曲线的连续性，相邻两个单元要有小部分区域重叠。假定光纤解调仪的采样间隔设定为 0.1m，那么每个波形单元应该包含个 15 个测点，以此组成特征向量 $X(x_1,x_2,\cdots,x_{15})$。

为了使特征向量中各个特征值对波形分类的贡献均等，需要规定统一的比例尺，一个

比较常用的归一方法是将特征向量减去均值后再除以标准偏差：

$$Y = (X - m) / S \tag{6.5}$$

式中，Y 是转换向量；m 是特征向量 X 的平均值；S 是特征向量 X 的标准偏差。

经过归一化的特征向量 X 被分解成三个部分：描述波形特征的转换向量 Y，平均值 m 和标准偏差 X。

（b）波形判别

从应变曲线中分割出来的特征向量，经归一化处理成转换向量 Y 后，只保留了波形特征，因此，用它来进行波形判别，同应变曲线的波形模式进行比较，可以找出最相似的一种波形作为该特征向量的波形模式。

如图 6.10 所示，工程中测得的应变曲线根据其波形模式大致可为 9 种，按波形升降分成三类，并定义相应的波形代码：

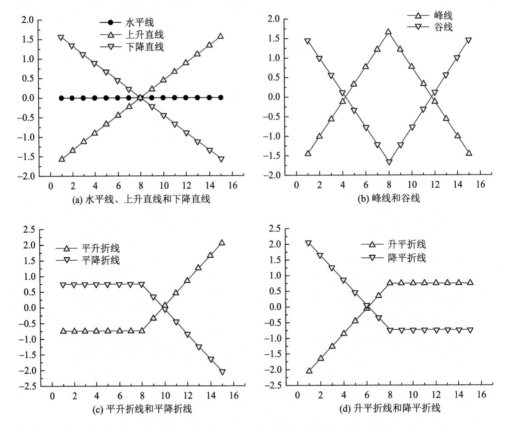

图 6.10　9 种波形模式示意图

（1）上升波形：平升折线（4）、上升直线（3）、升平折线（2）；

（2）平缓波形：水平线（0）、峰线（1）、谷线（−1）；

（3）下降波形：降平折线（−4）、下降直线（−3）、平降折线（−2）。

由于以上这些波形模式也经过了归一化处理，因而与转换向量具有相同的尺度，可以采用最小欧几里得距离法来进行分类：

$$d_i^2(Y) = \| Y - m_i \|^2, \quad (1 \leqslant i \leqslant 9) \tag{6.6}$$

式中，$d_i^2(Y)$ 是转换向量对应第 i 类波形模式的欧几里得距离平方；Y 是转换向量；m_i 是第 i 类波形模式的特征向量。比较 $d_1^2, d_2^2, \cdots, d_9^2$，其中的最小值表明转换向量 Y 与此类波形模式最为相似，波形应归入此类。

3）异常判别和评价

应变曲线经过模式识别处理，被分割成若干个波形单元，其波形特征也被转化成计算机可以识别的波形代码，由此，应变曲线被抽象成为一系列波形单元的连续组合，每个波形单元只包含三个元素：波形代码、平均值和标准偏差。所以，对于应变曲线的分析，可以分解成对若干个波形单元的异常判别，再将相邻的异常单元合并成异常区域，根据区域内的波形代码组合，逐一对各异常区域的光纤变形情况进行评价。

（a）异常判别

对波形单元的异常判别，是多种判别条件的组合，其阀值设定和组合形式将根据监测项目的具体情况而定，最常用的有以下几类：

（1）平均值超过预设阀值，即视为可疑单元；

（2）标准偏差超过预设阀值，即视为可疑单元；

（3）当标准偏差较小时，不论波形模式的分类，一律视为水平线；

（4）波形模式为峰线、谷线等敏感模式，且不满足条件（c），即视为可疑单元。

运用以上这几种判别条件，对图 6.8（c）中应变曲线进行了模式识别和异常判别，四个波形单元被筛选出来，其他区域则被忽略，见图 6.11。

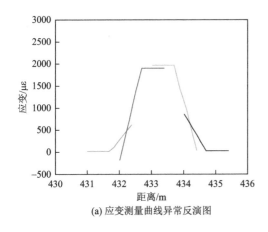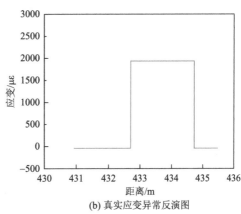

(a) 应变测量曲线异常反演图　　　　　　　　　(b) 真实应变异常反演图

图 6.11　异常区域应变 MATLAB 反演图

与原应变曲线相比，由 4 个波形单元组成的图形，虽然由于计算误差使 4 条曲线不能完全重合，但基本保持了原有的数值和形状，并且更趋近于梯形变化的规律。更为重要的是，计算机通过解读这 4 个波形单元的波形代码组合（4/2/-2/-4），发现这是一个典型的光纤局部拉伸变形，结合平升折线和降平折线出现拐点的位置，判断出光纤受拉区域为432.75~434.75m，与真实的应变区间 433~434.5m 非常接近。

（b）异常评价

类似于波形代码组合 4/2/-2/-4 与光纤局部拉伸变形之间的对应关系，波形代码组合与光纤变形之间存在着某种联系，同一类型的光纤变形，其波形代码组合都比较相似，只要在这两者之间建立起明确的对应关系，就可以通过识别波形代码组合，对光纤变形进行评价。

同一类型的光纤变形，由于变化范围大小不一，因而可能有许多种不同的波形代码组合。以光纤局拉伸变形为例，波形代码 4/2/-2/-4 只是其中的一种组合，其他诸如 4/3/-3/-4也属于此类变形，甚至在更小范围内，三个代码的组合，如 4/0/4、3/1/3，也同属一类。但是，不管有多少种波形代码组合，它们都有一个共同的特征，使得它们与同一种光纤变形保持对应关系。以上列举的这些代码组合，都是以上升波形（Code＞1）为开始，随后代码逐渐降低，最终以下降波形（Code＜-1）结束，按此种规律组合而成的曲线，波峰对应于光纤局部拉伸变形。

在实际监测工作中，光纤通常被布设在结构体上，由于结构变形的特殊性，与之保持同步的光纤变形往往局限在有限的几种方式上，因此，只要总结出几种主要的光纤变形方式，并建立与波形代码组合的对应关系，计算机就可以自动识别光纤变形的类型，并做出评价。

6.5.4　基于分布式监测的正、反演探讨

地质与岩土工程监测的目的有两个：一个是利用监测到的变形等信息，根据监测对象的材料属性，对其受力状态进行分析，对其稳定性及发展趋势进行评价；第二个是根据监测信息（如位移），通过反演模型（系统的物理性质模型及数学描述）推算得到该系统的各项或某些初始参数（如初始应力、本构模型参数等），并用求得的参数和计算模型对未监测部位的力学行为进行分析预测，两个过程在地质与岩土工程分布式光纤监测中都有着十分重要的地位。前一个过程称之为正演，其实现较为简单，只要通过各种试验获得材料属性参数和计算模型即可进行，解唯一稳定；后一个过程称之反演过程（反分析），由于岩土体参数体系复杂且不稳定，仅根据有限的监测信息对其反求，势必存在解的不稳定和多解性等问题，实现较为困难。20 世纪 70 年代以来，众多国内外学者对此问题进行过深入研究，提出了多种解析法和数值法来求解此问题。但是这些反演方法的提出和求解模型的建立都是基于点式监测数据模式上的，随着分布式光纤感测技术在地质与岩土工程监测中的不断应用推广，如何利用分布式监测数据来对岩土体的参数进行反演是一个亟待解决的问题。

1）分布式变形监测的正演求解

对于分布式应变传感技术，光纤测试到的是沿其轴向的应变，反映了光纤在轴线方

向上的伸长或者压缩，是一个与方向无关的标量，而用于反分析的通常是位移和应力，因此反分析之前首先要根据测试应变信息对监测点处的位移、应力（荷载）等变量进行正演求解。

应变的物理含义是材料受应力作用以后的形变，根据此关系可推导弹性体中的应变与其他变量间的关系（图 6.12）：应变沿着某一方向的路径积分就为该方向上两点间的相对位移，在不同位置表现出的差异程度就是引起形变的剪应变大小；应变与材料弹性模量乘积就是岩土体或者加固结构的应力，应力在一定面积上的累计就是荷载大小，在体积中的累计就是能量，在不同位置表现出的差异反映了剪应力的大小。从以上分析中可见，变形监测是整个监测系统中的核心内容。

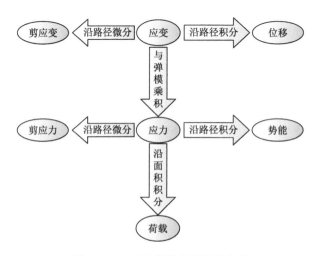

图 6.12　应变与其他变量间的关系

以上各变量的求解中，由于光纤布设后的形态很难准确掌握，后期变形又发生了形态路径变化，因此对于分布式光纤数据来说，有关路径的积分和微分实现较为困难，要实现在各个方位上的位移解析必须通过特制的传感器和改进其铺设工艺来实现。

第四章中介绍的一些分布式光纤传感器，可以将光纤固定到一个稳定的变化路径上，并设置了能将位移和应变进行很好转换的器件，实现分布式位移计算和不同方向的位移分解。例如，采用定点固定的布纤方式可以将关系路径简化为空间两点的直线，利用两点间光纤的应变解析出各监测网络点间的距离变化或相对位置关系，通过已知位置的一些基准点实现空间各点的变形位移求解。如何利用全粘贴方式布设的光缆在单一测线上的分布式数据，实现其在三维空间中的分解，是今后分布式监测数据分析中一个要重点解决的问题。

2）基于分布式监测数据位移反分析

（a）解析法
对于几何形状简单、相应的正演分析具有解析解的工程问题，可采用已有的弹性理论公式导出属逆反分析的解析解，对于几何形状稍微复杂的情况，也可借助弹性平面应变问题的复变函数法，采用适当的映射函数简化几何条件进行求解。解析法反分析首先对问题进行简化和单元划分，简化的模型由待求问题性质决定，而模型划分的单元的精细程度要由监测点密度和布设方式所决定。如何根据监测数据分布特征对监测模型单元进行合理划分是研究分布式数据反演的首要问题，下面以一个简单的沉降监测反演例子，对如何根据分布式监测数据建立模型求解参数进行说明（魏广庆，2008）。

　　如图 6.13 所示，一个面荷载下的无侧限复合地层压缩变形问题，根据埋设在点式水准测量，多点式分层位移沉降计及分布式光纤沉降监测系统测试各级荷载作用下土体的变形量，求解其弹性模量。首先将各种岩性的土都看成是弹性体，变形是发生在竖直方向，则此问题就简化为弹簧压缩模型，变形量 Δs 和荷载 F 满足：$F=E\Delta s$，其中 E 为刚度系数，变成根据力和变形求弹簧刚度问题。如图 6.14 所示，点式水准测量测得变形量是一个反映整个压缩地层内所有土层的一个综合压缩，无法将具体土层进行分开建模，只能将所有土层合化为一个弹簧单元进行计算；多点沉降计可以根据各观测点所在的位置将地层划分为若干个不同刚度的弹簧单元；而分布式光纤测量的是整个地层的没一个采样尺度下地层的变形量，在监测数据采样尺度内，模型可以任意细化单元。根据以上建立模型，分别求得如图 6.14 所示土体刚度分布特征：点式得到是一个不随着深度变化的常量，而多点式得到是分段常量，分布式得到的是一个随深度变化的变量。各参数对于重新正演地表变形其效果将一样，但如果根据此反演问题对地下一个未能测试的结构体的受力及变形状态进行分析预测，那根据点式监测模型反演出的参数推测到结构体各处都将是一个常量或者简单线性应力状态，根据多点位移反演参数计算出的是一个线性或折线形的受力状态，而根据分布式数据反演出的参数，可将不同位置的应力状态进行求解，并可根据应变分布特征对结构的风险部位进行准确预测。

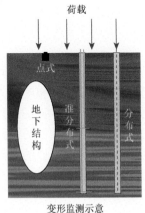
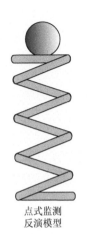

变形监测示意　　　　　点式监测　　　　准分布式监测　　　　分布式监测
　　　　　　　　　　　反演模型　　　　反演模型　　　　　反演模型

图 6.13　反演模型

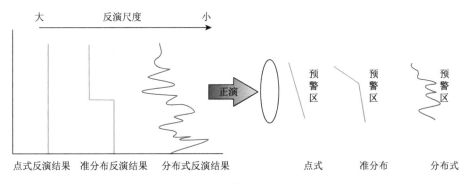

图 6.14 反演模型与正演预测

从以上分析可见，反演模型简化的单元尺度与数据的监测尺度有关，单元尺度若小于监测尺度，反演就无法进行。分布式光纤监测技术实现了对土体的细微尺度变形测量，为反演提供海量的实测数据，实现了反演单元的小尺度划分，更能真实地反演出实际地层的参数，为一些需要小尺度参数才能求解的问题提供依据。此外，分布式数据还可以根据实际需要进行不同程度的降格（downscaling）平均化，降到实际模型的单元尺度格局。

（b）数值法

对于具有复杂边界条件，多参数，非线性的问题反演，依靠求解显式函数的解析法已经无法达到，需要寻求计算能力更强的方法来解决此问题。数值方法引入岩土工程设计中后，解决了大量复杂问题的正演求解，同时，众多工程人员也开始寻求利用此方法进行反演问题的求解，从一开始的只能对均质各向同性及均匀初始地应力场等条件下简单边界条件下线性问题反演的简单逆解法，经过图解法和正演优化法发展到今天的神经网络、支持向量机等一系列人工智能化方法，可解决一些复杂多参量问题的反演。

数值法其中心思想，如图 6.15 所示，是将待求的参数的一些假设值带入到计算模型中得到一系列的节点位移正演值，通过对比实际位移监测与此位置相应处节点的计算值，寻求一组最优假定参数作为反演结果。方法的改进主要是围绕怎样快速、准确找到这个最优参数组合，以现在流行的智能方法为例，该方法前期处理与其他方法相似，利用不同的参数值组合带入到模型中得到与监测点相符的节点位移矩阵，但后期如何确定参数组合、节点计算值及监测实测值三种简单的关系，如图 6.16 所示，智能方法采取学习的方式建立起参数组合与节点计算值间的"黑匣子"映射关系，然后再将监测数据经过此"黑匣子"辨认，给出与之"血缘"最亲近的参数组合。

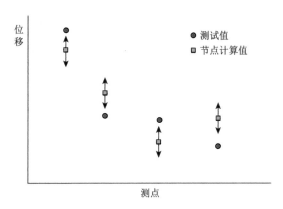

图 6.15 点式数据反演过程

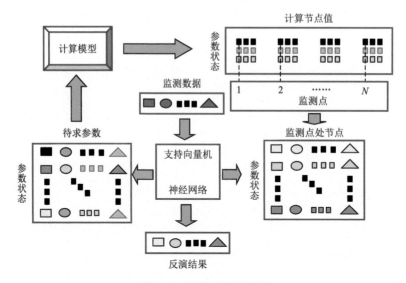

图 6.16　参数反演法流程

　　通过上面对反演的思路分析可见,参与分析的节点样本数受到测点布设的位置严格控制,通过反演出的参数精度与所能代表的尺度受监测点的布设影响。分布式监测方法得到沿着铺设路径的一个全覆盖监测值,不存在布设位置与密度概念,其测试值如图 6.17 中的红线所示。分布式测线在计算模型中将会穿越一系列的计算节点,如图 6.17 中的蓝色点所示,从图中可以看出,利用分布式监测数据和数值法进行反分析,是一个寻求最优化参数组合值使得节点群（蓝色点）计算值最为接近分布式监测值（红线）的过程,此过程与前面不同的是,参与反演对比样本数不再受监测点所控制,而是受节点数,即网格单元的大小和分布形式所控制,简单地说,就是点式监测数据反演是从大量节点中选择与监测点位置相应的节点的计算值来对比,而分布式数据反演是从大量的监测数据中选择与其经过的节点的计算值来反演,仅从样本的数量来看,肯定增大了好几倍,反演值的精度会大大提高,参数所能代表的尺度也会减小,更为精细。

　　从以上分析可见,利用分布式监测数据可以实现对参数的反演,其首要解决的是分布式数据采样点与节点的在空间上的匹配问题。从图中可以看出,要对比监测值和节点计算值进行比较,有两条路径:其一,将细微尺度下的分布式数据降格到节点所在单元尺度,再离散到所经过的节点位置的监测点上,如图 6.17 所示的红色点,然后通过点式的反演方法进行参数反演;其二,将离散节点信息通过升格（upscaling）到测线上与采样间隔相符的分布式计算值（蓝线）,然后通过对比两条曲线来确定最优参数组。

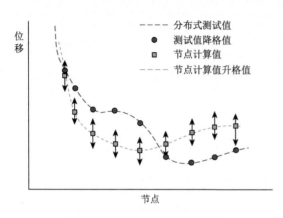

图 6.17　分布式数据反演过程

6.5.5　基于应变场分布的岩土工程结构损伤识别

地质与岩土工程中的工程结构对象，如边坡支挡结构、基础工程、地下工程等，在水、土压力以及岩土体变形等作用下，往往出现结构损伤，影响其安全性与耐久性，并对其地质工程与岩土工程本体的稳定性造成不利影响。因此，对地质工程与岩土工程中的工程结构损伤进行有效识别，是确保该类工程安全性的重要保证。

由于岩土结构的损伤与其相对变形间存在良好的相关性，因此，可以用结构应变场分布来描述结构损伤。然而，传统量测方法无法完整地描述结构应变场。布里渊分布式光纤感测技术为完整描述岩土结构应变场提供了可能，以下介绍课题组提出的有效识别地质工程与岩土工程中结构损伤的应变场方法，并通过现场试验对其进行了有效验证（Zhang et al.，2007）。

1）基本概念

布里渊分布式光纤传感数据可以被有效地组织为时空矩阵 $\boldsymbol{E}$。$\boldsymbol{E}$ 为 m 行 n 列的二维矩阵，表示为

$$\boldsymbol{E} = \begin{bmatrix} \varepsilon_{11} & \cdots & \varepsilon_{1j} & \cdots & \varepsilon_{1n} \\ \cdots & \cdots & \cdots & \cdots & \cdots \\ \varepsilon_{i1} & \cdots & \varepsilon_{ij} & \cdots & \varepsilon_{in} \\ \cdots & \cdots & \cdots & \cdots & \cdots \\ \varepsilon_{m1} & \cdots & \varepsilon_{mj} & \cdots & \varepsilon_{mn} \end{bmatrix} \tag{6.7}$$

其中单元 ε_{ij} 表示在第 j 次采样时在采样点 i 位置的应变值。

$\boldsymbol{E}$ 的子矩阵 $\boldsymbol{E}_{\mathrm{s}}$ 为

$$\boldsymbol{E}_{\mathrm{s}} = \begin{bmatrix} \varepsilon_{tu} & \cdots & \varepsilon_{tj} & \cdots & \varepsilon_{tv} \\ \cdots & \cdots & \cdots & \cdots & \cdots \\ \varepsilon_{iu} & \cdots & \varepsilon_{ij} & \cdots & \varepsilon_{iv} \\ \cdots & \cdots & \cdots & \cdots & \cdots \\ \varepsilon_{wu} & \cdots & \varepsilon_{wj} & \cdots & \varepsilon_{wv} \end{bmatrix} \tag{6.8}$$

$\boldsymbol{E}_{\mathrm{s}}$ 表示在第 u 次与第 v 次采样时刻间距内，在第 t 和第 w 个采样点空间间距内的应变场分布。

$\boldsymbol{E}$ 可以表示为列向量列阵，即

$$\boldsymbol{E} = [\boldsymbol{E}_1 \cdots \boldsymbol{E}_j \cdots \boldsymbol{E}_n] \tag{6.9}$$

其中：

$$\boldsymbol{E}_j = [\varepsilon_{1j} \cdots \varepsilon_{ij} \cdots \varepsilon_{mj}]^{\mathrm{T}} \tag{6.10}$$

式中，$\boldsymbol{E}_j$ 为第 j 次采样时的应变场分布。

同时，$\boldsymbol{E}_j$ 还可以表示为行向量列阵，即

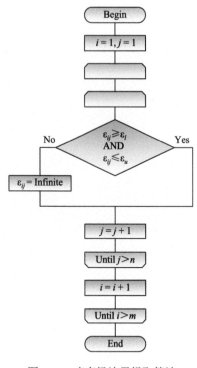

图 6.18　应变场边界提取算法

$$E = [E_1' \cdots E_i' \cdots E_m']^{\mathrm{T}} \qquad (6.11)$$

式中，E_i' 表示采样点 i 位置在整个采样过程中的应变场分布。

此外，对应变场边界的提取可以有效地确定结构损伤的阈值。图 6.18 给出了一种提取应变场边界的算法。

2）损伤识别

用列向量差 Δ_j 表示结构相对状态，则

$$\Delta_j = E_j - E_1 \qquad (6.12)$$

式中，Δ_j 表示第 j 次采样时结构应变场状态的变化量。

$$\Delta_j = [\delta_{1j}, \cdots \delta_{ij}, \cdots \delta_{nj}]^{\mathrm{T}} \qquad (6.13)$$

其中：

$$\delta_{ij} = \varepsilon_{ij} - \varepsilon_{i1} \qquad (6.14)$$

定义结构损伤状态阈值 K_j 为以下表达式

$$K_j = [k_{1j}, \cdots, k_{ij}, \cdots, k_{nj}] \qquad (6.15)$$

式中，k_{ij} 是 i 点 j 次采样时刻的阈值。

定义损伤指数 F_j 为以下表达式

$$F_j = [\varphi_{1j}, \cdots, \varphi_{ij}, \cdots, \varphi_{nj}]^{\mathrm{T}} \qquad (6.16)$$

式中，

$$\varphi_{ij} = \log(\delta_{ij} / k_{ij}) \qquad (6.17)$$

当 $\varphi_{ij} > 0$ 时，表示测量应变值超过了其阈值，因此可以认为在在 j 次采样时刻 i 点位置发生了结构损伤。

3）试验验证

为了验证上述方法的有效性，对某预应力混凝土梁结构进行破坏性荷载试验。传感光纤采用定点黏贴的布设方式，即将梁底的整段光纤分成 11 小段，各小段长度约为 1.2m，在图 6.19 中分别用 S1～S11 的字母表示。将各小段光纤两端用环氧树脂固定在底板下表面，这相当于在桥梁底板连续布设位移传感器。为防止各小段光纤发生松弛，在其布设过程中施加一定的预张力，另外，各段应变传感光纤间均留出一定长度（约 3m）的冗余段处于自由状态下，用于温度补偿，因此传感光纤应变分布表现出 11 个拉应力峰值，对应于各应变段。

图 6.20 和图 6.21 为试验测试段结构应变场时空分布图和结构损伤识别结果。图 6.22 为时空域中结构混凝土开裂边界识别结果。结果表明，本方法能够在时域与频域中对结构损伤进行有效识别，并且能够对结构应变场边界实现有效识别。

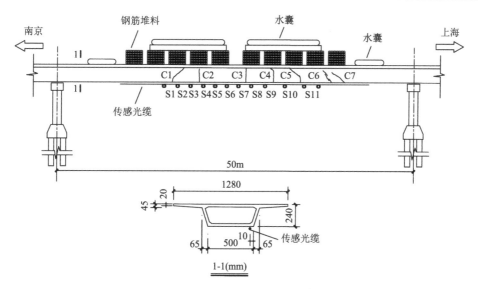

图 6.19　试验结构示意图

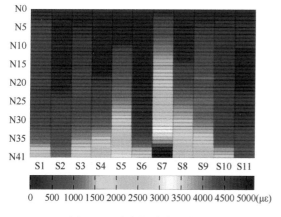

图 6.20　应变场时空分布图

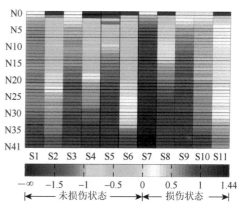

图 6.21　结构损伤识别结果

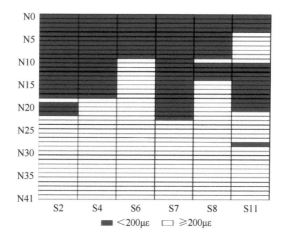

图 6.22　结构混凝土开裂应变场边界识别

6.6　监测数据可视化

分布式光纤传感作为一种新型的自动化、集成化、智能化监测技术,在地质与岩土工程监测领域发挥着日益重要的作用。基于该技术构建智能监测系统,可获取岩土体表面和内部多场信息的时空分布特征,在此基础上可在线评估岩土体的稳定状态。但是由于分布式光纤监测数据量异常庞大,这些数据能否被及时高效地提取、处理和挖掘,并加以可视化,常常在很大程度上决定了地质灾害预警的成败。下面以边坡为例,介绍地质与岩土工程分布式光纤监测三维可视化系统(许星宇等,2017)。

6.6.1　系统架构和功能

在地质与岩土工程光纤监测项目中,分布式光纤可获得海量的监测数据,且监测指标多种多样,这给数据处理和可视化带来了极大的挑战。课题组通过 MATLAB 开发了可视化系统,实现了分布式光纤监测数据的识别、去噪、预测、岩土体稳定状态评估、二维和三维可视化等功能。以下以边坡监测为例,介绍这部分的工作,其系统架构如图 6.23 所示。

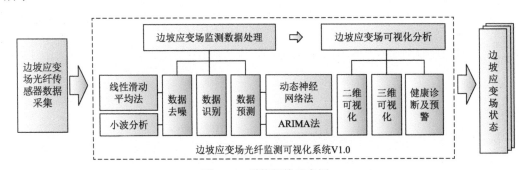

图 6.23　系统架构示意图

针对实际工程的需求,基于 MATLAB 的 GUI 功能制作了用户界面。在 GUI 编辑功能下,添加了按钮、文本框、绘图框和菜单等控件。该系统界面直观,交互性强,方便用户对监测数据进行人工处理。

岩土工程中的分布式光纤传感技术主要包括基于 FBG 的准分布式传感技术,以及基于布里渊散射的全分布式传感技术(如 BOTDA、BOTDR 等)。可视化系统在读取监测数据的同时,必须能自动识别数据类型,辨识数据中包含的边坡空间和属性相关信息,并实现监测数据的矩阵化,以提高 MATLAB 数据运算速度。

光纤传感器是一种高精度且极为敏感的传感元件,因此在现场测试数据掺杂不同程度的噪声。可视化系统对原始监测数据进行分析前须剔除噪声数据,保留有价值的信息。常用的平滑去噪方法有奇异点、均值、中值、小波分析等,本系统提供了如下两种去噪功能:①线性滑动去噪法。这是最常见的数据平滑去噪方法,其中三步和五步滑动平均法应用较广。由于光纤监测数据量庞大,故本系统默认采用五步滑动平均法实现去噪。②小波去噪法。如前所述，该方法源于小波分析，是在 Fourier 分析的基础上发展而来的一种更加先进的信号去噪方法，解决了 Fourier 分析无法表述信号时频局域性质的局限。MATLAB 软件中已集成了小波分析工具箱，因此可通过代码调用小波分析功能实现数据去噪。根据工程经验，本系统选用 sym3 小波分 4 层进行去噪，并采用极大极小原理选择阈值，去噪效果如图 6.24 所示。相关代码如下：

wname='sym3'; level=4; sorh='s';

thr=thselect（S，'minimaxi'）；

S=cmddenoise（S，wname，level，sorh，NaN，thr）。

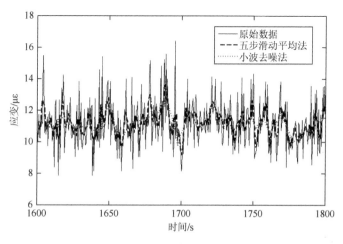

图 6.24　小波去噪处理效果

在监测过程中，通过一定的数学方法，对边坡应变等参数在时间序列上的演变进行预测，这是很多边坡监测项目的需求之一。本系统集成了以下两种预测功能：①ARIMA 预测，即自回归积分滑动平均模型（auto-regressive integrated moving average model）。该方法能针对非平稳序列进行差分，实现时间序列数据的平稳化，从而对数据进行分析预测。②动态神经网络预测，这种方法应用类似于大脑神经突触结构来进行信息处理，具有非线性的特点。本系统通过调用 MATLAB 集成的神经网络工具箱，可实现监测数据的动态神经网络预测。图 6.25 是两种数据预测方法的效果。

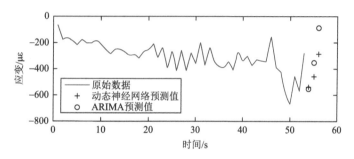

图 6.25　光纤监测数据预测示意图

6.6.2　数据可视化

监测数据绘制成图是可视化系统的主要任务,可视化处理有助于用户分析监测信息的时空分布规律,并对其进一步挖掘、预测。

1)二维绘图

边坡应变场可视化系统的二维绘图包括折线图、云图和模型示意图等。通过系统集成的数据识别功能,对基于不同传感原理(如 FBG 和 BOTDA/R)获取的监测数据进行折线图绘制,展示边坡内光纤的应变随时间的变化或是在距离上的分布 [图 6.26(a)和图 6.27]。同时,本系统还提供监测数据的时间切片功能 [图 6.26(b)],即提供某一时间点各通道传感器的应变分布。此外,系统绘制云图、模型示意图的功能可通过对数据进行空间差值等拟合处理,还原边坡内部应变场的真实情况。

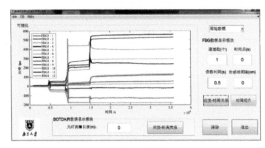
(a) 应变时程图

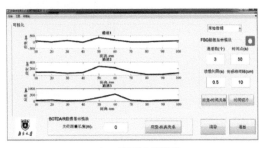
(b) 时间切片折线图

图 6.26　FBG 监测结果显示图

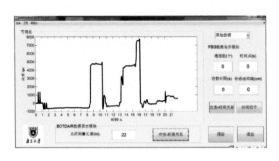

图 6.27　BOTDA/R 监测结果显示图

2)三维绘图

相对二维图形,三维图像包含的信息量更大。系统可把光纤监测时间与空间尺度上的信息相结合,使用空间插值法把二者结合到一起。在系统中绘制的三维图像可实现任意旋转、全角度观看，从而把边坡内部应变在时间上的变化与距离上的分布直观高效地显示给监测人员。

6.6.3　边坡稳定性评价可视化

为了实现边坡稳定状态的评价及滑坡预警，可视化系统增加了临界滑动面搜索、应变阈值计算更新等功能。系统可输入边坡土体参数、轮廓尺寸、荷载条件、水位等信息，基于常规条分法对不同假定滑动面下的边坡安全系数进行试算，并求得安全系数最小值，实现边坡稳定性分析。为了将边坡应变监测数据引入稳定性评价功能中，系统引入了边坡安全系数与特征应变的经验关系式，初步实现了基于应变监测的边坡失稳预警功能。具体实现方法见 6.7.3 节。

在边坡监测过程中，系统将会根据此时的荷载、水位等条件计算边坡安全系数，每当识别处理一组新的监测数据时，把实时光纤监测数据与历史数据组合，进行回归分析，不断更新经验方程。通过历史监测数据的积累与经验方程的修正，实现边坡特征应变预警阈值（$K=1.1$）与临界阈值（$K=1$）的逐步更新，以辅助监测人员对边坡稳定状态进行定量评价。

6.7　监测数据分析模型与预警预报

6.7.1　监测数据的关联规则分析

1）基本概念

关联规则是数据挖掘领域中最为经典和常用的方法之一，主要是挖掘隐藏在数据间的相互关系。目前有多种关联规则的数据挖掘算法，如 FP-树频集算法、Apriori 算法等。其中 Apriori 算法是最成熟的关联规则挖掘算法，该算法是一种以概率为基础的挖掘布尔型关联规则频繁项集的算法，通过对数据库进行多次扫描，反复迭代直至产生数据项集的所有频繁项集，然后在此基础上形成关联规则，最终获取关于多场耦合作用的信息（孙义杰，2015）。设 $I = \{i_1, i_2, \cdots, i_m\}$ 是包含若干属性字段的集合，其中的元素称为项。设 D 为交易 T 的集合，T 为在一次交易中，所有发生项的集合，且 $T \subseteq I$。

在一个交易数据库 D 中，一个关联规则是形如 $X \Rightarrow Y$ 的蕴涵式，其中集合 $X \subset I$ 为此关联规则的前提；集合 $Y \subset I$ 为结论，并且 $X \cap Y = \Phi$。

规则支持度：

$$Support(X \Rightarrow Y) = \left| \{T: X \cup Y \subseteq T, T \in D\} \right| / |D|$$

规则置信度：

$$Confidence(X \Rightarrow Y) = \left| \{T: X \cup Y \subseteq T, T \in D\} \right| / \left| \{T: X \subset T, T \in D\} \right|$$

关联规则挖掘问题最终结果就是产生支持度和置信度分别大于用户设定的最小支持度和最小置信度的关联规则。若规则的支持度和置信度都大于用户给定阈值，那么该规则即是强关联规则；反之则为弱关联规则。关联规则分析方法的主要问题就是在数据库中找出所有强关联规则。所以可以分为 2 个子问题：第一步是获得所有频繁项集：对包含项目 A 的项集 C，若其支持度大于等于用户指定的最小支持度，则称 $C(A)$ 为频繁项集；第二步是依据频繁项集获得所有强关联规则，即这些规则必须大于最小支持度和最小置信度。

在处理基于分布式光纤传感技术的多场监测数据时，需针对具体挖掘环境进行有针对性的操作。多场数据关联规则挖掘的一般步骤可归纳为图 6.28 所示的过程，解决了如何将多场数据调整为软件可以胜任的数据结构，如何针对地质体监测数据的特点对数据进行合理的分箱，如何选取合适的监测数据对象进行关联规则分析的难点（揭奇等，2015）。

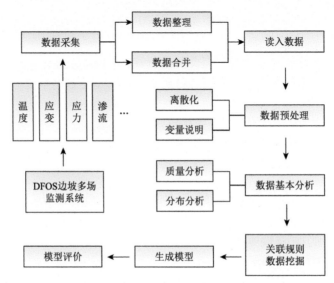

图 6.28　多场数据关联规则挖掘的一般步骤

图 6.29 表示了整个多场信息关联规则数据挖掘数据流过程。可以看出，基于 Clementine 等软件进行关联规则分析即是对数据执行各个数据流节点的过程，数据根据用户设定节点从开始的导入直至最后的输出。

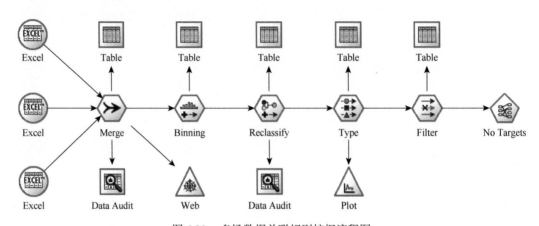

图 6.29　多场数据关联规则挖掘流程图

2）实例分析

为了检验关联规则对边坡多场 DFOS 监测信息关联分析的有效性，以下以马家沟边坡多场监测项目为例进行验证分析。综合考虑马家沟边坡地质特点与分布式光纤监测数据基本特征，选用 OFS1、OFS2、OFS3、JC1、JC3 和 JC8 共 6 组（分别位于滑坡体前缘、中部、后缘）光纤综合观测孔数据值，与降雨量、库水位变动等环境参量进行边坡多场数据关联规则分析。参与数据挖掘的变量共计 12 个，包括"钻孔编号"、"监测时间"、"钻孔位置"、"降雨量"、"雨型"、"地下水位深度"、"库水位高低"、"库水位变动速率"、"主滑面岩性"、"传感器深度"、"位移速率"和"应变速率"。分析中最小支持度设置为 10%，最小置信度设置为 60%，允许出现的最大前提数为 5。采用 Apriori 算法共计得到了 8 条强关联规则，见表 6.1。该结果表明：马家沟滑坡坡体前缘抗滑桩附近的 JC3 钻孔整体应变速率值落在[0，1.27）的较低区间，其支持度最高，表明抗滑桩对阻止滑坡进一步变形起到了重要作用。关联规则方法进一步分析表明，坡库水位处于[145，155）高程区间、滑坡体前缘、位移速率在[1，∞），三者同时出现的支持度为 15.353%、置信度为 91.713%，表明该滑坡类型为库水位主导类型，较低的库水位导致滑坡前缘位移速率较大。

表 6.1　边坡多场信息关联规则分析结果（去标识化后）

规则编号	前提	结论	支持度/%	置信度/%
1	前缘、JC3	应变速率最小	19.75	87.50
2	2013 年 9 月、中库水位	库水位快速上升	20.00	100.00
3	前缘、低库水位	位移速率最大	15.35	91.71
4	低库水位、位移速率最大	前缘	15.35	91.71
5	前缘、位移速率最大	低库水位	15.35	91.71
6	大雨、前缘	地下水位最浅	11.61	100.00
7	前缘、地下水位最浅	位移速率较大	11.26	74.25
8	前缘、地下水位最浅	应变速率最大	11.70	68.78

6.7.2　基于 BP 神经网络的边坡多场信息分析

1）边坡多场信息分析模型

采用 Clementine 软件中的 BP 神经网络算法，可以建立边坡多场信息的分析模型（揭奇，2016）。在地质工程中，边坡的稳定性分析和敏感性分析非常重要，由于在现场实际过程中，单一因素变化的情况基本不存在，都是多种因素共同影响的边坡稳定性的。BP 网络具有能够并行处理，自学习和自组织的特点，因此可基于 BP 神经网络建立边坡稳定性的智能模型。

基于 DFOS 的边坡多场数据大量、复杂，为了能够让软件接收和分析，课题组选取了典型的样本并对其进行分箱和标准化处理；然后建立 BP 神经网络模型，模型建立时，确定网络结构、学习率 η 和冲量项 α 非常重要；通过输入训练样本，确认各因素的网络权值，对边坡进行敏感性分析；把模型输出值与预测值对比，进行误差分析，评估模型建立的好坏。具体步骤如图 6.28 所示。

2）边坡稳定性影响因素的选取

影响边坡稳定性的因素有很多，比如地形地貌、库岸坡体结构、地质构造、库水位波动、降雨等因素。一般来说，边坡不是单一因素引起的，而是多种因素共同促进的。在分析边坡稳定性时，需要全面考虑多种因素共同影响的，所以选择 BP 神经网络方法。BP 神经网络的输入样本包括坡体的应力、渗压、内部温度、库水位和降雨量等；输出样本是变形场的变形数据。合理的选择输入、输出样本的个数能提高模型训练的效率，和神经网络模型的准确度。

3）样本数据的标准化

BP 神经网络中输入样本的取值范围通常要求在 0～1 之间，否则输入样本的不同数量级别会严重影响网络权值的确定以及模型的建立。标准化处理数据是数据准备阶段的主要任务。

对范围型输入样本的标准化处理主要是采用极差法，如下：

$$x_i' = \frac{x_i - x_{\min}}{x_{\max} - x_{\min}} \tag{6.18}$$

式中，$x_{\min}$ 和 $x_{\max}$ 分布为输入样本的最小值和最大值。

另外，对分类型输入样本主要是采用二进制编码法。首先，对不同类别进行二进制编码。例如，某分类变量有 a、b、c、d 四个类别，则它们的二进制编码可一次为：001、010、011、100。然后，按照公式 $n = \log_2(k+1)$ 来确定变量的个数。例如，分类型输入样本有 4、5、6 个类别时都只需要 3 个变量，这大大增大了模型训练效率，见表 6.2。

表 6.2　分类输入样本和它的变量

样本号	分类变量	变量 1	变量 2	变量 3
1	a	0	0	1
2	b	0	1	0
3	c	0	1	1
4	d	1	0	0

对于只有 2 个类别的输入样本，只需转成 1 个取值为 0 或 1 的变量即可。

如前所述，输出、输入样本包括变形、应力、渗压、内部温度、库水位和降雨量。其中变形、应力、渗压、内部温度和库水位都是范围型样本，采用极差法进行标准化处理；降雨量样本，经过反复研究和对比，作为 2 个类别的分类变量，降雨量小于或等于 1mm 的为 0，降雨量大于 1mm 的为 1。

4）边坡多场信息的 BP 神经网络建模

以下的 BP 神经网络模型是基于 Clementine 软件的 BP 算法建立完成的。在建立模型时，要考虑网络结构怎么确定，以及学习率 η 和冲量项 α 怎么设置。

模型的输入样本和输出样本已确定，输入变量有 5 个，输出变量 1 个。因为网络结构的组成成分不仅有输入层和输出层，还有隐层。所以要怎么样确定隐层个数和隐层变量数目至关重要。网络结构如果太简单，那么预测精度达不到理想要求，但太复杂的结构也会出现训练效率低、拟合过度、浪费时间等问题。在模型开始建立时，确定一个合适、准确的网络结构是非常难的。BP 神经网络模型结构通常隐层只有 1 个，下一步工作就是确认隐层的变量数量。根据经验，采取如下方法：

$$n = \max\left(3, \frac{n_i + n_0}{20}\right) \tag{6.19}$$

其中，n_i 和 n_0 分别是输入变量和输出变量个数。经研究，模型的隐层变量个数确定为 3 个。

学习率 η 的作用主要是限定网络权值调整的幅度。在模型训练时，研究者都不希望网络权值调整量太大或太小，前者可能会导致网络工作不稳定而后者可能会导致训练效率过慢。怎么样的学习率是合理的，需要在模型训练中不断调整。学习过程中，学习率将由一个初始值（initial eta），范围在（0，1）之间，逐渐减小至最小值后，再设为最大值，完成一个周期变化后；然后再逐渐从最大值减至最小值。如此反复直到训练完毕。其过程如图 6.30 所示。

冲量项的概念主要来自物理学。根据式（6.19）可知，每次网络权值调整量都是 α 倍。冲量项本质上平滑了学习过程中权值的随机更新，增加了网络的稳定性，加快了学习过程。通常该值的经验值为 0.9。

网络结构、学习率和冲量项确定后，本研究建立了基于 BP 神经网络的库岸边坡多场信息的模型，如图 6.31 所示。可以看出，采用 Clementine 进行 BP 神经网络分析是对数据执

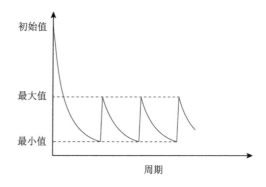

图 6.30　Clementine 中学习率的设置

行各个数据流节点的过程。BP 神经网络模型主要包括的节点有源节点、图形节点、建模节点、输出节点等，如表 6.3 所示。

表 6.3　BP 神经网络模型节点说明

模型节点	名称	说明
Excel	Excel 节点	将 Excel 中数据导入 Clementine
类型	类型节点	选择模型的输入、输出属性以及变量说明

模型节点	名称	说明
![神经网络] 神经网络	神经网络节点	建模节点，是本文的核心节点，包含 BP 神经网络算法、权值的调整等
![表] 表	表节点	输出节点，查看数据
![模型] 模型	模型	数据流执行后，生成的模型
![图] 图	图形节点	执行后，主要是生成散点图，直观看出预测值和目标值的关系
![多重散点图] 多重散点图	多重散点图节点	执行后，主要是生成多重散点图，直观看出预测值、目标值与时间的关系
![评估] 评估	评估节点	对模型评估，可以生成增益图、提升图、利润图和投资回报率图[72]等
![分析] 分析	分析节点	对模型结果进行分析

图 6.31　库岸边坡多场信息的 BP 神经网络模型

6.7.3　基于光纤监测的边坡稳定性评价和滑坡预警

1）边坡应变分布特征

下面介绍课题组提出的基于光纤监测网络的边坡稳定性监测和滑坡预警模型（朱

鸿鹄等，2013；Zhu et al.，2016）。将分布式光纤监测技术应用于边坡应变的获取，首先必须对边坡的应变分布有一定的认识。为了分析均质土坡在坡顶局部荷载作用下的应变分布规律，使用加拿大 Geo-Studio 软件建立了如图 6.32 所示的二维有限元模型。该边坡模型的左右边界固定了 x 向位移，下边界固定了 x、y 向位移，坡顶的均布荷载宽度取 0.6m，边坡土体采用莫尔-库仑模型模拟。表 6.4 为有限元分析中所采用的参数。

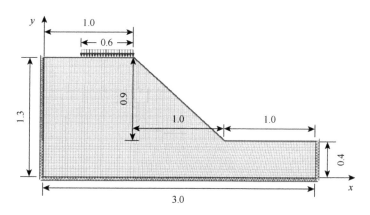

图 6.32　受坡顶荷载的边坡有限元模型（单位：m）

表 6.4　有限元分析参数

容重 /（kN/m³）	变形模量 /MPa	泊松比	抗剪强度指标	
			黏聚力/kPa	内摩擦角/(°)
20	100	0.33	12.5	25.0

在有限元模拟的同时，采用瑞典条分法和简化 Bishop 法计算了该边坡在不同荷载下的安全系数，结果见表 6.5。图 6.33 中显示了由简化 Bishop 法和有限元法算得的边坡滑裂面位置。经计算发现，有限元法和极限平衡法得到的滑裂面位置基本吻合；在坡顶荷载位置不变的情况下，边坡滑裂面的位置基本不受荷载大小的影响。

表 6.5　由极限平衡法得到的边坡安全系数

荷载/kPa	安全系数	
	瑞典条分法	简化 Bishop 法
0	5.225	5.281
20	2.358	2.495
40	1.631	1.767
60	1.303	1.434
80	1.113	1.242
100	0.989	1.116
120	0.897	1.025

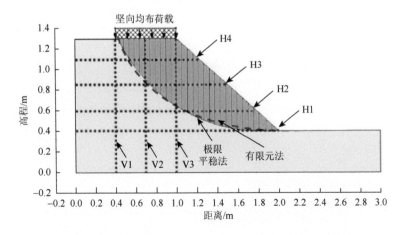

图 6.33　应变观测线以及极限平衡法、有限元法得到的边坡滑裂面位置（p=100kPa）

图 6.33 中选取了 4 个水平向监测断面、3 个竖向监测断面，用来提取水平向或竖向应变分布。通过对坡顶的模拟加载，得到了各级荷载情况下边坡各指定位置的应变分布。图 6.34、图 6.35 分别为 20kPa、60kPa 和 100kPa 荷载下应变情况，图中拉应变为正，压应变为负，各竖向箭头分别对应于所选取的监测断面与潜在滑裂面的交点位置。

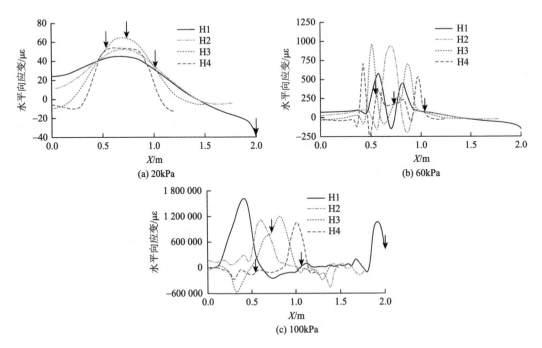

图 6.34　不同荷载下边坡的水平向应变分布曲线

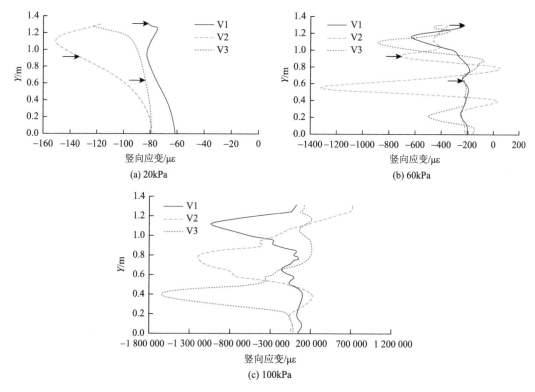

图 6.35　不同荷载下边坡的竖向应变分布曲线

　　根据以上的模拟结果可知，当坡顶荷载较小时，边坡大部分区域的水平向应变为拉应变，但坡脚处水平向应变为压应变，表明该位置处于压剪状态；坡体的竖向应变则均表现为压应变，这真实反映了边坡在竖向荷载作用下的受力状态。随着坡顶荷载的增大，坡体各部位的拉、压应变值都迅速增大，靠近滑裂面附近的坡体无论是水平向还是竖向应变都呈现分布不均的现象。当边坡安全系数接近于 1 时，各监测断面的水平向、竖向应变最大值都突破了 1 000 000με，说明坡体多处区域发生了剧烈的剪切形变。

　　为了研究各级荷载作用下边坡整体应变和对应的安全系数之间的关联性，取各级荷载下各个水平向应变监测断面的应变最大值，再对其进行平均化处理，以代表边坡整体的应变状态，即

$$\overline{\varepsilon}_{h\max} = \frac{\sum_{i=1}^{n} \max(\varepsilon_{hi})}{n} \tag{6.20}$$

式中，ε_{hi} 为第 i 个监测断面测得的水平向应变值（$i=1, 2, \cdots, n$），$\overline{\varepsilon}_{h\max}$ 可称为边坡的水平向特征应变值。

　　将 $\overline{\varepsilon}_{h\max}$ 和边坡安全系数的关系曲线作于对数坐标图内，见图 6.36。该图显示，随着边坡水平向特征应变值的增大，安全系数逐渐减小，两者之间有着较好的相关性。该关系可以用下式表示：

$$K = a(\overline{\varepsilon}_{h\max})^b \qquad\qquad (6.21)$$

式中，K 为根据极限平衡法算得的安全系数；a，b 均为拟合常数。

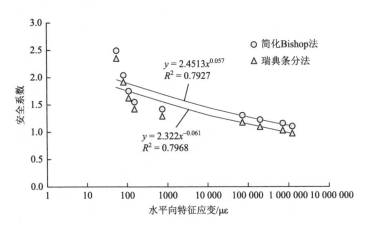

图 6.36　安全系数和水平向特征应变的关系曲线

　　以上的有限元分析说明：第一，坡体的应变是综合反映边坡稳定状态的一个客观指标；第二，根据应变分布情况虽然无法精确获得边坡滑裂面的位置，但能够肯定的是，在滑裂面附近区域有应变分布不均的现象。需要指出的是，以上的有限元分析假定边坡土体为均质的理想弹塑性体，对于坡体的不均匀性和土的非线性本构关系不能准确反映，因而上式只是定性分析的结果，与实际情况可能有着较大的差别，拟合常数 a、b 的取值需要通过试验来确定。

2）边坡模型试验

　　为了验证边坡分布式光纤监测的有效性，课题组开展了一系列的边坡模型试验。试验在大型模型箱中进行，箱体尺寸为 3m×1.5m×1.5m，一个侧面为加肋的钢化玻璃，其余三个侧面和底面为 10mm 厚钢板，见图 6.37。边坡的加载系统包括工字反力梁、千斤顶和传压板，模型箱左右两侧各设置了一个水箱，用于边坡内水位线的控制。边坡模型采用河砂和高岭土按一定比例混合后填筑而成，其尺寸见图 6.38。边坡采用土钉加固，土钉用直径 10mm、长 1.2m 的铝棒进行模拟。土钉呈十字形布置，竖向和水平向间距均为 25cm，所有土钉与水平面夹角均为 15°。试验前，通过水箱控制边坡内水位在 1.2m 高程处，坡脚处水位和地面齐平。然后，采用千斤顶在坡顶进行局部加载，加载宽度取 0.4m。坡顶荷载为分级施加，试验过程中从 12.5kPa 逐级加至 34.0kPa。

　　应变传感光纤的铺设工艺是模型试验中的一个关键问题。本次试验中采用了直径为 900μm 的紧包单模单芯光纤监测，光纤布置见图 6.39。边坡共布置 3 层光纤，从下而上分别编号为第 H1、H2、H3 层。每层光纤呈 S 形布设，即光纤沿 z 轴存在 3 个水平向（x 轴方向）应变的传感段，从前到后分别编号为第 1、2、3 段。在试验监测时，采用 BOTDA 解调仪进行应变数据的采集，空间分辨率设定为 10cm。

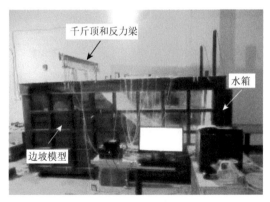

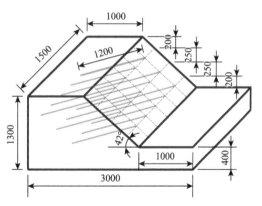

图 6.37　边坡模型试验箱　　　　　图 6.38　边坡模型尺寸图（单位：mm）

根据简化 Bishop 法得到了边坡在坡顶局部荷载作用下的滑裂面位置，见图 6.40。该图中虚线为地下水位线，黑色横线即模型试验中 H1、H2 和 H3 光纤埋设的位置，可以据此确定传感光纤和潜在滑裂面相交的点位。

图 6.41、图 6.42 为 BOTDA 传感光纤测得的剔除了温度效应的边坡应变值。图中虚线为每层土体中平行的 3 段传感光纤经过平均后的应变值，主、被动区分界线对应于由条分法算得的滑裂面所通过的位置。光纤监测结果显示，各层土体的 3 个应变监测段得到的应变值有一定的差异，但其分布形态较为接近，因此其平均值可以较为真实地反映边坡变形的性态。在较小的外荷载作用下，边坡的水平向应变保持在一个很小的量级里，主要表现为拉应变；边坡下层（H1 层）靠右侧的位置为明显的压应变区，表明此处受到上部不稳定土体的挤压。随着坡顶荷载的增大，各层土体应变也相应增大，与荷载增量有着较好的相关性。在各级荷载下，边坡两侧应变较小，接近中部的区域（滑裂面附近）应变逐渐累积，表明边坡中的潜在滑裂面正在逐渐生成。在接近坡顶荷载作用处（H3 层）有应变局部集中的现象。当加荷到接近破坏时，坡体应变的不均匀性表现得非常明显，这种应变分布不均从侧面反映了控制边坡滑裂面形成的剪应变逐渐发生累积。此时，边坡下层的被动区应变很大，主动区相对较小；边坡上层则相反，主动区应变远大于被动区；边坡中层应变最大点即滑裂面经过的位置。

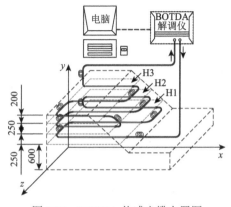

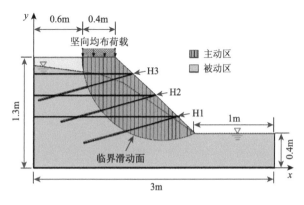

图 6.39　BOTDA 传感光缆布置图　　　图 6.40　极限平衡分析得到的边坡滑裂面
　　　　　（单位：mm）

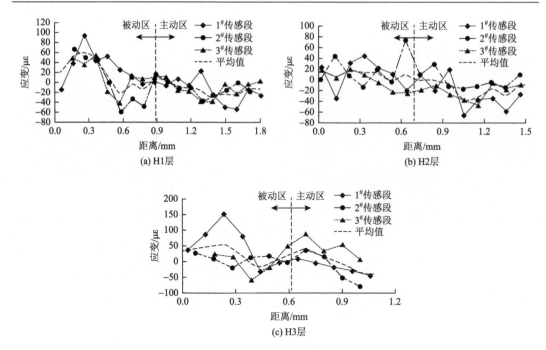

图 6.41　12.5kPa 荷载下的边坡应变监测结果

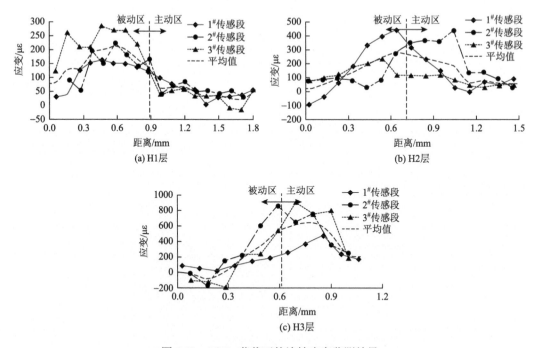

图 6.42　34kPa 荷载下的边坡应变监测结果

从以上的分析看，在边坡模型试验中，通过合理布设分布式应变传感光纤，可得到反映边坡整体稳定性的特定监测信息，有助于边坡稳定性的科学评估及边坡滑裂面位置的推测。

图 6.43 给出了坡顶荷载-安全系数-水平向特征应变的关系曲线。该图显示，随着荷载的增大，安全系数逐渐减小，应变则相应增大，表明三者之间有较好的相关性。采用拟合得到 a 和 b 值分别为 2.66 和−0.109，R^2=0.994，说明根据该经验关系来推算边坡的安全系数是可行的一种稳定性评判方法。

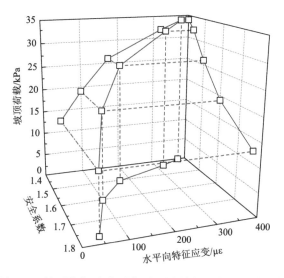

图 6.43　坡顶荷载-安全系数-水平向特征应变的关系曲线

第七章 光纤大变形监测技术与现场布设

7.1 概　述

在人类工程活动和内外动力地质作用的共同作用下，岩土体的变形包括压缩、剪切和拉伸等类型，甚至会出现滑移、崩塌、开裂等现象，变形规律十分复杂，具有大变形、非线性、非连续性，时空跨度大，空间分布变异强等特点。借助仪器设备，利用一定的技术方法可以对岩土体变形进行测量（殷宗泽等，2003）。

常见的变形测量技术方法有：大地测量技术、传感器测量技术、空间测量技术和摄影测量技术等。大地测量技术精度高、应用灵活，适用于不同的岩土体在不同变形阶段的变形测量，但难以进行连续的动态测量。传统的传感器测量技术可实现连续自动监测，相对精度高，但测程不大，与其他工程材料相比，岩土体具有变形差异大、模量小、非连续等特征，易出现岩土体变形过大造成传感器损坏或者超出量程的情况，也会出现传感器模量太高而与土体变形不协调等问题。空间测量技术可以实现大范围的监测工作，但精度相对较差。摄影测量技术的显著特点是不需要接触被测对象，获取的数据量大、外业工作量小，但对岩土体内部的变形难以进行直接的测量（隋海波等，2008b）。

作为传感器测量技术的一种，本章主要介绍分布式光纤感测技术用于岩土体大变形监测的原理和方法。由于石英光纤的应变可测范围一般小于±1.5%，用于结构、复合材料的变形监测基本可以满足要求（张丹等，2003，2004a）。但是，要实现岩土体大变形的分布式监测，应根据岩土体变形的特点，研发特定的传感器封装结构和变形转换方法，使精度、量程以及抗破坏性能满足大变形监测的要求。具体而言有以下几个途径：

（1）通过设计传感器的封装结构和变形转换方法，将岩土体的大变形转换为光纤传感器所能感测的小变形。如通过悬臂梁结构将岩土体的大变形转换为梁结构的微小应变；基于静力水准技术，实现将较大的岩土体沉降变形转换为液位或者压力变化。

（2）研发特殊的大变形传感光缆和分布式传感器件，将局部的岩土体大变形转换为一定长度传感光缆的平均应变，或者通过弹簧、管件等将岩土体大变形转换为光纤的应变分布。

（3）针对传感光纤岩土工程施工和后期运营监测过程中，极易遭受破坏的问题，通过优化光缆的护套结构，研制出抗破坏能力强、施工简单、传感性能优越的传感光缆，以提高岩土体大变形监测条件下传感光缆的成活率。

7.2 FBG 大变形监测技术

1）变形传感器换能结构

基于 FBG 的变形传感器的组成结构和传统的基于电阻应变片式的传感器十分相似，

主要有传感装置、保护和安装装置及信号传输部件三个部分组成。其中，传感装置是最为核心的部分，该装置不仅应具有将输入量（待测物理量）转换为传感元件的输出量的功能，而且应具有很稳定的传递特性，输入量和输出量可以采用一定的函数形式表示（线性函数最为理想）。

利用贴有双 FBG 传感器的变径/变模量杆件，或悬臂梁结构，以及弹性材料的泊松效应而产生的差异变形等可实现多量程测试，如图 7.1 所示。为增加传感器的敏感度，换能装置要选用柔软的弹性丝、片和弹簧等制成。此外，通过掺杂改变纤芯的局部材料性质，制造不同变形敏感系数的 FBG 也可实现多量程测试。

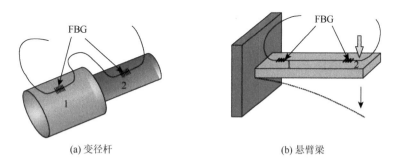

(a) 变径杆　　　　　　　　　　　　　　(b) 悬臂梁

图 7.1　FBG 变形传感器的换能装置

2）光纤光栅静力水准测量系统

光纤光栅静力水准仪是一种高精密液位测量系统，该传感技术可用于路基、隧道、桥梁、大坝以及其他各类基础设施沉降的高精度实时监测。该系统利用连通管将各个监测点与基准点的储液罐相连，连通管内充水后在测量系统内形成等高的自由水面，并以该自由水面作为基准面，利用光纤光栅作为传感元件，通过测量光栅的应变量得到浮筒相对基准水面的升降量。当监测点发生沉降，该处储液罐连同固定在上的浮球将一起向下运动，而液面位置却保持不变，此时浮球由于被水淹没的体积增大，因而产生的浮力将会更大，增大的浮力会使与其连接的弹性连杆发生变形，通过在此连杆上布设 FBG 传感器，测量其应变量即可得到该处地面的沉降量。

设当土体沉降量 ΔH 时，水面和管子的相对位移也是 ΔH，其值是连接杆的压缩量 Δx 和浮筒的没入深度之和 ΔL，相对于浮筒下沉深度，杆件的变形可忽略不计，由浮筒受力平衡可知杆件产生的轴力变化 ΔF 与浮筒的浮力 ΔB 大小相等，根据以上关系建立的方程如下：

$$\begin{cases} \Delta F = E \dfrac{\Delta x}{x} = E\Delta\varepsilon \\ \Delta B = \gamma_w A\Delta L \\ \Delta B = \Delta F \\ \Delta H = \Delta L \end{cases} \qquad (7.1)$$

式中，A 为浮筒横截面面积，γ_w 为水的容重，E 为杆件的弹性模量，$\Delta\varepsilon$ 为杆件应变增量。整理后，得到杆件应变增量与土体沉降量的关系为

$$\Delta \varepsilon = \frac{\gamma_{\mathrm{w}} A}{E} \Delta H \tag{7.2}$$

从式（7.2）可见，地面沉降量与杆件应变增量呈线性关系，由 FBG 测得的应变量可直接求得地面沉降量。通过改变浮筒面积和杆件的弹性模量可以调节传感装置的灵敏度和量程。

本测量系统具有以下优点：

（1）该监测系统采用 FBG 作为传感元件，可仅用一根光纤通过复用的方式进行实时性远程监测，施工简单，维护方便，适合于路基下沉、地面沉降、隧道变形等监测中，在狭小空间及隧道等一些人工无法操作的环境中优势更加明显。

（2）该系统通过调节浮筒大小，杆件的弹性模量来满足不同工程对监测精度的要求，也可将浮筒设计成为变截面实现多量程测量。

（3）系统中的连通管件及光纤可通过埋入地下进行保护。

由于静力水准测量系统基于连通器原理以储液罐水位作为基准面进行测量。因此，该系统在地形起伏较大的工程中应用的难度较大。

光纤光栅静力水准测量系统也可以采用压差式设计，大大提高了测试精度，利用光纤光栅作为微测力元件，通过水位高度差产生的压力对光纤光栅波长的影响来测量静力水准仪相对基准水面的沉降量。其系统组成如图 7.2 所示。

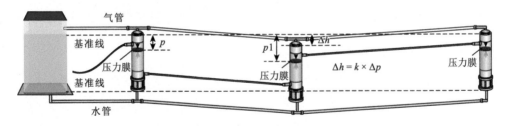

图 7.2　土体沉降静力水准测量系统

通过连接水管，将各处布设的静力水准监测点，串接成同一水力系统，保证系统液位达到同一水平面高度。若某一监测点基台随地面沉降或者隆起而发生竖向变形位移时，受静力水准仪内水位高度差产生的压力影响，光纤光栅的波长发生变化。结合光纤光栅静力水准仪出厂标定参数，可将测到的光纤光栅波长变动数据换算成竖向位移大小。

7.3　分布式光纤大变形监测技术

7.3.1　定点式光纤应变监测技术

针对岩土体非连续、大变形的特点，研发了岩土体大变形传感光缆。传感光缆具有多层结构，其内部的传感光纤采用定点注胶的方式与光缆的护套固定在一起，两个固定点之间，传感光纤与护套处于松套状态，进而将岩土的变形均匀分布在两个固定点之间，实现岩土体变形的分段获取。为满足岩土体压缩变形的监测要求，两固定点间的传感光纤应预先张拉。定点式应变传感光缆的结构见图 7.3。

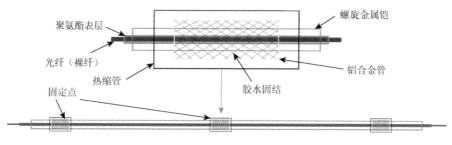

图7.3　光缆结构图

　　定点式应变传感光缆采用独特的内定点设计，实现空间非连续、非均匀应变的分段测量，具有极好的机械性能和抗拉抗压性能，能与岩土体、混凝土结构很好地耦合。定点式应变传感光缆具有分布式监测、监测范围大、传感装置简洁、安装方便以及易于实现自动化监测等特点。根据测量结果可直接进行位移换算，可用于各类岩土体大变形的监测，如地面沉降、地面塌陷、地裂缝、混凝土结构变形等的监测。定点式应变传感光缆能够对已有裂缝进行监测，也可以通过二维或者三维网格化布设，实现一定区域内多条裂缝的监测。

　　图7.4（a）是对一定点间距为5m的光缆进行标定的应变分布曲线，图7.4（b）是根据定点段应变分布计算的位移与实测位移的对比图，可见，两者具有很好的一致性。

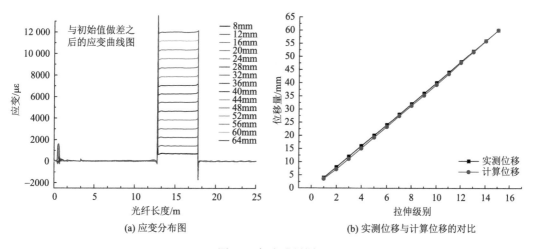

(a) 应变分布图　　　　　　　　　　　(b) 实测位移与计算位移的对比

图7.4　标定成果图

7.3.2　分布式光纤测斜技术

1）分布式光纤测斜管的原理

　　测斜是基坑、边坡、隧道等岩土工程深部水平位移监测的常规技术，通常采用测斜仪测量。测斜仪由测斜管、测斜探头和数字式测度仪三部分组成。通过钻孔将测斜管埋设于岩土体内，测斜管内有四条十字形对称分布的凹型导槽，作为测斜仪滑轮上下滑行的轨道。测量时，使测斜探头的导向滚轮卡在测斜管内壁的导槽中，沿导槽滚动将测斜探头放入测斜管，并由引出的导线将测斜管的倾斜角或其正弦值显示在测读仪上。测斜仪的原理是通过摆锤受重力作用来测量测斜探头轴线与铅垂线之间倾角，进而计算垂直位置各点的水平位移。

常规测斜技术由于应用时间长，经验较丰富，在工程监测中应用较多。但如果土体变形过大或测斜管内进入障碍物时，测斜仪无法到达测斜管内指定位置时，就无法实施正常的监测。针对常规技术的一些不足，本书根据分布式光纤感测技术的特点，提出了分布式光纤测斜技术，以提高监测的效率和质量。

分布式光纤测斜技术可以在同一根测斜管上实现传统的测斜仪测量和分布式光纤测量。光纤的安装位置和测斜管内部导槽的位置应保持一致。为便于安装，可采用条带式封装的传感光缆，然后将其粘贴在测斜管两侧（刘杰等，2006；隋海波等，2008c）。具体的施工工艺如下：

（1）根据测斜孔的深度确定条带式传感光缆的长度。传感光纤的长度为地表至孔底端面以上20cm的距离，孔底以上20cm的长度用于安装测斜管的底盖和盘绕两条带式传感光缆之间的连接光缆。

（2）安装测斜管之前，首先将条带式传感光缆采用全面粘贴方式粘贴于测斜管的外表面，方向与测斜管的最大位移方向一致，即与测斜管内的导槽一致，要求黏结剂涂抹均匀使传感光纤受力均匀。另外，在传感光缆相邻位置平行布设一条温度传感光缆，用于温度补偿。

（3）将两条条带式传感光缆及中间的连接光缆从测斜管最底端开始向上粘贴，孔口引出的光缆应进行保护。孔底的连接光缆可以采用PU管保护，并使PU管内光缆处于自由状态。

（4）使用环氧树脂黏结剂将条带式传感光缆粘贴于测斜管上之后，条带式传感光缆外面再采用玻璃丝布进行包裹，同时在玻璃丝布表面均匀涂抹环氧树脂，待环氧树脂固化后，即可将测斜管安放到钻孔内。

（5）在两节测斜管的连接处，容易产生由连接不牢固造成的脱开，可以采用玻璃丝布和环氧树脂黏结剂进行加强，同时也可以对传感光缆起到保护作用，防止传感光纤在接头错动时被拉断。

图7.5是安装完成的分布式光纤测斜管。

利用传感光缆测量沿管长方向测管外壁上下左右四个方位的应变值，通过应变与测管挠度的对应关系计算测管的位移值，从而求得位移分布，具体分析如下：

如图7.6所示，对于均匀弹性圆形测管，其任意一点因挠曲产生的应变 $\varepsilon_{\mathrm{m}}(r,\theta,z)$ 与曲率半径 $\rho(z)$ 的关系为

$$\frac{1}{\rho(z)}=-\frac{\varepsilon_{\mathrm{m}}(r,\theta,z)}{y(r,\theta,z)} \tag{7.3}$$

其中，$y(r,\theta,z)$ 为应变测试点距弯曲中性面的距离，又由：

$$\frac{1}{\rho(z)}=\frac{\mathrm{d}^2w(z)}{\mathrm{d}z^2} \tag{7.4}$$

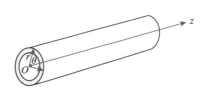

图 7.5　安装完成的分布式光纤测斜管　　　　图 7.6　测管柱坐标示意图

$w(z)$ 为测管挠度值，则

$$
\begin{aligned}
w(z) &= \int_0^z\int_0^z\frac{1}{\rho}\mathrm{d}z\mathrm{d}z + az + b \\
&= \int_0^z\int_0^z -\frac{\varepsilon_\mathrm{m}(r,\theta,z)}{y(r,\theta,z)}\mathrm{d}z\mathrm{d}z + az + b \\
&= \int_0^z\int_0^z -\frac{\varepsilon_1(z)-\varepsilon_2(z)}{D}\mathrm{d}z\mathrm{d}z + az + b
\end{aligned}
\tag{7.5}
$$

其中，a，b 为待定系数，可以由测管的边界条件确定。ε_1 和 ε_2 为管壁对称面上光纤应变测值。D 为测管外径。由式（7.5）可以求得测管上任意一点两组对称测线方向的挠度值。

2）位移误差分析

　　假设在监测坡体深部水平向位移时，由于测管通常是嵌入基岩或者稳定的地层，因此可以假定测管端部无位移和转角，则式（7.5）中的 a 和 b 为 0，假设光纤应变测试数据点数为 n，测点间隔等距为 d_m，定义管底部为坐标原点，其他各测点沿管轴向坐标为 z_i，则

$$
z_i = (i-1)d_\mathrm{m}, \quad (i=1\sim n)
\tag{7.6}
$$

不同位置挠曲应变为 $\varepsilon_\mathrm{b}(z_i)$，各点距挠曲中性面距离为 $y(z_i)$，$i\in[1,n]$。采用梯形数值积分公式，则式（7.6）转化为

$$
w(z_n) = \frac{d_\mathrm{m}^2}{4D}\left[(2n-3)(\varepsilon_1(z_1)-\varepsilon_2(z_1)) + \varepsilon_1(z_n)-\varepsilon_2(z_n) + 4\sum_{i=2}^{n-1}(n-i)(\varepsilon_1(z_i)-\varepsilon_2(z_i))\right]
\tag{7.7}
$$

　　估计光纤测管位移的误差即是推求式（7.7）的误差函数，依据测量学相关误差分析原理，假设测量应变 $\varepsilon_1(z_i)$ 和 $\varepsilon_2(z_i)$ 的误差服从标准差为 δ 的正态分布，则由误差传递理论，依据式（7.7）推导得位移计算值 $w(z_n)$ 的误差标准差 σ 为

$$
\sigma = \frac{(n-1)^2 h^2}{\sqrt{2}D}\delta = \frac{z_n^2}{\sqrt{2}D}\delta
\tag{7.8}
$$

　　式（7.8）表明，计算位移的误差 σ 同测管计算长度 z_n 的平方成正比，同测管的直径成反比。因此，通过增大位移测管直径，选用更高精度的解调仪，控制测管的长度，是减小位移误差的有效方法。

　　图 7.7 是测管位移计算误差同长度变化分布的示意图。图中，管径取 7.5cm，δ 依次取 10με，20με，30με，40με，50με，60με。以 BOTDR 为例，δ 可以取 40με，则当长度小于 5m 时，误差可控制在 1cm 以内，随长度增加，误差逐渐累积增大，20m 时达到了 15.08cm。

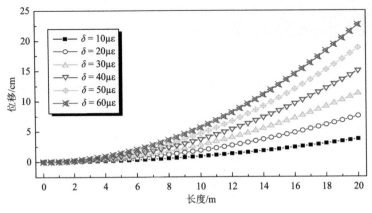

图 7.7　位移误差随距离变化

7.3.3　管式光纤变形监测技术

　　位移测量在土体变形监测中占有极其重要的地位，为了实现土体深部水平位移的分布式测量，7.3.2 节提出了分布式光纤测斜技术。该方法虽然能对岩土体的水平位移进行监测，但是必须保证两根传感光缆所在的平面与位移方向平行，否则实测的变形将会偏小，也难以对变形的方位进行准确的判断。针对这一问题，本专著在分布式光纤测斜管的基础上设计了基于 BOTDR 的管式变形传感器，简称监测管。通过钻孔将其埋设于岩土体中，利用传感光缆的应变分布，得到土体的变形。管式变形传感器的结构见图 7.8（a）。

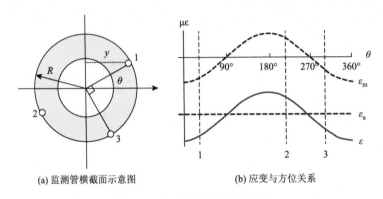

(a) 监测管横截面示意图　　　　　　　(b) 应变与方位关系

图 7.8　管式变形传感器的原理

管式变形传感器主要由 PPR 管、传感光缆和外层保护材料三部分组成。在 PPR 管生产时将传感光缆预制到管壁上，也可以在 PPR 管壁上切凹槽，将传感光缆粘贴在凹槽内，形成管式应变传感器。在监测管外层需包裹保护材料以防止监测管在运输和埋植过程中受损。监测管的直径和长度都可以根据工程需要选择，以满足不同测量精度和测量范围的要求（胡盛等，2008）。

当埋入岩土体中的监测管发生弯曲变形时，考虑到测管与土体摩擦产生的轴向拉压作用，此时光缆测试的应变 $\varepsilon(z)$ 为拉压产生的轴向应变 $\varepsilon_a(z)$ 与由弯曲造成的应变 $\varepsilon_m(z)$ 之和，对于弹性且规则的圆形截面监测管，$\varepsilon_m(z)$ 可表示为

$$\varepsilon_m(z) = -\frac{y(z)}{\rho(z)} = -\frac{R\cos(\theta)}{\rho(z)} \tag{7.9}$$

式中，$y(z)$ 为测试点到弯曲中性面的距离，$\rho(z)$ 为曲率半径，R 为测管外径，θ 为测试点与水平位移方向的夹角。

$\varepsilon(z)$、$\varepsilon_a(z)$ 和 $\varepsilon_m(z)$ 随着方位角的变化关系如图 7.8（b）所示。

由图 7.8（b）可知，$\varepsilon(z)$ 以 $\varepsilon_a(z)$ 轴为中心呈余弦波动，则任意两条对称测线的应变值 $\varepsilon_1(z)$ 和 $\varepsilon_2(z)$ 也以 $\varepsilon_a(z)$ 为中心对称互补，即

$$\varepsilon_a(z) = \frac{\varepsilon_1(z) + \varepsilon_2(z)}{2} \tag{7.10}$$

沿着测线方向的弯曲应变可表示

$$\varepsilon_m(z) = \frac{\varepsilon_1(z) - \varepsilon_2(z)}{2} \tag{7.11}$$

与弯曲方向共平面两处的应变为

$$\varepsilon(z)|_{\theta=0,\pi} = \frac{\varepsilon_1(z) + \varepsilon_2(z)}{2} \pm \frac{\varepsilon_1(z) - \varepsilon_2(z)}{2\cos(\theta)} \tag{7.12}$$

若粘贴一条与 1 测线方位垂直的 3 测线，则

$$\begin{aligned} \varepsilon_3(z) &= \varepsilon_a(z) - \frac{R\cos(\pi/2 - \theta)}{\rho(z)} \\ &= \varepsilon_a(z) - \frac{R\sin(\theta)}{\rho(z)} \end{aligned} \tag{7.13}$$

可见 3 线和 1 线的弯曲应变出现互余关系，因此夹角 θ 可表示为

$$\begin{aligned} \theta &= \arctan\left(\frac{\varepsilon_3(z) - \varepsilon_a(z)}{\varepsilon_1(z) - \varepsilon_a(z)}\right) \\ &= \arctan\left(\frac{2\varepsilon_3(z) - \varepsilon_1(z) - \varepsilon_2(z)}{\varepsilon_1(z) - \varepsilon_2(z)}\right) \end{aligned} \tag{7.14}$$

假设管端固定不偏转，管身 z 处相对管端的挠度 $w(z)$ 为

$$
\begin{aligned}
w(z) &= \int_H^z \int_H^z \frac{1}{\rho} \mathrm{d}z \mathrm{d}z \\
&= \int_H^z \int_H^z -\frac{\varepsilon_{\mathrm{m}}(Z)}{R\cos(\theta)} \mathrm{d}z \mathrm{d}z
\end{aligned}
\tag{7.15}
$$

管子在竖向上任意两个截面间的压缩量为

$$
\Delta H = \int_{z_1}^{z_2} \varepsilon_{\mathrm{a}}(z) \mathrm{d}z \tag{7.16}
$$

从以上分析可见，通过粘贴一条与原对称线垂直的光缆即可根据式（7.14）得到水平位移的方位，水平位移大小可根据式（7.15）进行计算，实现了二维水平位移的测量，并且竖向的分布式变形位移量可根据式（7.16）进行计算，实现了土体位移的三维变形分布式监测。

本传感器具有如下优点：①可以实现岩土体变形的分布式监测，克服了传统监测手段测点不连续的缺陷；②通过钻孔将监测管预先埋入隧道工作面前面的岩土体中，可以实现隧道开挖过程的动态监测；③利用光纤的特性，将多个监测孔串接，实现远距离、分布式监测，大幅提高监测效率，降低监测成本；④可以在潮湿、酸、碱等恶劣环境下使用，适用于隧道洞室、煤矿巷道等岩土工程领域围岩二维变形或位移的监测。需要注意的是，与分布式光纤测斜技术相同，管式变形传感器的测量误差会随测管长度的增加而逐渐累积增大。通过提高应变测量精度或者减小测管的长度可以在一定程度上控制测量误差。

7.3.4　光纤深层沉降监测技术

基于光纤感测技术的分布式深层沉降仪由一个三爪锚头、弹性保护管、传感光缆、内钢管和外钢管组成。传感光缆封装在弹性保护管内，其中一根光缆安装在固定点和三爪锚头之间，并施加一定的预应力，作为变形传感光缆；另一根光缆处于自由状态，作为温度补偿光缆。深层沉降仪用于测量固定点与三爪锚头两点之间土层的沉降量，当锚头位置土层发生沉降或隆起时，传感光缆也随之发生变形，通过分布式光纤解调设备测量光缆的应变变化，通过计算就可以得出相应的位移量。理论上，深层沉降仪的动态范围为：（±标距×3%）；位移测量精度为：±（标距×0.003%）。深层沉降仪使用范围很广，包括边坡、路堤、大坝和其他岩土工程局部沉降的测量，以及建筑物地基、储油罐、桥墩和其他结构的沉降或隆起，并能监测采矿引起的沉陷，为测定不均匀沉降提供了一种安装简单、使用方便和分辨率高的有效手段。

7.3.5　光纤多点位移监测技术

基于 BOTDR 的单点位移计和多点位移计由固定端、变形传感光缆、温度补偿光缆、保护管等组成。多点位移计由在钻孔中沿长度方向固定在不同深度的多个单点位移计组成。传感光缆封装在弹性保护管内，其中一根光缆安装在锚固点和孔口之间，并施加一定的预应力，作为传感光缆；另一根光纤处于自由状态，作为温度补偿光缆。与深部沉降监测技术相同，当待测岩土体发生变形时，传感光缆也随之发生变形，由 BOTDR 测量光缆的应变变化，通过计算就可以得出相应的变形量。理论上，多点位移计的动态范围为：（±传感器标距×3%）；位移测量精度为：±（传感器标距×0.003%）。

多点位移计主要用于地下岩土体的变形监测，大坝内裂缝的监测与评估，边坡稳定性监测，以及隧道和竖井围岩位移监测。

7.3.6　螺旋弹簧式光纤变形监测技术

1）测试原理分析

图 7.9 是一圆柱螺旋形弹簧，以簧杆中心线形成的螺旋线的基本参数为：螺旋线圆柱的半径 r，螺旋线的升角 α，即螺旋角；螺旋线的长度为 L。

当弹簧受一轴向力作用时，弹簧将发生变形，弹簧应变为 ω。此时弹簧杆受到扭曲，在其内外侧表面形成附加应变，经推导，簧杆的附加应变为

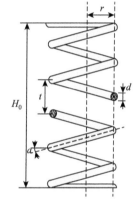

图 7.9　圆柱弹簧示意图

$$\varepsilon = \pm \frac{\pi \cos^2 \alpha_0}{C} (1 - \tan \alpha_0 \sqrt{\cot an^2 \alpha_0 - \omega^2 - 2\omega}) \tag{7.17}$$

式中，C 为弹簧旋绕比，$C = 2r/d$；α_0 为初始螺旋线升角；簧杆外表面取"－"，内表面取"＋"，表明弹簧受压时，弹簧杆内表面为拉，外表面为压。

从式（7.17）可见，簧杆应变与弹簧应变的关系仅受弹簧旋绕比 C 和弹簧初始螺旋角 α_0 的影响，通过固定其中一个参数求得的 $-\varepsilon$ 与 ω 关系如图 7.10 所示，若令应变转化系数 $\kappa(C, \alpha_0) = -\varepsilon / \omega$，应变转化率 $\eta = 1/\kappa$，从图 7.10 中可以看出，$-\varepsilon$ 与 ω 并非严格的线性关系，而是呈下凹形态。固定 C，κ 随 α_0 的增大而增大，下凹形态随 α_0 与 ω 的增大加剧（魏广庆，2008）。

将图 7.10 中的曲线以 $\omega = 0.5$ 为界分为 A（$\omega = 0 \sim 0.5$）和 B（$\omega = 0.5 \sim 1$）两段进行分段拟和，可得表 7.1。从表中相关系数一项可看出，相关系数最低达到 0.9979，因此在计算中近似为线性关系。

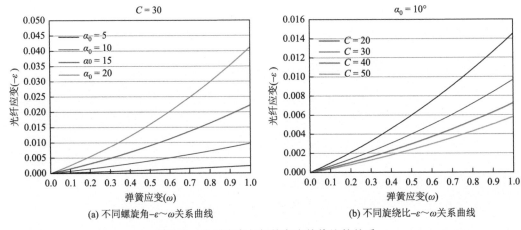

(a) 不同螺旋角-ε～ω关系曲线　　　　　　(b) 不同旋绕比-ε～ω关系曲线

图 7.10　光纤应变与螺旋角和旋绕比的关系

表 7.1　曲线分段拟和结果表

α_0	5°		10°		15°		20°	
曲线段	A	B	A	B	A	B	A	B
η	0.0019	0.0026	0.0076	0.0107	0.0170	0.0248	0.0300	0.0467
k	526	378	132	93	58	40	33	21
相关系数	0.9984	0.9991	0.9984	0.9990	0.9983	0.9987	0.9979	0.9981

C=30 （表头上方）

C	20		30		40		50	
曲线段	A	B	A	B	A	B	A	B
η	0.0113	0.0160	0.0076	0.0107	0.0057	0.0080	0.0045	0.0064
k	88	62	132	93	176	124	220	156
相关系数	0.9985	0.9990	0.9985	0.9990	0.9985	0.9991	0.9986	0.9990

α_0=10° （表头上方）

　　根据式（7.12），弹簧内外表面的真实应变绝对值相等，符号相反，并处于相同介质中，温度变化带入误差 ε' 也相同，设弹簧外表面应变为真实应变，有

弹簧外表面：$\varepsilon_{实测} = \varepsilon_{真实} + \varepsilon'$

弹簧内表面：$\varepsilon'_{实测} = -\varepsilon_{真实} + \varepsilon'$

两式联立消去 ε'：

$$\varepsilon_{真实} = \frac{\varepsilon_{实测} - \varepsilon'_{实测}}{2} \tag{7.18}$$

　　真实应变可表示为弹簧内外表面光纤的实测应变之差的二分之一，以此可实现对温度的自补偿。

2）标定实验

直径 250μm 的裸纤均匀的蘸满黏结剂（试验中使用的黏结剂为 502 胶）沿簧杆内外

表面粘贴，粘贴时应特别注意光纤应与簧杆内外表面的中心线重合（图7.11）。两端光纤引出处可采用PU管进行保护，为了进一步保护传感光纤，还可以均匀地在封装好的弹簧表面覆盖保护层。表7.2为所用应变传感器主要参数指标。

表 7.2　弹簧主要参数指标

d/mm	r_0/mm	L_0/mm	有效圈数 n	C	α_0/(°)
4	24.5	237	18	12.25	4.9

传感器标定时，将弹簧一端悬挂呈竖直状态，在另一端悬挂重物使弹簧产生变形，每次加载稳定后使用BOTDR应变监测仪检测光纤的应变，记录弹簧的伸长量并计算出单位长度伸长量（图7.12）。

根据试验分析，可以得到如下结果。

（1）线性度：实测值与理论曲线非常接近，其拟合直线的相关系数分别达到了0.99以上。

（2）灵敏度：按BOTDR应变分析仪AQ8603的测量精度$20\mu\varepsilon$计算，由图7.12拟合直线的斜率计算得到的应变传感器的灵敏度约为0.037mm/$\mu\varepsilon$。通过增大初始螺旋角或减小旋绕比，可以提高传感器的灵敏度。

（3）静态误差：与实测单位伸长量相比，由光纤应变计算得到单位伸长量的标准偏差小于0.74mm（2σ）。

图 7.11　螺旋弹簧的封装

（4）检测范围：基于弹簧理论的应变传感器最大的优势在于可以用于大变形的测量。该传感器的检测范围一方面取决于光纤解调仪的应变测量范围，另一方面更主要地取决于弹簧的最大允许变形量，一般来说弹簧变形量在100%以内，就能保持较好的线性关系。

通过以上研究表明，弹簧可以很好地实现大变形向小应变的转换，转换系数可调并且十分稳定，因此将螺旋弹簧式光纤变形器埋入土中可以实现土体大变形的监测，与前面设计的测斜管或监测管共同使用可实现对土体的三维变形的分布式监测，见图7.13。

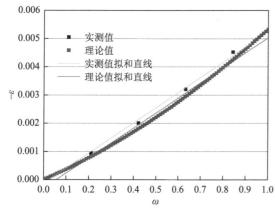

图 7.12　实测应变与理论曲线对比图

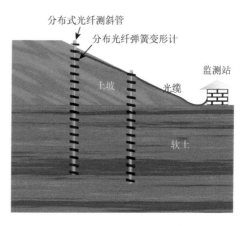

图 7.13　分布式土体三维变形监测示意图

7.3.7　光纤双向传感器

对于大型的岩土工程结构,在施工的过程中通常要预留一些施工缝或温度伸缩缝,以防止结构在后期的运营过程中,由于温度的剧烈变化导致的结构损伤与破坏。这类工程结构有一个共同的特点,即随着温度的升高,变形增大(或减小);而随着温度降低,变形减小(或增大)。对于温度伸缩缝而言,温度升高,伸缩缝闭合;温度降低,伸缩缝张开。

此时,如果采用全面粘贴的方式监测裂缝的变形,一方面由于伸缩缝本身的变形范围很小,远远小于 BOTDR 的空间分辨率,BOTDR 很难测量出应变异常;另一方面,伸缩缝的变形量是比较大的,容易造成传感光缆的损伤。如果采用定点黏着方式,可以避免上述的问题,但在安装的时候需要使两固定点之间的传感光缆产生一定的预应变,防止后期伸缩缝闭合后,传感光缆因松弛而失效。施加预应变同样也存在问题,一方面,现场施工时预应变的大小难以控制,另一方面,光缆处于长期的绷紧状态也可能会造成光缆护套的塑性变形或者光缆与黏结剂之间脱层或滑移。基于此,本专著设计了一个基于光纤拉伸变形的双向传感器。图 7.14(a)是用于测量温度伸缩缝变形的 I 型双向传感器。

双向传感器由两部分组成:安装在伸缩缝左侧的滑片 A 和安装在伸缩缝右侧的滑片 B。采用黏结剂将拉直的传感光纤固定在滑片 A 和滑片 B 的固定点上。为了避免空间分辨率对测量结果的影响,I 型双向传感器要求 L_a 和 L_b 的长度应大于 1m,滑片 A 上两固定点间的自由光缆的长度应大于 2m。该段自由光缆还可以用于温度补偿。

当伸缩缝闭合时,滑片 A 和滑片 B 相对移动,位于传感区 A、长度为 L_a 的传感光缆受到拉伸,而位于传感区 B、长度为 Lb 的传感光缆则逐渐由拉直状态变为松弛;当伸缩缝张开时,滑片 A 和滑片 B 相向移动,位于传感区 B、长度为传感 L_b 的光缆受到拉伸,而位于传感区 A、长度为 L_a 的传感光缆则逐渐由拉直状态变为松弛。因此,不论伸缩缝是张开还是闭合,传感器中的光纤总是有一段受到拉伸。另外,从传感光缆受拉伸的位置可以判断出伸缩缝变形的性质。

为了避免 BOTDR 最小 1m 空间分辨率的影响,要求 I 型双向传感器 L_a 和 L_b 的长度不能小于 1m。因此,I 型双向传感器的长度将大于 2m,显然,在实际应用的时候很不方便。图 7.14(b)是对 I 型双向传感器进行改造后的 II 型双向传感器。分别在滑片 A 和滑片 B 上安装了两个滑轮,传感光缆经过滑轮后分别粘贴在滑片 A 和滑片 B 上。与 I 型双向传感器相比,II 型双向传感器的长度减小了约 2/3。要实现精确测量,要求 L_a 和 L_b 的长度大于 330mm 即可。同样,为了避免 BOTDR 空间分辨率引起传感区 A 和传感区 B 之间的相互干扰,在传感区 A 和传感区 B 之间预留了 2m 以上的自由光缆,该段光缆同时可以用于温度的补偿。

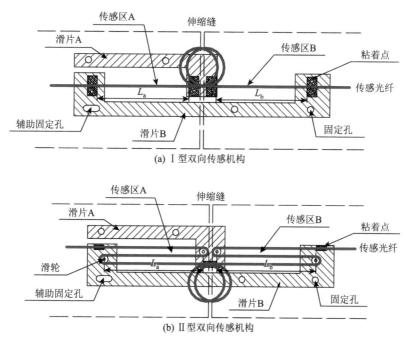

(a) Ⅰ型双向传感机构

(b) Ⅱ型双向传感机构

图 7.14　双向传感器示意图

7.4　传感器与传感光缆的现场布设

光纤纤细、脆弱，易损伤折断。通过提高护套的机械强度、研发各种传感光缆和传感结构，可以使光纤传感器抵抗外界破坏的能力得到明显改善。但如何在工程现场、复杂、恶劣的自然环境中，合理地、完好无损地将传感光缆和传感器布设于岩土体的表面，埋设到岩土体的内部，使其发挥最大的监测性能，是分布式光纤感测的关键技术之一。

为了提高岩土体的强度，控制岩土体的变形，通常采用锚杆（索）、挡土墙和抗滑桩等结构对岩土体进行加固。加固结构可以在一定程度上反映出岩土体的变形和受力特征规律。因此，如何将传感光缆和传感器件安装于加固结构中，通过加固体实现对岩土体的安全监测也是分布式光纤感测需要解决的关键技术之一。

7.4.1　传感器的现场布设

1）光纤光栅钢筋应力计

将主筋截断，采用对焊、熔槽焊、绑条焊以及螺纹连接等方式，将光纤光栅钢筋应力计与钢筋焊接，如图 7.15 所示。

为了避免焊接时温升过高而损伤传感器，焊接时应包裹湿棉纱并不断喷洒冷水，焊接过程中传感器的温度应低于 60℃。可以采用停停焊焊的办法防止传感器温度过高，焊接处不得洒水冷却，以免焊层变硬脆。绑条焊处断面较大，为减少附加应力的干扰，宜涂沥青，包扎麻布，使之与混凝土脱开。

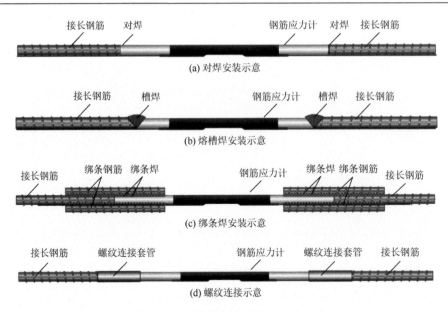

图 7.15　光纤光栅钢筋应力计安装方式

2）光纤光栅静力水准测量系统

根据现场情况或设计要求，静力水准仪的安装方式分为以下两种：

（a）墩式安装

首先根据设计要求在被测建筑物（如大坝的廊道地基、马道地基，各种隧道地基等）建造标高相同的测墩，测墩的尺寸不小于 400mm×400mm，根据各测点的设计标高确定安装高度。静力水准仪安装时，要合理安排传输光缆的布设位置和保护方法。当测点与测点之间相距较远时（＞2m），要考虑通气管和通液管的固定和保护方法。墩式安装见图 7.16。

（b）壁式安装

首先根据设计要求在观测建筑物（如大坝的廊道侧壁、各种隧道边墙、桥梁箱梁和桥墩等）的测点处确定安装标高，各测点的静力水准仪安装标高应相同。系统中各测点静力水准仪安装架用膨胀螺栓固定在墙壁上，安装架固定好后其标高应基本相同。同样，如果测点与测点之间相距较远时（＞2m），要考虑通气管和通液管的固定和保护方法。具体安装方法如图 7.17 所示。

3）光纤光栅渗压计

（a）在现浇混凝土内埋设

在现浇混凝土内埋设渗压计，通常埋设在采用分层浇注施工时的混凝土块施工缝上，主要用于监测在库水作用下，沿混凝土施工缝的渗透压力。

（1）在先浇注的混凝土块层面上的测点处预留一个直径 20cm、深 30cm 的孔。

（2）在上层混凝土浇筑前，将包裹反滤料的渗压计放入孔中，孔内填满饱和细砂，孔口加盖板（图 7.18）。

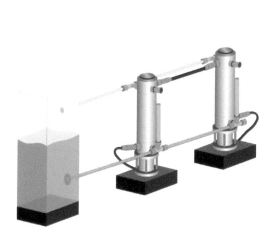

图 7.16　墩式安装

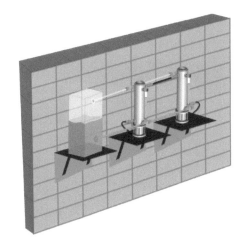

图 7.17　壁式安装

（3）将光缆引至测站，测量初值后，开始混凝土浇筑。

（b）在基础面上埋设

对于混凝土结构物基础，采用如下埋设方案：

（1）在基岩上钻一集水孔，孔径 Ø5cm，深 100cm，孔内填干净的砾石。

（2）将包裹细砂反滤料的渗压计放在集水孔上，在砂包上覆盖砂浆，待砂浆凝固后即可浇注混凝土（图 7.19）。

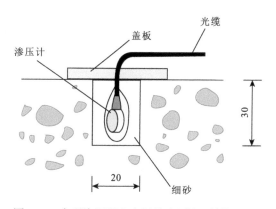

图 7.18　在现浇混凝土内埋设渗压计（单位：cm）

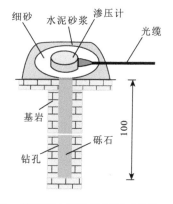

图 7.19　基础面上埋设示意图（单位：cm）

（3）将光缆引至测站，测量初值，开始混凝土浇筑。

当混凝土结构物（如混凝土坝）的基础需进行固结灌浆和帷幕灌浆，因压力灌浆的浆液可能堵塞集水孔和仪器进水口，故在灌浆施工之前不宜采用此法安装渗压计。

对于土石坝基础，采用如下埋设方案：

（1）当土石料填筑高于基础 50～100cm 时，在测点处暂停填筑，挖去填土，露出 50cm×40cm 的基础。

（2）在底部填 20cm 厚的砂，放入包裹细砂反滤料的渗压计，再覆盖 20～30cm 的砂，浇水使砂层饱和。

（3）传感器光缆沿挖好的光缆沟引向观测站。光缆沟宽 50cm、深 50cm，光缆线之间应平行排列，呈 S 形向前引伸（图 7.20）。

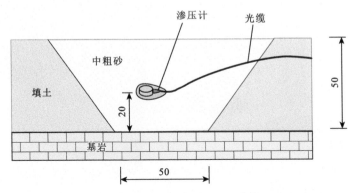

图 7.20　土石坝基础埋设渗压计（单位：cm）

（4）用原填筑料分层回填，并用木槌分层击实。回填压实密度和含水量应与坝体设计一致。

（5）传感器和光缆的回填土在 120cm 以内时，用人工或轻型机械进行压实；填土厚的 120～200cm 时，可用静碾压实；填土超过 200cm 以上时，可进行正常碾压施工。

（6）纪录埋设前后的渗压计测值。

（c）在土体中埋设

填筑体（如土石坝）在施工期埋设渗压计，可采用坑埋方法；在施工完毕后的运行期埋设渗压计，则可采用钻孔方法。

一般土料

（1）当土石料填筑高于设计埋设高程 40cm 时，在测点处暂停填筑，挖出一个底部尺寸（长×宽）为 30cm×30cm，深为 50cm 的坑，如图 7.21 所示。

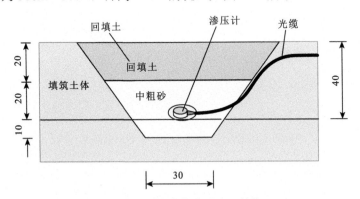

图 7.21　一般土料中安装渗压计（单位：cm）

（2）在底部填 10cm 的干净中粗砂，放入包裹细砂反滤料的渗压计，再覆盖 20cm 的中粗砂，浇水使砂层饱和。

（3）用原填筑料分层回填，并用木槌分层击实。回填压实密度和含水量应与坝体设计一致。对粗颗粒料中的埋设，应采用反滤的形式整平埋设基床和回填土料，由靠近传感器为细料向粗料过渡。

（4）传感器光缆沿挖好的电缆沟引向观测站。光缆沟宽 40cm、深 40cm，光缆线之间应平行排列，呈 S 形向前引伸。可根据设计要求，采用套管、槽板等对光缆进行专门的保护。

（5）传感器和光缆的回填土在 120cm 以内时，用人工或轻型机械进行压实；填土厚的 120～200cm 时，可用静碾压实；填土超过 200cm 以上时，可进行正常碾压施工。

（6）纪录埋设前后的渗压计测值。

当填筑高程高于埋设部位 100cm 时，也可采用专用钻孔工具钻孔埋设渗压计。

黏性土料

在黏性土料（土石坝的黏土心墙）中埋设渗压计，当透水石为高进气值时，也可以采用不设反滤料的直接埋设方法。

（1）当土料填筑高于设计埋设高程 50cm 时，在测点处暂停填筑，挖出一个底部尺寸（长×宽）为 30cm×30cm，深为 40cm 的坑，如图 7.22 所示。

（2）在底部用与渗压计直径相同的前端呈锥形的铁棒打入土层中，深度与仪器长度一样，拔出铁棒后，将透水石已饱水的传感器读取初值后迅速插入孔内，并用手加压。仪器压入孔内后，用原填筑料分层回填，并用木槌分层击实。回填压实密度和含水量应与坝体设计一致。

（3）同层光缆沿挖好的光缆沟汇集在一起，并在心墙体内沿竖向引至顶部观测站。光缆沟宽 40cm、深 40cm，光缆之间应平行排列，呈 S 形向前引伸。可根据设计要求，采用套管等对光缆进行专门的保护。

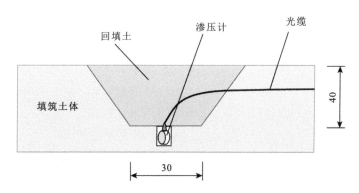

图 7.22　在黏性土料（土石坝的黏土心墙）中埋设渗压计（单位：cm）

（4）传感器和光缆的回填土在 120cm 以内时，用人工或轻型机械进行压实；填土厚的 120～200cm 时，可用静碾压实；填土超过 200cm 以上时，可进行正常碾压施工。

（5）纪录埋设前后的渗压计测值。

（d）在水平浅孔中埋设

在地下洞室围岩内或边坡岩体表面浅层埋设渗压计，需要采用水平浅孔埋设和集水。浅孔的深度为 50cm，直径 15～20cm，如果孔内无透水裂隙，可根据需要的深度，在孔底套钻一个 Ø3cm 的小孔，经渗水试验合格后，小孔内填入砾石，在大孔内填含水细砂，将饱水的渗压计埋设在细砂中，孔口封以盖板，并用水泥砂浆封固，砂浆凝固后即可浇注混凝土或填筑土石料，如图 7.23 所示。

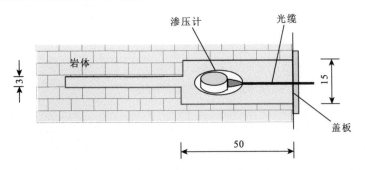

图 7.23　在水平浅孔中埋设渗压计（单位：cm）

（e）在深孔中埋设

在坝基深部、边坡、运行期建筑物内进行渗透水压力监测，需要在钻孔内安装埋设渗压计。钻孔的深度由设计确定，孔径一般不小于 150mm。岩体钻孔应做压水试验，钻孔位置应根据地质条件和压水试验结果确定。埋设前测量好孔深，先向孔内倒入 20～40cm 厚的中粗砂至渗压计埋设高程，然后将带反滤砂包的渗压计放入孔底。如钻孔太深，为防因砂包及光缆自身过重受损，可用钢丝吊住砂包，并把光缆绑在钢丝上进行吊装。经检验合格后，在其上填 20～40cm 中粗砂，并使之饱和，再填入 10～20cm 细砂，最后在余孔段灌入水泥膨润土浆或预缩水泥砂浆。

可在钻孔内埋设多个渗压计，实现渗透水压力的分层监测。方法同上，但应做好相邻渗压计之间的封闭隔离。当设计为监测建筑物或基础深层的渗透点压力时，应将渗压计封闭在不大于 50cm 的钻孔渗水段内。当钻孔岩体的渗透系数很小时，渗压计应埋设在体积较小的集水孔段内。

（f）在测压管中安装

在介质渗透系数较大部位（如土石坝坝壳）的渗透水压力监测、混凝土坝的扬压力监测以及大坝两岸的绕坝渗流监测等，通常采用测压管式孔隙压力计。当工程需要实施自动化监测时，可通过在测压管中安装渗压计来实现。

渗压计的典型安装方法是将仪器直接投入到测压管中的设计位置，如混凝土坝扬压力孔内安装渗压计。当测压管很深时，应采用钢丝或细钢丝绳拴住渗压计，仪器光缆绑在钢丝绳上，缓缓放入测压管中，钢丝绳固定在管口上部。

测压管的工作状况有三种：即有压、无压和时有时无压。图 7.24 给出了无压管口结构示意图，可用于土石坝的测压管、混凝土坝的绕坝渗流孔等。

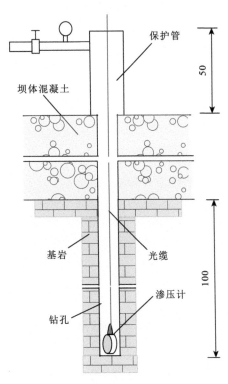

图 7.24　测压管中安装（单位：cm）

该管口结构应保证能方便地进行人工比测，并对设备具有良好的防护功能。

4）光纤光栅土压力计

为了解土体对结构物的作用力，或结构物对地基土体的正压力，应在结构物或地基上选择几个断面进行测点的布设。断面应选择结构物与土体承受压力最大处，或者结构物与土体受力最具有代表性的地方。

埋设前应首先检查土压力计确保仪器完好，按设计要求连接光缆，做好编号。埋设时应注意土压力计的受力感应面应面向土体，背板应紧靠在结构物上。埋设方法分为两种：一种是在混凝土建筑物浇筑过程中同时进行埋设，如图 7.25 所示。另一种是在混凝土建筑物浇筑完成后再进行埋设。后一种方法又分为预埋模盒（模盒尺寸应为土压力计直径尺寸的 1.1 倍）和开凿坑槽的埋设方法，如图 7.26 所示。

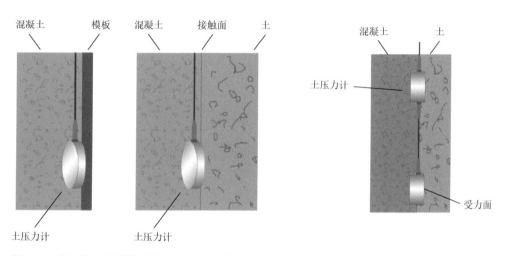

图 7.25　在混凝土建筑物浇筑过程中同时进行埋设　　　　图 7.26　开凿坑槽埋设

混凝土建筑物浇筑施工过程中的埋设，应在混凝土浇筑到埋设高程处，将土压力计放置在混凝土中，土压力计的受力感应面应与结构物表面平齐，并避免被混凝土包裹。在建筑物基底上埋设土压力计时，可将土压力计先埋设在预制的混凝土块内，在基底表面平整好后，将埋入土压力计的混凝土块放入埋设部位。也可在浇筑前先将土压力计放在土体上，要使土压力计紧压在被测土体上，再浇筑混凝土。

混凝土建筑物浇筑完成后的埋设，应先移去预埋模盒，或按土压力计直径尺寸的 1.1 倍开凿坑槽。埋设时，应先在埋设坑槽内均匀放入少量高标号的水泥砂浆，然后将土压力计放入坑槽内，注意土压力计的受力感应面应对着土体，并与结构物表面平齐，四周缝隙用水泥沙浆填充捣实。

埋设界面式土压力计时应特别注意：水泥砂浆不能包裹住土压力计的受力感应板；土压力计的背板与结构物应用水泥砂浆填充捣实，不能留有缝隙；土压力计的受力感应面与土体之间用细砂土填充捣实，同样不能留有缝隙。安装就位后的土压力计初测值应大于埋设前自由状态读数，即就位后的土压力计应在受压状态。

5）光纤光栅位移计

（a）缝隙的开合监测

（1）监测缝隙开合度时，宜采用表面安装型位移计跨缝隙安装；

（2）当被监测对象是钢结构时，可采用焊接方法进行安装。将两个镀锌定位块安装在钢结构表面上，定位块在定位时先用一个带万向节和固定螺栓的位移计进行预安装，调整好位置后先点焊，再检测并确认位置和预拉值均合适后，将定位块与钢结构焊牢；

（3）当监测对象是混凝土、岩石或其他岩土工程结构物，可采用螺栓连接。先用带有万向节和固定螺栓的位移计在缝隙两侧测定安装孔位，钻孔孔径不小于 20mm，深大于5cm，将带螺纹的锚杆先同固定螺栓连接。孔内填膨胀水泥砂浆或预缩水泥砂浆，将锚杆轻轻压入孔内，并注意调整其位置和高度，同时检测位移计初始读数，使之达到合适位置，拧紧螺栓并精确定位。然后根据需要再安装仪器的保护罩，如图 7.27 所示。

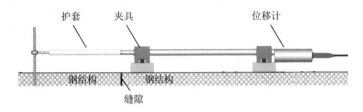

图 7.27　表面安装型位移计跨缝隙安装

（4）记录下仪器的首次读数，并作好仪器安装的现场记录。

（b）缝隙的错动

缝隙错动的监测，宜采用埋入式位移计。

平行表面的错动

（1）监测缝隙平行于结构物表面的错动时，需在缝隙的 A 侧和 B 侧各安装一个镀锌夹具。

（2）在结构物缝隙 A 侧的镀锌夹具直接安装在结构物表面，用以固定仪器的一端。

（3）在结构物缝隙的 B 侧安装一个带伸长臂（以角钢制作）的镀锌夹具，用以固定仪器的另一端。伸长臂的一端固定在结构物表面，带夹具的另一端悬空，离表面 3～5mm（如图 7.28 所示），在未完全定位前夹具暂不要粘紧。

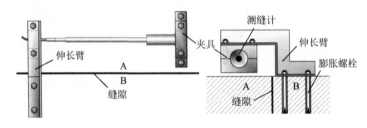

图 7.28　位移计的安装

（4）夹具在定位安装时先用一个与位移计凸缘盘同样大小的模具代替，夹具和伸长臂与监测对象的连接可采用以下方式。

焊接：如果被监测对象是钢结构，则可直接将夹具/伸长臂焊接在钢结构上。

螺栓连接：如果监测对象是混凝土、岩石或其他岩土工程结构物，可采用打孔埋膨胀螺栓，清理好结构物表面与夹具端/伸长臂结合处，待膨胀螺栓、夹具/伸长臂调整定位后，拧紧螺栓并精确定位。

环氧砂浆连接：如果监测对象是混凝土、岩石或其他岩土工程结构物，仪器在水平面上安装，也可采用环氧砂浆连接。结构物表面凿毛，并清理干净，结构面和夹具/伸长臂底面涂环氧基液，铺填环氧砂浆，并将夹具/伸长臂压入环氧砂浆中，调整定位并固定之，直至环氧砂浆硬化。

（5）待夹具/伸长臂与结构物表面已有足够强度后，再换上位移计并拧紧螺栓，记录下仪器的首次读数，并作好仪器安装的现场记录。

垂直表面的错动

（1）监测缝隙垂直于结构物表面的错动时，为避免位移计纵向外露造成的不利影响，宜采用钻孔埋设方式。

（2）在结构物缝隙的 B 侧表面打 2 个膨胀螺栓，安装一个带伸长臂的镀锌夹具，用以固定仪器的一端，夹具暂不要粘紧。

（3）在结构物缝隙的 A 侧钻孔，孔径 Ø70mm，孔深 250mm（假定埋设 NVJ-25 型测缝计），孔内填入一些膨胀水泥砂浆（或预缩水泥砂浆）。

（4）制备一个与位移计相似的钢制模具，配备一个位移计套筒。

（5）将模具旋入套筒内，套筒口与模具间缝隙以棉纱填塞，并将其推压至孔底，务使砂浆充分填满钻孔底部，并完全包围套筒的凸缘盘。

（6）用带伸长臂的镀锌夹具夹住模具，以期获得一定的顶推压力。

（7）待砂浆达到一定强度后，松开夹具，旋出模具。在位移计安装前，检查连接头的定位销以确保在保护管的定位槽内，O 形圈已在槽内就位，然后将测缝计小心地旋紧在套筒连接座上，其另一端装入夹具，并轻轻拉出一点（约12mm），仪表检测到零位为止，调整定位后拧紧膨胀螺栓和夹具螺栓。

（8）测量初始读数，并作好现场安装记录。位移计的安装示意如图 7.29 所示。埋设方式相似，但两个夹具应分别安装在缝隙的两侧。

6）光纤光栅应变计

（a）表面安装

对于短期监测，可以采用强力胶将应变计的安装底座黏结在被测对象上（图 7.30），具体方法如下：

（1）将安装座紧固在应变计两端，调节预应力螺母，根据测量要求设置应变计初读数。

（2）将被测结构表面用粗砂纸打平（若为非钢结构应用角磨机打磨表面），清洁黏结面，再用快干胶固定传感器，防止胶黏剂固化过程中应变计发生移动，最后用强力胶将胶液均匀涂抹在应变计与被测结构固定点上。

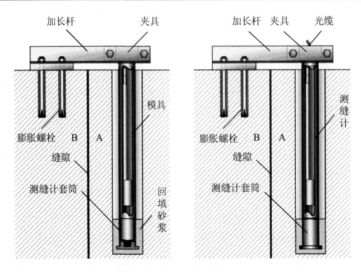

图 7.29　位移计的安装示意

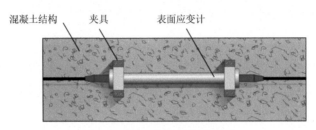

图 7.30　结构表面安装示意图

（3）待强力胶固化、应变计读数稳定后（至少 12h 以上），松开预应力螺母，松弛 3 分钟以上，开始读取初始数。

对于混凝土结构表面的长期监测，应采用膨胀螺钉紧固，具体方法如下：

（1）将安装座从应变计上卸下，调节预应力螺母，根据测量要求设置应变计初读数。

（2）在混凝土结构表面打两个 $\phi6$ 的孔，孔中心距为 130mm（可用专用安装工具定位）。

（3）装上膨胀螺钉并将孔内间隙用强力黏结胶填满，待胶固化后将应变计装入膨胀螺钉内，用螺母拧紧。

（4）待应变计读数稳定后（至少 12h 以上），松开调节螺母，松弛 3 分钟，开始读取初始数。

对于钢结构表面的长期监测，宜采用焊接的方式固定应变计，具体方法如下：

（1）将安装座从应变计上卸下，调节预应力螺母，根据测量要求设置应变计初读数。

（2）将安装座焊接到钢结构的表面，两个安装座的中心距为 128mm（可用专用安装工具定位）。

（3）将应变计装入安装座内并用螺母拧紧，待应变计读数稳定后（至少 12h 以上），松开预应力螺母，松弛 3 分钟以上，开始读取初始数。

（b）埋入式安装

根据结构要求选定测试点，将应变计平行结构应力方向安装。采用细匝丝或尼龙扎带将应变计捆绑在结构钢筋上，避开混凝土和捣振棒能直接冲击到的钢筋面。绑扎位置应在应变计两端（即受力柄）的内侧 5mm 处，中间部分不容许绑扎。应变计为两端头紧贴钢筋，中间悬空的状态，如图 7.31 所示。

图 7.31　埋入式安装示意图

测试导线沿结构钢筋引出，同样要避开混凝土和捣振棒能直接冲击到的钢筋面，并间隔 1~2m 绑扎，绑扎不宜过紧，导线也要略为松弛。导线引出方法很多，常见的在模板打孔引出；或内置木盒，线盘绕其中，待拆模板后再引出。

7.4.2　传感光缆的现场布设

1）表面夹具固定安装

（a）合片式夹具

夹具由上下两个合片组成，合片上有系列圆槽，可夹持不同直径的光缆。合片下片（母片）通过安装孔与被测物固定，合片上片通过螺丝与下片固定，当两片合起时两圆槽形成一通孔，用来夹持光缆，为了保证固定效果及降低光损，孔直径比光缆外径小 0.2~0.3mm。合片式夹具如图 7.32 所示。本夹具适合安装 2mm 紧包光缆，5mm 金属基索状应变传感光缆，2~5mm 的温度传感光缆等。

图 7.32　合片式夹具

（b）错位式夹具

对于定点式传感光缆，夹具必需固定在定点处，进而研发了错位式安装夹具。该夹具由上下两片组成，下片为一长条形基座，沿长度有一圆槽，中间有两孔，用于将下片安装在被测物上，两边有数排螺孔，用于安装上片。上片为一短块体，有一槽，两边有光孔，可通过螺杆与下片安装固定。定点光缆通过上下两片夹持固定，上片可安装在不同位置，可根据光缆的定点位置进行错位调节，调节距离为下片的长度。错位式夹具如图 7.33 所示。

图 7.33　错位式夹具

（c）T 字座式夹具

该夹具采用 T 形状结构，需事先将夹具安装在被测物上，将光缆穿过中心孔后，锁紧侧面螺丝固定。如图 7.34 所示。

图 7.34　T 字座式夹具

通过上述三种夹具，可以将应变传感光缆定点安装在被测物的表面，适用于衬砌隧道、混凝土结构、边坡格构梁及挡土墙等。这里以合片夹具为例，传感光缆的安装步骤如下：

（1）画线定点：在被测对象上画线标明安装路径及安装节点位置，安装节点间距建议 2～5m。

（2）安装夹具母片：先通过钻孔膨胀螺丝、铆钉及环氧树脂粘贴等方式将母片安装在被测物表面。

（3）光缆预拉固定：先将光缆用夹具一端固定，每隔 30～50m，再将光缆预拉到设定应变，再用夹具固定。

（4）上片安装：将两固定点间的光缆移入到母片槽内，安装上片，用螺杆将上下片固定，夹住光缆。

（5）光路检查：利用 BOTDR、OTDR 及光功率计等对已安装的光缆进行松紧度、光损等检查，有不符合要求的部位可以松开夹具重新调整安装。

安装过程如图 7.35 所示。

2）混凝土浇筑安装

对于灌注桩、地下连续墙、隧道衬砌等现浇钢筋混凝土结构的监测，可以将传感光缆绑在钢筋笼上的主筋上，一并浇筑到混凝土中。可以采用的传感光缆包括金属基索状应变传感光缆、GFRP 加筋应变传感光缆、铠装温度传感光缆等。具体的安装步骤如下（以钻孔灌注桩为例）：

（1）放线：将传感光缆沿着钢筋展开，穿过各种横档钢筋，使光缆安装在不易让外部岩土和混凝土浇灌工具接触的位置。

（2）预拉绷紧：光缆一端固定，另一端用力拉直光缆（或利用锁线器拉紧）后绑扎固定。

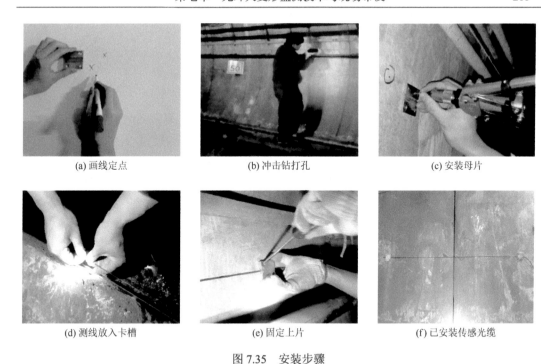

(a) 画线定点	(b) 冲击钻打孔	(c) 安装母片
(d) 测线放入卡槽	(e) 固定上片	(f) 已安装传感光缆

图 7.35　安装步骤

（3）绑扎：在拉伸两点间用尼龙扎带或胶带绑扎固定。

（4）过弯或出口保护：在光缆弯曲和出混凝土位置，采用松套管保护，防止光缆受损。

（5）混凝土浇筑：将钢筋笼放入孔内，灌入混凝土进行浇筑，在此过程中应注意引线的覆盖保护，防止被机械设备破坏。

（6）养护成型：等待养护到期后，对桩头引线进行处理，侧面出线保护。

灌注桩传感光缆浇注安装过程见图 7.36。

(a) 绑扎	(b) 出线保护	(c) 浇筑	(d) 成型

图 7.36　混凝土浇筑安装

3）开槽粘贴安装

开槽粘贴安装方法适用于已成型的各类钢筋混凝土结构。采用切割机在混凝土表面切割一细槽，将传感光缆放入细槽中，采用环氧树脂密封，监测混凝土体变形。可以采用直径 0.25～2mm 的应变传感光缆。

这里以预制桩为例，介绍开槽粘贴法的基本步骤。

（1）定线：根据被测对象的受力特点确定传感光缆的安装位置，并采用墨线标记布设线路。

（2）开槽：预制桩打入过程中桩土作用力很大，为防止传感光缆受损，需开槽埋入光缆。沿着画好的标记线路，在监测体的表面用切割机切出深约 5mm 的凹槽，用于粘贴传感光缆。

（3）清槽：对凹槽进行有效的除尘和清洗，以保证传感光缆粘贴的质量。

（4）埋线：先用快干胶在桩的一端固定传感光缆，然后沿着凹槽埋入。传感光缆应预拉，然后使用黏结剂以"定点粘贴"的方式固定传感光缆。

（5）铺设：使用黏结剂以"全面粘贴"方式将凹槽填满。

（6）补铺：待全部铺设完毕后，检查铺设线路，观察是否存在黏结不良的情况，并使用黏结剂加涂进行补铺。

预制桩传感光缆开槽粘贴安装过程见图 7.37。

(a) 切槽　　　　　　(b) 布设光纤　　　　　　(c) 环氧灌封　　　　　　(d) 保护

图 7.37　开槽粘贴安装

4）点焊安装

点焊安装是指利用电焊机将传感光缆焊接在被测对象上进行监测，适用于钢梁、钢管桩、铁轨、罐体、钢筒等金属结构体的监测（图 7.38）。采用的传感光缆主要是金属基带式传感光缆。

(a) 清理打磨　　　　　　(b) 焊接固定　　　　　　(c) 环氧粘贴　　　　　　(d) 出线保护

图 7.38　点焊安装

这里以钢管桩为例，介绍电焊安装的步骤。

（1）定线：根据传感光缆的受力特点，要确保所铺设的传感光缆与桩身的受力方向一致，因此要先将铺设线路在结构物上标注出来，即定线方向要与钢管桩的轴向方向一致。

（2）打磨：钢管桩露置在空气中表面会生成红褐色铁锈，铁锈具有疏松结构，直接粘贴会使传感光缆的监测效果受到影响。因此，需要打磨去除铁锈，使传感光缆可靠地固定在钢管桩的表面。

（3）除尘：清洁打磨面的灰尘。

（4）焊接固定：将传感光缆平铺在打磨面上，并用点焊机进行焊接固定。

（5）全面粘贴：沿铺设线路使用黏结剂以"全面粘贴"方式覆盖传感光缆，使其与打磨面牢固粘贴。

（6）补贴：待全部铺设完后，检查如存在粘贴不良的情况，使用黏结剂进行补贴。

（7）槽钢保护：由于钢管桩通过振动锤击等方式打入土里或基岩中时，桩土或桩岩之间将产生很大的作用力，这会使传感光缆受摩擦挤压后脱落，所以在钢管桩两侧焊接一段6m长的槽钢对传感光缆进行保护。

（8）出线保护：在靠桩内上部出口处焊接了四根竖直的钢条，并把用于后期监测的延伸光纤盘绕固定在其上。

5）钻孔植入安装

钻孔植入安装是指利用钻孔将传感光缆植入到地层内部，主要用于岩土体内部变形的监测。可以采用的传感光缆包括：金属基索状应变传感光缆、内定点应变传感光缆、GFRP加筋应变传感光缆、各类铠装温度传感光缆。

这里以地面沉降监测为例（图7.39），介绍钻孔植入安装的步骤。

(a) 配重导头　　　　　　(b) 放线　　　　　　　　(c) 封孔与保护

图7.39　钻孔植入安装

（1）钻进成孔：为了后期封孔方便，随着钻孔深度的增加，孔径也应相应增加。孔深0～50m时，钻孔直径为50～110mm；孔深50～150m时，钻孔直径为110～150mm；孔深150～350m，钻孔直径为150～180mm；大于350m深孔，孔径应大于180mm。钻进过程中应采用泥浆护壁。孔底应位于变形稳定岩层或基岩，穿入深度大于10m。

（2）放置光缆：对于大于100m的深孔，成孔后，采用钻杆将带有配重导锤的分布式传感光缆送入孔中，所述送入过程中，控制钻杆匀速缓慢下放，下放速度0.1～0.5m/s为宜，并通过拉绳控制配重导锤与钻杆同步下放。传感光缆与导锤固定，传感光缆的中部缠绕在导锤上，在导锤的两侧对称部位形成一个"U"字形回路，对光纤与导锤头部固定处进行热缩保护。定点间距可以有两种，一是固定间距，建议间距10～20m，每两点间的压缩测量范围是150～300mm，精度为0.5～1mm；二是根据地层分层进行，分层最小层厚建议大于5m，最大不要超过30m。

（3）封孔与保护：采用黏土球和黄豆沙封孔。施工结束后采用砌墩或电箱保护引线。

6）沟槽植入

对于岩土体表面变形，可以采用在地面开挖沟槽，将传感光缆埋设在沟槽内进行监测。可以采用的光缆包括：金属基索状应变传感光缆、内定点应变传感光缆、GFRP 加筋应变传感光缆、各类铠装温度传感光缆。

这里以地裂缝监测为例（图 7.40），说明沟槽植入的安装步骤。

（1）开挖沟槽：根据监测方案，在监测方向上先开挖一条深约 75cm，宽约 40cm 的沟槽；

（2）平整：用细砂将沟槽底部整平，铺设厚度为 10cm。

（3）锚固点定位：在沟槽上标记固定点的位置，并将锚固杆件打入土中，入土深度为 50cm，使得光纤锚固点与土体变形一致。

（4）预拉：用拉力计对传感光缆施加一定的预拉力，使传感光缆的初始应变为 900～1200με；水平向直埋式的金属基索状应变传感光缆采用直接铺设方式，铺设过程中同样需要对其进行预拉。

（5）固定光缆：采用扎带进行捆扎，并加注少量的环氧树脂固定，浇筑（捆扎）长度不小于 15cm。

（6）回填：用 5～10cm 厚度的细砂对传感光缆填埋整平，然后分层对沟槽进行回填。

（7）保护建站：在沟槽两端引出传感光缆，熔接尾纤，建立工作箱安放尾纤，对其进行相应的保护。

　　(a) 开槽　　　　　　　(b) 定点固定　　　　　　(c) 放线　　　　　　　(d) 覆盖

图 7.40　开沟植入

综上所述，对于不同类型的监测对象，应因地制宜根据被测对象的特点和分布式光纤感测技术的特性，研发适宜的传感光缆和传感器，制定科学合理的安装布设方法。从某种程度上说，传感光缆和传感器及其安装布设方法是岩土体大变形监测系统的关键组成部分，直接决定了监测的成败和监测的质量，在分布式光纤感测技术的应用和推广过程中应引起足够的重视。

第八章　土工模型试验光纤测试技术

8.1　土工模型试验的测试要求

由于地质灾害与岩土工程的原型一般都很巨大,不可能搬到实验室中进行各种试验和测试,因此,为了了解和掌握地质体与岩土工程在各种环境因素作用下的物理、力学和化学等性质的变化规律以及形成机理,通常根据形状、材料、性质和过程等方面的相似原理,在室内建造各种土工物理模型,在清晰的物理和化学边界条件下,研究模型在加(卸)载、降雨、失水、渗流、温度、化学环境等各种外界因素作用下的变化过程,从而发现一些新的现象,掌握新的规律,弄清相关机理。与土工原型试验相比,室内土工模型试验有以下特点:①模型尺寸比较小,一般不超过 10m;②模型的制作需要根据试验目的有周密的设计;③模型的制作和试验过程可以人为控制。土工模型试验的这些特点,对于模型试验过程中的测试和监测技术就有新的要求。

(1)测试和监测元件要小,与模型外形和内部结构要十分匹配和耦合,尽可能不要影响模型本身的性质。

(2)室内土工模型试验中应尽可能多地获得各种参量的实测数据。常见的参量包括应变、应力、位移、孔隙压力、土压力、温度、水分、水位、流速、流量以及化学成分等。因此,需要有相应的测试和传感元件。

(3)由于模型尺寸较小,相应的测试量程也小,因此,对于测试技术的精度、灵敏性、实时性,以及测试点位和方式等要求均比较高。

(4)由于大部分的土工模型都在室内进行,因此,各种测试手段间要防止相互干扰,避免影响测试结果。

根据这些要求,常规的一些测试手段很难满足各种研究的需要,而光纤感测技术的各种优点可以满足上述测试和监测的要求。本章将介绍课题组在土工模型试验光纤测试技术方面的部分研究成果。

8.2　光纤感测技术

针对室内土工模型试验特点,根据测试对象与尺度大小,表 8.1 总结了土工模型变形测试相应的光纤感测技术指标。从表中可以看出,大小不同的测试对象,所采用的光纤感测技术及其技术指标是不同的,因此,在进行室内土工模型试验时,应根据不同的测试对象和研究目的,选择合适的光纤感测技术。

除了土工模型应变测量外,有时还需要测量应力、孔隙水压力、土压力、温度、水分、水位、流速等参量，这些参量的测量可根据相关参量间的转换原理来实现。一般来讲，光纤感测技术可直接测得应变和温度二个指标，通过这二个指标与各种被测量之间建立关系就可实现多种被测量的测量。如本专著的第五和第七章中，利用 FBG 和 DTS 感测技术，实现了大变形、含水率和渗流场等的监测。

表 8.1 土工模型试验光纤感测技术及其技术指标

测试对象与尺度	感测技术	技术指标
大于 10cm 的土粒、土块及其组合体	FBG	应变测量精度：0.001‰ 应变测量范围：−2‰~+5‰ 变形量程：微米级~毫米级
土层及其透镜体、夹层和填冲层等	FBG，BOTDA，BOFDA，OFDR	应变测量精度：0.001‰~0.01‰ 应变测量范围：−3‰~+8‰ 变形量程：毫米级~厘米级
均质土体、非均质土体、复杂土体等	BOTDR，BOTDA，BOFDA，OFDR	应变测量精度：0.001‰~0.01‰ 应变测量范围：−5‰~+10‰ 变形量程：毫米级~米级

8.3 传感器与传感光缆研发

根据室内土工模型试验测试要求，除了选择合适的光纤感测技术外，还需要研发出能够满足各种参量测试要求的光纤传感器与传感光缆，且这些传感器与传感光缆尽可能的小型化、纤细柔韧，能使它们与被测模型充分耦合，实现准分布和全分布的测试。本节主要介绍土工模型试验中常用的几种光纤传感器与传感光缆。

8.3.1 FBG 传感器

FBG 传感器具有体积小、测量精度高、多点串联集成等技术优势，因此，可以研发出各种小型传感器。关于 FBG 传感器小型化的研发，可参阅第四章，这里补充介绍几种小型的 FBG 传感器。

1）900-HY-FBG 应变传感器

为了防止埋入土工模型中的 FBG 传感器遭到破坏，苏州南智传感科技有限公司研制出了护套材料为 HY，直径为 900μm 的小型 900-HY-FBG 传感器，其结构如图 8.1 所示。900-HY-FBG 可用于测量模型材料内部和结构杆件的应变测量，并可同时测量埋设点的温度。该传感器的优势在于光栅感测点无加强护套材料，应变传递性能好，HY 材料的弹性模量为 1.7GPa，0.9mm 直径的 FBG 传感器及引线对土工模型试验中土样的影响可以忽略。普通写入光纤的光栅点长度在 1cm 左右，采用 HY 材料护套保护的光栅可以多点距串联，形成准分布式的 FBG 传感器串，其技术参数见表 8.2。

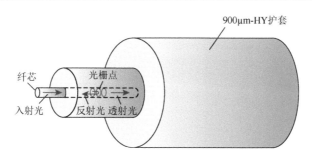

图 8.1　900-HY-FBG 应变传感器结构

表 8.2　900-HY-FBG 传感器的技术参数

量程/με	精度	分辨率	光栅中心波长/nm	反射率/%	尺寸/mm
−1500～+1000	±0.1% FS	0.05% FS	1510～1590	≥90	0.9

2）陶瓷管 FBG 传感器

由于 900-HY-FBG 应变光栅点及引线没有加强型护套材料的保护，在大尺寸室内土工模型试验中容易被拉断和弯曲，造成传感器的破坏，降低传感器的植入成活率。为了解决这一难题，在多次试验的基础上，课题组研发出了陶瓷管封装的光栅传感器，其结构及实物见图 8.2。陶瓷管 FBG 传感器的优势在于光栅感测点得到保护，可以有效防止弯曲、横剪等对光栅点的破坏。

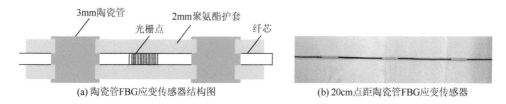

(a) 陶瓷管FBG应变传感器结构图　　　　　　(b) 20cm点距陶瓷管FBG应变传感器

图 8.2　陶瓷管 FBG 应变传感器

3）FBG 传感器性能测试

为了验证上述 FBG 传感器应用于土工模型试验变形测试的适用性和可靠性，课题组进行了相关性能测试试验。设计了直径为 10cm，高度为 20cm 的柱状土样，将 900-HY-FBG 应变传感器和陶瓷管 FBG 应变传感器植入模型中，并在相应位置安装微型 FBG 土压力计。通过在土样表面施加压力，测试 FBG 传感器的测试性能，试验设计如图 8.3 所示。

试验中在土样的顶部用千斤顶施加荷载，使土样产生体积压缩变形。荷载分 50kPa、100kPa、150kPa、200kPa、300kPa、400kPa 六级施加。每级荷载施加后，千分表、FBG 解调仪同步采集数据。试验结果见图 8.4。

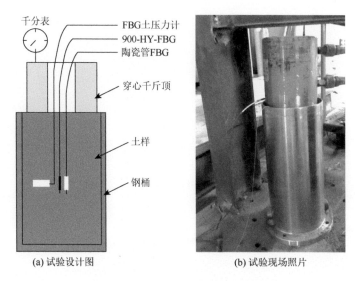

(a) 试验设计图　　　　　　　　(b) 试验现场照片

图 8.3　FBG 应变传感器性能测试试验

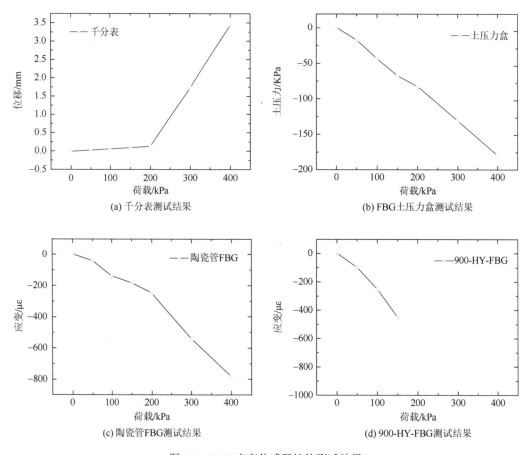

(a) 千分表测试结果　　　　　　　　　(b) FBG土压力盒测试结果

(c) 陶瓷管FBG测试结果　　　　　　　　(d) 900-HY-FBG测试结果

图 8.4　FBG 应变传感器性能测试结果

从图 8.4（a）中可以看出，荷载施加后，土体没有立即产生体积压缩变形，当荷载达到 200kPa 后，土体压缩量显著增大，当荷载达到 400kPa 时，土体体积压缩达到 3.5mm。该数据说明试验土样具有一定的初始强度。图 8.4（b）为试验过程中 FBG 微型土压力盒的测试读数。从测试结果可以看出，随着土样表面荷载的逐级增大，位于土样中部的土体在上部荷载的作用下，土压力也逐步增大，呈线性增长，测试数据规律性较好。

图 8.4（c）和（d）分别为陶瓷管封装的 FBG 应变传感器和 900-HY-FBG 应变传感器的测试结果。从图中可以看出，两者所测结果与压缩变形均呈现出较好的线性关系，表明二者具有较好的感测性能，但 900-HY-FBG 应变传感器在土样荷载加至 200kPa 时就失去数据信号，而陶瓷管封装的 FBG 应变传感器测试结果依然很好，说明陶瓷管封装具有较好的保护功能，因此，建议在土工模型试验中采用陶瓷管 FBG 传感器更好一些。

8.3.2　传感光缆

在利用 BOTDA、BOFDA、BOTDR 和 OFDR 等全分布光纤应变感测技术时，传感光缆的性能十分重要。在本书的第四和第五章中，已介绍过多种适用于土工模型试验的传感器和传感光缆。这里再介绍土工模型试验中可用的两种传感光缆。

1）2mm 聚氨酯紧套应变传感光缆

2mm 直径聚氨酯紧套应变传感光缆具有良好的强度和柔韧性。经标定，该传感光缆的主要性能参数见表 8.3。由于该传感光缆与被测土体的匹配耦合性好，因此，它是土工模型试验中常用的传感光缆。然而，在一些饱水的或含水率较高的砂土模型试验中发现，由于该传感光缆的直径较小，室内模型试验中的围压也小，在砂土模型饱水或含水率较高状态下，缆-土之间容易发生滑移，因而，应变测量结果往往比实际应变要小。因此，该类传感光缆仅适用于含水率较小的土工模型应变测量。

表 8.3　2mm 聚氨酯紧套传感光缆性能参数

光缆类型	直径/mm	护套材质	模量/GPa	最大拉断力/N	应变系数 MHz/10^{-6}
紧包光缆	2	聚氨酯	0.35	200	0.04998

为了检验 2mm 聚氨酯应变传感光缆的感测性能，进行了如下耦合试验：在 2mm 聚氨酯应变传感光缆纤芯刻写 FBG 光栅点，并封装保护后植入土工试验标准环刀土样中（Zhang et al.，2017b）。环刀直径 62mm，高 20mm，在环刀半高 10mm 位置对称钻一个直径为 2mm 的孔，如图 8.5 所示。

试验所用土样为 90%砂和 10%高岭土混合物，含水量为 10%，干密度为 2.0g/cm^3。

通过直剪试验，得到土样的黏聚力和内摩擦角。在环刀左侧的应变传感光缆上施加拉力，并通过一个数字测力计测量其拉力，数字测力计量程为 50N，分辨率为 0.1N。将土样分层击实后，在表层施加不同压力的同时在环刀样的左侧用测力计拉伸 2mm 聚氨酯应变传感光缆，用 FBG 测量不同压力下 2mm 聚氨酯应变传感光缆被拉出土样的屈服应变，从而评价其与土体之间的耦合性。

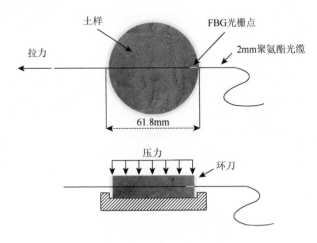

图 8.5　缆-土耦合试验设计

图 8.6 是土样在上覆压力为 40kPa 时，FBG 光栅点应变与 2mm 聚氨酯应变传感光缆所受拉力数据结果。从图中可以看出，拉力峰值为 15N，FBG 的峰值为 6300με。FBG 光栅点峰值应变的出现略滞后于拉力的峰值，这主要是因为光缆与土样之间的摩擦在拉力达到峰值的时候最大，然后应变再传递到 FBG 光栅点。光缆表面与土样之间的界面摩擦力随着拉力的增大而增大，当光缆的应变小于拉出峰值时，可以认为光缆与土样之间耦合性良好，不会产生滑移现象，此时，光缆的应变值即为该处土样的应变；当拉力持续增大，大于光缆与土样之间的动摩擦力时，光缆与土样之间发生滑移，此时，光缆所测的应变值要小于实际应变值。

随着上覆土压力的增大，应变传感光缆的围压和应变峰值也随之增大。因此，应变传感光缆与周围土的形变耦合性受围压影响很大。围压越大，应变传感光缆与土的耦合性越好，光缆测得的数据越准确；反之，光缆测值偏小。

2）定点式圆盘传感光缆

为了克服 2mm 聚氨酯紧套传感光缆与被测高含水率土之间的滑移问题，课题组研发出了定点式圆盘传感光缆（简称 SSC），其主体为 1.2mm 或 2mm 聚氨酯紧套传感光缆，在此基础上，每隔一定距离垂直于光缆用环氧树脂固定一个直径 2~4cm、厚度 1~2mm 的树脂圆盘来增加传感光缆表面的粗糙度，固定处用石英玻璃管保护，改进后的传感光缆结构见图 8.7。

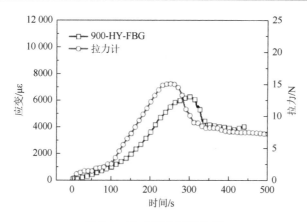

图 8.6　缆-土耦合试验结果

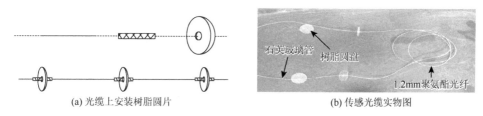

(a) 光缆上安装树脂圆片　　　　　　(b) 传感光缆实物图

图 8.7　定点式圆盘传感光缆结构与实物图

为了验证基于 BOTDA 技术的 SSC 的传感性能,研究圆盘间距和圆盘厚度对应变传递的影响,课题组对定点式圆盘 2mm 聚氨酯紧套传感光缆的感测性能进行了室内标定试验。

标定试验在应变传感光缆性能测试台上进行。通过改变光纤的定点间距和胶黏段长度,并用 BOTDA 光纤解调仪测试其应变,通过分析对比不同定点间距及胶黏段长度的应变来确定其对传感光缆应变传递的影响。试验具体步骤为:

(1) 截取约 2m 长的聚氨酯紧套传感光缆,穿入预制亚克力圆盘,传感光缆两端熔接跳线;

(2) 制作长 80cm、定点间距 40cm 的光纤段,在三个定点圆片之间自由光纤段分别留 4、5 个活动圆片,以便粘接而改变胶黏段长度;

(3) 待光纤上圆片粘紧后接入 BOTDA,测试初值,并将其夹在光纤拉拔仪上,设置初始位移 8mm,加速度 1mm/s^2,启动光纤拉拔仪进行张拉;

(4) 第一次张拉位移 8mm 后,以后按 2mm 位移逐级张拉到总位移 16mm;

(5) 重复上述步骤进行定点间距 20cm,胶黏段长度为 5mm、10mm、15mm 的张拉测试。

试验过程中,BOTDA 解调仪的空间分辨率设为 10cm,采样间距为 5cm。

标定试验结果显示:不同定点间距对光纤应变传递的影响见图 8.8 (a)。从图中可看出定点间距 200mm 和 400mm 光纤在光纤拉拔仪位移 8mm、10mm、12mm 和 14mm 应变曲线基本重合。在此试验中可得出光纤上定点间距对其应变传递几乎无影响。胶黏段长度对光纤应变传递的影响测试结果见图 8.8 (b)。从图中可以看出粘接段长度 5mm、10mm 和 15mm 在拉拔位移 8mm、10mm、12mm 和 14mm 应变曲线也基本重合，说明胶黏段的长度对应变测试结果没有影响。

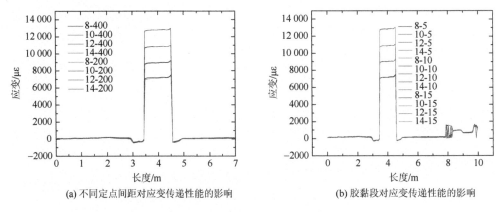

(a) 不同定点间距对应变传递性能的影响　　　　　(b) 胶黏段对应变传递性能的影响

图 8.8　应变传递标定试验结果

由此可知，厘米级的定点间距及毫米级的胶黏段的长度对聚氨酯护套传感光缆的应变传递几乎没有影响，可以将其植入室内土工模型中进行测试。

8.4　传感光缆的安装要点

考虑到模型尺寸小和全分布光纤感测技术的空间分辨率，一般在室内模型试验中，采用高空间分辨率的 BOTDA 和 BOFDA 作为测试手段，但这二种感测技术需要对传感光缆双端检测，即需要一个传感回路，一旦传感光缆断裂，整个传感线路就无法测试。因此，在土工模型制作过程中，传感光缆的安装必须确保其成活率和完整性，相关技术要点如下：

（1）根据土工模型试验目的，设计相应的光纤测试网络。根据模型尺寸的大小、材料性质、加压大小和方式、渗流、含水率分布及密实度等，选择相应的感测技术和传感光缆。传感光缆的安装必须满足以下两个条件：①在埋设和测试过程中确保传感光缆畅通，避免断裂和损伤；②传感光缆与被测土体之间变形应耦合一致。

（2）模型制作过程中不可避免要对模型材料进行击实、开挖、加压和注水等，因此，在安装过程中需要：①注意传感光缆弯曲处的保护。可以通过固定模具或者高强度保护套管对光缆弯曲处进行保护。②对分层击实后的试样，可通过传感光缆开槽植入和两端拉直固定等方式减少传感光缆在模型制作过程中的弯折。③在试样开挖过程中尽量避开传感光缆测试网络。④在测试试样压缩变形时，还需要在光缆植入模型前对传感光缆进行预拉，以增加量程和敏感性。

（3）在同一条传感光缆测线上应尽量减少过弯及光缆熔接点，提高传感光缆的光路质量，确保测试数据的质量。

（4）BOTDA 等全分布光纤感测技术获得的试样变形分布是沿传感光缆的一维轴向应变，如果需要多维应变测试，需要将传感光缆布设成多维测试网络，在模型制作时同步植入。

8.5 测 试 实 例

8.5.1 小型土体模型试验光纤测试

1）试验目的

为了掌握多层土在抽灌水条件下变形响应特征，设计了一个可控水位的地面沉降模型箱，通过填筑砂层和黏土层来模拟透水层和弱透水层。基于 PPP-BOTDA 和 FBG 技术，利用研发的适合于模型试验土体变形及含水率测试的传感光缆和传感器，对排灌水循环过程中土层的应变、含水率、水压和沉降量变化进行耦合测试，并与分层沉降标进行对比分析，以验证光纤感测技术在土体变形场和水分场测试中的有效性和优越性。

2）试验方案

模型采用了苏州南智传感科技有限公司提供的用于应变测试的 SSC 和用于含水率测试的加热型碳纤维棒 FBG 传感器（CFHSB）。解调设备分别采用了 PPP-BOTDA 光纳仪和苏州南智传感科技有限公司生产的 NZS-FBG-A03 型 FBG 解调仪对 SSC 及 CFHSB 进行数据采集。

模型箱为由法兰连接的 1 个底座及 3 个 30cm 高有机玻璃圆柱体，内径 42cm，高 100cm。填土与传感光缆布设和实物装置分别见图 8.9 和图 8.10。箱内堆填 60cm 厚土层，自上而下分别为 10cm 砂层-1，30cm 黏土层和 20cm 砂层-2。SSC 光缆自上而下贯穿试样土层，并构成一个回路，连接到 BOTDA。为了增加光纤测量土体压缩应变的量程，在填土前，对光纤进行预拉至 7000με 并上下固定。同时，土层中每隔 10cm 布置一个沉降标，标记为 1#~5#，用于与光纤应变测试数据进行对比。土层中共埋设二根 CFHSB，第一个光栅点距离模型底部分别为 5cm 和 10cm，同时连接 A03。在距土体表面由 5cm 至 55cm 每 10cm 深处共埋设 6 个水位管来监测模型箱中相应土层中水位的变化。模型箱内的水位控制通过模型箱右下方砂层-2 中的水阀和灌水水箱实现。采用以上装置和传感器，可以获得排灌水过程中不同土体深度处水头及含水率随时间的变化曲线，以及不同时刻土体的应变和沉降量变化曲线。

3）部分试验结果与分析

图 8.11（a）是排水过程中不同时刻 SSC 测试到的土层应变情况；图 8.11（b）给出了不同时刻累计变形曲线。可以看出，SSC 测试到的土层总压缩量约为 1.9mm。A、B 和 C 分别代表了砂层-2，黏土层和砂层-1 的压缩量，同样可以看出主要压缩发生在 10~40cm 深度的黏土层，其次为排水砂层-2，变形最小的为砂层-1。

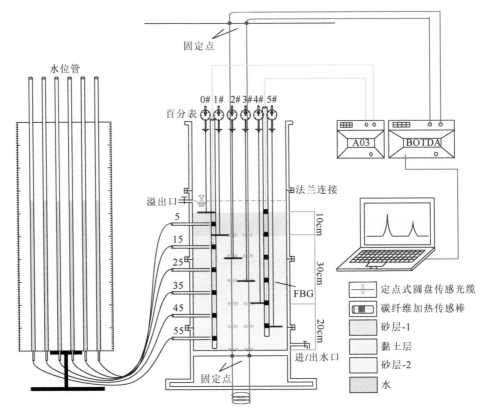

图 8.9　模型试验光纤测试设计图

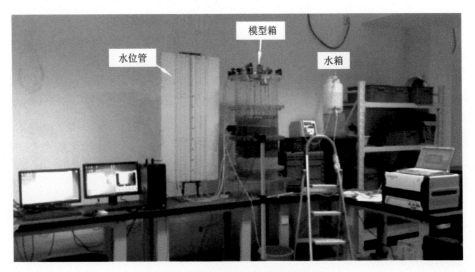

图 8.10　模型试验光纤测试装置图

在这一试验中，根据光纤监测数据，在底部砂层排水过程中，发现了黏土层孔隙水中出现了负压现象，同时，黏土层的中上部存在着明显的压应变区。这一发现对于弱透水层强补给和黏土层中出现的压应变机理有了新的解释，详细介绍见刘春等（2017）的论文。

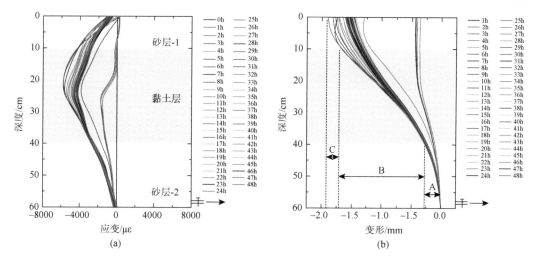

图 8.11 排水过程中土层应变变化（a）及对应累计变形量（b）

图 8.12（a）是回灌过程中不同时刻 SSC 测试到的土层应变情况，可以看出拉应变主要出现在深度 10～40cm 的黏土层中，说明回灌过程中黏土层发生了较为明显的回弹。其中上部黏土层拉应变最大可达 1300με，要明显大于下部黏土层。图 8.12（b）是不同时刻累计变形曲线，土层整体回弹量约 0.33mm，远远小于 1.9mm 的压缩量，其中排水砂层-2 回弹量 A 约为 0.05mm，黏土层回弹量 B 占主体，砂层-1 因为厚度小，回弹量 C 也最小。

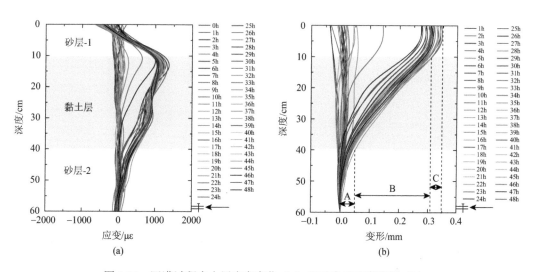

图 8.12 回灌过程中土层应变变化（a）及对应累计变形量（b）

图 8.13 给出了沉降标位移情况与光纤测试结果的对比，两者总体变化趋势一致。回灌前 21h，土层无明显变化，从 21h 后各土层发生一定量回弹，光纤最终稳定回弹量 0.33mm 略小于沉降标 0.34mm，相对误差为 2.9%略小于实验室内拉伸试验测得的 2.74%，这样小的误差是可以接受的，说明 SSC 与土的变形具有很好的耦合性，完全可以应用于土工模

型的应变测试。值得注意的是，第 25h 后光纤测试值基本稳定，明显快于沉降标测试的稳定时间，说明光纤的测试灵敏度要优于沉降标。

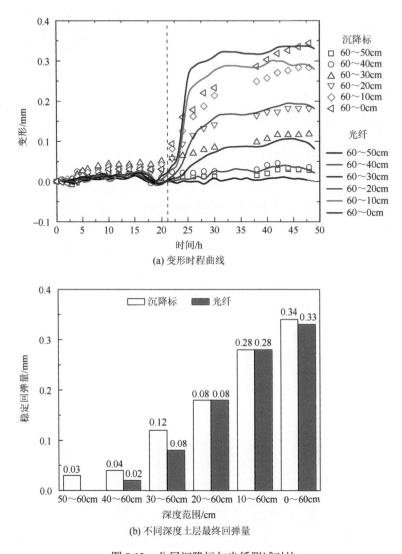

(a) 变形时程曲线

(b) 不同深度土层最终回弹量

图 8.13　分层沉降标与光纤测试对比

8.5.2　中型土体模型试验光纤测试

为了进一步验证光纤感测技术在土体变形场和水分场测试中的有效性和优越性，设计了一个中型土体模型试验，研究水分场变化对土体变形的影响。

1）试验方案

本次试验中使用的中型模型箱，箱长 3.0m，宽 1.5m，高 1.5m，一个侧面为加肋的钢化玻璃，其余 3 个侧面和底面为加肋的 10mm 厚钢板，在其左、右两侧加装水箱，用于砂土模型的注水及抽水。

试验中采用的分布式光纤感测技术包括测量砂土应变的 BOTDA 测量技术和测量含水率和水位的 DTS 测量技术。采用的解调仪分别为 PPP-BOTDA 解调仪和苏州南智传感科技有限公司生产的 NZX-DTS-M6 型 DTS 解调仪。安装了三根加热型碳纤维光缆管（CFHCT）F-1～F-3，同时在模型箱钢化玻璃一侧，安装了四根测量精度为 ±0.1cm 的水位管 W-1～W-4，以测量砂土内部自由水位面的变化，并与含水率光纤测试管的测量结果作为对比。四根应变 SSC 用来测量土的应变分布，它们布设于砂土模型箱长度方向中央剖面上，间距 60cm，分别编号为 C-1、C-2、C-3 和 C-4。在模型上表面传感光缆对应位置安装千分表 S-1、S-2、S-3 和 S-4 测量系统，其编号与应变传感光缆 C-1～C-4 位置一一对应，以测量模型砂土沉降变形，并与应变传感光缆测量结果作对比。测量系统传感器编号及其在模型中的位置如图 8.14 所示。

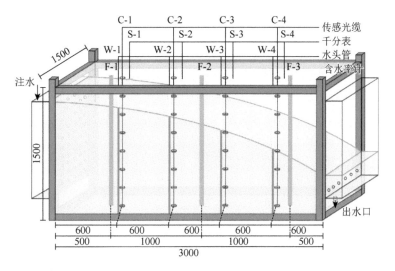

图 8.14　模型箱设计与传感光纤测试系统布设图（单位：mm）

2）试验过程

在模型堆填制作过程中，砂土每堆填 10cm 均匀击实一次，砂土的密度控制在 1.6g/cm³ 左右，同时安装测量系统，直至模型堆填制作完成，形成一个均质的砂土模型。由于在抽水过程中砂土模型主要表现为竖向压缩变形，为了提高应变传感光缆测量灵敏度，在砂土模型堆填前通过模型箱上部安装的定滑轮悬挂一定重量的砝码对植入模型的应变传感光缆段进行 1% 的预拉伸；砂土模型堆填完成之后，静置模型 48h，撤去恒重预拉。

整个试验过程分为四个阶段，即第一次水循环阶段、注水饱和阶段、抽水阶段和回灌阶段。第一次水循环阶段：模型静置 48h 后，保持左、右水箱满水，待土体饱水后再打开水箱排水阀门，排出土体中的水。这一阶段主要是为了消除土体饱水砂土湿陷作用给试验结果带来的影响。注水饱和阶段：保持左、右水箱满水，使砂土在定水头作用下再次饱水。当砂土水位不再变化时，保持水箱水位 72 小时。抽水试验阶段：打开右侧水箱排水阀门，使模型右侧砂土中的水自由排出并保持左侧水箱定水头补给，在砂土内形成稳定渗流场，模拟半边漏斗状抽水。回灌阶段：关闭右侧水箱排水阀门，保持左、右两侧水箱满水，模拟地下水人工回灌过程。

在试验过程中 PPP-BOTDA 和千分表、DTS 和水位管分别对砂土变形、含水率和砂土中水位变化进行实时连续测试。试验现场如图 8.15 所示。

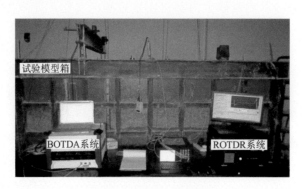

图 8.15　模型试验现场图

3）部分试验结果分析

这里仅分析抽水试验的部分成果。抽水过程中砂土含水率变化由三根 F-1、F-2 和 F-3 分布式测量，可得土体内部水分场变化云图，如图 8.16 所示。

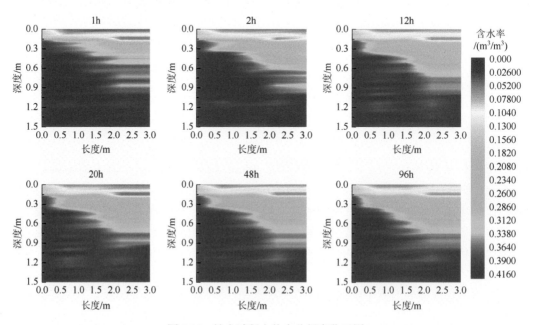

图 8.16　抽水过程土体水分场变化云图

砂土自由水位变化由 W-1～W-4 四根水位管测量，测量结果见图 8.17。从图 8.16 和图 8.17 中可看出，抽水 1h 后，F-3 和 W-4 测得静水水位大约下降了 0.2m，同时 F-3 反映出在深度 1m 左右的排水孔周围，砂土中出现了非饱和区，而位于排水孔以上 0.6～0.9m 范围内的砂土仍然处于饱和状态，这是由于排水孔处的排水速度过快，上部砂土的渗流速率太小来不及补给造成的；抽水 2h 后排水孔附近的非饱和区域明显扩大，同时发现一个很明显的现象：非饱和区的发展区域并不在靠近排水孔的 F-3（水位管 W-4）测线附近，而是向 F-2（水位管 W-3）测线处发展，这是模型箱的边界效应造成的，因为模型箱右侧的隔水箱壁改变了土中渗流流向，使土中水在此处滞流；抽水 12h 后，W-1～W-4 和 F-1～F-3 都显示出砂土内基本形成了稳定的水位线，而且 F-1～F-3 的数据显示非饱和砂土中的水分仍在不断疏干；抽水 20h 后砂土内部自由水位面稳定。

综合以上测试结果可知，水位管观测到的水位变化结果与 CFHCT 测量得到的结果基本吻合，但水位管观测到的仅仅是自由水位的变化，而 CFHCT 还可以获得砂土中水分场的精细化渐变过程，其优越性十分明显。

图 8.18 是千分表 S-1～S-4 测得的砂土模型表面变形的读数变化。从图中可以看出，在土体抽水过程中位于排水端的 S-4 和 S-3 读数显示出砂土较大的失水压缩变形，其中，距离排水孔 120cm 的 S-3 处压缩变形最大，达到 0.9mm；其次是距离排水孔 60cm 的 S-4 位置，压缩变形为 0.52mm；而距离排水孔较远的 S-2，在抽水 12h 后出现轻微的变形，变形量为 0.35mm；距离更远的 S-1 位置在抽水过程中几乎没有产生变形，这与应变传感光缆 C-1～C-4 测得的砂土应变变化是一致的，见图 8.19，同时可以看到应变传感光缆能够精细化获得沿光缆土层的应变分布。

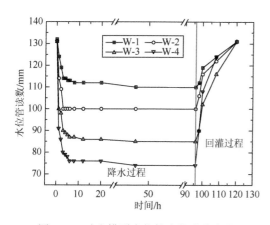

图 8.17 砂土模型水位管水位读数变化

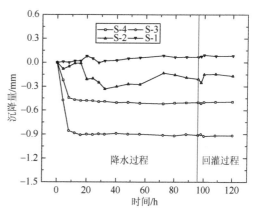

图 8.18 砂土模型表面变形千分表读数变化

图 8.20 是砂土模型不同抽水时间点水位变化与砂土应变云图。从图中可以看到，抽水 2h 后 C-3 和 C-4 位水位迅速下降，砂土失水压密，但变形量较小；抽水 12h 时，随着土体内部形成稳定渗流，但自由水位以上非饱和土仍在不断疏干；抽水 20h 时，自由水位面以上非饱和土中含水率变化已基本稳定，但 C-3 和 C-4 位置土的压缩变形仍在继续增大，

C-2 位置也出现明显的压缩变形，这种情况一直到抽水 96h 时仍在延续，说明土的失水固结变形并不随自由水位的下降而结束，而是需要一个较长时间的过程才能趋于稳定。

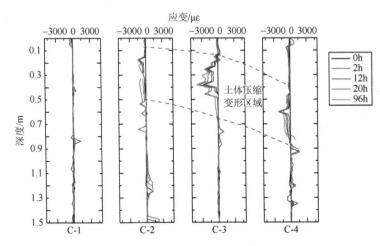

图 8.19　抽水过程中应变传感光缆测得的砂土变形结果

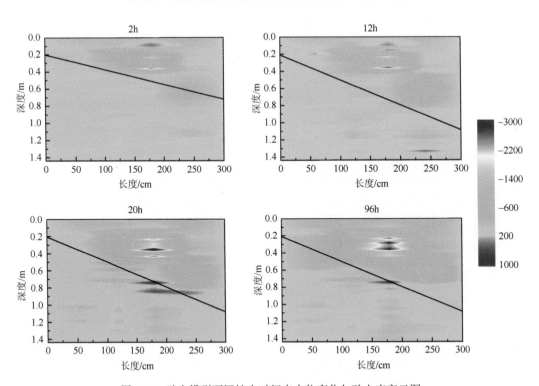

图 8.20　砂土模型不同抽水时间点水位变化与砂土应变云图

从这一试验结果可以得出，分布式光纤感测技术可以分布式精细化测试土中水分场和应变场的分布，具有十分显著的优越性，为土工模型试验多场耦合测试提供了十分有效的新手段。

8.5.3　覆岩变形物理模型试验光纤测试

1）试验目的

矿山开发中，开采引起的上覆岩体变形过程十分复杂，常常需要开展物理模型试验进行分析研究，其中相似材料模型试验是研究覆岩变形破坏规律的常用方法。为了能够测试模型内部的变形过程，验证分布式光纤感测技术应用于采动覆岩变形破坏测试的可行性，课题组采用分布式光纤感测技术进行了采煤覆岩变形物理模型试验研究（程刚等，2017；Zhang et al.，2017a）。

2）模型设计

根据研究区域的实际岩组分布情况和试验设备大小，试验模型架长度为 3m，按原型 1:200 缩尺比例制作，时间比为 17，应力比为 333。试验施加的上覆荷载为 18kN。模型试验选用的相似材料为河砂作为骨料，石灰和石膏为胶结物。综合以上条件得出本次模拟试验的模型剖面，如图 8.21 所示。

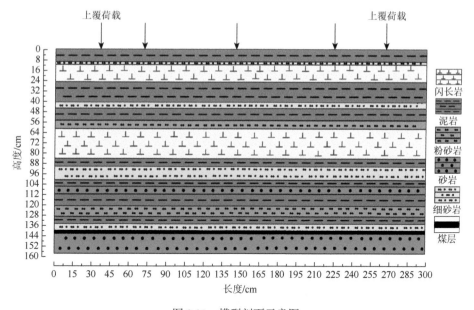

图 8.21　模型剖面示意图

3）传感光缆布设

综合考虑传感光缆布设和模拟地层变形测试的要求，选择了 2mm 聚氨酯紧包光缆和自制的定点光缆作为试验传感光缆。对于自制定点传感光缆，根据模拟地层位置进行定点，各定点具体位置，如图 8.22 所示；0.9mm 紧包光缆穿入直径为 1.95mm 螺旋金属铠，在定点位置注入胶水，再在定点处穿入长约 2cm 的塑料玻璃管，对玻璃管进行注胶，之后用热风枪吹干。

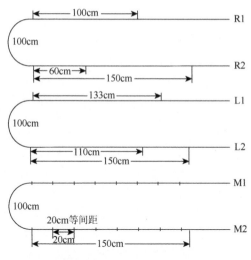

图 8.22　定点光缆定距图

为了对模拟煤层开挖过程中覆岩变形破坏的全过程进行测试，结合相关地层资料，采用分布式光纤感测网络布设方式；考虑到覆岩变形破坏主要为竖向的压拉变形和剪切变形，因此以竖向光纤布设为主；在竖向沿模拟煤层回采方向布设了三个平面 U 形回路，分别为 A12、B12、C12，同时沿垂直模拟煤层回采方向布设了三个垂向 U 形回路，分别为 R12、M12、L12；为了对模拟煤层上部模拟地层水平向变形过程进行测试，在煤层上方深度值 91cm 和 134cm 处布设两条水平测线，分别标记为 S1、S2。传感光缆具体布设位置如图 8.23 所示。

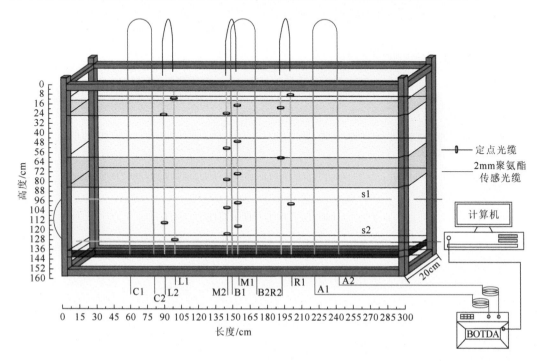

图 8.23　传感光纤布设立体设计图

从图 8.23 可以看出模型共铺设 14 条测线，模型最右方的 A2 测线距模型右侧边界距离为 60cm，A1 测线距离右侧边界 80cm；R1 和 R2 测线距模型右侧边界 100cm 处且平行于模型侧面；B2 测线距模型右侧 130cm，B1 测线距离模型右侧 150cm；M1 和 M2 测线布设于模型中部 150cm 处；C1 测线布设于距离模型右侧 240cm，C2 测线布设于距离模型右侧 220cm 处；L1 和 L2 距离模型右侧 200cm 且测线平行于模型侧面；横向 S1 和 S2，其深度位置分别为 134cm 和 91cm。

试验过程中为了消除边界效应的影响，本试验在左右两侧各留 30cm "煤柱"，从模型右侧开 "切眼"，向左推进，每次开挖 5cm，开挖结束后待模型稳定后进行 BOTDA 数据和近景摄影数据采集，同时采用米尺、游标卡尺等工具来测量覆岩移动值，然后进行下一段煤层开挖，待回采至停采线位置结束试验，最后通过相关处理软件进行计算分析，与常规方法结果进行对比。试验过程中，每开挖一步都要对覆岩的破坏情况进行记录，并及时进行拍照。图 8.24 是开挖前模型现场。

图 8.24　开挖前模型现场

4）部分试验结果与分析

从传感光缆应变分布测试结果可以看出：开采初期工作面向前推进的过程中，模型保持稳定状态，裸露在外的直接顶面积比较小，因此煤层顶板上的细砂岩组没有明显变化，弯曲带和变形带很小，基本没有裂隙形成。随着煤层不断的向前开采，煤层顶板上方的细砂岩组和泥岩组变形量逐渐增大，即将发生破坏。

当开挖到 220cm 时，如图 8.25（a）所示，煤层上覆的细砂岩组和泥岩组发生破断，并伴有局部整体性垮落。煤层继续开挖，冒落带的范围逐渐增大，裂隙逐渐向上发育。当开挖至 190cm 时，图 8.25（b）所示，覆岩变形破坏区明显增大，此时上覆岩层以产生明显的裂隙带和弯曲带，并且上部产生明显离层。

随着煤层继续开挖，当开挖至 175cm 时导水裂隙带继续向上延伸，原有离层上覆岩层弯曲变形，导致离层闭合消失，并且形成新的离层，离层发育位置在纵向呈现向上提升趋势，在横向上呈现向煤层推进方向延伸，如图 8.25（c）所示。整个试验开挖长度为 240cm，最后一次开采后覆岩变形情况如图 8.25（d）所示。试验开挖次数为 44 次，如光缆布设图，沿工作面走向垂直方向共有 A1，A2，B1，B2，C1，C2 六条测线。

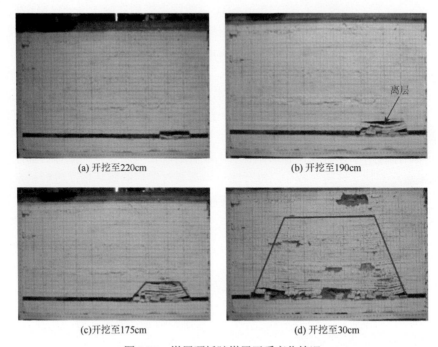

图 8.25　煤层顶板随煤层开采变化情况

　　为了直观地对比分析光纤所测得覆岩变形与近景摄影所得变形结果，选取 A2、B2、C2 三条光缆测试数据，对其进行积分计算得到三条光缆的位移变化，见图 8.26。

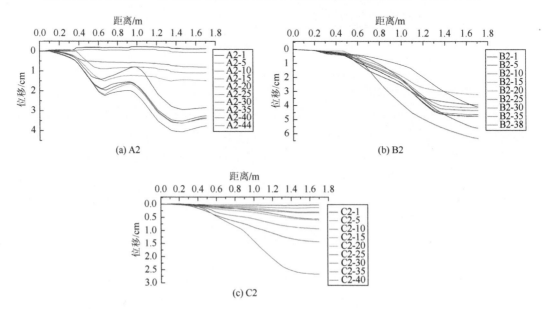

图 8.26　光纤测线积分位移

由 A2、B2、C2 三条光纤位移图可以看出：开挖最先对 A2 产生影响，逐渐传递至 B2、C2，说明开挖过程是一个变形传递过程。由 A2 可看出：在开挖初期，上覆岩体变形程度呈规律性增加。当开挖至某一位置，A2 线某处的位移突然减小，而后再持续增加，这是因为该位置位于下火成岩顶部，在开挖时先受压，位移增大，而后突然受拉，位移减小，这与近景摄影所得结果基本一致；而 B2 段由于受力很复杂，位移变化也比较复杂，但总体趋势是位移量随着煤层的不断推进，呈现出递增现象；C2 线由于受影响最小，位移变化规律最明显，与近景摄影所得结果最为接近。

图 8.27 为光纤测试与近景摄影两种方法测得的位移结果对比，显示出两种方法所测得的覆岩变形破坏规律基本一致，二者误差很小，最大误差约 8%，说明将光纤引入覆岩破坏模型试验测试是完全可行的，具有明显的优势，为采动覆岩变形模型测试提供了一种新的手段。

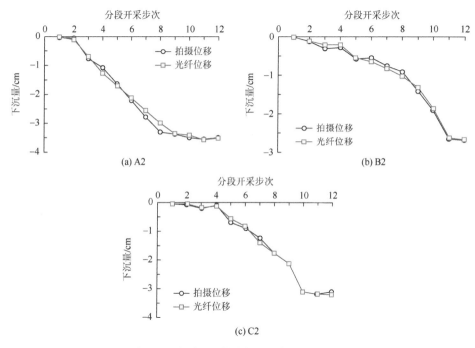

图 8.27　光纤测试位移与近景拍摄位移对比

8.6　土工离心机模型 FBG 测试系统

8.6.1　概述

在地质与岩土工程研究中，常常需要制作各种物理模型，验证理论分析结果和发现一些新的现象。对于多数岩土工程结构而言，其受力状态和变形特性很大程度上取决于本身所受到的重力。由于普通小比尺模型的自重应力远低于原型的水平，因此很难反映原型的受力状况。为解决这一问题，一种行之有效的方法就是离心机模拟技术。由于惯性力与重力绝对等效，且高加速度不会改变工程材料的性质，因此，土工离心机可以提供一个人造高重力场，再现土工原型的受力性状。

然而，土工离心机虽然解决了重力场的模拟问题，但要获得一个完整的高质量的模型试验结果，必须还要有一个可靠的模型试验测试系统，以准确获得相关试验数据。由于离心试验是在高速旋转的离心机中进行，所有的数据采集和模型观测只能通过各种量测传感器来实现，因此，传感器和数据采集系统的性能，直接影响到土工离心试验的成败。由于土工离心模型的尺寸较小，长度一般在 0.20~1.5m 之间，同时离心机在运转过程中会产生高重力场和高频电磁场，而传统的电测类传感器尺寸一般较大，在重力作用下会对模型产生较大影响，且易受电磁干扰而出现很大测试误差。如振弦式土压力传感器、电阻式传感器等，虽然已经能达到毫米级的测量精度，但经离心机惯性力作用放大和电磁干扰影响，测试精度和可靠性都会受到很大影响。

FBG 传感元件重量轻，体积小，抗电磁干扰、且能实时测试，并且多个 FBG 传感器可以串联，可形成准分布式测试网络，十分符合离心机模型试验的测试要求。但是要将这一技术应用于土工离心机的模型测试还必须克服诸多软硬件方面的技术瓶颈，如应力、应变、位移、倾斜、沉降等 FBG 传感器小型化，数据采集仪的防震和数据无线传输，数据显示与分析软件等。

针对土工离心机及其模型的特点，课题组产学研企业平台—苏州南智传感科技有限公司研发出了一套土工离心机 FBG 测试系统，并将这一系统应用于土工离心机边坡模型的土压力、位移、结构受力以及变形等参数的测试中，取得了成功，本节对这一测试系统作一介绍。

8.6.2 测试系统

土工离心机 FBG 测试系统由硬件和软件两部分组成。硬件部分，采用多通道传输方式，即将多个 FBG 传感器串联在同一条光纤线缆上，将每个 FBG 串组成的通道集合到数据解调仪，形成 FBG 测试网络；软件部分，采取多线程模式，实时采集和分析测试数据。

测试系统主要包括三个子系统：①传感器子系统。由各种不同功能的微型 FBG 传感器组成，如微型土压力计、位移计、锚杆测力计等。②数据采集与传输子系统。主要由 FBG 解调仪和传输光缆组成。主要功能包括将被测的物理量转换成便于记录和处理的光信号，采集并传输测试数据。③数据接收与管理子系统。主要功能是接收采集与传输子系统传输过来的数据，在计算机端口进行显示，并对数据进行处理，获得测试需要的物理量，并对测试结果管理存档。测试系统如图 8.28 所示。

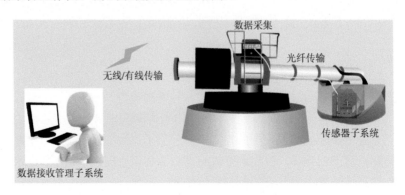

图 8.28　土工离心机 FBG 测试系统

8.6.3　微型 FBG 传感器

表 8.4 是苏州南智传感科技有限公司研发出的适用于土工离心机模型测试的微型 FBG 传感器。这些传感器主要有：土压力传感器、位移传感器和温度传感器等。为确保传感器测试性能，试验前应对相关 FBG 传感器进行标定。

表 8.4　土工离心模型测试 FBG 传感器性能参数

传感器名称	传感器照片	用途	性能参数
FBG（串）		结构应变 结构内力 温度测量	测试精度：1με，0.1℃ 尺寸：Φ0.25mm×10mm 最小间距：20mm
微型 FBG 土压力盒		土中压力	量程：200～3000kPa 分辨精度：1‰F.S. 外形尺寸：Φ40mm×16mm
微型 FBG 位移计		土的压缩 结构位移 土的沉降	量程：50mm 分辨精度：1‰F.S. 外形尺寸：Φ6mm×170mm
FBG 温度计		温度测量	量程：-40～200℃ 分辨精度：0.1℃

8.6.4　感知杆件制作

在土工离心机模型试验中，需要根据试验要求，制作各种 FBG 感知杆件用来测试各种模型杆件的应力应变。

1）感知锚杆与感知桩的制作

为了测试模型内锚杆和桩的应变、轴力、侧摩阻力等物理量，试验前需制作相应的光纤感知杆件。锚杆及锚索模型主要承受拉应力，因此其抗拉强度为主要的测试量，而模型桩通常按原型桩的抗弯强度采用铝合金或铜棒制作而成。这里以不锈钢钢棒作为锚杆模型，以铝合金空管作为桩模型来介绍光纤感知锚杆与桩的制作工艺，具体步骤如下：

（1）用砂纸将不锈钢钢棒与铝合金空管表面打磨粗糙以增加胶水的黏结效果，再用酒精或丙酮擦拭干净。

（2）预拉 FBG 串，将它的两端用速干胶粘贴在钢棒与铝管对称的两面，然后在整个光栅串表面涂抹固化胶，高温固化 24h。

（3）在 FBG 串表面再涂抹环氧树脂，固化 24h，感知锚杆与桩模型制作完成，其示意图见图 8.29。

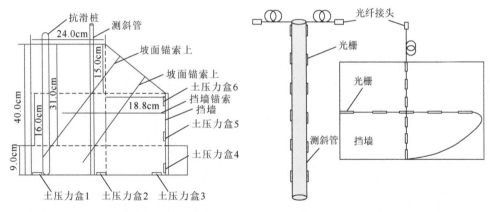

图 8.29　感知锚杆与感知桩示意图　　　　　图 8.30　感知测斜管与感知挡土墙

2）感知测斜管与感知挡土墙的制作

　　感知测斜管和挡土墙模型可选用高强度的有机玻璃管和有机玻璃板制作,其制作工艺与感知锚杆和桩的制作相似,但由于有机玻璃不能进行高温固化,因此可选用紫外线固化胶代替环氧树脂。FBG 串布设于测斜管对称的两边,挡土墙按照测试要求有针对性布设。图 8.30 是感知测斜管和感知挡土墙模型示意图。

8.6.5　FBG 解调仪

　　离心模型试验在高速旋转的离心机上进行,对 FBG 解调仪的要求很高。图 8.31 是苏州南智传感科技有限公司研发的 NZS-FBG-A07 型离心机 FBG 解调仪。该仪器抗震性能好,并且包含多个测试通道,可以同时解调多条光纤上的 FBG 传感器;根据离心设备现场环境和数据传输条件,采用有线或无线通讯方式将测试数据传送至数据接收与管理子系统进行数据分析。表 8.5 是 NZS-FBG-A07 型离心机 FBG 解调仪的性能指标。该仪器还可同时串接应力、应变、温度、位移、压力、加速度等各类 FBG 传感器,实现多用途测试。

图 8.31　NZS-FBG-A07 型离心机 FBG 解调仪

表 8.5　离心机 FBG 解调仪性能指标

指标类型	指标值	指标类型	指标值
通道数	8	光学接口类型	FC/APC
波长范围/nm	1529～1569	每通道最大 FBG 数量	30
波长分辨率/pm	1	通信接口	以太网（RJ45）

指标类型	指标值	指标类型	指标值
重复性/pm	±3	供电电源	AC220V/50Hz
解调速率/Hz	>=1	功耗/W	<15
动态范围/dB	35	工作温度/℃	0~45

8.6.6　边坡离心模型试验

为了测试土工离心机模型 FBG 测试系统的可行性和有效性，采用一个边坡离心模型试验来验证。

1）边坡离心模型设计

边坡模型设计在长 51cm，宽 45cm，高 55cm 的箱体内，侧面和底面均为厚钢板。边坡模型采用高岭土、粉土和水混合填筑而成；高岭土：粉土为 1：4，含水率为 15%，坡度 1：1.25。在模型中设置了一组由抗滑桩、测斜管、锚杆和挡土墙组成的 FBG 感知杆件，边坡模型见图 8.32 和图 8.33。

按 8.6.4 节中工艺制作了各种感知杆件。选择 Φ3mm 不锈钢钢棒模拟锚杆，边坡模型中共布设了 5 根锚杆，其中 3 根为感知锚杆，分别为坡面上部锚杆、坡面下部锚杆以及中间位置的挡墙锚杆；以 Φ12mm 铝合金空管模拟抗滑桩，以 Φ10mm 有机玻璃管模拟测斜管，以厚度 5mm 有机玻璃板模拟挡墙。试验中，采用了微型 FBG 土压力盒和微型位移计。传感器和感知杆件如图 8.34 所示。

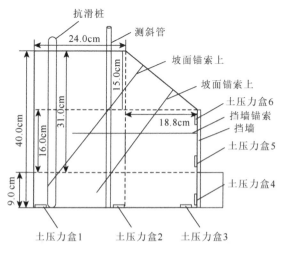

图 8.32　边坡离心模型剖面图

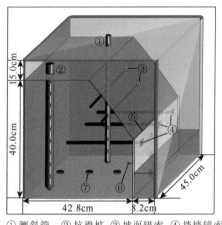

①测斜管　②抗滑桩　③坡面锚索　④挡墙锚索
⑤挡土墙　⑥位移计　⑦土压力盒

图 8.33　边坡离心模型三维示意图

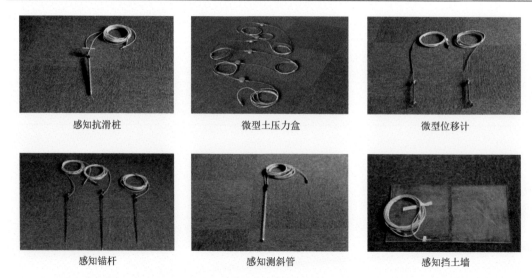

感知抗滑桩　　　　　　　　微型土压力盒　　　　　　　　微型位移计

感知锚杆　　　　　　　　感知测斜管　　　　　　　　感知挡土墙

图 8.34　微型 FBG 传感器和感知杆件

2）边坡离心模型制作

边坡模型材料为调配的粉质黏土，采用分层夯实法对模型土体进行夯实。模型填筑时，在相应位置布设传感器和感知杆件，挡土墙外围的填土高度控制在挡墙高度的 2/5 左右。将制作完成的模型箱安装到离心试验机上，调节离心机配重，整理并固定各中传感器和感知杆件信号传输光缆，并接入 FBG 解调仪，以 5g 加速度试转，测试 FBG 测试系统的工作情况。

3）试验测试过程

试验中，土工离心机最大加速度设计为 60g，从 0g 逐级加速到 60g，每级增加 5g，并实时测试模型中传感元件的数据变化。图 8.35 为土工离心机模型 FBG 测试系统界面。

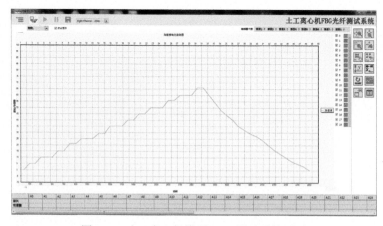

图 8.35　土工离心机模型 FBG 测试系统界面

在离心机运转过程中，测试各加固结构的应变量，边坡底部土压力和侧向土压力，以及挡土墙下部的位移量。

4）结果与分析

FBG 解调仪采集的原始数据为传感器的波长值，根据各类传感器的标定系数，可换算成应变、压力、位移等参量。由于试验过程持续时间短，环境温度稳定，因此温度对测试结果的影响可忽略不计。

（a）锚杆测试结果

图 8.36 为 FBG 测试系统测得的锚杆轴力曲线。从图中可以看出：挡墙锚杆在 13cm 附近开始发挥作用，在 18.8cm 附近达到最大轴力值，此处正好是坡面与坡顶交接的纵面所在位置，表明此纵面比较软弱，易发生错动；坡面锚杆轴力达到最大的位置在挡墙填土表层所在的平面（34.40cm 与 26.92cm 处），此平面以上挡墙前部悬空，容易产生滑动，因此锚杆在此平面发挥最大作用。由此可见，挡墙锚杆与坡面锚杆在边坡中起到了销钉作用，锚杆凭借杆体自身的抗剪能力阻止了坡体的相对滑动，从而提高了边坡的稳定性。同时注意到，离心加速度在 0～30g 时，坡面锚杆前部产生较大压缩，这是由于离心过程中，土体压缩所导致。

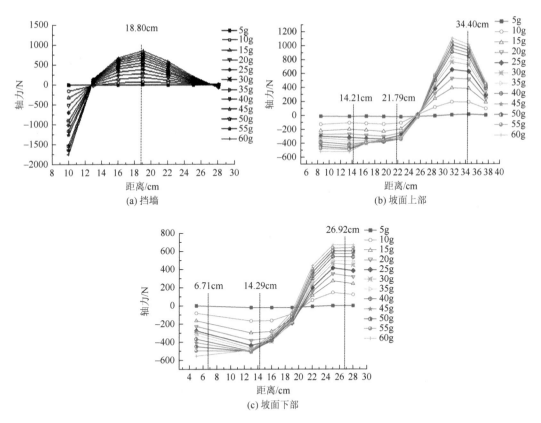

图 8.36　FBG 测试系统测得的锚杆轴力曲线

（b）测斜管与抗滑桩测试结果

测斜管位于边坡坡顶前缘位置，用以测量自坡顶向坡脚的水平位移。为避免抗滑桩加固边坡，将抗滑桩布设于坡顶后缘位置。图 8.37 是根据测得的波长曲线，由挠度公式计算得到的测斜管位移曲线，图 8.38 为根据轴力公式计算的抗滑桩轴力曲线。

由图 8.37 可知，沿着测斜管从下到上水平位移逐渐增大，坡顶水平位移最大达到了 5mm，7cm 处有一明显的转折，0～7cm 斜率较大，保持较大的水平位移，此乃测斜管后部出现裂缝所致。从图 8.38 看出，抗滑桩在加载过程中发生明显的偏心，导致很长一段拉应力的出现，但轴力变化规律大体符合桩的加载过程。

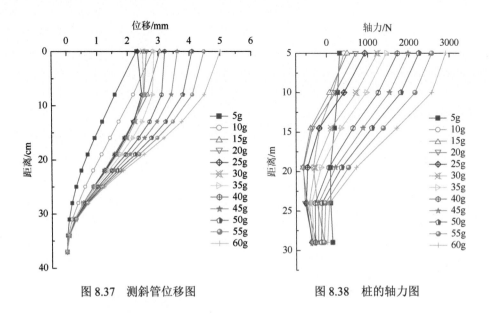

图 8.37　测斜管位移图　　　　　　　图 8.38　桩的轴力图

（c）挡土墙和底部压力测试结果

模型布设了六个 FBG 土压力盒，一个 FBG 位移计，并在挡墙的纵向粘贴 FBG 串，测试挡墙应变。土压力盒从 1～6 的量程分别为 0.8MPa、0.8MPa、1.0MPa、0.6MPa、0.6MPa 和 0.25MPa，位移计量程 20mm。测试结果见图 8.39～图 8.42。

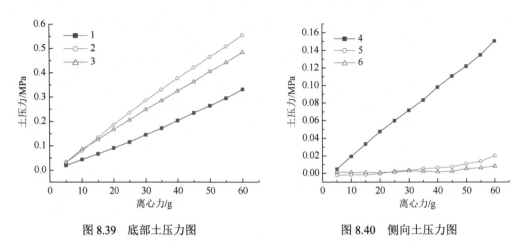

图 8.39　底部土压力图　　　　　　　图 8.40　侧向土压力图

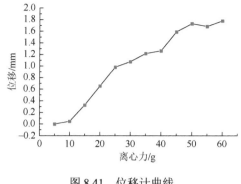

图 8.41　位移计曲线

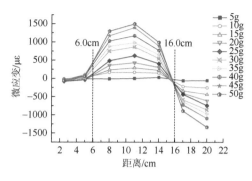

图 8.42　挡土墙应变曲线

从图中可以看出：底部土压力随着离心力增加线性增长，然而同样深度的土压力盒 1 号要比 2 号大 0.07MPa，这是由于 1 号土压力盒放置在靠近模型箱侧壁，侧壁摩擦力使得土压力减小；位移计显示挡土墙底部往外偏移了近 1.8mm，这是由于挡墙外填土压缩造成，挡土墙的偏移也导致 5 和 6 号侧向土压力盒所测土压力很小；挡土墙应变曲线中，6.0cm，16.0cm 处分别为挡墙锚杆以及填土表层所在位置，两者限制了挡墙的大变形，因此在两者中间挡土墙所受应变最大，往两侧逐渐减小。

以上试验结果表明：土工离心机 FBG 测试系统，结构简单，测试点多，抗电磁干扰，系统工作稳定、可准分布测试；研制的微型传感器和感知杆件具有重量轻，体积小等优点。该系统解决了土工离心机模型试验的多参量测试难题，具有很好的应用前景。

第九章　岩土工程光纤监测技术研究

9.1　概　　述

岩土工程监测是准确评价岩土工程安全与稳定性的重要前提。通过监测，我们可以获取现场岩土体的物理力学参数，掌握监测对象的变形和稳定状态，并定位出影响岩土工程项目安全的危险点或区域，以此作为预防工程事故、制定防范措施的依据。基于可靠的实测数据，我们能够复核岩土工程勘察资料，验证施工方案设计和相关参数的准确性，进而检验相关设计理论或数值模拟结果的合理性。随着岩土工程信息化程度的加强，实测数据对于工程施工过程的优化也具有重要的参考价值。

近年来，光纤感测技术凭借其独特的优势，在岩土工程监测中扮演着越来越重要的校色，当前的主要应用场合包括：

（1）地基基础工程检测及监测，尤其是桩基础的检测；

（2）隧道及地下工程结构健康状态监测；

（3）基坑、挡土墙等支挡结构的变形及稳定性监测；

（4）人工填土或开挖边坡的变形及稳定性监测；

（5）公路、铁路路基变形及稳定性监测；

（6）堤岸变形及稳定性监测。

本章主要介绍桩基、隧道和基坑这三类常见岩土工程项目的分布式光纤测试与监测技术。

9.2　桩基光纤测试技术研究

9.2.1　主要问题

随着城市化进程的不断加快，尤其是高层、超高层建筑、地下工程、大型桥梁等基础设施工程的兴建，桩基础显示了其不可替代的重要作用。然而，桩基础作为隐蔽性工程，检测存在很大的难度，现有的一些检测技术方法已经不能满足日益提高的工程需求。

工程界通用的桩基检测方法大致可分为静载试验、动测技术以及超声波检测等。其中，桩基静载试验是业内公认的获得单桩抗压、抗拔以及水平承载力等桩基重要指标的基本方法。它可以获取桩基设计所必需的计算参数，确定桩的承载力，评价桩的变形和破坏性，这些试验主要包括：单桩竖向抗压静载试验、抗拔静载试验，以及单桩水平静载试验等。在静载荷试验中为了测定各级荷载下桩身的应变并了解桩的承载机理，在桩身埋设各种传感元件，如钢筋应力计、应变计等。但传统的点式传感器容易出现漏检；如果埋设太多传感器，则由于引线过多影响桩身自身的结构及承载力的发挥；传感器与传导线的交接处易于接触不良、断裂而使检测点失效。

桩基动测技术是根据作用在桩顶上动荷载的能量大小和应力水平，能否使桩土之间产生一定的塑性位移（或弹性位移），可分为高应变法和低应变法。前者可用来检测桩基承载能力，后者用于检测桩身的完整性。虽然上述两类检测方式是目前桩基工程中常用的方法，但是其检测手段的不足也困扰着工程技术人员，如抗电磁干扰能力差、信号干扰因素多、传感器成活率不高、检测设备对环境要求高等。与之类似，超声波检测作为另一类间接测试方法，动态成分高，容易受外界环境的干扰，也很难达到静载荷试验的检测精度。

分布式光纤感测技术为桩基检测带来了全新的检测理念和手段。BOTDR、BOTDA 等全分布式光纤感测技术可对桩身的应变、受力情况和挠曲状态进行全分布式检测（施斌等，2006；Klar et al. 2006；朴春德等，2008；魏广庆等，2009b；丁勇等，2011；Lu et al.，2012；王宜安等，2017），FBG 等准分布式光纤传感器可封装成各类传感器，监测桩身变形、内力与桩周土压力（Lee et al.，2004；朱友群等，2014）。这两类传感技术用于桩身内力测试和变形监测，具有信息量大、成活率高、测试方便、数据精确可靠、长期稳定性好等优势。

9.2.2 光纤测试方案

1）分布式光纤桩基测试系统

基于分布式光纤感测的桩基测试是一项复杂的工程，它包括很多细节，从设计到工程施工、数据采集、数据管理等各个方面，必须将测试工作的各个步骤量化、细化，这样才能够保证工作的高效、有序开展。这项工作包括详细的试桩大纲设计，传感器的选择校准，试桩装置的铺设以及数据采集等。为了有效地展开桩基检测，课题组提出了分布式光纤桩基测试系统，系统设计的框架图如图 9.1 所示。

该系统分为四个部分：测量子系统、数据采集子系统、传输与存储子系统、数据处理与分析子系统。如图 9.1 所示，通过铺设在桩身的传感光缆感知桩的受力变形特征；由数据采集系统获取桩身的温度、应力、应变等分布式信息；通过数据传输线路将这些信息连接到网络上，存贮在本地硬盘或者网络硬盘上；最后由数据处理和分析子系统给出数据处理分析的结果。

（a）桩身测量子系统

该子系统主要由各种传感器组成，包括分布式传感光缆、埋入式 FBG 应力传感器和位移传感器等。如前所述，光纤传感器必须与桩基变形同步，以确保检测到的参数能够反映被测桩基的真实状态。

另外，关于传感器的铺设数量和传感光缆的铺设方式，必须结合具体的工程实际、检测目的、施工条件、传感器的成活率等因素综合考虑。对于桩基场地范围内多根试桩的情况，可以利用光纤熔接设备，将各试桩桩身铺设的传感光缆串联在一起，并同时加载，利用光纤感测技术的分布式和长距离特点，多桩监测数据一次采集完毕，大大节约试桩时间。

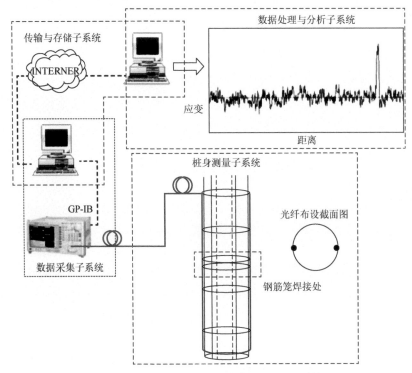

图 9.1　基于分布式光纤感测的桩基测试系统

（b）数据采集子系统和数据传输和存储子系统

该子系统主要由各种光纤解调仪器设备所组成，如 BOTDR、BOTDA、ROTDR 和 FBG 解调仪等。试桩时，利用静载试验的油压千斤顶装置提供桩顶荷载，传感光缆随桩身一起受压同步变形。各级荷载下传感光缆的变形通过解调仪器获得。数据采集完成后可以通过网络，将采集到的数据传送到数据库，进行分类存储和管理。

（c）数据处理和分析子系统

不同于传统的点式监测技术，分布式光纤感测技术可以得到整根光纤沿线的应变、温度等分布。解调仪的采样间隔可以达到厘米级甚至毫米级，因此一条光纤线路上就可以有成千上万个采样点，有时甚至可以达到十万以上。对于桩基工程，一次测量所得到的数据量是非常大的。如果要采取长期连续测试，将会产生海量数据。对于这些数据的采集、存储以及后期的挖掘和分析就变得非常复杂。如何在这些海量数据里提取有用的数据信息，来分析桩的承载力状况、桩身在竖向受压情况下的自身变形呢？为此，数据处理和诊断系统主要考虑了以下几个部分：

（1）数据读入部分，包括从数据库里面读入应变、温度、波长、振幅等，以及时间信息，空间定位匹配信息等其他相关的属性数据。

（2）数据处理部分，包括数据匹配、数据定位修正（即根据在光纤检测线路上预先设定的定位标志来修正解调仪所采数据的空间定位）、数据计算（即由解调仪得到的应变、温度、波长等信息，计算得到桩身应力、轴力分布，以及桩周土体沉降，桩侧不同土层产生的桩侧摩阻力分布等）。同时，在数据处理过程中也能可利用一些数学方法和手段对数据进行修订和改正，如滤波、去噪、数值积分和拟合等。其中去噪一般采用小波分析方法，平滑处理则采用移动平均法，详见第六章。

（3）输出部分，输出图形文件、**Word** 文档等，主要涉及与文档处理软件的接口处理，即利用与 **Office** 等软件的接口，将数据处理部分处理结果以可视化的图形或者文档输出。输出的内容包括应变曲线、桩身轴力曲线、摩阻力值、$Q\sim s$ 曲线、$s\sim \lg t$ 曲线等。

（4）诊断分析部分，利用事先设置好的桩身允许最大变形值，实现对异常点的识别，通过识别将桩身应变分布曲线和轴力分布曲线上的异常点的相关位置信息以特定方式输出，从而根据这些异常点对成桩质量、桩身变形损坏机理等，做出定性或定量的分析。

详细的数据处理和分析子系统框架可见图 9.2。系统的最终输出应是桩基设计参考的相关参数，为桩基设计提供必要依据。

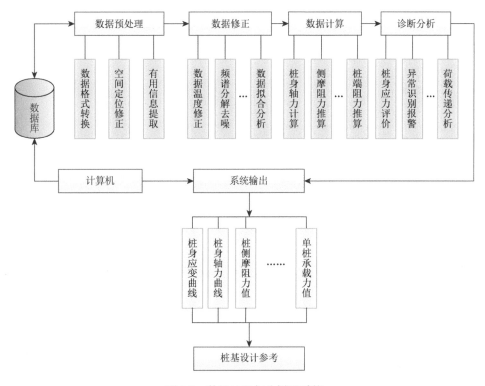

图 9.2　数据处理与分析子系统

2）传感器布设方式

就目前传感光缆的保护水平，在进行桩基传感光缆布设时应注意以下几点要点：①传感光缆的布设能够准确反映实际被测桩基的物理量，且铺设工艺简单易行；②铺设应尽量选择在工程后期，这样避免在安装其他传感器时破坏传感光缆；③绕开钢筋笼的接头或其他明显突起处，选择比较平整的部位布设传感光缆；④必须考虑到监测仪器的相关性能，结合仪器的使用条件、测量精度等进行合理铺设。对于不同的桩基种类，传感器安装布设方式有所不同，下面分预制桩、灌注桩和钢管桩三类情况分别进行讨论。

（a）预制桩

预制桩在打桩时常遇到断桩事故，而确定沉桩过程中断桩的部位及原因分析，常缺乏有效的检测手段。基于光纤传感的桩基分布式检测技术为这一难题提供了解决方案。由于桩身受夯击锤夯击荷载及桩身挤土作用的双重影响，受力往往比较复杂，因此可沿着桩身表面开浅槽植入超细应变传感光缆（如聚氨酯紧套光缆），对桩身的整体变形进行检测。其次，靠近桩尖区域有可能会产生局部破坏，所以在靠近桩尖位置一定的深度内应设置一定间隔的环向应变传感光缆和温度补偿光纤。传感光缆需要专门的铺设工艺安装在预制桩桩身各部位，以确保传感光缆的应变与桩身变形一致。图 9.3 是预制桩的传感光缆布设示意图。

在工程实践中，首先将下桩贯入，此时需要监测其横向变形和纵向变形。因此，预先在其表面沿轴线方向铺设 4 道两两互成 90°的传感光缆，以监测桩身的纵向变形；同时在距桩尖 1～6m 的位置，分别沿环向铺设 6 道间距为 1m 的传感光缆，以监恻桩身的环向裂缝。上桩同样沿轴向铺设 4 道传感光缆，用于与下桩各道光纤的连接。

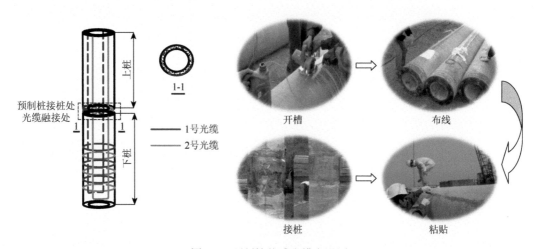

图 9.3　预制桩传感光缆布设图

（b）灌注桩

灌注桩是一类比较成熟的桩型，其中最常见的是钻孔灌注桩。在地层比较复杂的场地，灌注桩在施工中稍有不慎易出现塌孔、缩径、跑浆及夹层、沉渣过厚、钢筋笼错位等施工问题，影响桩身的完整性和单桩的承载能力。同时，灌注桩的荷载传递规律一般比较复杂，局部差异性较大，利用常规的点式方法很难弄清桩身的荷载传递性状和承载特性。

为了利用分布式检测技术反映桩基在荷载作用下的变形，需要保证应变传感光缆与桩基紧密连接，使得两者的变形尽可能保持一致。应变传感光缆的好坏不仅决定传感光缆的成活率，而且也会影响检测结果的准确性。参照传统钢筋计的测试原理，将经过特殊增强封装后的金属基索状光缆铺设在钢筋笼对称的两根主筋上，把传感光缆以每隔 30～50cm 固定一点的"定点黏结"方式，将光缆固定在主筋上。为了确保传感光缆铅直铺设于桩中,在固定时应对光缆给予一定的预应力。铺设在桩中的传感光缆呈 U 字形,铺设的位置尽量靠近钢筋笼主筋的侧面,以减少后期灌浆对光缆的破坏,如图 9.4 所示。接着,光缆随钢筋笼一起放入钻孔中,再经过混凝土浇筑成桩,以确保传感光缆与桩体变形协调一致。铺设的传感光缆在桩头预留约 20m,后期测试时引出接入光纤解调仪。为了防止后期桩头处理和养护过程中对传感光缆的破坏,在桩头处预留的传感光缆应进行特殊保护。

　　对于 FBG 传感器,安装方法大致和钢筋应力计的安装方法相同,只是注意在安装之前,必须对 FBG 传感器进行封装和标定,安装后必须制定缜密的保护措施,确保传感器的成活率。

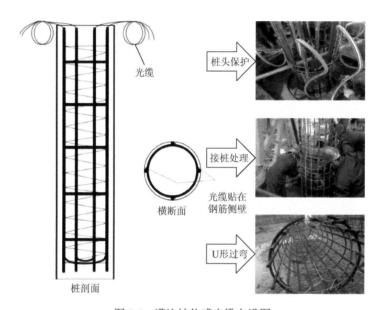

图9.4　灌注桩传感光缆布设图

　　（c）钢管桩

　　对于钢管桩,一般通过焊接和胶结等方式将金属基带状光缆或碳纤维复合基光缆安装在钢管表面,随同桩身一并打入土层中。光缆布设分为管内打磨、光缆布设、环氧粘贴、铝箔覆盖、槽钢覆盖和桩头处理六个步骤,如图 9.5 所示。

　　3）测试方法

　　在各类桩基的静载荷试验、桩身内力测试、桩身打入监测及抗滑桩的水平挠曲监测中,分布式光纤感测技术均可得到应用。当桩身发生受力变形时,内置的传感光缆会和桩身一起协调变形,通过分布式应变传感（DSS）技术即可测试桩身的全段应变分布。在桩基静载、抗拔、弯曲实验过程中,通过该方法即可测试桩体内部全段桩身应变精细化分布规律,据此可分析桩体的受力性状（轴力、侧摩阻力、桩身压缩量等）及自身质量情况（弹性模量等）,测算桩基的承载力大小,为桩基优化设计提供数据参考。预制桩打入过程中,通

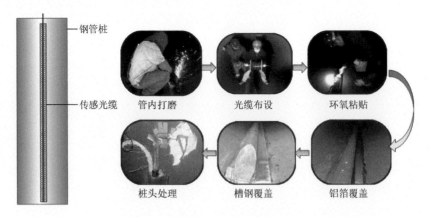

图 9.5　钢管桩传感光缆布设示意图

过 DSS 技术可测试打入过程中其桩身内力变化规律和桩身质量，为桩基施工工艺优化提供参照。在桩身内布设不同方位传感光缆，可对桩身的偏斜和挠曲形态进行精确求解，可监测支护类桩身的受力状况和挠曲状态，达到安全预警的目的。

（a）竖向荷载作用下桩身内力参数计算原理

如图 9.6 和图 9.7 所示，在桩基静荷载试验中，解调设备测试得到的是光缆的轴向压应变 $\varepsilon(z)$。假设光纤轴向变形与桩身混凝土轴向一致，则桩身压应力 $\sigma(z)$ 为

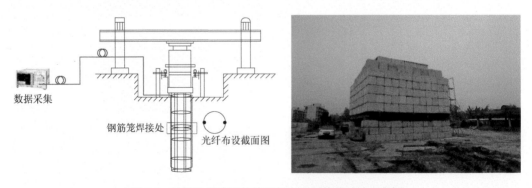

图 9.6　基于光纤感测的桩基竖向抗压静载试验示意图

$$\sigma(z) = E\varepsilon(z) \tag{9.1}$$

式中，E 为桩身混凝土的弹性模量。

桩身轴力 $F(z)$ 为

$$F(z) = A\sigma(z) \tag{9.2}$$

式中，A 为桩身截面面积。

桩的荷载传递基本微分方程为

$$q_s(z) = -\frac{1}{C}\frac{\mathrm{d}F(z)}{\mathrm{d}z} \tag{9.3}$$

式中，$q_s(z)$ 为桩侧分布摩阻力，$F(z)$ 为桩身轴向力，C 为桩身周长。

上式可以简化为

$$q_s(z) = -\frac{1}{C}\frac{\Delta F(z)}{\Delta z} \tag{9.4}$$

式中，$\Delta F(z)$ 为某土层内桩身两截面间轴力变化量，Δz 为该土层内桩身两截面间深度差。

将式（9.1）、式（9.2）代入式（9.4）中有

$$q_s(z) = -\frac{1}{C}\frac{\Delta F(z)}{\Delta z} = -\frac{A}{U}\frac{\Delta\sigma}{\Delta z} = -\frac{AE}{C}\frac{\Delta\varepsilon}{\Delta z} \tag{9.5}$$

式中，$\Delta\varepsilon$ 为某土层内桩身两截面间轴向应变变化量。

基于以上的公式，就可利用光纤应变监测数据确定桩身截面面积 A 和桩身混凝土的弹性模量 E，以及桩身轴力、桩身侧摩阻力、桩端阻力等参数及其分布特征。

（b）水平荷载作用下桩身弯矩和挠度的计算

当桩身发生弯曲变形时，通过采集植入桩体内部分布式传感光缆的应变值，即可获得沿桩身不同荷载变形下分布式应变值。

设 $\varepsilon_1(z)$ 和 $\varepsilon_2(z)$ 分别为测试得到的桩体在深度 z 处的沿水平荷载方向上对称部位的应变测试值，桩身应变一侧受拉一侧受压。则轴向压缩应变 $\varepsilon_a(z)$ 和弯曲应变 $\varepsilon_m(z)$ 值分别为

$$\varepsilon_m(z) = \frac{\varepsilon_1(z) - \varepsilon_2(z)}{2} \tag{9.6}$$

$$\varepsilon_a(z) = \frac{\varepsilon_1(z) + \varepsilon_2(z)}{2} \tag{9.7}$$

图 9.8 为桩身受水平荷载作用下的变形状况。桩在水平荷载 p 作用下，桩顶处位移由 $m-n$ 变为 $m'-n$，此时，选取桩中性轴上纵向弧线线段 O_1O_2 长度为 dz，中性层上的 O_1O_2 线段曲率半径为 $\rho(z)$，桩的旋转角度为 $d\theta$，距中性轴 $y(z)$ 处的弯曲应变为

$$\varepsilon_m(z) = \frac{y(z)d\theta}{dz} \tag{9.8}$$

$$\frac{1}{\rho(z)} = \left|\frac{d\theta}{dz}\right| \tag{9.9}$$

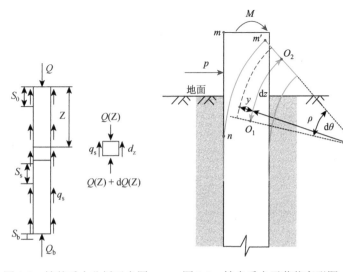

图 9.7　桩基受力分析示意图　　　　图 9.8　桩身受水平荷载变形图

把式（9.8）代入式（9.9），得到弯曲应变与桩径方向位移间的关系。

$$\varepsilon_{\mathrm{m}}(z) = \frac{y(z)}{\rho(z)} \tag{9.10}$$

上式表明，横截面上任一点的纵向弯曲应变随该点在截面上的位置呈线性变化。

桩发生弯曲时，曲率半径与弯矩之间的关系为

$$\frac{1}{\rho(z)} = \frac{M(z)}{EI} \tag{9.11}$$

式中，EI 为桩身抗弯刚度（$kN \cdot m^2$）；E 为桩身材料弹性模量；I 为桩身换算截面惯性矩。

由此可得

$$M(z) = EI \frac{\varepsilon_{\mathrm{m}}(z)}{y(z)} \tag{9.12}$$

在小变形时，桩的挠曲线是一条平缓的曲线，其曲率可以写成

$$\frac{1}{\rho(z)} = \pm \frac{\mathrm{d}^2 w}{\mathrm{d}z^2} \tag{9.13}$$

将式（9.13）代入式（9.11），得

$$\pm \frac{\mathrm{d}^2 w}{\mathrm{d}z^2} = \frac{M(z)}{EI} \tag{9.14}$$

根据弯矩与挠度的正负号约定，不难看出，弯矩 M 与挠度曲率的值总是异号的。因此，式（9.14）的左边应取负号，即

$$\frac{\mathrm{d}^2 w}{\mathrm{d}z^2} = -\frac{M(z)}{EI} = -\frac{\varepsilon_{\mathrm{m}}(z)}{y(z)} \tag{9.15}$$

把式（9.12）和式（9.13）代入式（9.15），得到挠曲轴近似微分方程。桩在水平荷载作用下，桩端变形很小，因此，假设桩端不发生位移，并对挠度进行积分，则得到挠度的积分通解方程：

$$w(z) = -\int_{H}^{z}\int_{H}^{z} \frac{\varepsilon_{\mathrm{m}}(z)}{y(z)} \mathrm{d}z\mathrm{d}z - Cz - D \tag{9.16}$$

式中，H 为桩的埋深；C、D 为积分常数，可以通过位移边界条件和变形连续条件来确定。

离散数据通过求和解得，

$$w(z) = \sum\sum \frac{\varepsilon_{\mathrm{m}}(z)}{R} \Delta z \Delta z \tag{9.17}$$

式中，R 为桩基截面半径，Δz 为分布式光纤解调仪测试距离间隔，即空间采样间隔 d_{s}。

根据传感光缆测试得到的应变，利用以上公式可以计算得到桩身弯矩和挠度。

9.2.3　监测实例

某工程位于冲洪积平原上，场区内有较厚松散沉积物。设计采用直径为 500mm、长 15m 的 PHC 桩对场区地基进行加固。为确定桩顶在自由状态水平荷载作用下的变形以及确定单桩水平承载力，对 PHC 桩进行了水平载荷试验。试验中在 PHC 桩内植入感测光纤，使之与桩体耦合变形，测试桩身内力与变形，试验现场见图 9.9。试验桩完全打入地下，

且桩顶沉入地面以下 40cm,水平加载点位于桩顶以下 1m 处,地面以下 1.4m 处;采用卧式油压千斤顶水平加载,每级加载 20kN,一共进行了 11 级。在水平荷载试验中,采用 BOTDA 光纤解调仪对分布式感测光纤应变数据进行了采集,传感光缆采用苏州南智传感科技有限公司生产的 NZS-DSS-C02 型钢绞线光缆,其频移-应变系数为 0.05012MHz/10^{-6},频移-温度系数为 1.771MHz/℃。根据 BOTDA 应变数据,推导、计算出桩身的挠度(童恒金等,2014)。

图 9.10 为试验中的光纤监测结果。将每级荷载测得的桩身应变数据,减去初始应变数据,根据铺设传感光缆过程中的定位记录,对所测数据进行了定位、挖掘和补齐,得到桩身随水平荷载增大的应变曲线。水平荷载试验进行时间较短,环境温度变化较小,BOTDA 测

图 9.9 桩身水平荷载试验现场

试应变数据受温度影响较小,应变数据不需进行温度补偿校正。根据 BOTDA 测试得到的桩身应变数据,计算得到桩身在水平荷载作用下的挠度曲线。

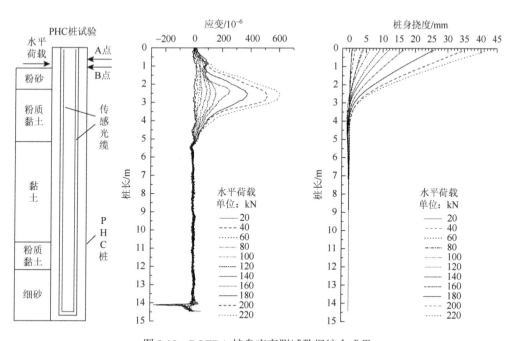

图 9.10 BOTDA 桩身应变测试数据综合成果

从图 9.10 中可以看出,在水平荷载作用下,桩头位移随着荷载的增大不断增大;桩身位移零点随着荷载增大,不断向下移动。说明桩身受水平荷载作用的影响深度不断增大。在 0~4m 之间,桩身挠度变化较为明显;桩身 4m 以下,桩身挠度较小;水平荷载主要影响到上部 0~4m 内土体。本次试验中当水平荷载达到最大水平荷载 220kN 时,最大影响

深度约为 6m。桩身应变曲线的峰值点（应变最大点），随着荷载的增大而不断增大，峰值点位置不断向桩身下部移动。这也显示出 BOTDA 分布式监测的优越性，可以直观准确地反映水平荷载作用下的桩身变形情况和土体影响深度。

　　试验过程中，在桩头自由端多处安装了位移传感器，测量桩身各点的位移。图 9.11 为 BOTDA 挠度测试值和位移传感器测值的对比图。由图可知，各处的 BOTDA 挠度测试值和位移传感器实测值，在荷载较小时略有偏差；随着荷载增大，两者偏差较小，其差值在测量误差范围之内。BOTDA 测试值总体略小于位移传感器的实测值。这主要是因为感测光纤是在 PHC 桩内部植入的，位移传感器的实测值为外部桩身位移，两者存在部分偏差。综合考虑感测光纤布设、仪器测试误差等因素的影响，BOTDA 测试值与位移传感器的实测值基本吻合，测量数据准确、可信。

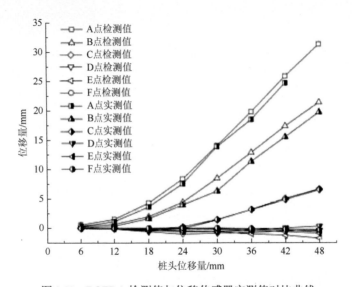

图 9.11　BOTDA 检测值与位移传感器实测值对比曲线

　　从以上实例可以说明，分布式光纤感测技术用于桩身内力测试和变形监测，具有施工简单，铺设快捷，成活率高，寿命长，测试方便，数据精确可靠等优势，并可实现内力和桩身形态多目的解析，规模化应用会大大缩减测试时间和监测成本。

9.3　隧道光纤监测技术研究

9.3.1　主要问题

　　随着我国铁路、公路基础交通设施建设的迅猛发展，长大交通隧道越来越多。这些隧道的稳定性直接关系到国家财产和人民生命安全，为了确保隧道结构的安全稳定，有必要采取一系列措施，实时监测隧道结构的健康状态，预警事故的发生。

　　常规的隧道监测技术和方法主要有人工巡视、设站点观测、GPS 测量、机测法和电测法等，而这些监测方法只能对隧道结构某点或某位置的变形或应力测量，无法获取对整条隧道沿线分布式的监测，相关工程技术人员也无法准确获取每一段隧道结构变形的相关数据，这无疑极大程度影响了我们对隧道结构整体变形规律、机理和结构与围岩相互作用的掌握。近年来，国内外学者纷纷在隧道光纤监测技术领域进行了深入持久的研究，取得了一批重要的科研成果（Shi et al.，2003b；张丹等，2004b；施斌等，2005；丁勇等，2006；赵星光与邱海涛，2007；魏广庆等，2009a；Mohamad et al.，2010，2012；Klar et al.，2014；孟志浩等，2016；Wang et al.，2018；王兴，2017）。

9.3.2 光纤监测方案

隧道施工一般分为明挖法、盖挖法和盾构法三种。明挖法隧道施工的监测内容为支护桩变形、土体侧移变形、锚杆（索）应力应变监测、顶梁支撑轴力、腰梁支撑轴力、横梁内力、地表及路基沉降等。盖挖法施工监测内容为初期支护结构收敛监测、围岩压力及支护间的接触应力、土体侧移、地表及路基沉降等。盾构法隧道施工的监测内容主要为隧道不均匀沉降、环向结构的收敛、管片结构变形、管片接缝的伸缩等。以下对以上三种隧道施工方法的光纤监测方案分别进行介绍。

1）明挖法隧道施工监测方案

明挖段主要监测内容包括抗滑桩监测、锚索及锚固体系监测、顶梁及腰梁监测、主体支撑结构监测、主体侧移监测、地表变形监测及隧道变形监测。将光纤植入到抗滑桩、顶梁、腰梁、锚索、隧道周围土体中，并将各部分串联成系统。当任何一部分产生变形时都会带动光纤产生应变，从而通过用光纤应变解调仪测出每一处应变，全面掌控支护体系和周边止体的变形情况。对于部分关键支撑点，采用 FBG 传感技术对其进行实时测量，见图 9.12。

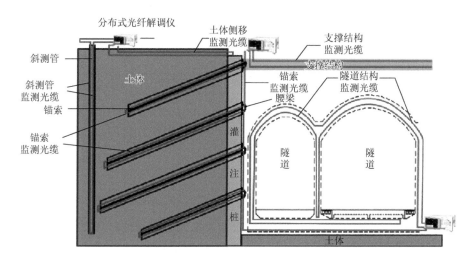

图 9.12 明挖段监测总体监测示意图

如图 9.13 所示，将光纤沿锚索中任意两根钢筋间的缝隙排布，到达锚索底端后沿另两根钢筋的间隙返回，形成一个U字形，光纤用于测试整段锚索的应变分布情况，判断出内力大小和各段土层摩阻发挥情况。此外本次测试还将在孔内放入一根弹性模量和水泥接近的光缆，该光缆不受预应力，主要用于感知周围填充水泥的变形，结合以上方式测得锚索应变分布规律，即可得知锚索体系的内力传递规律和判断各段的锚固情况。

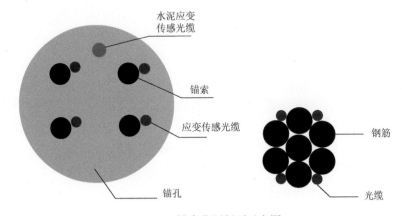

图 9.13　锚索监测断面示意图

顶梁和腰梁的监测方案如图 9.14 所示。浇筑梁体前，将光纤沿顶梁两根对称的主筋排布，底端圆弧过渡成U字形；腰梁的监测方案是将光纤对称粘贴在腰梁上下两边，底端圆弧过渡成U字形。光纤可在梁浇筑的时候沿着主筋浇筑在其中，也可在成型后刻槽粘贴在其表面。当支护框架体系变形后，各梁将会发生挠曲变形，产生不同程度的拉压应变，据此可推算出沿线内力和位移大小。

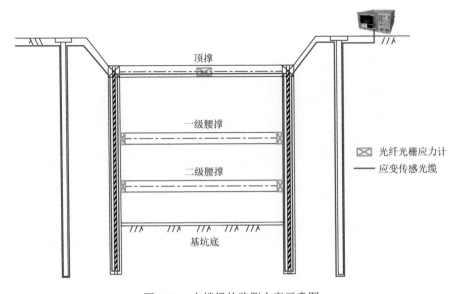

图 9.14　支撑梁的监测方案示意图

隧道差异沉降是引起隧道破坏和渗漏的主要因素,对隧道进行有效的差异沉降监测有着重要意义。基于 BOTDR/A 分布式应变感及 FBG 静力水准技术,可以对隧道结构沉降进行监测,其原理如下:隧道发生差异沉降后,隧道接缝将在不同方位发生差异开启或闭合,通过隧道不同方向定点布设分布式应变传感光缆,监测管片接缝在上下方的变形差异及大小来确定差异沉降发生的部位及严重程度;对确定有差异沉降发生的部位,沿着隧道走向,通过利用连通器原理建立测量基准面,在不同位置放置水位测量传感器(FBG 静力水准仪)进行相对标高测量,获得隧道的差异沉降(图 9.15)。FBG 静力水准仪较常规电测类传感器具有体积小、抗震性好等优势,更适合空间狭小的隧道安装。

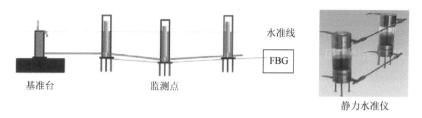

图 9.15　基于 FBG 静力水准仪的差异沉降监测原理

通过如图 9.16 所示的监测方案,对隧道施工及运营过程中边墙和中墙的变形受力情况进行测量,对拱顶和拱脚处的应变进行实时测量,分析隧道各部分在开挖过程中应变内力和挠曲的变化情况。实施方案是将光缆布设于边墙的钢筋笼上,沿钢筋笼中对称的两根主筋成 U 字形布设,分别测试钢筋笼两侧的应变,对边墙的应变、内力和挠曲进行监测。另外,在隧道中墙上布设光缆监测其应变,进而判断其内力、应变等。在隧道的拱顶上以及底板下分别布设两道光缆,监测拱顶和底板的变形和内力。各段光缆最后串联成一体连入隧道内的解调仪上进行测量。隧道施工过程中可得到应变的变化情况,隧道施工结束后,在运营期间还可以继续对边墙和中墙的内力和变形进行监测。

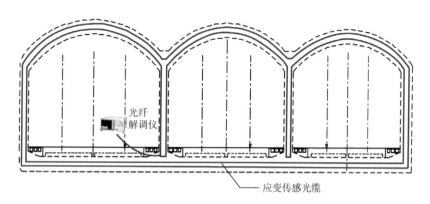

图 9.16　明挖段隧道结构监测示意图

2）盖挖法隧道施工监测

盖挖段的监测可以细化为对支护桩桩体应力分布的监测、对盖顶变形的监测、隧道结构整体稳定性的监测以及周边土体变形的监测，总体的光纤布设方案如图 9.17 所示，其中红线表示的是光纤。

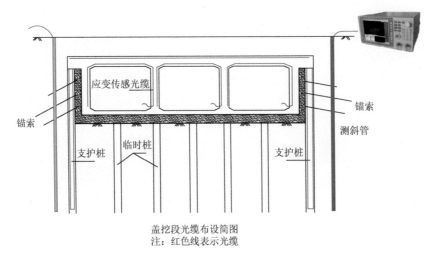

盖挖段光缆布设简图
注：红色线表示光缆

图 9.17　盖挖段监测方案示意图

支护桩的监测可使用钻孔灌注桩的监测方法，在钢筋笼的主筋上对称绑扎 4 根光纤，位置对称的每两根光纤在桩底成 U 字形，光纤从桩底绕出桩头之后做好其保护工作，通过光纤应变解调仪记录光纤的应变即可得到桩身的轴力分布围、桩周土侧摩阻力发挥图，由此可确定支护桩的工作状态。

隧道结构的侧墙和中隔墙是在盖顶做好之后施工的，并且盖顶即为隧道的顶部结构，因此盖挖段对于隧道结构的监测重点是对侧墙和中隔墙进行监测，当然要结合盖顶进行总体监测。选择某一断面，将传感光缆固定在隧道侧墙和中隔墙钢筋骨架的主筋之上，当主筋受力时光纤就会产生相应的应变，通过分析盖顶、侧墙和中隔墙的应变即可推求隧道结构的变形，由此可评价其稳定性。

土体侧向变形的监测可通过测斜管实现，在距离隧道结构一定距离远处埋设好测斜管，在埋设之前光纤已经通过胶黏剂固定于测斜管外部两侧的凹槽内，如果测斜管分段埋设，则光纤也随着测斜管分段粘贴。当测斜管受到土体压力时，一侧光纤受压，另一侧光纤受拉，通过比较两侧光纤的应变即可得到测斜管的挠度，由此可推求土体的侧向变形量。

3）盾构法施工监测

盾构法作为一种典型的暗挖法，在城市地铁、公路隧道中应用非常广。盾构隧道施工的监测主要采用 BOTDR/A 和 BOFDA 等全分布式光纤感测技术，相应的传感器为各类传感光缆，以及 FBG 等准分布式光纤感测技术，相应的传感器为各类设计、封装好的 FBG 传感器。

地表沉降准分布式测线和隧道变形全分布式测线沿隧道纵向布设；土体深部变形、隧道拱顶沉降和隧道支护结构变形等光纤传感器沿垂直于隧道走向的截面布设；在适当情况下设置隧道支护结构的监测剖面。关键点采用 FBG 传感器进行测量，见图 9.18 和图 9.19。

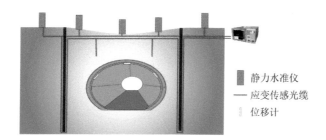

图 9.18　轨道沿线监测剖面示意图

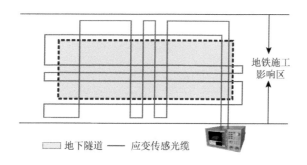

图 9.19　地面沉降平面图

深部土体的变形监测包括垂向和侧向两个方向。对垂向变形监测，在土体中钻孔，将传感光缆（包括应变传感和温度补偿光缆）垂直植入钻孔中，回填土并压实。当土体发生沉降变形时会带动光缆随之发生变形，由此可以测得深部土体的应变分布。另外利用温度补偿光缆还可以测得土体的温度场分布，在发生降雨时可以根据土体温度场的变化推测降雨入渗情况。

在侧向变形监测方面，将光纤对称布设在测斜管的两侧，当测斜管因土体侧向位移而发生挠曲时，两侧光纤会出现不对称变形，即利用应变差值计算求得测斜管的精确挠曲情况，进而判断各深度土体的侧向位移量。另外，还可以在测斜管沿光纤方向布设 FBG 传感器实现实时监测。图 9.20 为光纤变形监测的一个布设案例，具体的布设细节可根据工程方案确定后再定。钻孔埋设的光缆在隧道开挖之前即可完成布设，隧道开挖将会引发应变变形，由此测得到土体测线剖面内在整个施工过程和施工后的土体形变过程和不同深度的沉降量，有类似分层沉降标之效。分别沿着拱顶走向和垂直隧道走向布设两条土体深部位移监测剖面，以监测施工引起土体沉降的立体形态。

对隧道支护结构的变形监测主要是对隧道初衬结构的监测，将光缆布设于初支钢拱架的两侧，分别测试钢拱架两侧的应变，可以对钢拱架应变、内力和挠曲（通过拱架两侧光纤的差异应变计算）进行监测。另外，在隧道中墙上布设光缆监测其应变，进而判断其内力、应变等。隧道断面分段开挖，每个开挖断面在钢拱架上绑扎光缆，并预留一定的长度使各断面开挖完毕后各段拱架上的光纤续接。在隧道的拱顶、两帮拱脚位置及支持隔板等关键位置粘贴 FBG 传感器，实时测量这些部位的变形和内力情况。通过此监测方案，对隧道开挖过程中初支拱架的变形受力情况进行测量，对拱顶和拱脚处的应变进行实时测量，分析拱架在开挖过程中应变内力和挠曲的变化情况。隧道中墙施工过程中可得到应变的变化情况，隧道施工结束后，在运营期间还可以继续对钢拱架和中墙的内力和变形进行监测。

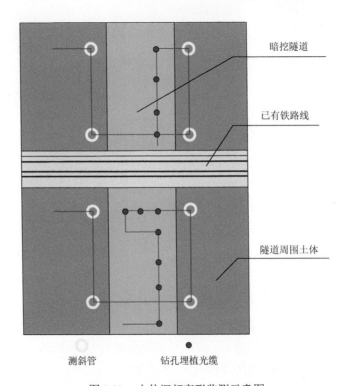

图 9.20　土体深部变形监测示意图

　　管片接缝和结构缝开、闭合及错位变形是盾构隧道变形的主要来源，需要重点监测。一般采用两种方式进行实现：第一种方法是将应变传感光缆定点安装在接触缝的两侧结构或管片上，当接缝发生开启或闭合变形时，应变传感光缆将发生拉伸或回弹，光缆将发生应变变化，应变量与定点间距的积分就是接缝宽度的变化量。第二种方法是采用 FBG 位移传感器，将 FBG 位移传感器安装在接缝两侧即可实现接缝开闭合变形监测（图 9.21）。

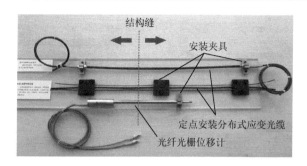

图 9.21　接缝变形监测光纤传感器件及安装示意

4）DFOS 监测系统与数据处理

隧道 DFOS 监测系统应包括传感器子系统、信号检测子系统、信号采集子系统、控制传输子系统、数据处理子系统等。监测系统的数据采集频率应根据具体的需求来确定。对于运营隧道，周期可为 1～2 个月一次，遇突发事件如变形速率增加等情况应加强监测频率；对于施工期隧道，在衬砌安装后的一个月内，每天应观测一次；一到两个月内，每周应测量 1～2 次；两个月后每月测量 1～3 次，原则上盾构隧道结构变形测量应根据其数值变化大小及速率来确定监测频率。

对于采集到的原始数据，其处理流程见图 9.22。数据的基本处理分析过程包括数据的空间定位、减基准值、温度补偿以及过滤降噪，处理好的数据可以很好地反映盾构隧道结构应变分布情况，将作为隧道结构变形场的信息。分别提取隧道结构纵向以及环向的应变信息，进行结构变形异常分析，之后通过合理的位移计算和插值方法，生成隧道内部位移场，结合应变场分析，参考现场工况和工程信息对隧道结构进行健康诊断和评价，及时反馈给相关部门。

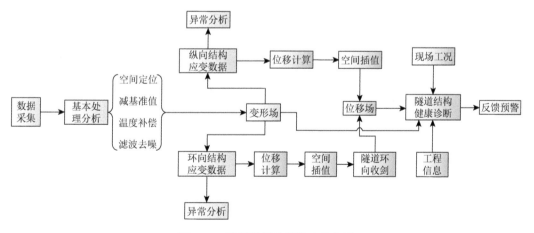

图 9.22　监测数据分析基本流程图

对于隧道监测系统，数据处理过程中的异常分析主要由两部分组成：采集数据本身的异常分析和隧道变形异常分析。在解调仪采集数据过程中，由于外界环境因素影响或布里渊频谱调试异常等，会引起一定的信号噪声，干扰信号的正常采集，这种类型的噪声应在数据的基本处理分析过程中消除；隧道变形异常是指由监测区域工程活动或其他作用等因素造成的较大变形。通过不同时间和空间的监测数据对比，结合现场人工巡视和相关资料，可以快速发现此种类型的异常变形，并结合盾构隧道的变形机制和管片的变形特点分析异常变形的产生原因，以便提供反馈预警，合理地指导支护系统的设计。

　　5）变形监测预警阈值的确定

　　对于隧道结构变形监测系统，确定变形监测预警阈值可实现预警功能，这也是分布式变形监测的目标之一。隧道结构变形监测预警要建立在精确掌握围岩与衬砌结构相互作用的时空演化规律的基础之上，应根据监测数据判断隧道变形处于何种阶段，同时掌握结构变形的机理和特点，通过监测数据判断不同部位的结构变形是否异常。

　　常规选用的监测项目一般包括隧道的断面收敛、水平位移监测和管片结构变形测量。根据《城市轨道交通工程监测技术规范 GB50911—2013》，衬砌结构断面收敛累计值应小于 $0.2\%D$（D 为隧道直径），变化速率不超过 3mm/d；隧道结构水平位移累计值不超过 5mm，变化速率小于 1mm/d。

　　管片结构变形监测阈值的确定一般以裂隙宽度、管片变形和接缝长度的变形值及变形速率为依据。针对具体工程设立不同的容许值，根据《盾构隧道管片质量检测技术标准》，管片在正常负载运行中出现的裂缝，迎水面宽度不得超过 0.15mm，背水面宽度不得超过 0.20mm，以保证在设计规定期限内，管片中的钢筋不因水分的侵入造成钢筋的锈蚀；对于钢筋混凝土管片接缝长度变化，目前尚无足够的工程经验确定预警阈值，需要通过理论分析、室内试验模拟等方法，结合工程经验进行综合确定。

　　综上所述，DFOS 技术已经形成成熟的监测系统，在岩土工程中有很多成功的应用，在盾构隧道结构变形监测中同样可以达到监测要求。

9.3.3　监测实例

　　以下以苏州地铁一号线盾构隧道为例，介绍课题组在隧道监测方面开展的工程实例（孟志浩等，2016）。监测段位于苏州乐园站—塔园路站下行线区间，为运营隧道，如图 9.23

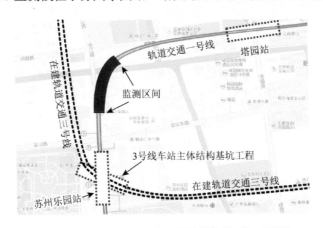

图 9.23　苏州地铁一号线运营隧道监测区间平面图

所示。此段为小半径转弯段，曲线长为 596.406m，转弯半径为 350m。监测区间周围有多个基坑开挖项目，对监测区间隧道健康的影响及小转弯半径处的隧道自身变形是监测的重点。

本项目的监测内容包括：纵向不均匀沉降、衬砌管片的环向收敛以及轨行区伸缩缝的变形。隧道纵向布设了 2mm 外径的聚氨酯传感光缆和钢绞线传感光缆，轨行区和隧道环向管片布设了钢绞线传感光缆。不同类型传感光缆分别连接在一起，构成回路，一并通过引线光缆引出。将引线光缆作为温度补偿光缆。布设方案如图 9.24 所示。

轨行区钢筋混凝土轨道每隔 12m 会预留宽度约 1～2cm 的伸缩缝，当温度发生变化会引起混凝土结构热胀冷缩，使伸缩缝发生变化。BOFDA 光纤监测技术可实现盾构隧道伸缩缝变化的分布式监测。通过几个月的定期监测，得到图 9.25 中监测区间内 13 个伸缩缝的变化量。图中正的伸缩缝变化量为拉伸，负的伸缩缝压缩量为压缩。温度升高可造成钢筋混凝土结构膨胀导致伸缩缝压缩；温度降低可造成钢筋混凝土结构收缩导致伸缩缝张开。由图可知，监测区间内伸缩缝变化量变化不大，变化最大的为 11# 伸缩缝，整体被压缩了近 1mm，远小于预留量，说明隧道轨行区钢筋混凝土结构是健康的，且设计值合理。

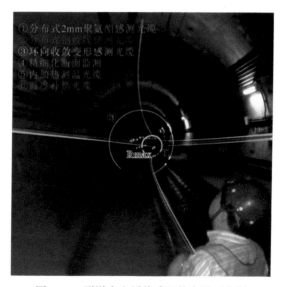

图 9.24　隧道内光纤传感器的布设示意图

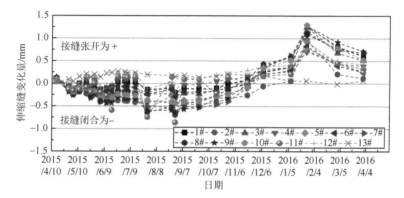

图 9.25　13 个伸缩缝监测周期内的变化量

纵向钢绞线传感光缆和 2mm 聚氨酯光缆可以监测管片的错位,并准确地定位异常点。图 9.26 为盾构隧道左腰应变分布图,由于我们要得到的是一种差值应变,也就是说相对于光纤固定到结构上的初始状态,结构发生新的应变。通过 BOFDA 解调仪可以读出新的数据,通过温度补偿和作差得到相应的应变变化。因此,把 4 月 7 日第一次测量的数据作为初始数据,其他监测期的应变都是相对于这一次的差值应变。

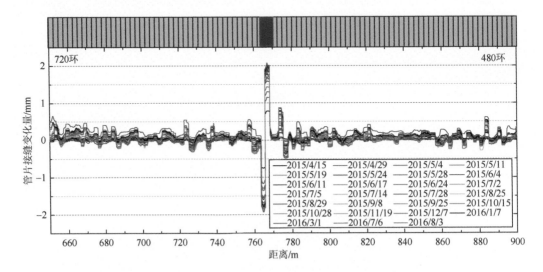

图 9.26　左腰应变分布图

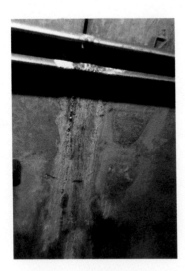

图 9.27　隧道渗漏点照片

由于该试验段隧道变形已经基本稳定,因此,结构本身的应变变化比较小。温度补偿后应变变化约为-200με～200με。在监测区间中间位置左右腰出现了一个变形较大的地方,超过了±200με,左腰处甚至达到了±800με(图 9.26 红色框中)。到隧道现场考察发现此处为一个渗漏点,出现轻微滴漏的现象,见图 9.27。

典型隧道管片环向应变分布如图 9.28 所示。将应变输入应变-收敛模型中计算收敛变形。由于传感光缆不能穿越轨行区,所以收敛变形测试只能得到 3/4 个圆环的收敛结果。图中应变为 0 的位置无实际物理意义,主要由于收敛变形数值较小,远小于实际隧道环的尺寸,以隧道环实际尺寸来定位的话,将无法清晰显示出变化。同时,应变均为隧道内侧的应变,拉应变凸向内侧,压应变凸向外侧,图中隧道收敛环左下方出现压应变,右上方出现拉应变,这种规律的应变是由左上方岩土体的挤压或右下方岩土体的上浮引起的。

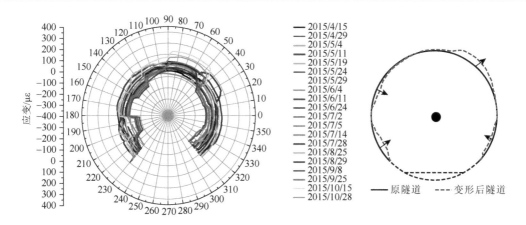

图 9.28　1 号收敛环（苏州乐园站—塔园路站下行线第 720 环）收敛应变变形图

通过对监测数据的整理分析，可直观地找到环向收敛应变较大的点。以第一个收敛监测环为例，发现收敛监测断面整体收敛值不大，在 ±200με 范围内波动，隧道衬砌管片没有出现大的位移，远小于预警值。

施工期盾构隧道结构健康监测主要包括：纵向不均沉降、环向收敛变形以及盾构管片结构内力变化等。由于盾构机体积本身比较大，再加上每天都要向前推进，这就给传感光缆的布设带来了很大的不便。本研究选取典型监测段：火车站站至北寺塔站监测区间。该区段下穿既有重要建筑物，并有河流穿过。监测点布设了外径 2mm 的聚氨酯应变传感光缆和定点距离为 2.4m 的定点光缆两种分布式光纤传感器，FBG 传感器采用表面应变计和位移计两种。传感器安装工艺如图 9.29 所示。

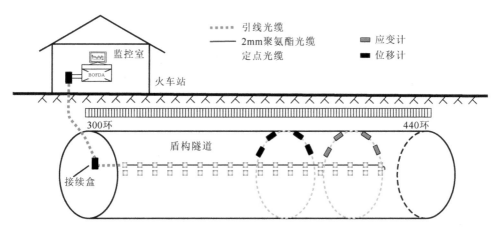

图 9.29　火车站监测点传感器布设示意图

随着盾构机的掘进，将传感光缆向前延伸，保证监测到从管片安装到稳定的最新数据。通过定期监测得到的应变结果如图 9.30 所示。由于隧道前方有盾构机的存在（施工时盾构机只有一侧可以通行），在隧道的左腰布设了传感光缆，由定点光缆和聚氨酯传感光缆构成一个回路。从监测数据可以看出，两种传感光缆测得的数据高度一致，这也验证了传感光缆良好的特性。左腰接头处将传感光缆沿下部衬砌管片之间的缝隙与右腰的引线连接，构成回路。由于在连接引线处的衬砌管片缝里添加了填充物，防止引线露出。再加上运输列车的跑动，造成管片和填充物对传感光缆产生挤压，使光缆拉紧导致在接头处出现了较大的应变。

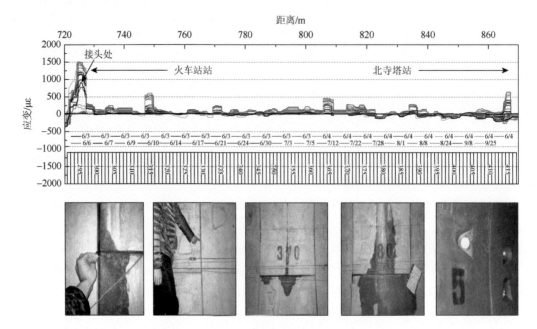

图 9.30　火车站监测段隧道整体应变结果图

盾构隧道施工后变形一般在施工刚刚完成后最大。随时间推移，如无临近施工或其他扰动，变形趋向稳定。因此，从衬砌管片拼装结束到变形趋于稳定的阶段为重点监测时段。图 9.30 为隧道整体应变结果。黄色标记部分为监测异常点。监测段整体应变在 $-100\mu\varepsilon\sim+250\mu\varepsilon$ 范围内波动，在 720、750、775、815、842m 处应变大于 $250\mu\varepsilon$，经过实地勘查，此处管片出现错台、渗水的情况，随着监测继续进行，数据显示错台趋于稳定，并没有继续扩大的趋势。图 9.30 还展示了现场实地拍摄到的管片拼接错台、渗水的现象。这些现象是隧道健康潜在的隐患，应是今后重点监测的对象。

9.4　基坑光纤监测技术研究

随着我国城市建设的快速发展，各类基坑工程建设在规模和数量上都得到了迅猛发展。为了满足地下空间开发利用以及高层建筑抗震和抗风等结构要求，基坑的开挖深度从数米增大到数十米。与此同时，基坑的失稳破坏等工程事故频繁发生，造成了重大的人员伤亡和财产损失，基坑工程的安全问题引起了人们的密切关注。深基坑开挖工程往往处于建筑密集区域,基坑开挖引起的土体变形对周围建筑物和地下管线等工程设施造成不同程度的损伤、降雨、地面堆载、地下管线渗漏和工程施工等因素对基坑工程的稳定性造成不同程度的影响。

在施工过程中,需对基坑工程围护结构、基坑周围土体和相邻建筑物、地下管线等进行全面、系统的实时和在线监测,预测和评估基坑工程安全性和开挖对周围环境的影响,并将监测结果及时反馈,对可能出现的险情和事故进行预警,以便及时采取相应的趋利避害处理措施,同时为调整设计参数和施工开挖方案提供科学依据,这是基坑信息化施工和安全监测的迫切需求。

深基坑监测主要对象为围护结构、开挖地层水土体系、周边环境,如建筑物和周边土体等,监测内容可分为:

(1)围护结构监测,主要包括围护桩(墙)的顶部的水平位移,围护桩(墙)的沉降、立柱的沉降和内力、圈梁(围檩)的水平位移和内力、土钉锚杆的轴力、围护体测斜和应力。监测的结果用于验证基坑设计计算,反馈或修正设计的偏差,比较监测数据与预警阈值,对下一步开挖进行指导;

(2)地下水与土压力监测,主要包括卸载土体的土压力,基底土体隆起、坑内外地下水水位和孔隙水压力、基坑外部土体的水平位移及沉降。监测的结果主要用于土体稳定性和降水效果的检验,及时发现土体的工程地质问题及灾害,并采取必要的防治措施,监测基坑降水效果、确保整个基坑工程的稳定性;

(3)周边环境监测,主要包括周边地下水位、周边土体的沉降、建筑管线的位移和倾斜裂缝等。基于监测结果,可以对周边环境的安全进行预警,保证基坑的开挖不影响坑外周边设施的安全。

9.4.1 主要问题

在基坑稳定性监测领域,围护结构顶部沉降和水平位移监测主要采用精密水准仪、经纬仪和全站仪等;桩墙深层挠曲和土体深层水平位移通常采用测斜仪进行测量,但在土体变形过大或测斜管内进入障碍物时,会导致测斜仪探头不能到达测斜管内的指定位置,无法实施正常的监测,且需要专门人员进行现场监测,难以实现自动化和实时监测;桩墙、圈梁、立柱和支撑等支护结构内力监测多采用振弦式钢筋应力计、电阻应变计和差阻式钢筋应力计,土层锚杆应力监测通常采用锚杆测力计和钢筋应力计。这些常规的测试仪器和传感器基于点式电测原理,普遍存在抗干扰性、耐久性和长期稳定性等较差的缺点,传感器成活率低,在地下环境中容易被腐蚀,所测结果较为离散,难以适应现代岩土工程监测的要求。

目前,国内外应用于基坑工程监测的技术和方法正在从传统的点式监测向分布式、自动化、高精度和远程监测的方向发展,越来越多的工程实践证明分布式光纤感测技术在基坑工程监测中有着很好的应用前景(刘杰等,2006;隋海波等,2008c;黄广龙等,2008;索文斌,2016;索文斌等,2016)。

9.4.2 光纤监测方案

1）围护体系内力监测

对于采用钢筋混凝土材料制作的围护、支撑构件，如圈梁、围檩和地下连续墙等，可通过在构件内部或表面布设传感光缆，对构件的应变大小和分布情况进行分布式监测，通过计算得到构件的内力或轴力分布及变化情况。

传感光缆在圈梁、围檩和地下连续墙等钢筋混凝土构件内部的布设方法如图 9.31 所示，传感光缆沿混凝土构件两侧截面钢筋平行布设，使用黏结剂进行表面粘贴。传感光缆粘贴时，需要施加较小的预应力，产生一定量的初始应变，便于后期应变段的空间定位；在传感光缆之间布设放置在 PVC 管内的自由光纤，使其不受结构变形的影响，用于温度传感和应变测量结果的温度补偿。对于采用 H 形钢或钢管等内支撑的基坑工程，预应力钢支撑的轴力监测尤为重要。通过在支撑结构表面粘贴传感光缆的方式，监测支撑结构的应变及其分布，利用标定的钢结构弹性模量，可以计算得到相应的支撑轴力及其分布，进行支撑受力规律的分析和研究。

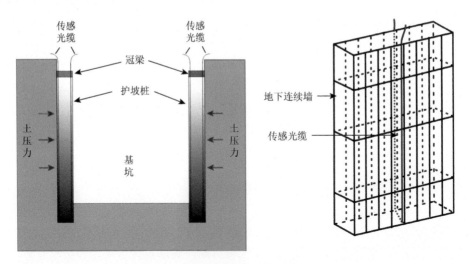

图 9.31　钢筋混凝土构件光缆铺设工艺

应用 BOTDR 等技术可以得到沿构件和支撑轴向全线的应变及其分布，可以克服点式传感器布点因其随意性所造成的局部异常漏检的弊端，提高监测质量和效果。由分布式光纤感测技术测得应变，可计算得到支撑、地下连续墙的弯矩及其分布情况。此外，通过对地下连续墙的分布式温度监测，有助于了解温度监测区域内的水流状况，从而为判断地下连续墙是否发生渗漏提供重要的参考依据。

2）水平位移监测

测斜是基坑地下连续墙、排桩和相邻土层水平位移监测的常规技术，在基坑工程监测中应用广泛。但在土体变形过大或测斜管内进入障碍物时，测斜仪探头不能到达测斜管内的指定位置，以致无法进行监测。课题组基于分布式光纤感测技术，开发了固定式测斜技术。测斜管分布式传感光缆布设的总体思路是实现传统的测斜仪和分布式光纤同时测量。因此，要求传感光缆的位置和测斜管内部导槽的位置保持一致。施工工艺如下：

（1）计算测斜管的埋置深度及需要放置的测斜管的节数，在此基础上确定条带式传感光缆长度。传感光缆的长度为地表至测斜管底部以上20cm的距离，测斜管底部以上20cm的空间用于安装测斜管的底盖和盘绕自由光纤。

（2）安装测斜管之前，将条带式传感光缆粘贴于测斜管的外表面，位置与最大位移方向测斜管内的导向槽一致。另外，使用PU管封装一个温度传感器，平行布置在传感光缆相邻位置，用于温度补偿。

（3）将两条条带式传感光缆及中间的自由光纤从测斜管最底端开始向上粘贴，引出的光纤用PU管和波纹管保护。测斜管底部的光纤也用PU管保护，并使PU管内光纤处于自由状态。

（4）使用黏结剂将条带式传感光缆粘贴于测斜管上之后，用玻璃丝布进行包裹，在玻璃丝布表面均匀涂抹环氧树脂黏结剂，待环氧树脂完全固化后即可进行测斜管安装。

此外，两节测斜管连接处容易产生由连接不牢固造成的脱开，可以用玻璃丝布和环氧树脂黏结剂进行加强，这同时也可以对传感光缆起到保护作用，防止传感光缆在接头错动时被拉断。

测量测斜管两侧的轴向应变。根据测斜管的变形特征，测斜管的弯曲变形可简化为梁在分布荷载作用下的变形。

3）土层锚杆监测

土层锚杆加固是基坑工程支护的一种重要手段，锚杆安装质量和工作状态直接影响基坑工程的稳定性，因此监测锚杆的受力状态是一项必不可少的工作。工程上多采用常规的拉拔试验来检测锚杆的极限承载力，以检验安装质量是否满足设计要求，而对锚杆应力沿锚杆体分布的规律，却由于缺乏合适的检测技术而了解不够。采用分布式光纤感测技术对锚杆变形进行监测，可以得到锚杆的轴向应力分布状态，指导基坑工程锚杆设计、施工和维护等，并对基坑工程稳定性进行评价。

锚杆上的传感光缆采用如图9.32所示方法进行布设，用特殊黏结剂将传感光缆与锚杆粘贴在一起。光纤沿锚杆轴向布设，呈"U"形；锚杆另一侧的温度补偿光纤用PU管和金属波纹管封装，使其不受应变影响，只对温度敏感。通过温度补偿可消除温度对光纤应变的影响，便于实现对锚杆变形的长期监测。

在锚杆（索）外表面安装传感光缆，利用传感光缆通过分布式应变测试技术测试锚杆（索）在基坑开挖过程中的应变分布变化规律，根据钢管、钢索的材料本构模型计算出钢管、钢索的内力大小和分布规律，根据上下光纤测试的应变之差即可计算出钢管的下沉弯曲形态。

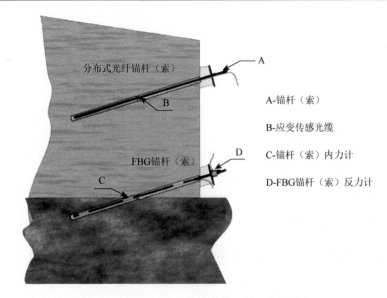

图 9.32　锚杆（索）传感光缆（纤）布设示意

　　4）排桩内力和变形监测

　　排桩支护结构是应用较为广泛的一种基坑支护形式。采用分布式光纤监测技术，可以得到桩身深度方向上各点的应力应变及其随时间的发展变化情况，有助于评价桩后土体的稳定状态。

　　传感光缆的布设可利用钢筋笼作为载体，选取基坑土滑方向上受拉和受压侧的两根纵向主筋，将特殊封装的缆式传感光缆捆绑在钢筋上，在完成桩孔安放钢筋笼的同时，向下放入桩孔内。如图 9.33 所示，传感光缆在桩体内呈 U 字形布设，底部圆滑过渡相连，孔口处用 PU 管和金属波纹保护后从侧边引出。另外，为了消除传感光缆的应变和温度交叉敏感问题，还应布设一根放置在 PVC 管内的自由光纤作为温度补偿光纤。传感光缆布设完成后，从桩身混凝土初凝时起，定期监测传感光缆的应变变化。

　　基坑土体发生滑动时，桩受到土压力影响产生弯曲变形，使得桩体内两侧的光纤分别产生拉、压变形，通过对传感光缆应变的监测，可以得到桩体的应变分布状态。桩的弯曲变形可简化为梁的同变形，可应用类似测斜管水平位移的计算原理，结合经纬仪测量结果确定桩身边界条件，得到桩身不同深度处的水平位移。

　　使用传统的点式传感器只能测得有限几个点的应力应变值，难以计算桩身弯曲变形。然而，对于分布式传感器而言，进行积分运算就可以得到桩弯曲变形后的挠度，有助于了解桩后及桩底土体的位移变化情况和稳定状态，进而推测周围环境的变化，检验排桩设计的合理性及加固效果，对基坑的稳定性和基坑滑动的发展情况进行分析。

　　5）相邻地下管线监测

　　基坑开挖施工时，必须使相邻地下管线的变形量控制在允许范围内，防止因管线变形造成泄漏。利用分布式光纤感测技术可以对管线的变形和泄漏进行监测，了解地下管线位移、变形动态，指导基坑的开挖施工，为经济合理和安全可靠的管线保护方案设计提供依据（吴海颖等，2019）。

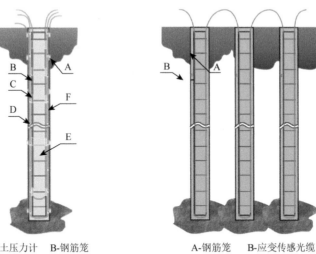

A-FBG土压力计　　B-钢筋笼
C-FBC钢筋应力计　D-FBG模式应变计
F-铠装光缆　　　　E-桩身混凝土光缆

(a) FBG技术

A-钢筋笼　　　B-应变传感光缆

(b) 布里渊应变感测技术

图 9.33　支护桩内力与变形监测示意图

在管道上表面布设一根传感光缆，当管道发生弯曲变形时，传感光缆中的应变传感光缆随管道同步发生变形，而温度传感光纤不受变形影响，用于应变传感的温度补偿，这样就可以实现对管道的应变及其分布状态的监测。分布式光纤传感得到的管线沿线各点的应变值，通过积分计算，可得到管线各点的沉降值。

另外，对于天然气管道、供热管道等，可以在管道下方铺设一条温度传感光缆，用于测量管道周围的温度场，从而实现管道泄露的在线监测。其原理为：管道正常运行时，沿线各点的温度场分布处于稳定状态；管道发生泄漏时，管道内传输介质会引起管道周围局部温度发生异常。如天然气管道泄漏时，气体膨胀会引起相应位置温度的降低；供热管道泄漏时，会造成局部温度升高。因此，当某一时刻管线发生泄漏时，管线泄漏点附近会产生温度场的突然变化，通过分布式光纤温度传感器可监测到温度的这种变化，即可准确判断管道泄漏及泄漏点的位置。

6）基坑工程远程分布式监测系统

在基坑工程应用中，只要将传感光缆布设和安装到被测物的表面或内部，将传感光缆的一端与光纤解调仪相连，即可监测到传感光缆沿线的应变分布状态及异常点，计算待测结构内力与变形量。在传感光缆布设完成后，通过光缆将各个独立的部分串联在一起，光缆的一端与光纤解调仪相连，并通过 GP-IB 电缆、控制 PC 和网络，将数据储存或输出到远程终端处理器，构成如图 9.34 所示的基坑分布式光纤监测系统。用户通过终端处理器就可以实现对整个基坑工程的远程分布式在线、长期监测。

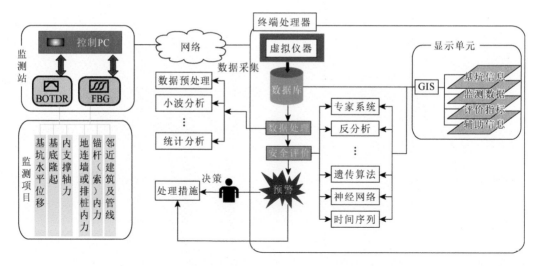

图 9.34　基坑分布式光纤监测系统构成

9.4.3　监测实例

　　某大型建筑群基坑工程位于南京奥体地区，该基坑为矩形，长 369m，宽 262m。普遍挖深 13.25m，局部电梯基坑挖深 16.75m，开挖土方量约 113 万 m^3，为一级大型基坑。工程所在地地处长江河漫滩地带，属于典型的软土地区，基岩埋深较深，层顶埋深平均−50m，由表层至基岩主要分布粉质黏土、淤泥质黏土、粉土夹砂、粉细砂。水文地质条件较好，地下水资源丰富，分布着大量的潜水，少量的弱承压水。如图 9.35 所示，本工程为无内支

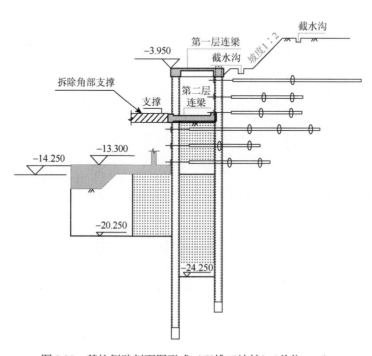

图 9.35　基坑侧壁剖面图形式（双排工法桩）（单位：m）

撑支护形式，支护施工采用双排 PCMW 工法，即在水泥搅拌土硬化前插入预应力高强度混凝土（PHC）管桩，形成预应力管桩水泥土墙复合支护结构（索文斌等，2016）。大部分坑段侧壁采用 900@1200mm 三轴深搅水泥搅拌桩内插外径 800mm（壁厚 130mm）预应力管桩，桩长分别为 27m、25m，局部区段采用灌注桩加 6 排锚杆支护结构体系，桩顶标高为–4.7m，水泥搅拌桩水泥掺量为 22%，深度为管桩长+2m。

1）监测方案

本研究监测对象为双排 PCMW 工法中的 PHC 管桩，选用 0.9mm 直径的海翠料紧包传感光缆进行监测。PHC 管桩传感光缆布设如图 9.36 所示。传感光缆安装方案及监测步骤如下：

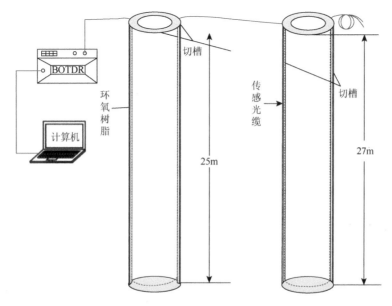

图 9.36　PHC 管桩布设示意图

（1）确定监测断面，选择测试桩。根据数值模拟、基坑计算、专家咨询等方式选择了监测重点区域，挑选同一断面的两根测试桩。

（2）预先将传感光缆布设到 PHC 管桩表面，加盖环氧树脂胶保护。传感光缆布设过程如图 9.37 所示。

(a) 切槽　　　　　　　(b) 安装光缆　　　　　　(c) 环氧粘贴　　　　　　(d) 沉桩

图 9.37　PHC 支护桩传感光缆布设过程

（3）在沉桩时要保证桩身安装光纤的方向和基坑走向垂直，沉桩结束后，将两根桩的传感光缆进行串联，做好 PHC 桩头传感光缆、串联光缆和引线的保护。

（4）待基坑上覆土开挖至桩头高度时，取出保护好的引线连接至光纤解调仪，并到基坑外安全区域读取测试初值。

（5）按照规程要求和工程实际进行监测，分析监测结果做好报警和数据保存。

本次监测采用了中国电子科技集团第 41 研究所研发的 AV6419 型 BOTDR 解调仪。本项目选取基坑土方开挖、地下室施工阶段进行连续监测。监测周期自 2015 年 3 月～2015 年 12 月。

2）监测数据对比与分析

在本工程中，基坑开挖时支护桩起着关键性支撑作用，支护桩桩身变形对评价基坑支护效果及研究土体侧向变形规律具有重要意义。根据基坑开挖进度，选取 2015 年 3 月 10 日监测数据为初始值，将以后每次测得的数值与初始值作差，即可得到相应时段内支护桩的受力、变形情况，进而对基坑稳定性做出评价。

依据具体的施工进度选择部分典型数据进行分析。如图 9.38 所示为基坑外侧 25m 支护桩桩身应变光纤监测数据。对称布设的一组应变传感光缆有效获得了支护桩身的应变全分布，其中桩身受侧向土压力而发生了偏斜，桩身的迎土面和背土面分别产生了拉、压应变。

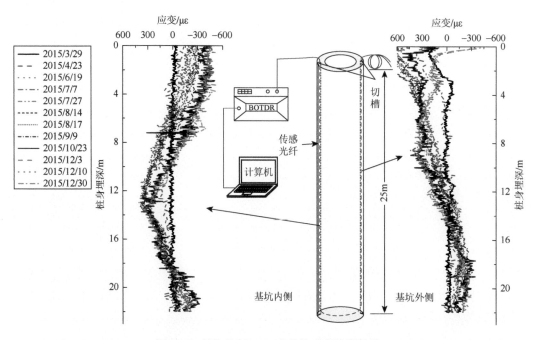

图 9.38　基坑外侧 PHC 支护桩应变监测结果

根据材料力学理论，由桩身应变测值计算可得到桩身挠曲变形情况。图 9.39 为得到的基坑内外侧两支护桩的挠曲应变。结果显示，随着基坑开挖深度的不断增加，桩身在基坑外侧土压力作用下产生的桩身挠曲应变拉压转变位置也不断下移,两者量值接近。其中基坑外侧桩从起初的 4m 到最终约 12m 埋深位置,桩身埋深自 19m 以下稳固,而未产生明显的挠曲变形;基坑内侧桩从起初的 2m 到最终的约 14m 埋深位置,桩身埋深自 24m 以下稳固而未产生明显的挠曲变形。

　　结合现场施工情况可知,根据内外排桩间第二层连梁所处深度(地面埋深–8.3m,距离排桩顶部约 4.5m 位置),可以将基坑开挖过程分为两个阶段。3 月 29 日至 6 月 19 日三期监测位于第二层连梁深度以上,此为挖土施工第一阶段;7 月 9 日至 10 月 23 日的测期,基坑开挖深度区间为–9.2m 至–14.5m,已处于连梁深度以下,而在 11 月下旬,基坑开挖已全部见底。第一阶段,土体开挖初期,外侧支护桩直接承受基坑外侧土体压力,通过第一层连梁,内侧支护桩间接分担部分土压力,外侧桩体挠曲变形大于内侧桩体变形。随着开挖深度至第二层连梁位置以下,由于内外排桩间存在土层,内排桩也开始直接承受外侧土体压力,此时内外排桩间及其与土体间的相互作用变得极为复杂,外侧排桩变形减小,内侧排桩变形开始大于外侧排桩,表明内侧排桩开始承担更大的土体侧压力。在此过程中,桩土应力进行不断调整,基坑开挖完成后,应力调整也基本完毕,桩体变形基本保持不变,表明双排支护桩起到了很好的基坑支护效果。

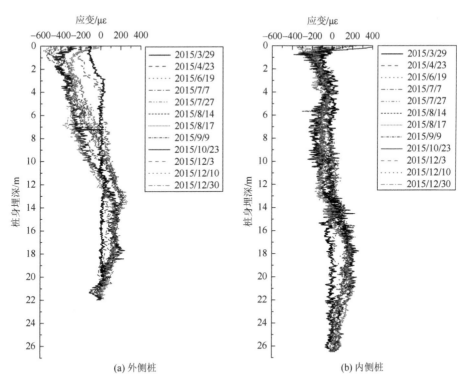

(a) 外侧桩　　　　　　　　　　　　　　(b) 内侧桩

图 9.39　外侧与内侧两 PHC 支护桩挠曲应变

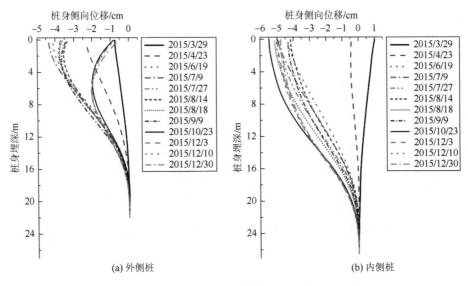

图 9.40　双排桩侧向位移计算结果

参照 PHC 桩挠曲计算方法，对上述应变进行相关计算获得基坑内外侧两支护桩桩体全分布的侧向位移，如图 9.40 所示。监测结果表明，两根桩桩顶变形均显著，随着深度增加，变形逐渐减小，25m 桩到 15m 左右埋深基本没有变形，27m 桩到 22m 左右埋深变形也基本消失。

图 9.41 中不同时间采集的数据表明，随着开挖深度和时间的推移，25m 和 27m 桩变形大体一致，在 7 月 9 日前，桩身和桩顶侧向位移不断增大， 7 月 9 日 25m 桩桩顶位移达到最大变形（约 4.5cm），27m 桩桩顶位移随着施工进程继续发展，至 10 月 23 日达到最大值（约 5.5m）。

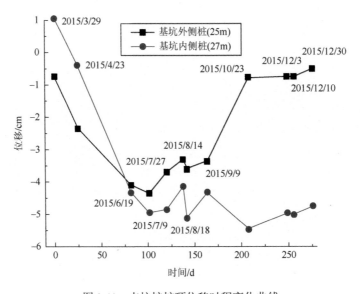

图 9.41　支护桩桩顶位移时程变化曲线

由桩身侧向位移数据可以看出，该桩随着开挖深度和时间的推移，桩身侧向位移不断增大，可以认为基坑开挖对周边土体扰动作用较明显，随着基坑的开挖，基坑产生了一定的变形，并且总体变形量很大。证明软土地区深基坑稳定性问题依然是工程领域的一项重要问题。根据 25m 桩的监测结果，还可以发现一些基坑变形现象，从 9 月 9 日数据可以看出，桩顶位移出现反弹，推断由于底板浇筑完成，对桩基产生一定主动推力作用，PHC桩受力条件发生了变化。结合现场施工情况可知，随着底板浇筑及建筑物的不断建设，基础结构对基坑产生一定的反作用力，使得基坑侧向位移值回弹后趋于稳定，分布式光缆监测数据结果也证明了这点。

第十章　地质灾害光纤监测技术研究

10.1　概　　述

　　地质灾害是指对人类生产和生活有影响的，或者由于工程活动引发的危害人民生命财产安全或使人类赖以生存和发展的环境、资源发生严重破坏的各类地质现象，主要包括崩塌、滑坡、泥石流、地面塌陷、地裂缝、地面沉降等类型（《地质灾害防治条例》，2004）。

　　虽然地质灾害呈逐年递减的趋势，但其造成的损失仍然非常巨大。由于地质体是各种地质作用的产物，在漫长的地质历史中，其性质随地质环境的变化而不断变化。尽管通过勘察、测试、试验以及探测等手段，可以得到地质体的结构、构造、岩性、成分，以及物理和力学性质等，但由于地质体具有显著的非均质性、各向异性和非连续性的特征，难以准确地得到地质体的基本状况，也无法正确地预测地质体演化的全过程。另外，受工程建设影响，地质体演化的过程和速度会发生显著的变化，容易造成突发性的地质灾害，给国民经济建设及人民生命财产带来了严重的危害。因此，对于地质条件复杂、具有潜在地质灾害的工程，尤其是一些重大工程，对不良地质体及其相关建筑物进行监测是十分必要的。监测数据是地质体及相关建筑物运行状态的真实反映，可以为地质灾害的分析评价、预测预报及工程治理等提供可靠的资料和科学依据。地质灾害监测的内容相对较多，主要有地面变形、地下变形、物理参量（如应力、应变等），结构变形、内力，环境因素（如水文、气象、地震等）等（施斌与阎长虹，2017）。

　　本章根据地质工程监测的要求和特点，通过研制分布式光纤感测设备，研究光纤传感器的封装结构，研制特种传感光缆和传感器件，研发适用于不同地质体和工程结构的光纤传感器布设与安装工艺，开发相应的数据处理与分析软件系统，进而建立针对不同地质灾害的地质工程分布式光纤监测技术体系。目前，我国在三峡库区滑坡监测、地面塌陷、地面沉降、地裂缝等地质灾害监测中已成功应用了分布式光纤监测技术。

10.2　钻孔全断面光纤监测技术

10.2.1　钻孔全断面光纤监测概念

　　地面沉降、地面塌陷、地基不均匀沉降等地质灾害和岩土工程问题的形成，均与地下分布的岩土体的变形有直接的关系，要搞清楚这些灾害和问题的成因机理，必须要掌握地下岩土体在多场作用下的变化信息，其中岩土体的变形是最直接的监测指标。

目前能够实现深部土层变形监测的常用技术包括基岩标和分层沉降标技术。基岩标是在覆盖有松散地层的区域内穿过覆盖层，通过钻探的方法埋设在稳定基岩上直通地面的标杆，作为相对稳定的基岩水准点。国际上最深的基岩标在我国天津，标深达 1088m（黄自培，1989）。分层标是根据土层的性质，通过钻探方法分别埋设在地下不同深度土层中的特殊监测点。标点直通地表，随土层的压缩、膨胀发生升降变化，以基岩标为基准点，由此监测该点到地面的变化量。

基岩标和分层标可以监测到地下某一深度地层的变形，但受到施工安装成本的限制，只能对地下有限层位的变形进行监测，无法对地下深部地层全断面分布式连续精细化监测。此外，该方法的施工安装工艺复杂、监测深度受到安装技术限制、分层标自身的结构重量对监测结果影响也较大，测量稳定性和精度等受埋设质量及人为干扰因素影响大，自动化程度低。因此，十分需要应用新的理论和方法，创新地面沉降监测技术，以弥补上述监测技术的不足。

钻孔全断面光纤监测，即在钻孔中布设传感光缆或传感器，形成一个分布式（包括准分布式和全分布式）的多场多参量的光纤综合监测系统，能够长期监测钻孔全断面的地层变形、地下水位、温度场、水分场、孔隙水压力等变化的分布定量信息，从而获得钻孔全断面地质体多参量的变化规律（施斌等，2018）。

图 10.1 是钻孔全断面光纤监测示意图，将应变传感光缆直接埋入数百米深的钻孔中并回填适当的回填料，待其固结稳定后便可实现地层变形的分布式、精细化监测。

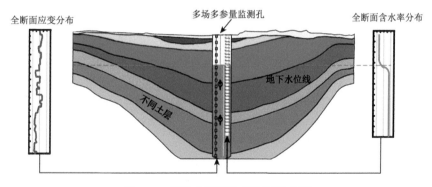

图 10.1　钻孔全断面光纤监测示意图

10.2.2　钻孔全断面光纤监测系统

1）系统组成

钻孔全断面光纤监测系统由四部分组成，分别是监测模块、信号调制解调模块、信号传输与数据分析模块和评价模块。监测模块主要包括地面成孔、钻孔全断面传感光缆和传感器的布设和安装、监测站建立等；信号调制解调模块主要包括调制解调仪、现场数据采集和存储；信号传输与数据分析模块主要涉及 Internet 或无线网络与远程终端处理器的通信、数据交换及数据处理分析；评价模块主要包括报告输出、钻孔多场作用潜力评价和预警预报等，如图 10.2 所示。

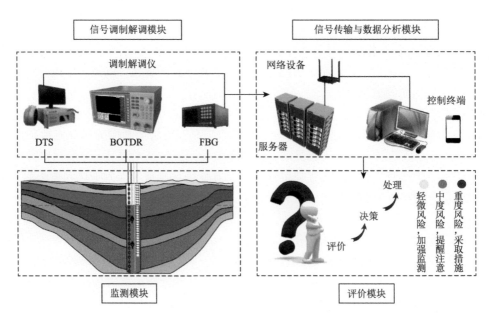

图 10.2　钻孔全断面光纤监测系统框架

2）系统设计原则

为了获取钻孔全断面土层的变形及地下水位、特殊层位水头变化情况，需要结合野外工程地质环境及钻孔取样试验，设计出合适的监测方案，选择可行的监测技术和方法，合理布设各类光纤传感器。根据钻孔剖面工程地质特点，钻孔全断面光纤监测系统设计原则如下：

（a）钻孔监测点地质资料的获取

在监测网络布设前，应对钻孔点的地质情况有比较清楚的了解。通过踏勘、钻孔取样查清钻孔点的地形地貌、岩层岩性、地质结构及构造、水文气候变化等，绘制钻孔地质剖面图、划分含水层组系统等。

（b）分布式监测与局部重点监测网络的布设

根据钻孔点的地层分布情况，综合考虑经济性、可行性和有效性，选取合适的传感光缆进行全断面分布式精细化监测；对于局部重点层位，如主要抽水含水层和主要变形层，采用高精度光纤传感器进行准分布重点监测，形成钻孔全断面分布式与准分布光纤监测网络，实现钻孔全断面精细化监测。

（c）系统可靠性及使用寿命

在传感光缆布设和整个监测过程中都要保证传感光缆的存活率，确保光缆畅通，采集数据有效。在传感光缆的布设过程中应尽量避免光缆的弯折和拧结。传感光缆的监测寿命一般超过 20 年。

（d）监测周期的选择

应根据钻孔全断面的监测要求，合理确定监测周期。对于地面变形沉降而言，当沉降处在快速发展阶段时,可以适当增加数据采集密度;在特殊环境变化情况下,如地下水回灌或抽水加剧时,则需加大监测频次。

3)传感元件及解调设备选择

监测模块及信号调制解调模块涉及传感元件及解调仪设备的选择。依据现场情况,可选用一种或多种全分布式传感光缆,包括紧包护套应变传感光缆、不同定点点距应变传感光缆和金属基索状应变传感光缆等。同时,在重点变形层可增加 FBG 位移计、FBG 应变计监测。对整个钻孔断面含水率进行监测时,可选择碳纤维内加热传感光缆;对地下水位进行监测时可将其制成碳纤维加热传感管。另外,在主要含水层位可布设 FBG 渗压计进行孔隙水压力监测。由于地温场波动范围较小,钻孔中一般不需要另外布设测温光缆,但当钻孔中温度变化较大时,应选择测温光缆进行温度补偿监测。根据传感光缆和传感器选择相应的解调仪设备,如 BOTDR,BOFDA,FBG、ROTDR 等。

4)传感光缆与传感器钻孔植入方法

将上述光纤传感器和传感光缆,经过合理的设计即可植入到监测钻孔中,步骤如下:

(1)根据钻孔深度和孔径选用不同的配重导锤,将传感光缆中部缠绕在配重导锤上,在导锤两侧对称部位形成一个“U”字形回路,并用热缩管对导锤头部的光缆绑扎部位进行热缩保护。

(2)清孔洗孔:在钻孔成孔完成后,对钻孔进行一次扫孔处理,并用清水进行洗孔处理。将光缆和光纤光栅传感器引线穿入到配重导头内,根据设计方案串接连线,将各光缆和引线串接成回路。将光缆与导头固定,安装好导头外壳及配重头。

(3)光缆植入:将固定好光缆、引线的配重导头放入钻孔内部。将钻杆放入配重导头尾部套管内,通过下放钻杆将光缆带入到钻孔深部。在植入时,只能提拉定点光缆上的钢丝绳,尽量避免光缆和光纤引线受力。一边下放光缆,一边在特殊位置将光纤光栅传感器和其引线绑扎固定在钢丝绳上;每间隔 2～3m 绑扎固定一部分引线,在有光纤熔接处和布设有传感器位置应加密绑扎固定。

(4)光缆检测:待光缆下放到底部后,使用仪器对光缆进行检测。根据检测到的应变情况,将光缆等向上拉紧,尽量保证定点光缆定点单元相互拉开,实现较好的压缩测量效果。

(5)光缆拉紧:在光缆布设安装完好后,将引线固定绑扎在钻孔旁边的圆形管桩柱上,保持拉紧状态,防止光缆向下滑移。

(6)回填钻孔,选取最佳级配回填料,如细砂-砾石-膨润土混合料,进行钻孔回填。回填过程中,尽量保持传感光缆处于拉直的状态,应缓慢回填封孔材料,采用少量多次的方法回填,避免孔口堵死和钻孔内回填不密实。

(7)回填后,在孔口架设一个滑轮,固定住传感光缆,在一定程度上减少钻孔中的光缆在周围土的固结过程中被扭曲。

(8)待回填土料自身固结,在地下围压作用下,传感光缆和传感器与周围土体充分耦合后,通过解调设备获得钻孔相应位置的应应分布、温度分布、地下水位和关键地层孔隙水压力变化等数据。

传感光缆和传感器植入完成后,经过解调设备进行数据采集便可形成钻孔全断面光纤监测系统。

5）数据处理与评价

采用分布式光纤监测数据处理系统及土壤含水量分布式光纤测量系统,可对钻孔全断面多场多参量进行监测和数据处理分析。

分布式光纤监测数据处理系统数据处理功能包括移动数据点、数据作差、数据稀释、冗余端删除、数据插入、数据平滑、数据膨胀、数据收缩、上下平移、数据提取、数据倒转、测线平均、数据拼接和数据平移,能够实现钻孔全断面应变、温度监测数据后期的管理、成图以及有效数据的统计分析。

土体含水量分布式光纤测量系统集传感、加热和数据处理于一体,其主要功能是将光缆的温度信息转化为周围介质的含水率信息输出,数据处理过程如图 10.3 所示。

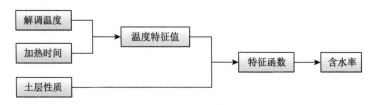

图 10.3　水分和水位数据处理过程

结合分布式光纤监测数据处理系统及土壤含水量分布式光纤测量系统处理后得到的不同时刻钻孔全断面光纤多场多参量监测数据,即可对钻孔全断面土层变形及地下水变化趋势进行分析和预测。

10.3　地面沉降光纤监测技术研究

10.3.1　主要问题

分层标、基岩标、水准测量、GPS 以及 InSAR 等是常用的地面沉降监测手段,但是这些技术存在着各自的不足之处:有些技术自动化集成化程度低,无法满足如今数字信息化监测的要求;有些技术实施难度较大且属于传统的点式监测,数据量有限,传感密度较低;有些技术成本高,受地面农作物等因素影响监测精度较大。因此,钻孔全断面光纤监测系统的研发成功,为地面沉降区深部岩土体变形的精细化监测提供了一个新的有效手段。

10.3.2　分布式光纤监测方案

为了验证钻孔全断面光纤监测系统应用于地面沉降区深部岩土体多场信息精细化监

测的可行性,本章以苏州盛泽地面沉降监测为例,详细介绍了这一系统的安装和监测过程,并对监测结果进行了分析。

苏州地区第四纪地层厚度达 180m 左右（姜洪涛，2005），试验钻孔的地点选择在苏州盛泽中学运动场附近。当钻孔到达 200m 深度时，岩芯已经半成岩化，故在此停钻，监测孔成孔直径为 129mm。

为了监测钻孔中各土层在地下水位变化作用下的变形规律，选取了三种由苏州南智传感科技有限公司生产的应变监测光缆，分别是 2mm 聚氨酯传感光缆、金属基索状传感光缆和 10m 定点光缆（图 10.4）。其中，2mm 聚氨酯传感光缆整体刚度较小，与土体耦合性好，可直接埋入土中对土的变形进行监测；金属基索状光缆外包高强度金属加强件，极大地提高了传感光纤的抗拉强度，其表面螺纹结构使得自身与岩土体有着良好的耦合性；定点光缆独特的内定点设计，可以实现非连续非均匀应变分段均一化分布式监测。同时在关键层位埋设 FBG 渗压计来监测孔隙水压力。采用 BOTDR 采集传感光缆的应变分布，最小空间分辨率为 1m，应变测量精度为 $\pm40\mu\varepsilon$；采用 FBG 解调仪采集孔隙水压力，测量精度为 1pm。室内模型试验表明，钻孔地表 16 米以下，在土压力的作用下，传感光缆与周围土体处于强耦合状态。

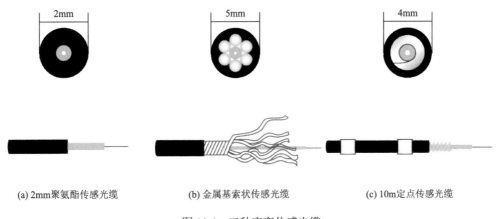

(a) 2mm聚氨酯传感光缆　　　(b) 金属基索状传感光缆　　　(c) 10m定点传感光缆

图 10.4　三种应变传感光缆

FBG 传感器与传感光缆的布设步骤参见 10.2.2 节，具体施工过程见图 10.5。选择配重导锤的重量为 15kg，并在主要抽水含水层处布设 FBG 微型渗压计，待回填料与周围土层固结耦合后，通过 BOTDR 解调仪测量传感光缆上的应变分布，设定采样间隔为 5cm，获得钻孔相应位置的土层应变分布；利用 FBG 解调仪获取关键土层孔隙水压力的变化情况。

(a) 配重导锤

(b) FBG渗压计

(c) 光缆下放

(d) 钻孔回填

(e) 地面沉降监测站

图 10.5 钻孔传感光缆布设过程

通常需要另外布设测温光缆对应变光缆进行温度修正，由于地温场在地表 10m 以下基本不变，因此，在此次试验中温度的影响忽略不计。盛泽地面沉降钻孔全断面光纤监测系统如图 10.6 所示。钻孔回填料完全固结后测量初值，监测周期为每隔 3～4 月监测一次。

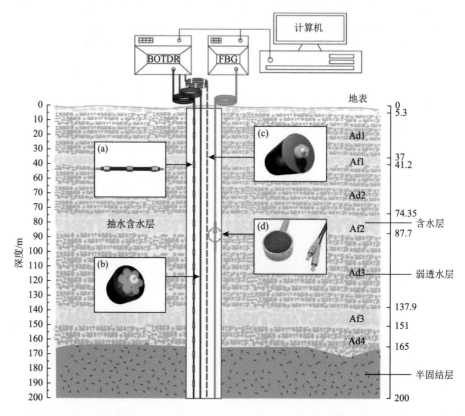

图 10.6 苏州盛泽钻孔全断面光纤监测系统

10.3.3 苏州盛泽地面沉降监测

1）工程地质条件

苏州盛泽地区土层具有典型的黏性土层和松散砂层交替变化的"千层饼"状的结构特

征。在垂向上砂层与黏土、粉质黏土交替出现，呈渐变式分布，黏土层中常夹有薄层粉砂，砂层中又常常夹有黏土、粉质黏土，这使得土层变形行为变得十分复杂。依据钻孔土样的埋藏条件和水理特征，对苏州沉降区第四纪地层进行了含水层组划分，共 3 个承压含水层组，见表 10.1。

表 10.1　第四纪含水系统划分

地层	深度/m	承压含水层组分布		土层性质
全新统 Qh	5.3	—		—
上更新统 Qp$_3$	37.0	第 I 组	隔水层（Ad1）	黏性土
	41.2		含水层（Af1）	粉细砂
中更新统 Qp$_2$	45.0	第 II 组	隔水层（Ad2）	黏性土、粉土
	74.35			
	87.7		含水层（Af2）	细-中砂
下更新统 Qp$_1$	97.1	第 III 组	隔水层（Ad3-1）	黏土
	137.9		弱透水层（Ad3-2）	粉土、黏土夹细砂
	151.0		含水层（Af3）	细-中砂
上新统 N$_2$	165.1		弱透水层（Ad4）	粉土、黏土夹细砂
中新统 N$_1$	200.0	半固结层（S-S）		固结成岩

2）监测结果与分析

将 2012 年 12 月 25 日采集的数据作为初始数据，之后监测周期测得的数据减去原始数据，即得各监测周期应变随深度的变化，见图 10.7。从监测数据看，150m 深度处 2mm 聚氨酯光缆发生了断裂，说明其抗拉强度较小，不适宜用于地面沉降深孔监测中。相比较，由于金属加强件及金属铠装的保护，金属基索状光缆和 10m 定点光缆在复杂的野外施工中具有足够的刚度和抗拉强度。

根据 BOTDR 监测所得数据可以发现，在 200m 深度范围内应变变化明显区域主要有3 个。在地表至地下 10m 范围内 2mm 聚氨酯和定点光缆监测到压应变而金属基索状光缆监测到拉应变，且波动较大，这种压应变和拉应变同时出现的异常情况，这主要是地表受大气温度变化频繁影响所致。在 10m 以下三种光缆监测结果基本一致，在 42.35～74.35m以及 87.7～111.5m 范围内，即与 Af2 相邻的两个隔水层 Ad2 和 Ad3，光纤监测到明显的压应变，且随时间压应变呈现逐渐增大趋势。说明苏州盛泽地面沉降区现阶段主要的压缩地层为与主要抽水层相邻的隔水层 Ad2 及 Ad3，且仍在继续压缩。盛泽中学的 4 个分层沉降标标底分别位于 0m、31m、94m 和 108m，其监测结果显示主要沉降发生在 31m 以下地层，31～94m、94～108m 及 108m 以下地层沉降量比为 6∶2∶1（胡建平，2011），与光纤监测结果一致，但光纤的结果更加精细。

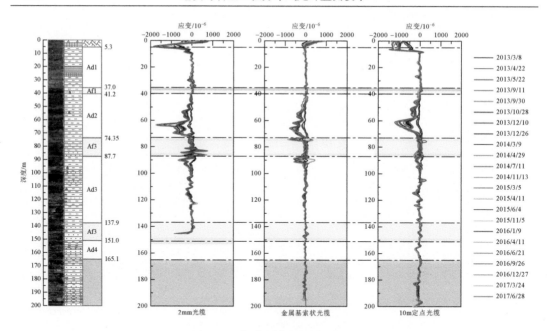

图 10.7　传感光缆应变监测结果

根据有效应力原理，抽水含水层 Af2 孔隙水压力减小有效应力增加，产生弹性变形以及不同程度的塑性变形，使含水层本身压密；抽水含水层水头下降使含水层上下渗透性较差的黏土隔水层 Ad2 及 Ad3 产生向含水层 Af2 的垂向排水，释水固结形成不可逆的沉降变形。与 Ad2 有明显不同的是 Ad3 在含水层水头逐步下降时也有释水现象，但孔隙水压力水头损失的影响范围小得多，仅在与 Af2 接触面下的有限深度内发生。从应变曲线还可以看出与抽水含水层 Af2 距离越近的部分压缩程度越大，说明由抽水引起的地层压缩在垂向上是不均匀的。这是由于黏土层中各点与抽水含水层的距离不相同，相应的水力梯度和渗透速度也不等，孔隙水渗流从距抽水含水层 Af2 较近的一侧开始，滞后地向远离 Af2 的另一侧发展。

光纤轴向的拉伸或压缩量可以通过将 BOTDR 测得的应变值沿光纤轴向长度进行积分获得，根据定积分的定义，若函数 $\varepsilon(h)$ 在区间 $[h_1, h_2]$ 上可积分，则可以表示为 n 段光纤应变的求和形式。光纤的轴向拉伸量的计算公式如下：

$$\Delta H = \int_{h_1}^{h_2} \varepsilon(h)\mathrm{d}h = \lim_{n \to +\infty} \sum_{i=1}^{n} f\left[h_1 + \frac{i}{n}(h_2 - h_1)\right]\frac{h_2 - h_1}{n} \qquad (10.1)$$

式中，ΔH 为光纤在 h_1 到 h_2 之间的压缩或者拉伸量；$\varepsilon(h)$ 为 h_1 到 h_2 之间各采样间隔点的应变值。这里采用的采样间隔为 0.05m，即每等份长度 0.05m。假定土体和光纤变形协调，理论上通过光纤应变分布沿光纤长度积分得到光纤的变形量，也即土层的变形量。对图 10.7 应变分布沿深度方向进行积分，即可得到不同深度地层近似变形量。

图 10.8 给出了三种光缆监测到的 41.2～137.9m，即 Ad2 至 Ad3 层主要变形层的变形情况。可以看到三种光缆监测到的变形情况呈现出：2mm 聚氨酯光缆＞10m 定点光缆＞

金属基索状光缆，这种差异主要是由于传感器长度，厚度及内层杨氏模量不同造成的应变传递系数不同造成的。有研究表明，平均应变传递系数随传感器长度及内层杨氏模量的增加而增加，随厚度的增加而减小（Li et al.，2003；Van Steenkiste and Kollár，1998）。虽然2mm 聚氨酯传感光缆的应变损失最小，但由于没有护套的保护，实际监测中易出现断点情况。同时，从图上可以清楚地看到有地下水位波动引起的 4 个压缩回弹循环，第一次循环时压缩变形明显大于回弹变形，随着循环次数的增加，压缩量与回弹量越来越接近，逐渐趋向于弹性变形阶段。虽然变形存在波动，但随着时间的推移累计变形有逐步增大的趋势，说明虽然苏州已经实施全面禁采，但仍有微量沉降在发生。

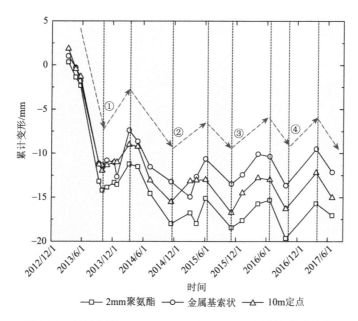

图 10.8　传感光缆 41.2～137.9m（Ad2～Ad3）累计变形曲线

10.4　地裂缝光纤监测技术研究

10.4.1　主要问题

地裂缝是地球表面的岩土体在内外动力共同作用下发生的一种变形。地裂缝通常沿一定的走向分布并在一定范围内延伸，其宽度从几米到几十米不等，长度差异较大，短的仅有几十米，长的可达到数千米。全国有 12 个省、市、区的 200 多个县市存在较大的地裂缝，其中地裂缝灾害严重区主要分布在西安、太原、沧州、无锡、常州等地区（王兰生，2002）。最典型的是西安市，地裂缝分布面积约 155km^2，由 11 条近平行等距出现的北东东向的地裂缝组成，其中最长的有 20 余公里，建筑物遭受不同程度的破坏。地面沉降区往往伴生地裂缝，所以在地面沉降严重的地区其地裂缝也会相对比较严重（龚士良，2005）。如无锡地区，因不均匀沉降引发了数十处地面坍塌和地裂缝地质灾害，局部地区已形成长数千米，宽 100～200m 不等的地裂缝带（胡建平，2011）。产生地面沉降和地裂缝的原因主要是地下水的长期过量开采。地下水的孔隙水压力减小，松散孔隙介质的有效应力增加，从而导致地层压缩产生地面沉降。当浅部地层或含水层结构沿某一方向出现显著变化（突变）时，地层的压缩性在平面空间上也将随之出现骤变现象，从而产生差异性地面沉降。差异性地面沉降在土体内部形成应力集中，当应力超过土体的极限强度时，地层破坏，地裂缝也随即产生。地裂缝开裂的示意图如图 10.9 所示。

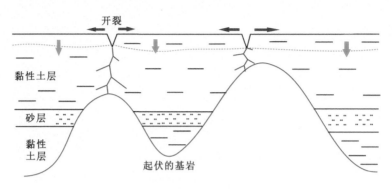

图 10.9　地裂缝开裂示意图

　　目前，地裂缝的监测手段比较单一，通常采用位移计等传感器对已发育到一定程度的地裂缝进行监测，这类监测技术难以对土体内部潜在裂缝的发生和发展进行有效监测和预警。大范围监测技术通常采用合成孔径干涉雷达（InSAR）、全球定位系统（GPS）以及水准测量等。但这些监测技术中，InSAR 和 GPS 监测技术成本高，监测精度受地面农作物等因素影响；水准测量自动化集成化程度低，无法满足监测数字信息化的需求。因此，探索一种集性能可靠、自动化程度高、观测精度高、数据量充足、监测效率高、施工简便和成本可控等为一体的新型传感监测技术，是一项紧迫的任务。

10.4.2　分布式光纤监测方案

　1）监测方法

　　对于苏锡常地区，地裂缝多是由于地面沉降在水平方向的不均匀分布造成的，是地面沉降最为直观的现象之一。其发生的位置与地质条件、地形、周围建筑物等多项因素有关。但由于其发生位置的不确定性，导致地裂缝的监测难度较大。对于已有裂缝，可以采用位移计等方法监测裂缝的发展情况；而对于潜在的地裂缝，可以利用基于 BOTDR 的分布式光纤感测技术对一定区域内进行监测，具体包括水平向定点式监测方法和水平向直埋式监测方法。

　　（a）水平向定点式监测方法

　　基于点式传感原理，即传感光缆感知相邻固定点间的土体相对变形量，根据光缆受拉（压）判断地裂缝的发生与发展。光缆定点埋设情况如图 10.10 所示。将特制传感光缆锚固件打入土体内，构件上部为传感光缆固定区段，传感点之间以管材保护，以确保点间传感光缆不受回填土体的作用。

光缆锚固件之间的传感光缆,其仅受到两端的作用,光缆受拉则表明光缆两端锚固件以相背的方向移动,光缆受压则表明光缆两端锚固件以相向的方向移动。在铺设过程中锚固点之间的距离为固定间距,通过对传感光缆监测应变进行积分计算即可得到相邻两锚固点之间的位移情况,从而得到各锚固点所在位置的土体相对位移量。

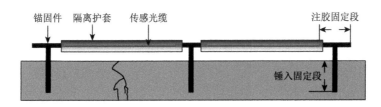

图 10.10　水平向定点式地裂缝监测示意图

（b）水平向直埋式监测方法

该监测方法直接将传感光缆沿水平方向植入土体中,通过传感光缆各个不同位置的应变变化情况,通过横向比较以确定监测异常区域,以确定地裂缝变形位置。

水平向直埋与竖直向直埋式监测传感原理大致相同。将传感光缆埋入水平开挖的沟槽内,然后回填,待回填土自身固结完成后可认为传感光缆与周围土体协调变形,即土体的变形可通过传感光缆的变形表现出来。当土体发生竖向沉降或水平向移动时,土体会带动传感光缆发生变形,通过测量光缆的应变分布,即可得到光缆埋设位置土体各点的土体变形移动情况。水平向直埋式地裂缝监测方案示意图见图 10.11。

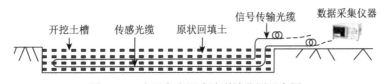

图 10.11　水平向直埋式地裂缝监测示意图

直埋的传感光缆在上覆土体重力作用下易发生弯曲变形,将导致传感光缆的应变分布出现突变点;同时,过多的微弯将导致光信号的损耗增大,信噪比降低,影响数据采集效果。传感光缆一方面要与土体协调变形感知到土体的变形,另一方面又要避免光缆发生弯曲变形,这两者之间的矛盾难以通过改进铺设方式或者增加一些构件来解决,选择本身抗弯曲能力较强的传感光缆是可行的解决方案之一。

2）监测方案设计

通过现场调查,根据地面现有的裂缝以及房屋的破损情况,预判地裂缝可能的发育方向。与发育方向相垂直,采用小型挖掘机开挖沟槽,沟槽开挖完毕后分别布设传感光缆或者位移计。

传感光缆的埋设步骤如下:

（1）开挖沟槽。根据现场情况,在监测方向上先开挖沟槽,沟槽应保持笔直,深约75cm,宽约40cm。如图 10.12（a）所示。

（2）用细砂将沟槽底部整平，铺设厚度为10cm，如图10.12（b）所示。

（3）测量定点位置。在沟槽上标示出各个定点的位置，并将锚固件打入土中，入土深度为50cm，使得光纤锚固点与土体变形一致，如图10.12（c）。

（4）定点传感光缆固定于锚固点，如图10.12（d）所示。采用扎带进行捆扎，并加注少量的环氧树脂，浇筑（捆扎）长度不小于15cm。用拉力计对传感光缆施加一定的预拉力，使传感光缆具有初始应变900～1200με；水平向直埋式的金属基索状应变传感光缆采用直接铺设方式，铺设过程中同样需要对其进行预拉。

（5）安装FBG光栅位移计。对于已有地裂缝，可以在地裂缝垂直方向上安装位移计。位移计的标距可为几米至十几米，固定点用锚固件打入土体进行固定。如无锡四房巷地裂缝的发育宽度约为1.5～2.0m，垂直地裂缝发育方向，安装了两个FBG位移计，标距分别为6m和10m。

（6）回填。用5～10cm厚度的细砂对传感光缆填埋整平，然后分层对沟槽进行回填，如图10.13（a）所示。

（7）在沟槽两端引出传感光缆，熔接尾纤，建立工作箱安放尾纤，对其进行相应的保护，如图10.13（b）所示。

   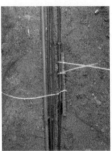

(a) 开挖沟槽　　　　　　(b) 沟槽整平　　　　　　(c) 标记锚固点　　　　　　(d) 固定光缆

图10.12　四房巷地裂缝监测点开挖和传感光缆铺设照片

(a) 沟槽回填　　　　　　　　　(b) 尾纤保护

图10.13　沟槽回填及尾纤保护

10.4.3　无锡四房巷地裂缝监测

1）监测点的建立

根据现场 A 区、B 区房屋开裂情况以及 A 区南部水泥路面的破损情况，推测地裂缝分布总体呈北东—南西走向，并且向北侧延伸，见图 10.14。选取 A 区房屋南面的稻田作为光纤监测区，采用在监测带上开挖沟槽后直接埋设传感光缆，包括金属基索状应变传感光缆、定点分布式应变传感光缆和 FBG 光栅位移计。沟槽开挖长度为 87m，开挖深度为75cm，宽度为 40cm。

图 10.14　江阴四房巷地裂缝分布式光纤监测位置示意图

2）监测结果与分析

将每次监测的应变数据进行温度补偿之后，与基准值做差，得到应变分布曲线，如图 10.15 所示。

从图 10.15 可以看出，在监测初期，传感光缆基本处于受压状态，主要表现为土体自身的固结；之后，传感光缆主要表现为拉伸状态，其中钢丝绳传感光缆和 3m 定点传感光缆，在距离 A 点 20m 处的拉伸量约 100με。随着监测时间的增加，传感光缆的拉伸现象更加明显，最大拉伸应变达到 300με。

定点分布式传感光缆的应变变化如图 10.16 所示，相邻两个定点之间的中点应变代表3m 定点点距内的应变值。当固定点间相向位移时，传感光缆压缩，所测应变为负；相背位移则拉伸，应变为正。2012 年 12 月、2013 年 3 月这两个周期内，变形主要以沟槽土体自身的固结为主，传感光缆表现为压缩应变。2013 年 4 月、2013 年 5 月监测期内，传感光缆的变形已呈现拉伸状态，可以计算出显著变形区域（距离 A 点 18～21m）分别拉伸了 0.4mm、0.7mm，并且有逐步增大的趋势。

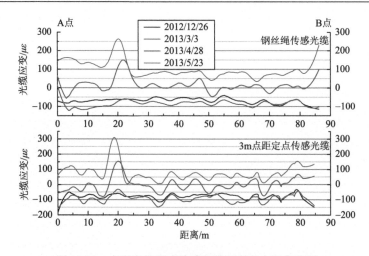

图 10.15　水平向直埋式传感光缆应变分布及变化图

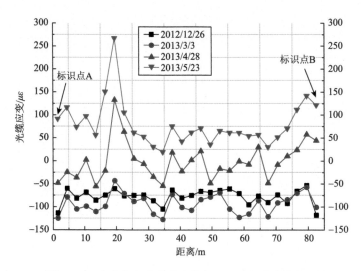

图 10.16　定点分布式传感光缆各监测周期应变变化图

　　钢丝绳传感光缆与定点分布式传感光缆测试得到的应变异常区域位于距离沟槽 A 点 18～21m 区域，根据现场房屋、地面的破损情况，该区域为裂缝带发育区。

　　FBG 位移传感器的标距为 10m，其两端分别固定在距离 A 点 23m 和 33m 处，测试所得的位移数据为距离 A 点 23m 到距离 A 点 33m 区域 10m 长度的拉伸或者压缩变化量。

　　分别对两种传感光缆 23～33m 和 25～31m 区间的应变值进行积分计算，得到钢丝绳传感光缆和定点分布式传感光缆的位移值，如图 10.17 所示。传感光缆测试所得的位移量比 FBG 光栅位移计的大，主要是因为 FBG 光栅位移计测试的是两个端点之间的综合位移，而传感光缆在两个端点之间还受到周围土体的作用。2013 年 04 月 26 日，沟槽已由压缩状态转为拉伸状态，地裂缝存在进一步发生的可能。2013 年 05 月 23 日的数据显示，裂缝进一步发展，拉伸量增加了 0.44mm。

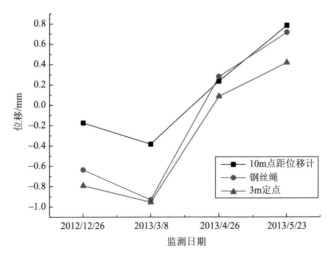

图 10.17　标距 10m 位移计与传感光缆位移对比

综上所述，本专著根据地裂缝的变形特点，比较系统地开展了基于 BOTDR 和 FBG 的地裂缝分布式光纤传感监测技术研究。研究成果在江阴市四房巷地裂缝实际监测中得到了验证，为地裂缝的监测与防治提供了一种新的有效监测手段。

10.5　边坡光纤监测技术研究

10.5.1　主要问题

边坡监测工作一直是近现代岩土工程领域研究的重点问题，它是了解和掌握坡体的演变过程，及时捕捉滑坡灾害特征信息的重要手段，为滑坡的正确分析、评价、预测、预报及治理工程等提供可靠资料和科学依据。边坡的失稳破坏，一般都经历了渐变到突变的发展过程，在破坏前具有某种征兆。但由于影响边坡稳定性的多场作用复杂，凭直觉和经验常难以把握边坡状态的发展过程，必须采用各种监测技术对其进行周密观测。

目前，滑坡监测指标主要以变形为主，包括地质宏观形迹监测、地面位移监测、深部位移监测。由于坡体变形场是多种影响因素综合作用的结果，地下水、降雨、温度、地球物理、化学等多场影响因素的作用不容忽视。因此，边坡监测在重点进行变形监测的同时，也开始往多场多参量的方向发展。目前，传统的监测技术还无法很好地适用于边坡这种复杂开放的系统，主要存在以下不足：

（1）多为点式监测。点式监测的最大问题就是容易漏检，尤其当漏检的是一些关键位置（如滑动面、剪切带等）时，则直接影响对坡体整体稳定性的判断。此外，点式监测的都是局部变量，由于测试误差以及地质体的复杂性和不均匀性，监测结果常具有很大的离散性，造成数据难以分析和解译。

（2）GPS、近景摄影等、合成孔径雷达、地面激光扫描等技术可以很好地获得坡体表面的变形，但坡表变形易受外界环境因素的影响，如一次强降雨便可造成坡表局部大变形，可能会低估坡体的稳定性。而坡体内部尤其是滑带附近变形才是边坡稳定性变化最准确地反映。

（3）可靠性低。传统的植入式传感器核心元件主要基于金属材料，对防水、防化学物质等的腐蚀要求较高，故耐久性一般，同时各类电式、磁式传感器抗干扰能力差，易造成传感系统整体的可靠度较低。

（4）监测系统的集成化程度较低。各种传统检测和监测技术都是自成体系，彼此独立，现场监测、数据处理和分析，评价系统等环节的集成度不高，不易实现大范围的组网。

本专著以三峡库区马家沟滑坡监测为例，阐述分布式光纤感测技术在边坡多场多参量监测中的应用。

10.5.2　边坡监测方案

变形是边坡稳定性评价的重要指标，是边坡监测的主要参数之一。对于一些地质条件复杂的边坡或者已经产生变形的边坡，一般需要对坡面进行加固处理，如采用钢筋混凝土格构梁和锚杆（索）组成的结构体系，或者采用抗滑桩和挡土墙等支挡结构进行加固，以提高边坡的稳定性。相应地，边坡监测除了包括边坡表面和深部位移的监测，也包括对边坡加固和支挡结构的监测。

1）边坡坡面传感光缆布设

边坡表层岩土体由于降雨、地震、人类工程活动、软弱结构面或其他因素的影响，会发生各种形式的滑塌，且滑塌发生的位置通常难以确定。分布式光纤感测技术由于测量距离长、覆盖范围大，适合应用于边坡表面变形监测。

传感光缆在边坡表面布设方法如图 10.18 所示，间隔一定距离将光缆固定在边坡土体表面以下一定深度位置，或直接附着在岩体表面，使其跟岩土体的变形协调一致。并将通过各固定节点的传感光缆相互连接构成监测网，用以监测边坡表层岩土体的变形。传感光缆的温度补偿可以采用布设在 PU 管内的自由光纤，使其不受土体变形的影响，用于消除温度对长期应变监测结果的影响。当表层岩土体发生滑动时，会带动传感光缆一起发生滑动，传感光缆受拉伸产生轴向应变，通过 BOTDR 对光纤应变进行测量和应变异常的定位，可以确定边坡发生滑动变形的区域。

2）边坡格构梁传感光缆布设

钢筋混凝土格构梁和锚杆加固是边坡锚固工程常见的结构形式。在依靠锚杆加固坡体时，纵横地梁组成的格构梁体系将整个坡面进行覆盖加固，使坡面整体性得到加强。同时，格构梁又是锚杆承受的集中荷载传递到边坡表面的中间介质。

格构梁的变形监测采用将传感光缆埋入的方式进行铺设，即在制作格构梁的同时将传感光缆埋入混凝土中，使其与格构梁成为一体而达到协调变形。而对于已浇注成型的格构梁，可以采用在混凝土格构梁表面刻槽再埋设光纤的方法。采用如图 10.19 所示的布设方法，将光缆植入纵横交叉的格构梁中，形成的具有应变传感功能的光纤监测网络。同样，传感光缆的温度补偿可以采用布设自由光纤的方法来实现。光纤布设完成后，采用 OTDR

对光纤布设的完整性和光纤光损情况进行检测，确保达到监测要求。

当格构梁发生变形或产生裂缝时，根据监测光缆的应变变化，可以实现对格构梁异常部位的空间定位及稳定性的评估。

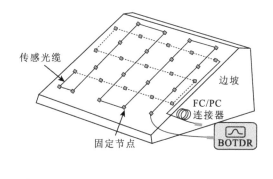

图 10.18　光纤传感网络在边坡表面的布置图

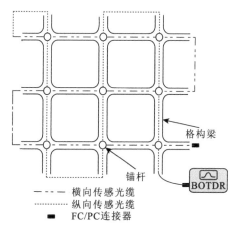

图 10.19　格构梁光纤传感网络布设示意图

3）锚杆传感光缆布设

作为边坡加固主体的锚杆，其安装质量和工作状态将直接影响边坡工程的正常、安全运行，对锚杆变形进行监测是一项必不可少的工作。目前，工程上多采用常规的拉拔试验来确定锚杆的极限承载力，检验其安装质量是否满足设计要求等。而对锚杆应力，多采用差动电阻式、电阻应变式和振弦式传感器进行测试，这些传感器容易受电磁干扰、酸碱腐蚀和潮湿环境等外界恶劣环境的影响，测量精度降低，难以完成对锚杆应力状态的实时、在线和长期监测。采用 BOTDR 分布式光纤感测技术对锚杆通体变形进行监测，可以得到锚杆的轴向应力、锚杆与黏结材料之间的剪应力沿锚杆体分布规律，为边坡工程设计、施工和维护等提供基础性数据。

锚杆上的传感光缆采用如图 10.20 所示方法进行布设，在锚杆一侧刻槽，采用黏结剂将传感光缆与锚杆固定在一起。光纤沿锚杆轴向布设，呈 U 字形。锚杆另一侧的温度补偿光纤采用 PU 管和金属波纹管进行封装，使其不受岩土体变形的影响，只对温度敏感，通过温度补偿消除温度对光缆应变的影响，便于实现对锚杆变形的长期监测。

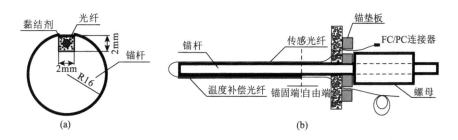

图 10.20　锚杆分布式光纤传感器布设示意图

多根锚杆上铺设的传感光缆可以通过通讯光缆串接在一起,这样只需在一端测量就可以实现多根锚杆的同时监测,得到锚杆通体的应变分布。由锚杆上各点的应变值计算出相应点的轴力,获得锚杆轴力分布曲线。由相邻两点的应变值可以得到沿锚杆轴向的剪应力分布。

4)抗滑桩传感光缆布设

抗滑桩具有抗滑能力大、桩位灵活、适用条件广、施工方便和加固效果显著等特点,在边坡治理、加固工程中得到广泛应用。从受力角度来看,抗滑桩是一种大截面、侧向受荷桩。抗滑桩由于被动地承受岩土体的压力,并且和岩土共同构成了一种复杂的受力体系。为全面了解边坡工程的加固效果,掌握滑坡区滑坡体稳定状态和抗滑桩在运营过程中的受力和位移情况,采用分布式光纤感测技术可以得到沿抗滑桩深度方向上各点的应力应变分布状况,计算抗滑桩挠度,检测抗滑桩在滑坡推力作用下可能发生的位移和扭转情况,研究抗滑桩变形随时间的发展变化情况,及时预报施工后抗滑桩的位移,结合土压力的分析,进而可为综合分析边坡的变形和发展状况提供依据。

传感光缆的布设可利用抗滑桩内的钢筋作为载体,桩孔完成后在安放钢筋笼的同时,选取边坡主滑动方向上受拉和受压侧的两根纵向筋体,将传感光缆捆绑在钢筋上,随钢筋笼放入桩孔内。如图 10.21 所示,传感光缆在桩体内呈 U 字形布设,底部圆滑过渡相连,孔口处采用 PU 管和金属波纹等进行保护后从侧边引出。另外,为了消除传感光缆的应变和温度交叉敏感问题,还应布设一根放置在 PVC 管内的自由光纤作为温度补偿光缆。传感光缆布设完成后,从桩身混凝土初凝时起,定期监测传感光缆的应变变化。

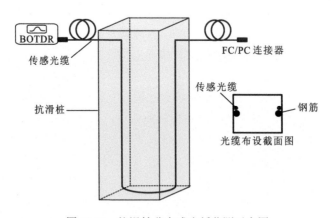

图 10.21　抗滑桩分布式光纤监测示意图

边坡发生滑动时,抗滑桩受到土压力影响产生弯曲变形,使得桩身内两侧的光缆分别产生拉、压变形,通过对传感光缆应变的监测,可以得到桩体应变分布状态。抗滑桩的弯曲变形可简化为悬臂梁变形,抗滑桩的挠度计算可以采用与测斜管挠度计算相同的方法。

此外，对于其他的抗滑结构，如预应力锚索抗滑桩结构，应当将多排锚索和抗滑桩的受力和变形监测结合起来，综合分析抗滑桩、土和锚索的受力情况，从而对其加固效果进行评价和分析。

5）挡土墙传感光缆的布设

边坡支挡结构中应用的挡土墙类型很多，如重力式、悬臂式、锚杆式和加筋土式等，通常需要根据工程地质、水文地质、施工方法和技术经济条件等因素进行合理选择。挡土墙的变形破坏主要表现为挡土墙表面隆起、开裂，以及整体滑动、水平滑移和倾覆。

挡土墙表面传感光缆可以采用埋入或表面粘贴的方式进行铺设，使其与挡土墙成为一体而达到协调变形。按照图 10.22 所示方法，传感光缆布设成光纤监测网。光纤铺设完成以后，定期对挡土墙表面传感光缆的应变进行监测。挡土墙发生隆起、开裂时，通过对监测数据的分析，可对发生异常的部位进行定位。通过对挡土墙表面的应变分布和应变随时间的变化情况的分析，可实现对挡土墙稳定性的评价，检验加固效果，验证挡土墙结构形式的合理性。另外，对桩锚组合式挡土墙，还应将锚杆（索）和挡土墙的受力和变形监测结合起来，综合分析挡土墙的受力情况，从而对其加固效果和稳定性进行分析评价。

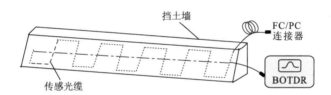

图 10.22　挡土墙表面分布式光纤监测示意图

对土工格栅建造的加筋土挡墙，可采用分布式传感光缆对墙面板和土工格栅的应变进行同时监测，得到不同高度上土工格栅的应变分布情况。加筋挡土墙结构和土工格栅传感光缆布设如图 10.23 所示。传感光缆采用黏结剂固定在格栅上，沿土体主滑方向布设；沿

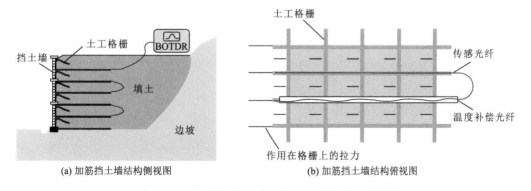

(a) 加筋挡土墙结构侧视图　　　　　　　(b) 加筋挡土墙结构俯视图

图 10.23　土工格栅加筋挡土墙布式光纤监测示意图

与传感光缆平行方向布设一根放置在 PVC 管内的自由光缆，用于土体内部温度测量，同时作为传感光缆的温度补偿。采用 BOTDR 监测土工格栅在拉力作用下的应变变化，对格栅的受力情况进行分析，与设计计算结果进行比较，从而对挡土墙设计参数和加固效果进行分析评价。

10.5.3　三峡库区马家沟滑坡分布式光纤监测

1）概况

马家沟 I 号滑坡地处湖北省秭归县归州镇彭家坡村 8 组，位于三峡库区长江支流吒溪河左岸，距长江河口 2.1km。马家沟坡体整体呈舌形展布，发育有多级缓坡平台和分布较多的陡坎。主滑方向约为 290°。坡体总长约 560m，前缘高程约 124m，宽度约 150m，后缘高程约 284m，宽度约 210m。坡体面积约 98 万 m²，体积约 136 万 m³，整体坡度约为 15°。

马家沟滑坡基岩地层是为侏罗系上统遂宁组（J_3s），岩性主要为长石石英砂岩和粉砂岩，其中夹有紫红色的粉砂质泥岩、泥岩，其强度一般较低，遇水易软化、泥化，是三峡地区易滑地层之一。坡体基岩上部分布第四系松散堆积物。图 10.24 为根据以马家沟滑坡根据现场地质钻孔资料得到的工程地质剖面图，地层分布从上到下依次为粉质黏土、碎石土、滑带土和基岩。

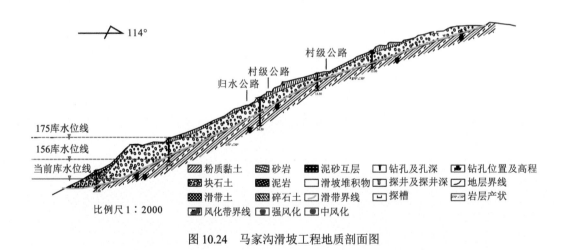

图 10.24　马家沟滑坡工程地质剖面图

2）马家沟滑坡分布式光纤监测系统

为了准确提取影响滑坡变形的多场信息，掌握马家沟滑坡的变形演化特征，在了解了坡体的地质构造、地貌、岩性、水文地质、工程地质等条件的基础上，结合分布式光纤感测技术的优势及特点，综合选用 FBG、BOTDR、ROTDR 光纤感测技术，同时结合常规监测技术手段，分别对坡体的变形场、温度场、应力场、渗流场，进行监测方案的设计。

涉及的多场物理参量具体包括：应变、位移、温度、土压力、抗滑桩内力、渗压以及降雨量、库水位等（Zhang et al.，2015；Sun et al.，2014）。

　　沿坡体主滑方向不同高程布置多个光纤综合监测孔，孔深在 14～40m 不等，孔内分别布设光纤应变、温度光缆，渗压计、水位计和测斜仪。沿坡体横向等高线，近似垂直于主滑方向，设置两条坡体浅层变形和温度测线，如图 10.25 虚线所示。在坡体前缘，布置试验抗滑桩，在桩身内部布设应变传感光缆，在桩侧布设土压力计、渗压计，用以监测和评价抗滑桩工作状态。最终形成一个较为全面的以光纤感测技术为主要监测手段的滑坡多场信息监测系统。图 10.25 为马家沟滑坡监测平面位置示意图，表 10.2 为多场监测方案。

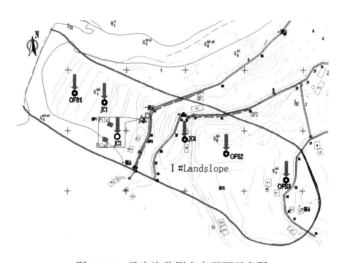

图 10.25　马家沟监测方案平面示意图

表 10.2　多场监测方案

传感技术	变形场	应力场	温度场	渗流场
FBG		Pile2	OFS1、OFS2、OFS3 JC1、JC3、JC8	OFS1、OFS2 OFS3、Pile2
BOTDR	SF1、SF2、OFS1 OFS2、OFS3、JC1、JC3、JC8 Pile2	Pile2		
ROTDR			OFS1、OFS2、OFS3 JC1、JC3、JC8 SF1 SF2	
测斜仪	OFS1、OFS2、OFS3 JC1、JC3、JC8			

（a）光缆综合观测孔

　　沿主滑方向不同高程共设置 6 个光纤综合监测孔。成孔之后，放入外径 70mm 的铝制测斜管，并沿管壁粘贴应变传感光缆，用以监测坡体深部位移；埋入温度传感光缆、FBG 温度计串用以坡体温度监测；埋入渗压计、水位计用以坡体地下水位和孔压监测。图 10.26 为光纤综合监测孔传感器布设示意，图 10.27 为现场施工图。

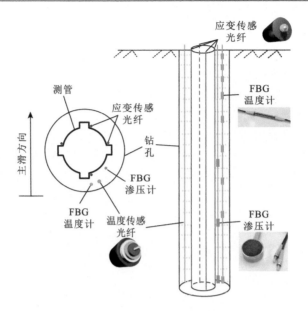

图 10.26　光纤综合监测孔

（b）坡表浅层光纤监测

坡面位移能直接反映滑坡的变形情况。采用直埋和定点相结合的方式，近似垂直于主滑方向沿等高线布设两条测线（SF1 和 SF2）。为便于施工，两测线选择沿村级公路（归水公路）内侧排水沟横穿坡体进行布设。传感光缆埋置在排水沟底部，包括温度和应变传感光缆，分别用于监测浅层温度和应变场分布和变化。每间隔约 2m 设置如图 10.28 所示T 形固定装置，T 形装置底部插入土中约 40cm，对各 T 形装置间光缆施加预应力。然后覆盖约 20cm 厚细粒土（可以将原位土体过 2mm 筛），再回填原位土体，之后，用水泥砌筑沟底，恢复原貌。布设方式和现场施工如图 10.29 所示。

(a) 钻孔　　　(b) 传感光缆及传感器下孔　　　(c) 测斜管安装　　　(d) 测斜管壁光纤布设

图 10.27　现场施工图

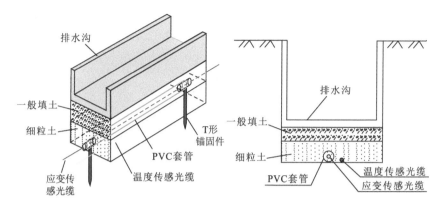

图 10.28　沟槽光纤布设示意图

| (a) 开槽 | (b) 安装T形
定点锚固架 | (c) 铺设光纤 | (d) 回填土体 | (e) 沟槽砌筑,
恢复原貌 |

图 10.29　现场施工图

（c）抗滑桩监测

抗滑桩桩长 40m，桩身的截面 1.5m×2.0m，钢筋笼尺寸为 1.3m×1.8m。通过将传感光缆在抗滑桩混凝土浇筑前，绑扎在钢筋笼上，同时在抗滑桩前后缘壁人工开孔布设光纤土压力计。监测滑坡演化过程中，桩体变形、内力及土压力等特征参量分布和变化。图 10.30 为抗滑桩内传感器布设示意图，图 10.31 为抗滑桩及光纤传感器安装现场施工图。

（d）光纤监测网及测站建立

为实现对各测点的同步与集中监测，采用通讯光缆将各条监测线路连接后引至监测站，监测站设于归水公路旁的民房内。通讯光缆采用架设木杆，由空中衔接走线的布设方式，长度总计约 800m。通讯光缆平面布置、现场架设和野外监测情况如图 10.32 所示。

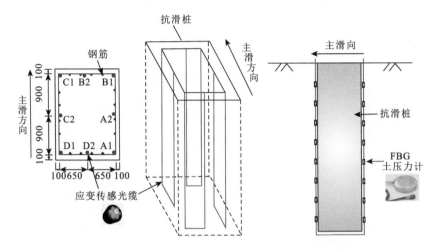

图 10.30 抗滑桩内传感光缆及土压力计布设示意

(a) 浇筑前的抗滑桩

(b) 沿钢筋绑扎的传感光缆

(c) FBG土压力计安装

图 10.31 抗滑桩及传感器现场布设图

(a) 光纤线路平面示意图

(b) 架杆

(b) 空中布线   (c) 测站内监测

图 10.32 光纤布设网络示意图及现场监测

3）监测结果与分析

分布式光纤监测网络于 2012 年 8 月 24 日布设完成，并于 2012 年 9 月 12 日进行第一次数据采集，并将其作为初始值，即以后各期测值将扣除初始值，获得相对变化信息。本节就 2012 年 11 月至 2014 年 7 月间的坡体各场监测结果分别进行说明和分析。

（a）渗流场

图 10.33 为光纤综合观测孔和抗滑桩不同深度孔压、地下位随监测时间的变化。结合三峡库区库水位变化情况可知，位于坡体前缘测点（OFS1、Pile2）地下水位变动活跃，地下水位升降、孔压变化情况同对应时段的库水位波动一致，表明前缘坡体同吒溪河的水力联系十分密切，主要受库水位变化控制。位于坡体中后缘孔（如 OFS2），

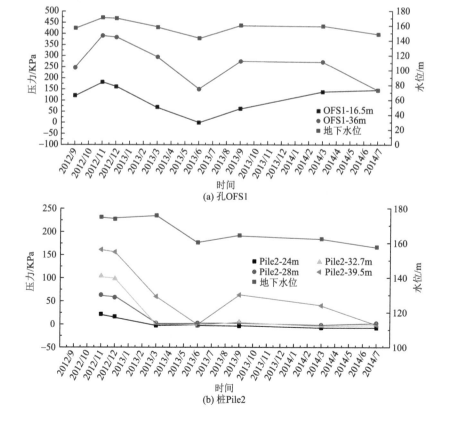

(a) 孔OFS1

(b) 桩Pile2

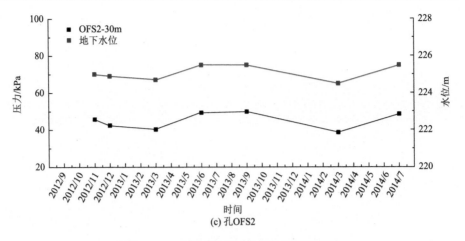

(c) 孔OFS2

图 10.33　各测点地下水位及孔压监测结果

地下水位波动很小，基本保持不变，结合钻孔勘测资料，后缘未见稳定潜水面，主要存在部分滞水层。各测孔内，孔隙水压同地下水位变化趋势基本一致，表明坡体不同岩层间的水力联系紧密，光纤渗压计主要反映地下水位变化状况。

（b）温度场

图 10.34 是由测孔 JC3 得到的坡体沿深度的温度分布及随时间变化情况，图 10.35 是由测线 SF1 得到的坡表浅层同一高程不同位置温度分布。监测结果显示，坡体深部和浅层温度整体都有随季节变化而波动的明显趋势，体现为 6～9 月温度较高，12 月到次年 3 月

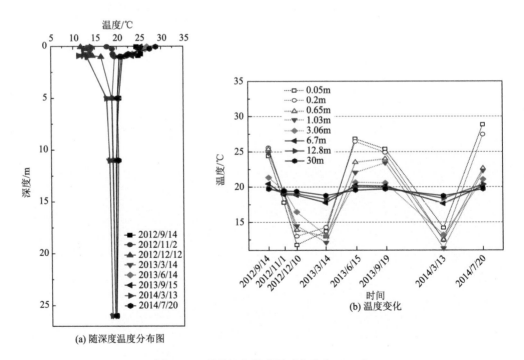

(a) 随深度温度分布图

(b) 温度变化

图 10.34　坡体深部温度场时空分布（JC3）

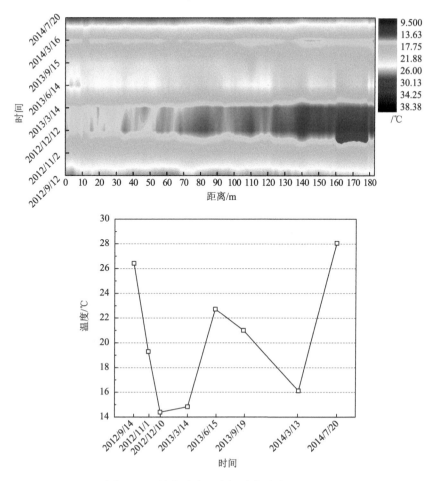

图 10.35　坡体浅表温度场时空分布（SF1）

温度较低，温度测值的变化范围大致在 10℃至 30℃。坡体不同深度温度存在较大的差异，其中，距地表以下约 7m 范围内，属于坡体的变温带，温度呈现明显的梯度变化。7m 以下，温度波动较小，深部温度大致稳定在 19℃附近。坡表沟槽的温度反映出不同位置坡体温度变化相对均匀，偏差在 2℃以内，温度量值和变化同各测孔浅层温度测值接近，主要受太阳辐射和环境气温的影响。

（c）变形场

（i）岩土体变形

这里以位于坡体中缘的 JC8 为例，分析光纤综合监测孔 JC8 深部位移监测结果。JC8 孔测斜位移［图 10.36（a）］和光纤变形［图 10.36（b）］监测结果均显示，在位于坡面以下 12m 和 34m 存在变形异常，为潜在滑面位置。其中，在 34m 位置，将光纤位移结果同测斜管位移值进行比较，如图 10.36（c）所示，显示两者的变化趋势一致，量值接近。坡体 6 期滑带水平位移同坡面处的累积水平位移比值分别为 0.67，0.64，0.74，0.72，0.77 和 0.67，表明坡体变形主要受该处滑面控制。截至 2014 年 3 月，滑带位置累积水平相对位移约为 7cm，位移平均变化速率约为 0.2mm/d。

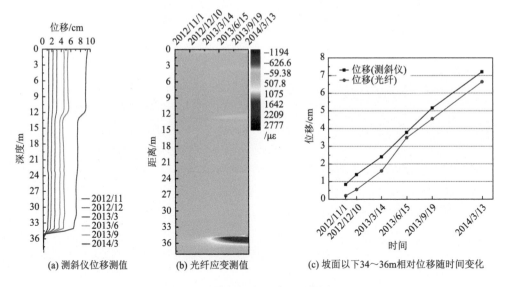

图 10.36　孔 JC8 位移变形监测结果

（ii）桩身变形

抗滑桩处于坡体的中部，图 10.37（a）为抗滑桩沿主滑向的挠曲变形光纤应变测值，结果显示，抗滑桩的挠曲变形在 15.5m 附近呈现压应变集中，在 22m 和 29m 深度附近为拉应变集中区。图 10.37（b）为由光纤应变计算得到的桩身挠曲变形，图 10.37（c）为桩

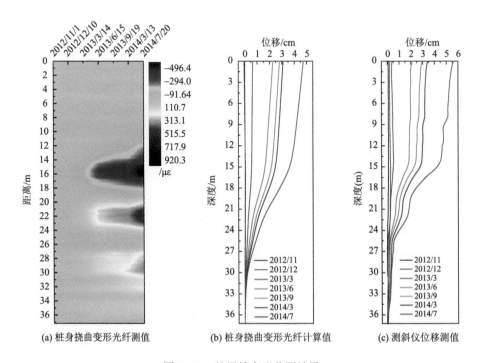

图 10.37　抗滑桩变形监测结果

周测斜仪的监测结果，两者量值接近，分布形状一致。桩身整体应变量在钢筋混凝土桩工作负荷范围以内，桩身状态良好。综合抗滑桩位移和应变监测结果，可以确定 19m 和 27m 为两个潜在的深部滑面位置。

图 10.38 是三处变形异常区桩身水平向位移值和桩身挠曲应变量（绝对值）随时间变化曲线。位移与应变的变化趋势一致，随时间稳步增加，且其中 2013 年 3 月至 6 月和 2014 年 3 月至 2014 年 7 月测期，变形速率有相对明显的增加，位移平均速率约为 0.2mm/d，而其他测期的速率则是 0.1mm/d（在此期间，库水位正处全年的低位，且有出现快速消落时段）。

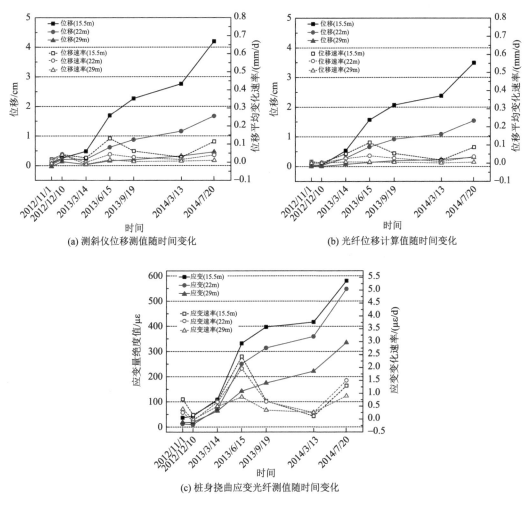

图 10.38 抗滑桩位移与桩身应变

将各孔测斜位移和光纤应变测值投影至坡体主滑向剖面（数据选取 2012 年 11 月至 2013 年 9 月测值），得图 10.39。将图中各测点变形异常区域连接起来，即可确定坡体潜在滑动面分布。结果显示，在坡面以下主要存在两个滑动面：第一滑动面在坡面以下平均约 15m 深度位置，第二滑动面距坡表平均约 33m，且由上文各测孔变形监测结果知，33m 处的第二滑动面为主滑面。

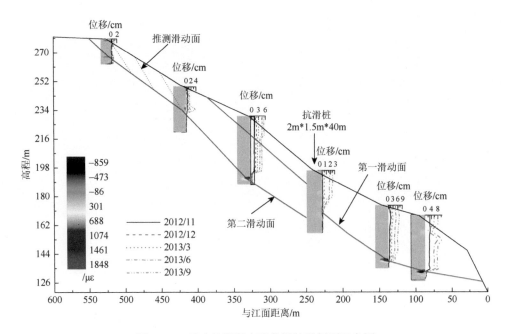

图 10.39　马家沟滑坡变形监测结果剖面示意图

（iii）坡表浅层位移

图 10.40（a）和图 10.40（b）为各测期 SF1 和 SF2 测线光纤应变分布云图。

监测结果显示，测线 SF1 在 132m 附近，测线 SF2 在 58m 附近区段，存在显著的变形异常（Zhang et al.，2014b）。结合前期野外地质勘探结果，异常区对应的正是马家沟 I 号斜坡的右侧冲沟发育位置，为坡体滑动变形的边界，伴随强烈的剪切变形。人工巡查发现，区域 a，b 出现了局部小型土体坍塌和地面大变形开裂的现象，如图 10.41 所示。

进一步，通过建立如图 10.42 所示的简化模型，可以计算坡体剪切带中滑动区的相对错动变形。由分布式光纤应变时空测值分布云图 10.40，确定应变异常带的起点位置 x_0 和长度 L 大小，对应为剪切变形区段，再根据几何关系，建立如式（10.2）所示的关系。

$$\begin{cases} u = \sqrt{2L\Delta L + \Delta L^2 + \cos^2\theta L^2} - L\cos\theta \\ \Delta L = \int_{x_0}^{x_0+L} \varepsilon(x)\mathrm{d}x \end{cases} \qquad (10.2)$$

式中，$\varepsilon(x)$ 为对应位置处光纤应变测值。图 10.43 是根据式（10.2）计算得到的测线 SF1 和测线 SF2 剪切区变形计算结果，SF1 和 SF2 测线计算得到的剪切区位移量值接近，显示剪切区大致以相同变形速率在稳步增大，截至 2014 年 7 月，累积相对位移近 4cm，位移平均变化速率约为 1.5mm/月。

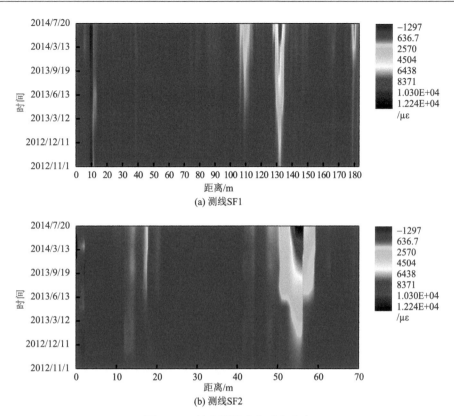

(a) 测线SF1

(b) 测线SF2

图 10.40 坡表测线应变时空分布

图 10.41 局部坍塌和路面开裂

（iv）桩身内力

抗滑桩桩身不同深度截面弯矩可以根据式（10.3）计算，

$$M(z) = \frac{EI\varepsilon_{\mathrm{m}}(z)}{D/2} \tag{10.3}$$

式中，$M(z)$ 为弯矩，D 为抗滑桩桩径，E 为弹模，I 为截面惯性矩，$\varepsilon_{\mathrm{m}}(z)$ 为桩挠曲变形光纤应变测值。对式（10.3）求一阶导数，得到抗滑桩不同深度截面处剪力 $Q(z)$：

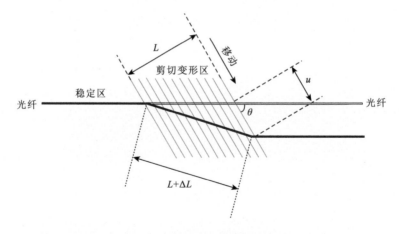

图 10.42　坡体剪切区变形计算模型

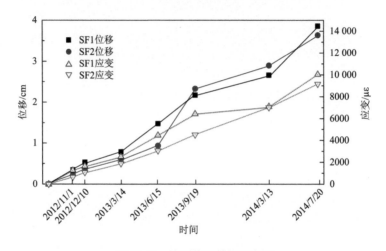

图 10.43　坡面剪切带相对变形

$$Q(z) = \frac{\mathrm{d}M(z)}{\mathrm{d}z} = \frac{EI}{D/2} \frac{\mathrm{d}\varepsilon_{\mathrm{m}}(z)}{\mathrm{d}z} \qquad (10.4)$$

图 10.44（a）和图 10.44（b）为根据式（10.3）和式（10.4）得到的抗滑桩各期桩身弯矩和剪力分布。由图可见，15.5m，22m 和 29m 深度为弯矩集中分布区；14m，19m，24m，27m 和 30.5m 为剪应力集中分布区，其中的 19m 和 27m 的剪力方向同坡体滑向相反，对应坡体深部的潜在滑面位置，体现桩的阻滑作用。图 10.44（c）和图 10.44（d）分别为抗滑桩后缘和前缘 FBG 土压力计监测结果。桩后缘土压力在 23.9m 和 31.9m 处，桩前缘土压力在 20.2m，28.2m 处随时间均呈现不断增大的趋势，对应剪力异常位置，同抗滑桩内力监测结果具有很好的一致性。图 10.44（e）和图 10.44（f）分别为潜在滑面附近桩身弯矩和剪力随时间变化趋势，随时间均稳步增加，且其中 2013 年 3 月至 6 月和 2014年 3 月至 7 月间测值的变化速率显示有相对明显的增加。

综上，本节利用分布式光纤多场监测技术对三峡马家沟库岸滑坡进行了监测，成功建立了针对坡体温度场、渗流场、应力场和变形场的野外光纤多场监测系统，准确获取了马家沟岸坡多场变化信息，为马家沟滑坡的稳定性分析提供了可靠的依据。

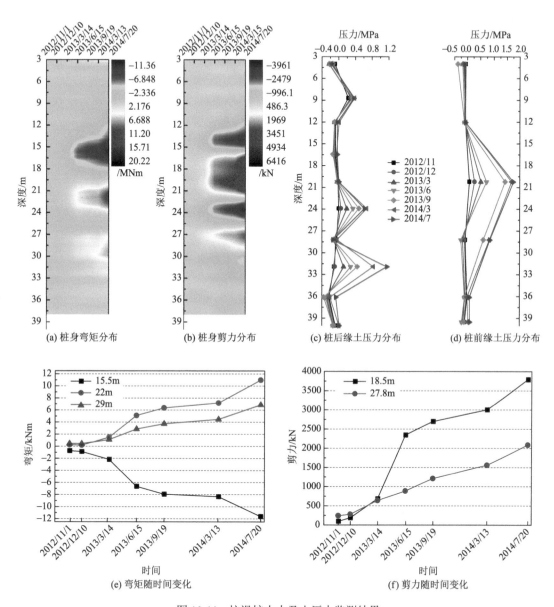

图 10.44　抗滑桩内力及土压力监测结果

参 考 文 献

毕卫红，邢云海，周昆鹏，等.2017. 长周期光纤光栅检测混合油的折射率. 光子学报，46（2）：38～44.

蔡德所，戴会超，蔡顺德，等.2006. 大坝混凝土结构温度场监测的光纤分布式温度测量技术. 水力发电学报，25（4）：88～101.

蔡德所，何薪基，蔡顺德，等.2005. 大型三维混凝土结构温度场的光纤监测技术. 三峡大学学报（自然科学版），27（2）：97～100.

蔡德所，何薪基，张林.2001. 拱坝小比尺石膏模型裂缝定位的分布式光纤传感技术. 水利学报，1（2）：50～53.

蔡德所，刘浩吾，何薪基，等.1999. 斜交分布式光纤传感技术研究. 武汉水利电力大学（宜昌）学报，21（2）：93～96.

蔡顺德，蔡德所，何薪基，等.2002. 分布式光纤监测大块体混凝土水化热过程分析. 三峡大学学报（自然科学版），24（6）：481～485.

曹鼎峰，施斌，严珺凡，等.2014. 基于 C-DTS 的土壤含水率分布式测定方法研究. 岩土工程学报，36（5）：910～915.

柴敬.2003. 岩体变形与破坏光纤传感测试基础研究. 西安：西安科技大学博士学位论文.

柴敬，兰曙光，李继平，等.2005. 光纤 Bragg 光栅锚杆应力应变监测系统. 西安科技大学学报，25（1）：1～4.

柴敬，邱标，魏世明，等.2008. 岩层变形检测的植入式光纤 Bragg 光栅应变传递分析与应用. 岩石力学与工程学报，27（12）：2551～2556.

陈冬冬.2017. 考虑多因素的分布式传感光纤. 南京：南京大学硕士学位论文.

陈伟民，江毅，黄尚廉.1995. 光纤布喇格光栅应变传感技术. 光通信技术，19（3）：249～253.

陈曦.2013. 基于长周期光纤光栅的 NaCl 溶液浓度传感器研究. 天津：天津大学硕士学位论文.

陈卓，张丹，孙梦雅.2018. 基于 FBG 技术的土体含水率测量方法试验. 水文地质工程地质，45（4）：108～112.

陈卓，张丹，王海玲.2017. 分子印迹光纤传感技术应用的研究进展. 激光与光电子学进展，54（12）：120001.

程刚，施斌，张平松，等.2017. 采动覆岩变形分布式光纤物理模型试验研究. 工程地质学报，25（4）：926～934.

丁勇，施斌，孙宇，等.2006. 基于 BOTDR 的白泥井 3 号隧道拱圈变形监测. 工程地质学报，14（5）：649～653.

丁勇，王平，何宁，等.2011. 基于 BOTDA 光纤传感技术的 SMW 工法桩分布式测量研究. 岩土工程学报，33（5）：719～724.

段云锋，吕福云，王健，等.2005. 反向抽运分布式光纤拉曼放大器的实验研究. 中国激光，32（11）：1499～1502.

高国富，罗均，谢少荣，等.2005. 智能传感器及其应用. 北京：化学工业出版社.

高俊启，张巍，施斌.2007. 涂覆和护套对分布式光纤应变检测的影响研究. 工程力学，24（8）：188～192.

龚士良.2005. 长江三角洲地质环境与地面沉降防治. 第六届世界华人地质科学研讨会和中国地质学会

二零零五年学术年会论文摘要集：36～45.

韩子夜，薛星桥. 2005. 地质灾害监测技术现状与发展趋势. 中国地质灾害与防治学报，16（3）：138～141.

何玉钧，尹成群. 2001. 布里渊散射与分布式光纤传感技术. 传感器世界，7（12）：16～21.

何祖源，刘庆文，陈典. 2017. 光纤分布式声波传感综述. 第六届地质（岩土）工程光电传感监测国际论坛，南京：南京大学.

胡建平. 2011. 苏锡常地区地下水禁采后的地面沉降效应研究. 南京：南京大学.

胡盛，施斌，魏广庆，等. 2008. 聚乙烯管道变形分布式光纤监测试验研究. 防灾减灾工程学报，28（4）：436～440+453.

胡晓东，刘文晖，胡小唐. 1999. 分布式光纤传感技术的特点与研究现状. 航空精密制造技术，35（1）：28～31.

黄广龙，张枫，徐洪钟，等. 2008. FBG 传感器在深基坑支撑应变监测中的应用. 岩土工程学报，30（Supp.）：436～440.

黄民双，曾励，陶宝祺，等. 1999. 分布式光纤布里渊散射应变传感器参数计算. 航空学报，20（2）：137～140.

黄尚廉，梁大巍，刘龚. 1991. 分布式光纤温度传感器系统的研究. 仪器仪表学报，12（4）：359～364.

黄自培. 1989. 天津市建成千米基岩标. 水文地质工程地质，（5）：58.

姜德生，方炜炜. 2003. Bragg 光纤光栅及其在传感中的应用. 传感器世界，（7）：22～26.

姜德生，何伟. 2002. 光纤光栅传感器的应用概况. 光电子·激光，13（4）：420～430.

姜德生，梁磊，南秋明，等. 2003a. 新型光纤 Bragg 光栅锚索预应力监测系统. 武汉理工大学学报，25（7）：15～17.

姜德生，罗裴，梁磊. 2003b. 光纤布拉格光栅传感器与基于应变模态理论的结构损伤识别. 仪表技术与传感器，（2）：17～19.

姜德生，孙东亚，汪小刚. 1998. 锚索变形光纤传感器的研制开发. 1998 水利水电地基与基础工程学术交流会论文集：468～470.

姜洪涛. 2005. 苏锡常地区地面沉降及其若干问题探讨. 第四纪研究，25（1）：29～33.

蒋奇，隋青美，张庆松，等. 2006. 光纤光栅锚杆传感在隧道应变监测中的技术研究. 岩土力学，27（Supp.）：315～318.

蒋小珍，雷明堂，陈渊，等. 2006. 岩溶塌陷的光纤传感监测试验研究. 水文地质工程地质，33（6）：75～79.

揭奇. 2016. 基于 BP 神经网络的库岸边坡多场监测信息分析. 南京：南京大学硕士学位论文.

揭奇，施斌，罗文强，等. 2015. 基于 DFOS 的边坡多场信息关联规则分析. 工程地质学报，23（6）：1146～1152.

雷运波，隆文非，刘浩吾. 2005. 滑坡的光纤监测技术研究. 四川水力发电，24（1）：63～65.

李博，张丹，陈晓雪，等. 2017. 分布式传感光纤与土体变形耦合性能测试方法研究. 高校地质学报，23（4）：633～639.

李川，张以谟，赵永贵，等. 2005. 光纤光栅：原理、技术与传感应用. 北京：科学出版社.

李宏男，任亮. 2008. 结构健康监测光纤光栅传感技术. 北京：中国建筑工程出版社.

李焕强，孙红月，刘永莉，等. 2008. 光纤传感技术在边坡模型试验中的应用. 岩石力学与工程学报，27（8）：1703～1708.

李科，施斌，唐朝生，等. 2010. 黏性土体干缩变形分布式光纤监测试验研究. 岩土力学，31（6）：1781～1785.

李伟良. 2008. 光频域喇曼反射光纤温度传感器的频域参量设计. 光子学报. 37（1）：86~90.

梁磊，姜德生，周雪芳，等. 2003. 光纤 Bragg 光栅传感器在桥梁工程中的应用. 光学与光电技术，1（2）：36～39.

廖延彪，黎敏，张敏，等. 2009. 光纤传感技术与应用. 北京：清华大学出版社.

刘春，施斌，吴静红，等. 2017. 排灌水条件下砂黏土层变形响应模型箱试验. 岩土工程学报，39（9）：
　　　1746～1752.

刘浩吾. 1999. 混凝土重力坝裂缝观测的光纤传感网络. 水利学报，（10）：61～64.

刘浩吾，谢玲玲. 2003. 桥梁裂缝监测的光纤传感网络. 桥梁建设，（2）：78～81.

刘杰，施斌，张丹，等. 2006. 基于 BOTDR 的基坑变形分布式监测实验研究. 岩土力学，27（7）：1224～
　　　1228.

刘琨，冯博文，刘铁根，等. 2015. 基于光频域反射技术的光纤连续分布式定位应变传感. 中国激光，
　　　42（5）：0505006.

刘少林，张丹，张平松，等. 2016. 基于分布式光纤传感技术的采动覆岩变形监测. 工程地质学报，24（6）：
　　　1118～1125.

刘永莉，孙红月，于洋，等. 2012. 抗滑桩内力的 BOTDR 监测分析. 浙江大学学报（工学版），46（2）：
　　　243～249.

卢哲安，符晶华，张全林. 2001. 光纤传感器用于土木工程检测的研究——关键技术及实现途径. 武汉理
　　　工大学学报，23（8）：37～41.

罗志会，蔡德所，文泓桥，等. 2015. 一种超弱光纤光栅阵列的定位方法. 光学学报，35（12）：1206006.

孟志浩，刘建国，李文峰，等. 2016. 苏州轨道交通盾构隧道施工与运营期 BOFDA 监测技术研究. 工程
　　　地质学报，24（s1）：1133～1139.

裴华富，殷建华，凡友华，等. 2010. 基于光纤光栅传感技术的边坡原位测斜及稳定性评估方法. 岩石力
　　　学与工程学报，29（8）：1570～1576.

朴春德，施斌，魏广庆，等. 2008. 分布式光纤传感技术在钻孔灌注桩检测中的应用. 岩土工程学报，
　　　30（7）：976～981.

尚丽平，张淑清，史锦珊. 2001. 光纤光栅传感器的现状与发展. 燕山大学学报，25（2）：139～143.

施斌. 2013. 论工程地质中的场及其多场耦合. 工程地质学报，21（5）：673～680.

施斌，丁勇，徐洪钟，等. 2004a. 分布式光纤应变测量技术在滑坡早期预警中的应用. 工程地质学报，
　　　12（Suppl.）：515～518.

施斌，顾凯，魏广庆，等. 2018. 地面沉降钻孔全断面分布式光纤监测技术. 工程地质学报，26（2）：356～
　　　364.

施斌，徐洪钟，张丹，等. 2004b. BOTDR 应变监测技术应用在大型基础工程健康诊断中的可行性研究. 岩
　　　石力学与工程学报，23（3）：493～499.

施斌，徐学军，王镝，等. 2005. 隧道健康诊断 BOTDR 分布式光纤应变监测技术研究. 岩石力学与工程
　　　学报，24（15）：2622～2628.

施斌，阎长虹. 2017. 工程地质学. 北京：科学出版社.

施斌，余小奎，张巍，等. 2006. 基于光纤传感技术的桩基分布式检测技术研究. 第二届全国岩土与工程
　　　学术大会论文集：486～491.

史彦新，张青，孟宪玮. 2008. 分布式光纤传感技术在滑坡监测中的应用. 吉林大学学报（地球科学版），
　　　38（5）：820～824.

宋牟平，汤伟中，周文. 1999. 分布式光纤传感器中孤子效应作用的研究. 浙江大学学报（工学版），
　　　33（5）：519～524.

宋占璞，施斌，汪义龙，等. 2016. 削坡作用土质边坡变形分布式光纤监测试验研究. 工程地质学报，
　　　24（6）：1110～1117.

隋海波，施斌，张丹，等. 2008b. 地质和岩土工程光纤传感监测技术综述. 工程地质学报，16（1）：135～
　　　143.

隋海波，施斌，张丹，等. 2008c. 基坑工程 BOTDR 分布式光纤监测技术研究. 防灾减灾工程学报，28（2）：184~191.

隋海波，施斌，张丹. 2008a. 边坡工程分布式光纤监测技术研究. 岩石力学与工程学报，27（S2）：3725~3731.

孙义杰. 2015. 库岸边坡多场光纤监测技术与稳定性评价研究. 南京：南京大学博士学位论文.

索文斌. 2016. 深基坑工程光纤监测技术与稳定性评价研究. 南京：南京大学博士学位论文.

索文斌，程刚，卢毅，等. 2016. 深基坑支护桩布里渊光时域分布式监测方法研究. 高校地质学报，22（4）：724~732.

索文斌，施斌，张巍，等. 2006. 基于 BOTDR 的分布式光纤传感器标定实验研究. 仪器仪表学报，27（9）：985~989.

唐天国，朱以文，蔡德所，等. 2006. 光纤岩层滑动传感监测原理及试验研究. 岩石力学与工程学报，25（2）：340~344.

童恒金，施斌，魏广庆，等. 2014. 基于 BOTDA 的 PHC 桩挠度分布式检测研究. 防灾减灾工程学报，（6）：693~699.

田石柱，周智，赵雪峰，等. 2001. 土木工程监测用光纤 F－P 位移测量技术. 传感器技术，20（6）：24~26.

万华琳，蔡德所，何薪基，等. 2001. 高陡边坡深部变形的光纤传感监测试验研究. 三峡大学学报（自然科学版），23（1）：20~23.

汪其超. 2017. 基于 DFOS 的三峡马家沟滑坡长期监测与趋势分析. 南京：南京大学硕士学位论文.

汪云龙，王维铭，袁晓铭. 2013. 基于光纤光栅技术测量模型土体内侧向位移的植入梁法. 岩土工程学报，35（S1）：181~185.

王宏宪，张丹，李长圣，等. 2014. 基于 PPP-BOTDA 的膨胀土裂隙发育特征的分析与表征方法研究. 工程地质学报，22（2）：210~217.

王嘉诚，张丹，刘少林，等. 2015. 煤层底板采动变形分布式光纤监测与分析. 工程地质学报，23（S1）：712~720.

王嘉诚，张丹，闫继送，等. 2016. 分布式传感光缆循环疲劳性能的测试方法. 光通信研究，（1）：15~18.

王俊杰，姜德生，谢官模，等. 2006. 基于正弦机构力放大原理的高灵敏度光纤光栅压力传感器. 仪器仪表学报，27（7）：783~786.

王兰生. 2002. 地面沉降与地裂缝及其防灾对策. 中国科协 2002 年减轻自然灾害研讨会论文汇编之二：14~17.

王兴. 2017. 隧道变形光纤监测关键技术与应用研究. 南京：南京大学博士学位论文.

王宜安，张丹，张春光，等. 2017. 非均匀温度场中的单桩内力响应模型试验研究. 防灾减灾工程学报，37（4）：565~570.

王正方，王静，隋青美，等. 2015. 微型 FBG 土压力传感器的优化设计及其模型试验应用研究. 工程地质学报，23（6）：1085~1092.

魏广庆. 2008. 工程土体变形分布式光纤监测技术研究. 南京：南京大学博士学位论文.

魏广庆，施斌，胡盛，等. 2009a. FBG 在隧道施工监测中的应用及关键问题探讨. 岩土工程学报，31（4）：571~576.

魏广庆，施斌，贾建勋. 2009b. 分布式光纤传感技术在预制桩基桩内力测试中的应用. 岩土工程学报，31（6）：911~916.

吴海颖，朱鸿鹄，朱宝，等. 2019. 基于分布式光纤传感的地下管线监测研究综述. 浙江大学学报（工学版），53（6）：1057~1070.

吴静红，姜洪涛，苏晶文，等. 2016. 基于 DFOS 的苏州第四纪沉积层变形及地面沉降监测分析. 工程地质学报，24（1）：56～63.

吴永红，2003. 光纤光栅水工渗压传感器封装的结构分析与试验. 四川：四川大学博士学位论文.

夏元友，芮瑞，梁磊，等. 2005. 光纤渗压传感器与公路软基监控试验研究. 岩土工程学报，27（2）：162～166.

肖衡林，鲍华，王翠英，等. 2008. 基于分布式光纤传感技术的渗流监测理论研究. 岩土力学，29（10）：2794～2798.

肖衡林，蔡德所，何俊，2009. 基于分布式光纤传感技术的岩土体导热系数测定方法. 岩石力学与工程学报，28（4）：819～826.

肖衡林，蔡德所，刘秋满. 2004. 用分布式光纤测温系统测量混凝土面板坝渗流的建议. 水电自动化与大坝监测，28（6）：21～23.

徐洪钟，吴中如，李雪红，等. 2003. 基于小波分析的大坝变形观测数据的趋势分量提取. 武汉大学学报（工学版），36（6）：5～8.

许星宇，朱鸿鹄，张巍，等. 2017. 基于光纤监测的边坡应变场可视化系统研究. 岩土工程学报，39（S1）：96～100.

严珺凡，施斌，曹鼎峰，等. 2015. 基于碳纤维加热光缆的砂性土渗流场C-DTS分布式监测试验研究. 岩土力学，36（2）：430～436.

杨豪，张丹，施斌，等. 2012. 直埋式光纤传感钻孔注浆耦合材料配合比试验研究. 防灾减灾工程学报，32（6）：714～719.

殷建华. 2011. 从本构模型研究到试验和光纤监测技术研发. 岩土工程学报，33（1）：1～15.

殷宗泽，张海波，朱俊高，等. 2003. 软土的次固结. 岩土工程学报，25（5）：521～526.

曾祥楷，饶云江，余殷梅，等. 2001. 光纤应变、温度、振动同时测量新技术的研究. 光子学报，30（10）：1254～1258.

张彩霞，张震伟，郑万福，等. 2014. 超弱反射光栅准分布式光纤传感系统研究. 中国激光，41（4）：0405004.

张诚成. 2016. 土体变形分布式光纤监测可靠性评价与精细化分析. 南京：南京大学硕士学位论文.

张诚成，施斌，刘苏平，等. 2018. 钻孔回填料与直埋式应变传感光缆耦合性研究. 岩土工程学报，40（11）：1959～1967.

张丹，施斌，吴智深，等. 2003. BOTDR分布式光纤传感器及其在结构健康监测中的应用. 土木工程学报，36（11）：83～87.

张丹，施斌，徐洪钟，等. 2004a. BOTDR用于钢筋混凝土T型梁变形监测的试验研究. 东南大学学报，34（4）：480～484.

张丹，施斌，徐洪钟. 2004b. 基于BOTDR的隧道应变监测研究. 工程地质学报，12（4）：422～426.

张丹，徐洪钟，施斌，等. 2012a. 基于FBG技术的饱和膨胀土失水致裂过程试验研究. 工程地质学报，20（1）：103～108.

张丹，许强，郭莹. 2012b. 玄武岩纤维加筋膨胀土的强度与干缩变形特性试验. 东南大学学报（自然科学版），42（5）：975～980.

张建民，于玉贞，濮家骝. 2004. 电液伺服控制离心机振动台系统研制. 岩土工程学报，26（6）：843～845.

张旭苹. 2013. 全分布式光纤传感技术. 北京：科学出版社.

张在宣，金尚忠，王剑锋，等. 2010. 分布式光纤拉曼光子温度传感器的研究进展. 中国激光，37（11）：2749～2761.

张在宣，刘天夫. 1995. 激光拉曼型分布光纤温度传感器系统. 光学学报，15（11）：1585～1589.

张自嘉. 2009. 光纤光栅理论基础与传感技术. 北京：科学出版社.

赵成刚，白冰，王运霞. 2004. 土力学原理. 北京：清华大学出版社，北京交通大学出版社.

赵星光, 邱海涛. 2007. 光纤 Bragg 光栅传感技术在隧道监测中的应用. 岩石力学与工程学报, 26（3）: 587~593.

赵廷超, 黄尚廉. 1997. 光纤传感器用于混凝土结构状态检测的研究. 传感技术学报,（3）: 32~37.

赵占朝, 刘浩吾, 蔡德所. 1995. 光纤传感无损检测混凝土结构研究述评. 力学进展, 25（2）: 223~231.

中华人民共和国国务院. 2004. 地质灾害防治条例.

周春慧. 2013. 苏州地面沉降区第四纪地层结构精细化研究. 南京: 南京大学硕士学位论文.

周智, 李冀龙, 欧进萍. 2006. 埋入式光纤光栅界面应变传递机理与误差修正. 哈尔滨工业大学学报, 38（1）: 49~55.

周智, 欧进萍. 2001. 土木工程智能健康监测与诊断系统. 传感器技术, 20（11）: 1~4.

周智, 欧进萍. 2002. 用于土木工程的智能监测传感材料性能及比较研究. 建筑技术, 33（4）: 270~272.

朱鸿鹄, 施斌. 2013. 地质和岩土工程分布式光电传感监测技术现状和发展趋势——第四届 OSMG 国际论坛综述. 工程地质学报, 21（1）: 166~169.

朱鸿鹄, 施斌. 2015. 地质和岩土工程光电传感监测研究进展及趋势——第五届 OSMG 国际论坛综述. 工程地质学报, 23（2）: 352~360.

朱鸿鹄, 施斌, 严珺凡, 等. 2013. 基于分布式光纤应变感测的边坡模型试验研究. 岩石力学与工程学报, 32（4）: 821~828.

朱鸿鹄, 施斌, 张诚成. 2020. 地质和岩土工程光电传感监测研究新进展——第六届 OSMG 国际论坛综述. 工程地质学报, 28（1）: 178~188.

朱鸿鹄, 殷建华, 张林, 等. 2008. 大坝模型试验的光纤传感变形监测. 岩石力学与工程学报, 27（6）: 1188~1194.

朱维申, 张乾兵, 李勇, 等. 2010. 真三轴荷载条件下大型地质力学模型试验系统的研制及其应用. 岩石力学与工程学报, 29（1）: 1~7.

朱友群, 朱鸿鹄, 孙义杰, 等. 2014. FBG-BOTDA 联合感测管桩击入土层模型试验研究. 岩石力学, 35（S2）: 695~702.

Alahbabi M N, Cho Y T, Newson T P. 2005. Simultaneous temperature and strain measurement with combined spontaneous Raman and Brillouin scattering. Opt Lett, 30（11）: 1276.

Ansari F, Libo Y. 1998. Mechanics of bond and interface shear transfer in optical fiber sensors. J Eng Mech, 124（4）: 385~394.

Ansari F. 1992. Real-time monitoring of concrete structures by embedded optical fibers. Nondestructive Testing of Concrete Elements and Structures. ASCE, San Autonio, TX, United States: 49~59.

ASTM F3079-14. 2014. Standard practice for use of distributed optical fiber sensing systems for monitoring the impact of ground movements during tunnel and utility construction on existing underground utilities. ASTM International, West Conshohocken, PA, United States.

Bansal N P, Doremus R H. 1986. Handbook of Glass Properties. Academic Press, Orlando, FL, United States.

Bao X, Brown A, DeMerchant M, et al. 1999. Characterization of the Brillouin-loss spectrum of single-mode fibers by use of very short（<10-ns）pulses. Opt Lett, 24（8）: 510.

Belal M, Newson T P. 2011. Performance comparison between Raman and Brillouin intensity based sub metre spatial resolution temperature compensated distributed strain sensor. Lasers & Electro-optics Europe. IEEE.

Berkoff T A, Kersey A D. 1996. Experimental demonstration of a fiber Bragg grating accelerometer. IEEE Photonics Technol Lett, 8（12）: 1677~1679.

Berthold J W. 1995. Historical review of microbend fiber-optic sensors. J Light Technol, 13（7）: 1193~1199.

Brown A W, DeMerchant M D, Bao X, et al. 1998. Advances in distributed sensing using Brillouin scattering.//Claus RO，Spillman，Jr. WB（eds）Proc. SPIE 3330，Smart Structures and Materials 1998：Sensory Phenomena and Measurement Instrumentation for Smart Structures and Materials. SPIE，San Diego，CA，United States，pp 294～300.

Brown A W，DeMerchant M，Bao X，et al. 1999. Spatial resolution enhancement of a Brillouin-distributed sensor using a novel signal processing method. J Light Technol，17（7）：1179～1183.

Cao D，Shi B，Zhu H，et al. 2015. A distributed measurement method for in-situ soil moisture content by using carbon-fiber heated cable. J Rock Mech Geotech Eng，7（6）：700～707.

Cao D F，Shi B，Wei G Q，et al. 2018. An improved distributed sensing method for monitoring soil moisture profile using heated carbon fibers. Measurement，123：175～184.

Chang C C，Johnson G，Vohra S T，et al. 2000. Development of fiber Bragg-grating-based soil pressure transducer for measuring pavement response.//Claus RO，Spillman，Jr. WB（eds）Proc. SPIE 3986，Smart Structures and Materials 2000：Sensory Phenomena and Measurement Instrumentation for Smart Structures and Materials. SPIE，Newport Beach，CA，United States，pp 480～489.

Cheung L L K，Soga K，Bennett P J，et al. 2010. Optical fibre strain measurement for tunnel lining monitoring. Proc Inst Civ Eng - Geotech Eng，163（3）：119～130.

Cho Y T，Alahbabi M，Gunning M J，et al. 2003. 50-km single-ended spontaneous-Brillouin-based distributed-temperature sensor exploiting pulsed Raman amplification. Opt Lett，28（18）：1651.

Choquet P，Juneau F，Dadoun F. 1999. New generation of fiber-optic sensors for dam monitoring.//Proceedings of the International Conference of Dam Safety and Monitoring. Yichang，Hubei，China，pp 1～10.

Chung S O，Horton R. 1987. Soil heat and water flow with a partial surface mulch. Water Resour Res，23（12）：2175～2186.

Ciocca F，Lunati I，Van de Giesen N，et al. 2012. Heated optical fiber for distributed soil-moisture measurements：A lysimeter experiment. Vadose Zo J，11（4）：vzj2011.0199.

Côté A，Carrier B，Leduc J，et al. 2007. Water leakage detection using optical fiber at the peribonka dam.//7th FMGM 2007. American Society of Civil Engineers，Reston，VA，pp 1～12.

Côté J，Konrad J M. 2005. A generalized thermal conductivity model for soils and construction materials. Can Geotech J，42（2）：443～458.

Cui H，Zhang D，Shi B，et al. 2018. BOTDA based water-filling and preloading test of spiral case structure. Smart Struct Syst，21（1）：27～35.

Dakin J P，Pratt D J，Bibby G W，et al. 1985. Distributed optical fibre Raman temperature sensor using a semiconductor light source and detector. Electron Lett，21（13）：569.

Daley T M，Freifeld B M，Ajo-Franklin J，et al. 2013. Field testing of fiber-optic distributed acoustic sensing（DAS）for subsurface seismic monitoring. Lead Edge，32（6）：699～706.

Damiano E，Avolio B，Minardo A，et al. 2017. A laboratory study on the use of optical fibers for early detection of pre-failure slope movements in shallow granular soil deposits. Geotech Test J，40（4）：529～541.

DeMerchant M D，Brown A W，Bao X，et al. 2000. Signal processing for a high-spatial-resolution distributed sensor. Opt Eng，39（6）：1632.

Dewynter V，Rougeault S，Boussoir J，et al. 2005. Instrumentation of borehole with fiber Bragg grating thermal probes：study of the geothermic behaviour of rocks.//Proc. SPIE 5855，17th International Conference on Optical Fibre Sensors. SPIE，Bruges，Belgium，pp 1016.

Ding Y，Shi B，Zhang D. 2010. Data processing in BOTDR distributed strain measurement based on pattern recognition. Optik，121（24）：2234～2239.

Dou S，Lindsey N，Wagner A M，et al. 2017. Distributed acoustic sensing for seismic monitoring of the near surface: A traffic-noise interferometry case study. Sci Rep, 7 (1): 11620.

Falciai R, Trono C. 2005. Displacement fiber Bragg grating sensor with temperature compensation.//Proc. SPIE 5855, 17th International Conference on Optical Fibre Sensors. SPIE, Bruges, Belgium, pp 787.

Fang H, Zhang D, Song Z, et al. 2018. BOTDA based investigation on the effects of closure strips in bottom plate during the construction of navigation lock. Measurement, 117: 67~72.

Fernandez A F, Rodeghiero P, Brichard B, et al. 2005. Radiation-tolerant Raman distributed temperature monitoring system for large nuclear infrastructures. IEEE Trans Nucl Sci, 52 (6): 2689~2694.

Frank A, Nellen P M, Broennimann R, et al. 1999. Fiber optic Bragg grating sensors embedded in GFRP rockbolts.//Claus RO, Spillman, Jr. WB (eds) Proc. SPIE 3670, Smart Structures and Materials 1999: Sensory Phenomena and Measurement Instrumentation for Smart Structures and Materials. SPIE, Newport Beach, CA, United States, pp 497~504.

Frazão O, Pereira D A, Santos J L, et al. 2010. Industrialization of advanced optical technologies for environmental monitoring. Clean Technol Environ Policy, 12 (1): 65~73.

Frost J D, Han J. 1999. Behavior of interfaces between fiber-reinforced polymers and sands. J Geotech Geoenviron Eng, 125 (8): 633~640.

Fuhr P L, Huston D R, Kajenski P J, et al. 1992. Performance and health monitoring of the Stafford Medical Building using embedded sensors. Smart Mater Struct, 1 (1): 63~68.

Fuhr P L, Huston D R, Nelson M, et al. 1999. Fiber optic sensing of a bridge in Waterbury, Vermont. J Intell Mater Syst Struct, 10 (4): 293~303.

Fuhr P L, Huston D R. 1998. Corrosion detection in reinforced concrete roadways and bridges via embedded fiber optic sensors. Smart Mater Struct, 7 (2): 217~228.

Gangadhara Rao M, Singh D N. 1999. A generalized relationship to estimate thermal resistivity of soils. Can Geotech J, 36 (4): 767~773.

Grattan K T V, Sun T. 2000. Fiber optic sensor technology: An overview. Sensors Actuators A Phys, 82 (1~3): 40~61.

Griffiths R W. 1995. Structural integrity monitoring of bridges using fiber optics.//Matthews LK(ed)Proc. SPIE 2446, Smart Structures and Materials 1995: Smart Systems for Bridges, Structures, and Highways. SPIE, San Diego, CA, United States, pp 127~138.

Habel W R, Hillemeier B. 1995. Results in monitoring and assessment of damages in large steel and concrete structures by means of fiber optic sensors.//Matthews LK (ed) Proc. SPIE 2446, Smart Structures and Materials 1995: Smart Systems for Bridges, Structures, and Highways. SPIE, San Diego, CA, United States, pp 25~36.

Habel W R, Hofmann D, Döring H, et al. 2014. Detection of a slipping soil area in an open coal pit by embedded fibre-optic sensing rods.//Shi B, Zhang D, Zhu H-H, et al. (eds) Proc. The 5th International Forum on Opto-electronic Sensor-Based Monitoring in Geo-engineering. Nanjing University, Nanjing, China, pp 1~7.

Hartog A H, Leach A P, Gold M P. 1985. Distributed temperature sensing in solid-core fibres. Electron Lett, 21 (23): 1061.

Hartog A. 1983. A distributed temperature sensor based on liquid-core optical fibers. J Light Technol, 1 (3): 498~509.

Hill K O, Fujii Y, Johnson D C, et al. 1978. Photosensitivity in optical fiber waveguides: Application to reflection filter fabrication. Appl Phys Lett, 32 (10): 647~649.

Hill K O, Malo B, Bilodeau F, et al. 1993. Bragg gratings fabricated in monomode photosensitive optical fiber by UV exposure through a phase mask. Appl Phys Lett，62（10）：1035～1037.

Ho Y T，Huang A B，Lee J. 2008. Development of a chirped/differential optical fiber Bragg grating pressure sensor. Meas Sci Technol，19（4）：045304.

Ho Y T，Huang A B，Lee J T. 2006. Development of a fibre Bragg grating sensored ground movement monitoring system. Meas Sci Technol，17（7）：1733～1740.

Horiguchi T，Kurashima T，Tateda M. 1989. Tensile strain dependence of Brillouin frequency shift in silica optical fibers. IEEE Photonics Technol Lett，1（5）：107～108.

Huang A B，Lee J T，Ho Y T，et al. 2012. Stability monitoring of rainfall-induced deep landslides through pore pressure profile measurements. Soils Found，52（4）：737～747.

Huang A B，Wang C C，Lee J T，et al. 2016. Applications of FBG-based sensors to ground stability monitoring. J Rock Mech Geotech Eng，8（4）：513～520.

Hurtig E，Grosswig S. 1998. Distributed fiber optics for temperature sensing in buildings and other structures.//IECON '98. Proceedings of the 24th Annual Conference of the IEEE Industrial Electronics Society（Cat. No.98CH36200）. IEEE，Aachen，Germany，pp 1829～1834.

Hurtig E，Großwig S，Kühn K. 1996. Fibre optic temperature sensing：Application for subsurface and ground temperature measurements. Tectonophysics，257（1）：101～109.

Huston D R，Fuhr P L，Ambrose T P，et al. 1994. Intelligent civil structures-activities in Vermont. Smart Mater Struct，3（2）：129～139.

Inaudi D，Casanova N，Kronenberg P，et al. 1998. SOFO：Monitoring of concrete structures with fiber optic sensors.//Proc. 5th International Workshop on Material Properties and Design. Aedificatio Publishers，Weimar，pp 495～514.

Inaudi D，Casanova N，Vurpillot S，et al. 1999. SOFO：Structural monitoring with fiber optic sensors.//Proc. Monitoring and Safety Evaluation of Existing Concrete Structures. Vienna，Austria，pp 33.

Inaudi D，del Grosso A E，Lanata F. 2001. Analysis of long-term deformation data from the San Giorgio harbor pier in Genoa.//Chase SB，Aktan AE（eds）Proc. SPIE 4337，Health Monitoring and Management of Civil Infrastructure Systems. SPIE，Newport Beach，CA，United States，pp 459～465.

Inaudi D，Glisic B. 2005. Development of distributed strain and temperature sensing cables.//Proc. SPIE 5855，17th International Conference on Optical Fibre Sensors. SPIE，Bruges，Belgium，pp 222.

Iten M，Puzrin A M. 2009. BOTDA road-embedded strain sensing system for landslide boundary localization.//Meyendorf NG，Peters KJ，Ecke W（eds）Proc. SPIE 7293，Smart Sensor Phenomena，Technology，Networks，and Systems. SPIE，San Diego，CA，United States，pp 729312～729316.

Johansen O. 1977. Thermal Conductivity of Soils. Cold Regions Research and Engineering Laboratory，Hanover，NH，United States.

Jousset P，Reinsch T，Ryberg T，et al. 2018. Dynamic strain determination using fibre-optic cables allows imaging of seismological and structural features. Nat Commun，9（1）：2509.

Kalamkarov A L，Georgiades A V，MacDonald D O，et al. 2000. Pultruded fibre reinforced polymer reinforcements with embedded fibre optic sensors. Can J Civ Eng，27（5）：972～984.

Kashiwai Y，Daimaru S，Sanada H，et al. 2008. Development of borehole multiple deformation sensor system.//Sampson DD（ed）Proc. SPIE 7004，19th International Conference on Optical Fibre Sensors. SPIE，Perth，WA，Australia，pp 70041P.

Kato S，Kohashi H. 2006. Study on the monitoring system of slope failure using optical fiber sensors.//GeoCongress 2006. ASCE，Reston，VA，pp 1～6.

Khan A A，Vrabie V，Mars Jé I，et al. 2008. A source separation technique for processing of thermometric data from fiber-optic DTS measurements for water leakage identification in dikes. IEEE Sens J, 8 (7): 1118~1129.

Kihara M, Hiramatsu K, Shima M, et al. 2002. Distributed optical fiber strain sensor for detecting river embankment collapse. IEICE Trans Electron, 85 (4): 952~960.

Kishida K, Li C H, Nishiguchi K. 2005. Pulse pre-pump method for cm-order spatial resolution of BOTDA.//Proc. SPIE 5855, 17th International Conference on Optical Fibre Sensors. SPIE, Bruges, Belgium, pp 559.

Klar A, Bennett P J, Soga K, et al. 2006. Distributed strain measurement for pile foundations. Proc Inst Civ Eng-Geotech Eng, 159 (3): 135~144.

Klar A, Dromy I, Linker R. 2014. Monitoring tunneling induced ground displacements using distributed fiber-optic sensing. Tunnelling and Underground Space Technology, 40: 141~150.

Klar A, Linker R. 2010. Feasibility study of automated detection of tunnel excavation by Brillouin optical time domain reflectometry. Tunn Undergr Sp Technol, 25 (5): 575~586.

Knowles S F, Jones B E, Purdy S, et al. 1998. Multiple microbending optical-fibre sensors for measurement of fuel quantity in aircraft fuel tanks. Sensors Actuators A Phys, 68 (1~3): 320~323.

Komatsu K, Fujihashi K, Okutsu M. 2002. Application of optical sensing technology to the civil engineering field with optical fiber strain measurement device (BOTDR) .//Rao Y J, Jones J D C, Naruse H, et al. (eds) Proc. SPIE 4920, Advanced Sensor Systems and Applications. SPIE, Shanghai, China, pp 352.

Koyamada Y, Sakairi Y, Takeuchi N, et al. 2007. Novel technique to improve spatial resolution in Brillouin optical time-domain reflectometry. IEEE Photonics Technol Lett, 19 (23): 1910~1912.

Kunisue S, Kokubo T. 2010. In situ formation compaction monitoring in deep reservoirs using optical fibres. IAHS Publ, 339: 368~370.

Kurashima T, Horiguchi T, Izumita H, et al. 1993. Brillouin optical-fiber time domain reflectometry. IEICE Trans Commun, E76-B (4): 382~390.

Lee C C, Chiang P W, Chi S. 2001. Utilization of a dispersion-shifted fiber for simultaneous measurement of distributed strain and temperature through Brillouin frequency shift. IEEE Photonics Technol Lett, 13 (10): 1094~1096.

Lee W, Lee W-J, Lee S-B, et al. 2004. Measurement of pile load transfer using the Fiber Bragg Grating sensor system. Can Geotech J, 41 (6): 1222~1232.

Li J, Tham L G, Junaideen S M, et al. 2008. Loose fill slope stabilization with soil nails: Full-scale test. J Geotech Geoenviron Eng, 134 (3): 277~288.

Li Q, Li G, Wang G. 2003. Effect of the plastic coating on strain measurement of concrete by fiber optic sensor. Measurement, 34 (3): 215~227.

Lindsey N J, Martin E R, Dreger D S, et al. 2017. Fiber-optic network observations of earthquake wavefields. Geophys Res Lett, 44 (23): 11792~11799.

Lu S, Ren T, Gong Y, et al. 2007. An improved model for predicting soil thermal conductivity from water content at room temperature. Soil Sci Soc Am J, 71 (1): 8.

Lu Y, Shi B, Wei G Q, et al. 2012. Application of a distributed optical fiber sensing technique in monitoring the stress of precast piles. Smart Materials & Structures, 21 (11) .

Luo D, Ma J, Ibrahim Z, et al. 2017. Etched FBG coated with polyimide for simultaneous detection the salinity and temperature. Opt Commun, 392: 218~222.

Luo S, Liu Y, Sucheta A, et al. 2002. Applications of LPG fiber optical sensors for relative humidity and chemical-warfare-agents monitoring.//Rao Y-J，Jones JDC，Naruse H，Chen RI（eds）Proc. SPIE 4920，Advanced Sensor Systems and Applications. SPIE，Shanghai，China，pp 193.

Mendez A，Morse T F，Mendez F. 1990. Applications of embedded optical fiber sensors in reinforced concrete buildings and structures.//Udd E（ed）Proc. SPIE 1170，Fiber Optic Smart Structures and Skins II. SPIE，Boston，United States，pp 60.

Merzbacher C I，Kersey A D，Friebele E J. 1996. Fiber optic sensors in concrete structures：A review. Smart Mater Struct，5（2）：196～208.

Meltz G，Morey W W，Glenn W H. 1989. Formation of Bragg gratings in optical fibers by a transverse holographic method. Optics Letters，14（15）：823～825.

Metje N，Chapman D N，Rogers C D F，et al. 2008. An optical fiber sensor system for remote displacement monitoring of structures — Prototype tests in the laboratory. Struct Heal Monit An Int J，7（1）：51～63.

Mita A，Yokoi I. 2000. Fiber Bragg grating accelerometer for structural health monitoring.//Proceedings of Fifth International Conference on Motion and Vibration Control（MOVIC 2000）. Sydney，Australia，pp 1～6.

Mizuno Y，Zou W，He Z，et al. 2008. Proposal of Brillouin optical correlation-domain reflectometry（BOCDR）. Opt Express，16（16）：12148.

Mohamad H，Bennett P J，Soga K，et al. 2010. Behaviour of an old masonry tunnel due to tunnelling-induced ground settlement. Géotechnique，60（12）：927～938.

Mohamad H，Soga K，Amatya B. 2014. Thermal strain sensing of concrete piles using Brillouin optical time domain reflectometry. Geotech Test J，37（2）：20120176.

Mohamad H，Soga K，Bennett P J，et al. 2012. Monitoring twin tunnel interaction using distributed optical fiber strain measurements. J Geotech Geoenviron Eng，138（8）：957～967.

Mohamad H，Soga K，Pellew A，et al. 2011. Performance monitoring of a secant-piled wall using distributed fiber optic strain sensing. J Geotech Geoenviron Eng，137（12）：1236～1243.

Naruse H，Tateda M，Ohno H，et al. 2003. Deformation of the Brillouin gain spectrum caused by parabolic strain distribution and resulting measurement error in BOTDR strain measurement system. IEICE Trans Electron，E86-C（10）：2111～2121.

Nellen P M，Frank A，Broennimann R，et al. 2000. Optical fiber Bragg gratings for tunnel surveillance.//Claus RO，Spillman，Jr. WB（eds）Proc. SPIE 3986，Smart Structures and Materials 2000：Sensory Phenomena and Measurement Instrumentation for Smart Structures and Materials. SPIE，Newport Beach，CA，United States，pp 263.

Nitta N，Tateda M，Omatsu T. 2002. Spatial resolution enhancement in BOTDR by spectrum separation method. Opt Rev，9（2）：49～53.

Nöther N，Wosniok A，Krebber K. 2008. A distributed fiber optic sensor system for dike monitoring using Brillouin frequency domain analysis.//Berghmans F，Mignani AG，Cutolo A，et al.（eds）Proc. SPIE 7003，Optical Sensors 2008. SPIE，Strasbourg，France，pp 700303.

Ogawa K，Kawakami H，Tsutsui T，et al. 1989. A fiber-optic distributed temperature sensor with high distance resolution.//Optical Fiber Sensors - Proceedings of the 6th International Conference. Paris，France，pp 544～551.

Ohno H，Naruse H，Kihara M，et al. 2001. Industrial applications of the BOTDR optical fiber strain sensor. Opt Fiber Technol，7（1）：45～64.

Ohsaki M，Tateda M，Omatsu T，et al. 2002. Spatial resolution enhancement of distributed strain measurement using BOTDR by partially gluing optical fiber. IEICE Trans Commun，E85-B（8）：1636～1639.

Olivares L，Damiano E，Greco R，et al. 2009. An instrumented flume to investigate the mechanics of rainfall-induced landslides in unsaturated granular soils. Geotech Test J，32（2）：788～796.

Pei H，Cui P，Yin J，et al. 2011. Monitoring and warning of landslides and debris flows using an optical fiber sensor technology. J Mt Sci，8（5）：728～738.

Pei H F，Yin J H，Zhu H H，et al. 2012. Monitoring of lateral displacements of a slope using a series of special fibre Bragg grating-based in-place inclinometers. Meas Sci Technol，23（2）：025007.

Pereira D A. 2004. Fiber Bragg grating sensing system for simultaneous measurement of salinity and temperature. Opt Eng，43（2）：299.

Picarelli L，Damiano E，Greco R，et al. 2015. Performance of slope behavior indicators in unsaturated pyroclastic soils. J Mt Sci，12（6）：1434～1447.

Rossi P，Le Maou F. 1989. New method for detecting cracks in concrete using fibre optics. Mater Struct，22（6）：437～442.

Sato T，Horiguchi T，Koyamada Y，et al. 1992. A 1.6μm band OTDR using a synchronous raman fiber amplifier. IEEE Photonics Technology Letters，4（8）：923～924.

Sato T，Honda R，Shibata S. 1999. Ground strain measuring system using optical fiber sensors.//Claus RO，Spillman，Jr. WB（eds）Proc. SPIE 3670，Smart Structures and Materials 1999：Sensory Phenomena and Measurement Instrumentation for Smart Structures and Materials. SPIE，Newport Beach，CA，United States，pp 470～479.

Sayde C，Gregory C，Gil-Rodriguez M，et al. 2010. Feasibility of soil moisture monitoring with heated fiber optics. Water Resour Res，46（6）：W06201.

Schmidt-Hattenberger C，Borm G. 1998. Bragg grating extensometer rods（BGX）for geotechnical strain measurements.//Culshaw B，Jones J D C（eds）Proc. SPIE 3483，European Workshop on Optical Fibre Sensors. SPIE，Peebles，Scotland，United Kingdom，pp 214～217.

Schroeck M，Ecke W，Graupner A. 2000. Strain monitoring in steel rock bolts using FBG sensor arrays.//Rogers A J（ed）Proc. SPIE 4074，Applications of Optical Fiber Sensors. SPIE，Glasgow，United Kingdom，pp 298.

Shi B，Xu H，Chen B，et al. 2003b. A feasibility study on the application of fiber-optic distributed sensors for strain measurement in the Taiwan Strait Tunnel project. Mar Geores Geotechnol，21（3～4）：333～343.

Shi B，Xu H，Zhang D，et al. 2003a. A study on BOTDR application in monitoring deformation of a tunnel.//1st International Conference on Structural Health Monitoring and Intelligent Infrastructure. A. A. Balkema Publishers，pp 1025～1030.

Song Z P，Zhang D，Shi B，et al. 2017. Integrated distributed fiber optic sensing technology-based structural monitoring of the pound lock. Struct Control Heal Monit，24（7）：e1954.

Soto M A，Bolognini G，Di Pasquale F. 2009. Use of Fabry-Pérot lasers for simultaneous distributed strain and temperature sensing based on hybrid Raman and Brillouin scattering.//Jones JDC（ed）Proc. SPIE 7503，20th International Conference on Optical Fibre Sensors. SPIE，Edinburgh，United Kingdom，pp 750328.

Striegl A M，Loheide II S P. 2012. Heated distributed temperature sensing for field scale soil moisture monitoring. Ground Water，50（3）：340～347.

Sumida M. 1995. OTDR performance enhancement using a quaternary FSK modulated probe and coherent detection. IEEE Photonics Technol Lett，7（3）：336～338.

Sun L，Shen Y，Cao C. 2009. A novel FBG-based accelerometer with high sensitivity and temperature self-compensation.//Proc. SPIE 7292，Sensors and Smart Structures Technologies for Civil，Mechanical，and Aerospace Systems 2009. SPIE，San Diego，California，United States，pp 729214.

Sun Y，Shi B，Zhang D，et al. 2016. Internal deformation monitoring of slope based on BOTDR. J Sensors，

20169496285.

Sun Y, Zhang D, Shi B, et al. 2014. Distributed acquisition, characterization and process analysis of multi-field information in slopes. Eng Geol, 182: 49～62.

Tang T G, Wang Q Y, Liu H W. 2009. Experimental research on distributed fiber sensor for sliding damage monitoring. Opt Lasers Eng, 47 (1): 156～160.

Thevenaz L, Nikles M, Fellay A, et al. 1998. Applications of distributed Brillouin fiber sensing.//Rastogi PK, Gyimesi F (eds) Proc. SPIE 3407, International Conference on Applied Optical Metrology. SPIE, Balatonfured, Hungary, pp 374～381.

Todd M D, Johnson G A, Althouse B A, et al. 1998. Flexural beam-based fiber Bragg grating accelerometers. IEEE Photonics Technol Lett, 10 (11): 1605～1607.

Van Steenkiste R J, Kollár L P. 1998. Effect of the coating on the stresses and strains in an embedded fiber optic sensor. J Compos Mater, 32 (18): 1680～1711.

Wait P C, Newson T P. 1996. Landau Placzek ratio applied to distributed fibre sensing. Opt Commun, 122 (4～6): 141～146.

Wang J N. 2011. A microfluidic long-period fiber grating sensor platform for chloride ion concentration measurement. Sensors, 11 (9): 8550～8568.

Wang K, Klimov D, Kolber Z. 2007. Long period grating-based fiber-optic PH sensor for ocean monitoring.//Udd E (ed) Proc. SPIE 6770, Fiber Optic Sensors and Applications V. SPIE, Boston, MA, United States, pp 677019.

Wang Y L, Shi B, Zhang T L, et al. 2015. Introduction to an FBG-based inclinometer and its application to landslide monitoring. J Civ Struct Heal Monit, 5 (5): 645～653.

Wang X, Shi B, Wei G Q, et al. 2018. Monitoring the behavior of segment joints in a shield tunnel using distributed fiber optic sensors. Struct Control Heal Monit, 25 (1): 1～15.

Willsch R, Ecke W, Bartelt H. 2002. Optical fiber grating sensor networks and their application in electric power facilities, aerospace and geotechnical engineering.//2002 15th Optical Fiber Sensors Conference Technical Digest. OFS 2002 (Cat. No.02EX533). IEEE, pp 49～54.

Wu Z, Takahashi T, Kino H, et al. 2000. Crack measurement of concrete structures with optical fiber sensing. Proc Japan Concr Inst, 22 (1): 409～414.

Wu Z, Takahashi T, Sudo K. 2002. An experimental investigation on continuous strain and crack monitoring with fiber optic sensors. Concr Res Technol, 13 (2): 139～148.

Xu D, Yin J. 2016. Analysis of excavation induced stress distributions of GFRP anchors in a soil slope using distributed fiber optic sensors. Eng Geol, 213: 55～63.

Xu D S, Yin J H, Cao Z Z, et al. 2013. A new flexible FBG sensing beam for measuring dynamic lateral displacements of soil in a shaking table test. Measurement, 46 (1): 200～209.

Yan J F, Shi B, Zhu H H, et al. 2015. A quantitative monitoring technology for seepage in slopes using DTS. Eng Geol, 186: 100～104.

Yasue N, Naruse H, Masuda J, et al. 2000. Concrete pipe strain measurement using optical fiber sensor. IEICE Trans Electron, E83-C (3): 468～474.

Yoshida Y, Kashiwai Y, Murakami E, et al. 2002. Development of the monitoring system for slope deformations with fiber Bragg grating arrays.//Inaudi D, Udd E (eds) Proc. SPIE 4694, Smart Structures and Materials 2002: Smart Sensor Technology and Measurement Systems. SPIE, San Diego, CA, United States, pp 296～303.

Zhang C C, Shi B, Gu K, et al. 2018a. Vertically distributed sensing of deformation using fiber optic sensing.

Geophys Res Lett，45（21）：11732～11741.

Zhang C C，Zhu H H，Chen D D，et al. 2019. Feasibility study of anchored fiber-optic strain-sensing arrays for monitoring soil deformation beneath model foundation. Geotech Test J，42（4）：GTJ20170303.

Zhang C C，Zhu H H，Liu S P，et al.，2018b. A kinematic method for calculating shear displacements of landslides using distributed fiber optic strain measurements. Eng Geol，234：83-96.

Zhang C C，Zhu H H，Shi B，et al. 2014a. Interfacial characterization of soil-embedded optical fiber for ground deformation measurement. Smart Mater Struct，23（9）：095022.

Zhang C C，Zhu H H，Shi B，et al. 2016c. Performance evaluation of soil-embedded plastic optical fiber sensors for geotechnical monitoring. Smart Struct Syst，17（2）：297～311.

Zhang C C，Zhu H H，Shi B. 2016a. Role of the interface between distributed fibre optic strain sensor and soil in ground deformation measurement. Sci Rep，6：36469.

Zhang D，Cui H，Shi B. 2013. Spatial resolution of DOFS and its calibration methods. Opt Lasers Eng，51（4）：335～340.

Zhang D，Shi B，Cui H L，et al. 2004. Improvement of spatial resolution of Brillouin optical time domain reflectometer using spectral decomposition. Opt Appl，34（2）：291～301.

Zhang D，Shi B，Sun Y，et al. 2015. Bank slope monitoring with integrated fiber optical sensing technology in Three Gorges Reservoir area.//Engineering Geology for Society and Territory - Volume 2. Springer International Publishing，Cham，pp 135～138.

Zhang D，Sun Y J，Shi B，et al. 2014b. Integrated fiber optical sensing technology for landslide monitoring.//Proc. World Landslide Forum 3. Springer，Beijing，China，pp 330～335.

Zhang D，Wang J，Li B，et al. 2016b. Fatigue characteristics of distributed sensing cables under low cycle elongation. Smart Struct Syst，18（6）：1203～1215.

Zhang D，Wang J，Zhang P，et al. 2017a. Internal strain monitoring for coal mining similarity model based on distributed fiber optical sensing. Measurement，97：234～241.

Zhang D，Xu H，Shi B，et al. 2009. Brillouin power spectrum analysis for partially uniformly strained optical fiber. Opt Lasers Eng，47（9）：976～981.

Zhang D，Xu Q，Bezuijen A，et al. 2017b. Internal deformation monitoring for centrifuge slope model with embedded FBG arrays. Landslides，14（1）：407～417.

Zhang W，Shi B，Zhang Y F，et al. 2007. The strain field method for structural damage identification using Brillouin optical fiber sensing. Smart Mater Struct，16（3）：843～850.

Zhu H H，Ho A N L，Yin J H，et al. 2012. An optical fibre monitoring system for evaluating the performance of a soil nailed slope. Smart Struct Syst，9（5）：393～410.

Zhu H H，She J K，Zhang C C，et al. 2015. Experimental study on pullout performance of sensing optical fibers in compacted sand. Measurement，73：284～294.

Zhu H H，Shi B，Zhang C C. 2017a. FBG-based monitoring of geohazards: Current status and trends. Sensors，17（3）：452.

Zhu H H，Wang Z Y，Shi B，et al. 2016. Feasibility study of strain based stability evaluation of locally loaded slopes：Insights from physical and numerical modeling. Eng Geol，208：39～50.

Zhu H H，Yin J H. 2012. Fiber Optic Sensing and Performance Evaluation of Geo-Structures. Lambert Academic Publishing AG & Co K G. Saarbrücken. Germany.

Zhu H H，Yin J H，Yeung A T，et al. 2011a. Field pullout testing and performance evaluation of GFRP soil nails. J Geotech Geoenviron Eng，137（7）：633～642.

Zhu H H，Yin J H，Zhang L，et al. 2010. Monitoring internal displacements of a model dam using FBG sensing bars. Adv Struct Eng，13（2）：249～262.

Zhu Z W，Liu B，Liu P，et al. 2017b. Model experimental study of landslides based on combined optical fiber transducer and different types of boreholes. CATENA，155：30～40.

Zhu Z W，Liu D Y，Yuan Q Y，et al. 2011b. A novel distributed optic fiber transduser for landslides monitoring. Opt Lasers Eng，49（7）：1019～1024.

Zhu Z W，Yuan Q Y，Liu D Y，et al. 2014. New improvement of the combined optical fiber transducer for landslide monitoring. Nat Hazards Earth Syst Sci，14（8）：2079～2088.

Zou W，He Z，Hotate K. 2009. Complete discrimination of strain and temperature using Brillouin frequency shift and birefringence in a polarization-maintaining fiber. Opt Express，17（3）：1248～1255.

名 词 术 语

B

标距（gauge length）：指用来测定待测物体应变或长度变化的传感段原始长度。

布里渊光频域反射（Brillouin optical frequency-domain reflectometry，简称 BOFDR）：通常指探测自发布里渊散射信号的布里渊光频域反射技术或解调仪。该技术利用光纤中的布里渊背向散射光的频移与温度和应变变化间的线性关系实现感测，但被测量的空间定位不是传统的光时域反射法，而是通过光纤的复合基带传输函数来实现，属于光纤单端感测技术。

布里渊光频域分析（Brillouin optical frequency-domain analysis，简称 BOFDA）：通常指探测受激布里渊散射信号的布里渊光频域分析技术或解调仪。该技术利用光纤中的受激布里渊散射光的频移与温度和应变变化间的线性关系实现感测，但被测量的空间定位不是传统的光时域反射法，而是通过光纤的复合基带传输函数来实现，属于光纤双端感测技术。

布里渊光时域反射（Brillouin optical time-domain reflectometry，简称 BOTDR）：通常指探测自发布里渊散射信号的布里渊光时域反射技术或解调仪。该技术利用光纤中的布里渊背向散射光的频移与温度和应变变化间的线性关系实现感测，属于光纤单端感测技术。

布里渊光时域分析（Brillouin optical time-domain analysis，简称 BOTDA）：通常指探测受激布里渊散射信号的布里渊光时域分析技术或解调仪。该技术在传感光纤两端分别注入脉冲光和连续光，利用光纤中的受激布里渊散射光的频移与温度和应变变化间的线性关系实现感测，属于光纤双端感测技术。

布里渊光相干域反射（Brillouin optical coherence-domain reflectometry，简称 BOCDR）：通常指探测自发布里渊散射信号的布里渊光相干域分析技术或解调仪。该技术利用通过调制频率来操纵连续光的干涉特性，可以在光纤的不同位置处产生自发布里渊散射光。通过改变频率可以沿整根光纤测量沿线的温度和应变变化，属于光纤双端感测技术。

布里渊光相干域分析（Brillouin optical coherence-domain analysis，简称 BOCDA）：通常指探测受激布里渊散射信号的布里渊光相干域分析技术或解调仪。该技术利用通过调制频率来操纵连续光的干涉特性，可以在光纤的不同位置处产生受激布里渊散射光。通过改变频率可以沿整根光纤测量沿线的温度和应变变化，属于光纤单端感测技术。

C

采样间隔（sampling interval）：一般指相邻两个采样点之间的距离间隔。

采样频率（sampling frequency）：也称为采样速度或者采样率，定义了每秒从连续信号中提取并组成离散信号的采样个数，以赫兹（Hz）为单位表示。

采样周期（sampling period）：也称为采样时间，指周期性测量过程变量（如温度、应变）

信号的系统中，相邻两个采样点之间的时间间隔，即解调设备每秒钟采集多少个信号样本。

传感光纤（缆）（sensing optical fiber 或 cable，简称 SOF 或 SOC）：指光纤及经过护套保护过的光缆既作为传感器，又作为信号传输的介质，实现信号测量和传输一体化。

D

单模光纤（single-mode fiber，简称 SMF）：指在给定的工作波长上只能传输一种模式，即只能传输主模态的光纤。

动态范围（dynamic range）：一般指设备从可允许输入的最大光功率值（过载光功率）到可正常工作的最低光功率（接收光功率灵敏度）之间的范围，以分贝（dB）为单位。

多模光纤（multi-mode fiber，简称 MMF）：指在给定的工作波长上能以多个模式同时传输的光纤。

F

法布里-珀罗干涉（Fabry-Perot interferometer，简称 FPI）：是一种由两块平行的玻璃板组成的多光束干涉仪或谐振腔，其中两块玻璃板相对的内表面都具有高反射率。当入射光的频率满足其共振条件时，其透射频谱会出现很高的峰值，对应着很高的透射率。

分辨率（resolution）：仪器能够检测和显示的所测物理量的最小增量。

分布式光纤感测，同分布式光纤传感（distributed fiber optic sensing，简称 DFOS）：是指将光纤作为传感介质和传输通道，应用光纤几何上的一维特性进行测量，把被测量作为光纤长度位置的函数，可以感测被测参量（如温度、应变、振动、应力、压力、湿度、含水率等）沿光纤经过位置的连续分布及其演化情况。

分布式监测（distributed monitoring）：是指利用相关的感测技术获得被测参量在空间和时间上的连续分布信息，分为全分布式和准分布式两类。

分布式温度感测，同分布式光纤传感（distributed temperature sensing，简称 DTS）：是指利用光纤等传感元件，把温度作为长度方向上或空间坐标内的位置函数，实现对温度及其分布情况的测量。

分布式应变感测，同分布式光纤传感（distributed strain sensing，简称 DSS）：是指利用光纤等传感元件，把应变作为长度方向上或空间坐标内的位置函数，实现对应变及其分布情况的测量。

分布式振动感测，同分布式振动传感（distributed acoustic sensing 或 distributed vibration sensing，简称 DAS 或 DVS）：是指利用光纤等传感元件，把振动信号作为长度方向上或空间坐标内的位置函数，实现对振动信号及其分布情况的测量。

G

光背向反射（optical backscattering reflectometry，简称 OBR）：指基于光的瑞利散射原理进行传感，并利用光干涉技术进行空间定位的一类光纤传感技术或仪器。

光缆（optical fiber cable，简称 OFC）：是指在裸纤外面增加一层或多层的涂覆层，在涂覆层外面再加各种护套，经过这样处理所构成的具有多层结构的光纤。

光频域反射（optical frequency-domain reflectometry，简称 OFDR）：是通过分析背向散射光的时间差和光程差进行检测的一类技术。

光时域反射（optical time-domain reflectometry，简称 OTDR）：是根据光的背向散射与菲涅耳反射原理，利用光在介质（光纤）中传播时产生的背向瑞利散射光来获取衰减的信息的一类技术，通过对测量曲线的分析，可获取光纤衰减、接头损耗、光纤故障点定位以及了解光纤沿长度的损耗分布情况等。

光纤（optical fiber，简称 OF）：光纤是光导纤维的简称，在本专著中，光纤也是裸纤和光缆的泛称。

光纤布拉格光栅（fiber Bragg grating，简称 FBG）：是指一类通过外界参量对布拉格中心波长的调制来获取传感信息的光纤传感技术，属于波长调制型光纤传感技术。

光纤传感器（fiber optic sensor，有时也写作 optical fiber sensor，简称 FOS 或 OFS）：指一种由光纤制成的检测装置，能感受到被测量的信息，并将其按一定规律变换成为光信号或其他所需形式的信息输出，以满足信息的传输、处理、存储、显示、记录和控制等要求。

光纤感测技术，同光纤传感技术（fiber optic sensing，简称 FOS）：是 20 世纪 80 年代伴随着光导纤维及光纤通信技术的发展而迅速发展起来的一种以光为载体，光纤为媒介，感知和传输外界信号（被测量）的新型传感技术。

光纤接头（connector）：光纤接头是光纤的末端设备，目的是让光纤之间的连接更快速、方便，避免熔接操作。根据结构不同，可分为 FC（ferrule connecter）、SC（subscriber connector）、ST（straight tip）和 LC（lucent connectors）等。

光纤耦合器（coupler）：又称光纤适配器、法兰盘，是指光纤与光纤之间进行可拆卸（活动）连接的器件，它是把光纤的两个端面精密对接起来，以使发射光纤输出的光能量能最大限度地耦合到接收光纤中去，并使其介入光链路从而对系统造成的影响减到最小。

光纤热熔保护管（protection sleeve）：是经过特殊由交联聚烯材料热缩管、热熔管及增强 304 不锈钢针组成。适用于光纤接续时对熔接点的保护，避免安装过程中光纤的损坏，保证良好的光学传输性能。

J

精密度（precision）：多次测量数据结果的一致程度，说明测值的再现性（reproducibility）。

聚合物光纤（polymer optical fiber，简称 POF）：是由高透明聚合物如聚苯乙烯（PS）、聚甲基丙烯酸甲酯（PMMA）、聚碳酸酯（PC）作为芯层材料，PMMA、氟塑料等作为皮层材料的一类光纤，又称塑料光纤。

K

空间分辨率（spatial resolution，简称 SR）：指所得测量结果的最小空间长度，即分布式光纤传感器对沿传感光纤的长度分布的被测参量（温度、压力、应力、应变等）进行测量时所能分辨的最小空间距离，所测得的结果是被测参量在空间分辨率的光纤长度内的平均值。

L

拉曼光时域反射（raman optical time-domain reflectometry，简称 ROTDR）：是利用拉曼散射效应和散射介质温度等参量之间的关系进行传感，利用光时域反射技术定位，从而实现分布式传感的一类技术。

量程（range）：指仪器所能测量的物理量的上限与下限之差的绝对值。

裸纤（bare optical fiber）：仅由纤芯（core）和包层（cladding）组成的光纤，也称为裸光纤。

R

熔接（fusion splicing）：指采用光纤熔接机将光纤和光纤或光纤和尾纤相连接。在光纤的熔接过程中用到的主要工具有专用剥线钳（stripper）、光纤切割刀（cleaver）等。和冷接相比，熔接可以保证较低的传输损耗。

S

时间分辨率（time resolution，简称 TR）：指所得测量结果的最小时间长度，即分布式光纤传感器对沿传感光纤的长度分布的被测参量（温度、压力、应力、应变等）达到被测参量的分辨率所需的最短时间，说明分布式光纤传感器实现测量的实时性。

受激布里渊散射（stimulated Brillouin scattering，简称 SBS）：通过向光纤两端分别注入反向传播的脉冲光（泵浦光）和连续光（探测光），当泵浦光与探测光的频差处于光纤相遇区域中的布里渊增益带宽内时，由电致伸缩效应而激发声波，产生布里渊放大效应，从而使布里渊散射得到增强，这一过程称为受激布里渊散射。

损耗（loss）：指光在光纤中传输时产生的衰减，这种衰减主要是由光纤自身的传输损耗和光纤接头处的熔接损耗等组成，以分贝（dB）或分贝/千米（dB/km）为单位。

W

稳定性（stability）：指一段时间内测量数据保持不变的程度，稳定性差可能是由于系统老化、部件灵敏度减低、信噪比下降等。

X

相干光时域反射（coherent optical time-domain reflectometry，简称 COTDR）：通常指采用相干接收的方式滤除 OTDR 背向散射信号中包含的放大自发辐射（ASE）噪声的光时域反射技术或解调仪。该技术利用光纤中的瑞利背向散射光的频移与温度、应变变化间的线性关系实现感测，属于光纤单端感测技术。

信噪比（signal to noise ratio，简称 SNR）：是科学和工程中所用的一种度量，用于比较所需讯号的强度与背景噪声的强度。其定义为讯号功率与噪声功率的比率，以分贝（dB）为单位表示。

Z

中心波长（central wavelength）：指反射或散射等光信号的光谱峰值波长值，多以纳米（nm）为单位。

准确度（accuracy）：每一次独立的测量之间，其平均值与已知的数据真值之间的差距，通常以误差来表示。

索　引